“十三五”国家重点出版物出版规划项目
名校名家基础学科系列
Textbooks of Base Disciplines from Top Universities and Experts

“十三五”江苏省高等学校重点教材 2018－2－139

工科数学分析

下册

主 编 马儒宁 唐月红
参 编 毛徐新 安玉坤 李鹏同

机 械 工 业 出 版 社

本教材(分上、下册)属于十三五国家重点出版物出版规划项目　名校名家基础学科系列,同时还是"十三五"江苏省高等学校重点教材,下册主要介绍多元微积分与微分方程,内容包括:代数与几何初步、多元函数微分学及其应用、多元函数积分学、微分方程初步等内容。本教材突出、强化数学基础,同时重视不同数学分支间的相互渗透和联系。

本教材可作为理工科大学本科一年级新生数学课教材,也可作为准备报考理工科硕士研究生的人员和工程技术人员的参考书。

图书在版编目(CIP)数据

工科数学分析. 下册/马儒宁,唐月红主编. —北京:机械工业出版社,2020. 6

"十三五"国家重点出版物出版规划项目　名校名家基础学科系列

ISBN 978-7-111-65177-2

Ⅰ. ①工…　Ⅱ. ①马…　②唐…　Ⅲ. ①数学分析 - 高等学校 - 教材　Ⅳ. ①O17

中国版本图书馆 CIP 数据核字(2020)第 051610 号

机械工业出版社(北京市百万庄大街 22 号　邮政编码 100037)
策划编辑:汤　嘉　责任编辑:汤　嘉　陈崇昱
责任校对:陈　越　封面设计:鞠　杨
责任印制:张　博
三河市宏达印刷有限公司印刷
2020 年 6 月第 1 版第 1 次印刷
184mm×260mm · 17. 25 印张 · 1 插页 · 449 千字
标准书号:ISBN 978-7-111-65177-2
定价:45. 00 元

电话服务	网络服务
客服电话:010-88361066	机　工　官　网:www. cmpbook. com
010-88379833	机　工　官　博:weibo. com/cmp1952
010-68326294	金　　书　　网:www. golden-book. com
封底无防伪标均为盗版	机工教育服务网:www. cmpedu. com

前 言

微积分是现代数学最重要的基础，也是中学数学课程的直接延伸，其思想与方法几乎渗入到现代科学的所有分支中.21世纪的科学发展验证了一个观点：高端技术本质上是数学技术！人工智能、信息技术的快速发展，极大地冲击了人们的传统观念与思想，更提升了人们对数学知识的需求.微积分所培养的抽象思维、逻辑推理、空间想象、科学计算等诸方面能力，都与现代科学技术的发展和应用密不可分.微积分具有超越其他课程的严谨性、逻辑性和抽象性.在学习微积分的过程中反复训练，可以培养学生的数学能力与素养，所获得的能力甚至可以影响其一生.因此可以说，微积分是大学理工科最重要的基础课程，而且这种重要性随着现代科技的发展日趋显著.

本教材(上、下册)的编写正是为了适应新时代培养高质量的理工科研究人才和创新型工程技术人才的要求，同时结合了我校多年的教学改革经验，对传统的大学微积分在教学体系、内容、观点、方法以及处理上，进行了新颖而有建设性的改革，主要特色包括以下几个方面：

1. 注重教材整体内容和思想上的紧凑、统一和连贯.

(1)本教材将传统教材中的无穷级数章节打散，融入到整个一元函数篇中.例如，把数项级数与数列极限放在一起，它们共用类似的收敛发散处理方法；把函数项级数的一致收敛性放在函数的一致连续性之后，强调它们共同的“一致性”概念(对函数自变量变化的一致性)；将函数的幂级数展开放在微分学泰勒公式之后，阐述展开式从有限到无限的过程；将傅里叶级数放在积分的应用之后，三角函数系的正交性正是积分中的重要结论.这样，虽然级数作为一个整体章节不复存在，但是级数的思想与方法(求和、逼近、展开)却贯穿整个一元函数微积分.

(2)本教材特别注意形异实同教学内容的统一化处理.例如，统一给出了六种极限过程的柯西收敛准则，对两种洛必达法则进行了统一的证明，统一处理了数量值函数积分的概念及性质.特别是对无穷积分和瑕积分，在介绍两者的概念、柯西准则、与无穷级数的关系、收敛性判定(比较判别法、柯西判别法、阿贝尔-狄利克雷判别法)时，均是统一化处理，节省篇幅且利于学生同时掌握两种反常积分.

(3)在教学内容的连贯性上，以有限过渡到无限为桥梁，将泰勒公式推广为泰勒级数展开，将有限个函数之和的求导运算推广为函数项级数的逐项求导公式，将有限个函数之和的积分运算推广为函数项级数的逐项积分公式.这样，学生可以领会到从有限推广到无限时所带来的便利和所面临的困难，以及如何克服这些困难.

2. 教材中融入了数学史，将微积分的重要概念与物理学、天文学、几何学的背景紧密结合，并适度回溯数学史上一些关键人物做出重大发现的轨迹. 例如，在介绍函数概念时，回溯了从伽利略、笛卡儿、伯努利、欧拉、柯西、狄利克雷一直到康托尔、豪斯道夫对函数定义的不断理解深刻的过程，了解如何产生现代意义上的函数定义；对导数、定积分等重要概念，也尽量说明其发展的历程，以及目前教科书中的通用定义的来源；在积分的应用——曲线弧长中，介绍了年轻荷兰数学家范·休莱特的杰出工作. 这样既激发了学生学习数学的兴趣，又能使学生逐步理解数学的本质以及数学研究的规律和途径.

3. 注重典型实例的引入，如在介绍初等函数时，介绍了悬链线和最速降线这两种曾在历史上备受瞩目的曲线，增加了教材的实用性与趣味性. 此外，还引入一些著名的反例，以帮助学生理解一些重要概念. 例如，通过介绍满足介值性但处处不连续的函数，学生可以领会连续性与介值性的差异；通过介绍范·德·瓦尔登的例子，证明了其处处连续处处不可导性，学生可以了解连续性与可导性的差异等.

4. 教材中增加了一些与现代数学或其他学科密切相关的拓展性内容，开拓学生的视野，例如介绍线性算子、连续复利、黎曼 ζ 函数等知识.

5. 本教材与国内一般的高等数学教材相比，保留了除近似计算外的全部内容，同时引入了现代数学思想，增加了实数的基本理论、一致连续、一致收敛、含参量积分等内容，强化了微积分的理论基础. 与国内一般的数学分析教材相比，则增加了工程应用中不可或缺的几何、代数与微分方程章节，同时减少了若干传统分析教材中复杂的论证，处理问题更加简洁高效，充分融入工程应用背景，适合工科特点.

本教材适合理工科（非数学专业）以及经济学、管理学等学科中对数学要求较高的专业使用，略去部分内容后，也适合一般工科专业的大一新生使用.

由于编者水平有限，书中的缺点、疏漏和错误在所难免，恳请读者批评指正.

编者

于南京航空航天大学

目　录

第 7 章

代数与几何初步

本章将介绍线性代数与空间解析几何的基本内容，为研究多元函数的微积分建立基础. 限于篇幅，本章的大部分结论略去证明.

7.1 向量代数　空间的平面和直线

1637 年，笛卡儿发表哲学著作《科学中正确运用理性和追求真理的方法论》（简称《方法论》），《几何学》作为附录之一发表. 其包含两个基本思想：一是用有序数对表示点的坐标；二是把互相关联的两个未知数的代数方程，看成平面上的一条曲线. 在笛卡儿的《几何学》发表以前，费马已经引进坐标，以一种统一的方式把几何问题翻译为代数的语言——方程，从而通过对方程的研究来揭示图形的几何性质.

笛卡儿和费马创立解析几何，沟通了数学中的数与形、代数与几何等最基本对象之间的联系，从此，代数与几何这两门学科互相吸取营养而得到迅速发展，并产生出许多新的学科，成为近代数学发展的重要源泉.

本节将从几何空间中的向量运算出发，用代数的方法研究空间的平面与直线.

7.1.1 几何空间中的向量及其运算

定义 7.1（向量） 既有大小又有方向的量，称为**向量**（或**矢量**），相应地，只有大小没有方向的量，称为**数量**（或**标量**）.

在几何上，往往用一条有向线段表示向量，其长度和方向分别表示向量的大小和方向，以 A 为起点 B 为终点的向量记作 $\overrightarrow{AB}$. 向量也可以用 $\vec{a},\vec{b},\vec{c},\cdots$ ㊀或黑体的希腊字母 $\boldsymbol{\alpha},\boldsymbol{\beta},\boldsymbol{\gamma},\cdots$ 来表示.

注 1 向量 $\overrightarrow{AB}$（或 $\boldsymbol{\alpha}$）的长度记作 $|\overrightarrow{AB}|$（或 $|\boldsymbol{\alpha}|$），也称为向量的**模**（或**范数**）. 长度为 1 的向量称为**单位向量**；长度为零的向量称为

㊀ 书写时这样表示.

零向量,记作 $\vec{0}$(或 $\mathbf{0}$). 零向量表示一个点,是唯一方向不确定的向量(或者说,零向量的方向是任意的).

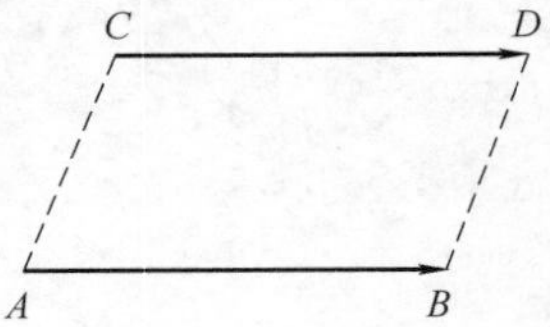

图 7-1

注 2 在本书中研究的向量,一般只考虑其大小和方向,与起点位置无关,这称为**自由向量**.(如图 7-1 平行四边形中 $\overrightarrow{AB}=\overrightarrow{CD}$)

如果两个向量 $\boldsymbol{\alpha}$ 和 $\boldsymbol{\beta}$ 的大小相等,方向相同,则称 $\boldsymbol{\alpha}$ 与 $\boldsymbol{\beta}$ 相等,记作 $\boldsymbol{\alpha}=\boldsymbol{\beta}$. 因此,平行移动后向量保持不变,将向量从起点平行移动至坐标原点,称为**向径**.

注 3 与向量 $\boldsymbol{\alpha}$ 大小相等、方向相反的向量 $\boldsymbol{\beta}$,称为 $\boldsymbol{\alpha}$ 的**负向量**,记作 $\boldsymbol{\beta}=-\boldsymbol{\alpha}$.

定义 7.2(向量的加法与数乘) 设 $\boldsymbol{\alpha}$、$\boldsymbol{\beta}$ 是两个向量,设 O 为二者共同的起点,$\boldsymbol{\alpha}=\overrightarrow{OA}$,$\boldsymbol{\beta}=\overrightarrow{OB}$,以 OA 和 OB 为邻边作平行四边形 $OACB$,则其对角线上的向量 $\boldsymbol{\gamma}=\overrightarrow{OC}$ 称为向量 $\boldsymbol{\alpha}$,$\boldsymbol{\beta}$ 的和,记作 $\boldsymbol{\gamma}=\boldsymbol{\alpha}+\boldsymbol{\beta}$,称为**向量加法**;若 k 为实数,向量 $k\boldsymbol{\alpha}$ 称为 k 与 $\boldsymbol{\alpha}$ 的**数乘**,其大小 $|k\boldsymbol{\alpha}|=|k|\cdot|\boldsymbol{\alpha}|$,方向与 $\boldsymbol{\alpha}$ 相同(当 $k>0$)或相反(当 $k<0$),若 $k=0$,则向量 $k\boldsymbol{\alpha}$ 为零向量(见图 7-2).

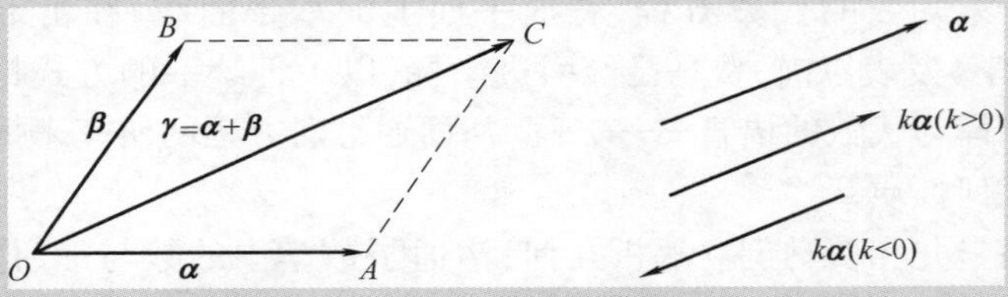

图 7-2 向量的加法与数乘

注 1 上述定义中的向量加法称为平行四边形法则,其等价于如下的三角形法则:$\boldsymbol{\alpha}=\overrightarrow{OA}$,$\boldsymbol{\beta}=\overrightarrow{AB}$,则 $\boldsymbol{\gamma}=\boldsymbol{\alpha}+\boldsymbol{\beta}=\overrightarrow{OB}$.(见图 7-3a,请读者自行证明)

注 2 通过向量加法可以定义向量的减法,其可以看作加法的逆运算:$\boldsymbol{\alpha}-\boldsymbol{\beta}=\boldsymbol{\alpha}+(-\boldsymbol{\beta})$,其中 $-\boldsymbol{\beta}$ 为 $\boldsymbol{\beta}$ 的负向量.(见图 7-3b)

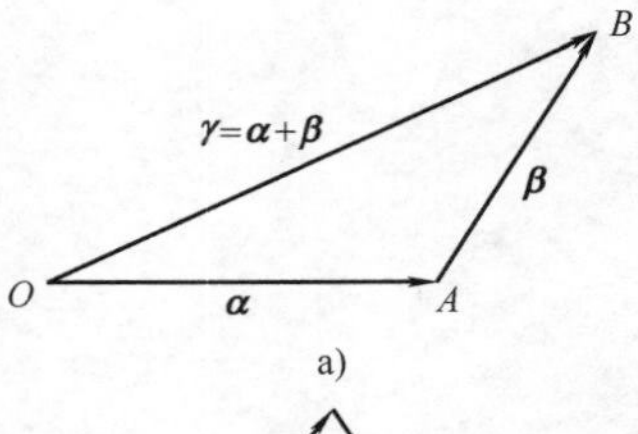

a)

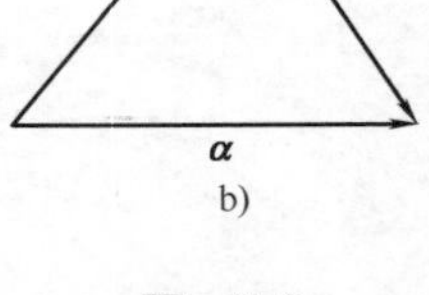

b)

图 7-3

注 3 -1 与任意向量 $\boldsymbol{\alpha}$ 的数乘即为 $\boldsymbol{\alpha}$ 的负向量,即

$$(-1)\boldsymbol{\alpha}=-\boldsymbol{\alpha}.$$

注 4 与非零向量 $\boldsymbol{\alpha}$ 同方向的单位向量,记作 $\boldsymbol{\alpha}^0$,可看作 $\boldsymbol{\alpha}$ 长度的倒数与 $\boldsymbol{\alpha}$ 的数乘,即 $\boldsymbol{\alpha}^0=\dfrac{1}{|\boldsymbol{\alpha}|}\boldsymbol{\alpha}$.

定理 7.1 向量加法与数乘满足如下运算律($\boldsymbol{\alpha}$,$\boldsymbol{\beta}$,$\boldsymbol{\gamma}$ 为任意向量,k,l 为任意实数).

(1) 加法交换律:$\boldsymbol{\alpha}+\boldsymbol{\beta}=\boldsymbol{\beta}+\boldsymbol{\alpha}$;

(2) 加法结合律:$(\boldsymbol{\alpha}+\boldsymbol{\beta})+\boldsymbol{\gamma}=\boldsymbol{\alpha}+(\boldsymbol{\beta}+\boldsymbol{\gamma})$;

(3) 加法单位元(零向量):$\boldsymbol{\alpha}+\mathbf{0}=\boldsymbol{\alpha}$;

(4) 加法逆元素(负向量)与消去律:$\boldsymbol{\alpha}+(-\boldsymbol{\alpha})=(-\boldsymbol{\alpha})+\boldsymbol{\alpha}=$

$\mathbf{0}, \boldsymbol{\alpha}+\boldsymbol{\gamma}=\boldsymbol{\beta}+\boldsymbol{\gamma} \Rightarrow \boldsymbol{\alpha}=\boldsymbol{\beta}$;

(5) 数乘结合律:$k(l\boldsymbol{\alpha})=(kl)\boldsymbol{\alpha}$;

(6) 数乘分配律(对向量的加法):$k(\boldsymbol{\alpha}+\boldsymbol{\beta})=k\boldsymbol{\alpha}+k\boldsymbol{\beta}$;

(7) 数乘分配律(对数域的加法):$(k+l)\boldsymbol{\alpha}=k\boldsymbol{\alpha}+l\boldsymbol{\alpha}$;

(8) 数乘单位元(1 的数乘):$1\boldsymbol{\alpha}=\boldsymbol{\alpha}$.

(证明略)

注　若某集合的任意两个元素定义了加法运算,并和某数域的任意数定义了数乘运算,当满足定理 7.1 的 8 条运算律时,称该集合与数域为一**向量空间**,也称**线性空间**.

定义 7.3(向量的共线与共面)　当若干向量彼此方向相同或方向相反时,即当它们的起点移至同一点时,所有的终点都和公共起点在同一条直线上,则称这些向量**共线**(**或平行**);当若干向量平行于同一张平面,即当它们的起点移至同一点时,所有的终点都和公共起点在同一张平面上,则称这些向量**共面**.

注 1　两个向量 $\boldsymbol{\alpha},\boldsymbol{\beta}$ 共线的充要条件是:存在不全为零的实数 k,l,使得 $k\boldsymbol{\alpha}+l\boldsymbol{\beta}=\mathbf{0}$;若 $\boldsymbol{\alpha}$ 为非零向量,则向量 $\boldsymbol{\beta}$ 与 $\boldsymbol{\alpha}$ 共线的充要条件是:存在唯一确定的实数 k,使得 $\boldsymbol{\beta}=k\boldsymbol{\alpha}$;特别地,零向量被认为与任意向量共线.

注 2　三个向量 $\boldsymbol{\alpha},\boldsymbol{\beta},\boldsymbol{\gamma}$ 共面的充要条件是:存在不全为零的实数 k,l,m,使得

$$k\boldsymbol{\alpha}+l\boldsymbol{\beta}+m\boldsymbol{\gamma}=\mathbf{0}.$$

注 3　设向量 $\boldsymbol{\alpha},\boldsymbol{\beta}$ 不共线,则向量 $\boldsymbol{\gamma}$ 与 $\boldsymbol{\alpha},\boldsymbol{\beta}$ 共面的充要条件是:存在唯一确定的一对实数 k,l,使得 $\boldsymbol{\gamma}=k\boldsymbol{\alpha}+l\boldsymbol{\beta}$.

注 4　若三个向量 $\boldsymbol{\alpha},\boldsymbol{\beta},\boldsymbol{\gamma}$ 不共面,那么对空间中的任意向量 $\boldsymbol{\delta}$,存在唯一确定的一组实数 k,l,m,使得 $\boldsymbol{\delta}=k\boldsymbol{\alpha}+l\boldsymbol{\beta}+m\boldsymbol{\gamma}$.

定义 7.4(仿射坐标系与空间直角坐标系)　在空间中取定一点 O 及三个有次序的不共面的向量 $\boldsymbol{e}_1,\boldsymbol{e}_2,\boldsymbol{e}_3$,就构成一个**仿射坐标系**,$O$ 称为**坐标原点**,$\boldsymbol{e}_1,\boldsymbol{e}_2,\boldsymbol{e}_3$ 称为**坐标向量**或**基本向量**,简称**基**,$\boldsymbol{e}_1,\boldsymbol{e}_2,\boldsymbol{e}_3$ 所在的直线分别称为 x **轴**、y **轴**、z **轴**,统称为**坐标轴**;当 $\boldsymbol{e}_1,\boldsymbol{e}_2,\boldsymbol{e}_3$ 分别取为两两垂直且长度为 1 的单位向量时,一般用 $\boldsymbol{i},\boldsymbol{j},\boldsymbol{k}$ 表示,则上述仿射坐标系称为**空间直角坐标系**,记作 $Oxyz$.

注 1　三个向量 $\boldsymbol{e}_1,\boldsymbol{e}_2,\boldsymbol{e}_3$ 的方向,一般符合右手系,称为**右手仿射坐标系**(见图 7-4).

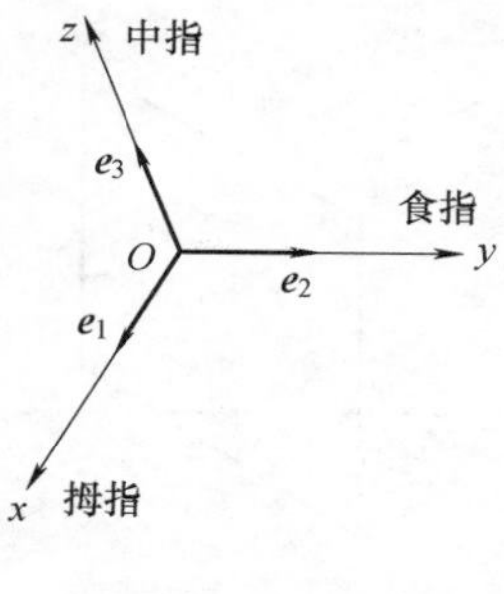

图 7-4　右手系

注 2　由定义 7.3 的注 4,对于空间中的任意向量 $\boldsymbol{\alpha}$,均存在唯一确定的一组实数 x,y,z,使得 $\boldsymbol{\alpha}=x\boldsymbol{i}+y\boldsymbol{j}+z\boldsymbol{k}$,将三元有序实数组 (x,y,z) 称为向量 $\boldsymbol{\alpha}$ 的**坐标**,向量 $\boldsymbol{\alpha}$ 可由其坐标唯一表示,故一般记 $\boldsymbol{\alpha}=(x,y,z)$.

设向量 $\boldsymbol{\alpha}=\overrightarrow{OM}$，即起点为坐标原点，终点为 M，则点 M 的坐标即为向量 $\boldsymbol{\alpha}$ 的坐标.

注 3 空间直角坐标系中的三个坐标轴（x 轴、y 轴、z 轴）决定了三个**坐标平面**，分别记作 xOy、yOz、zOx，它们将整个空间分为 8 部分，称为 8 个**卦限**（见图 7-5）. 请读者自行给出空间中的点在每个卦限时，其三个坐标的符号.

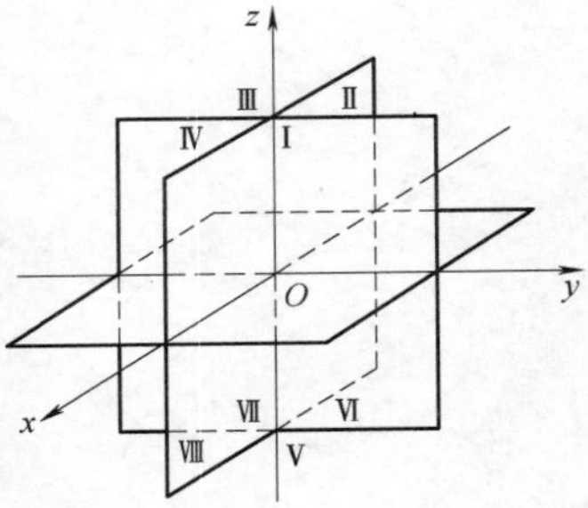

图 7-5

注 4 设向量 $\boldsymbol{\alpha}=\overrightarrow{OM}=(x,y,z)$，分别记过点 M 与坐标面平行的平面与 x 轴、y 轴、z 轴的交点为 A,B,C（见图 7-6），由勾股定理，可得**向量 $\boldsymbol{\alpha}$ 的长度**为

$$|\boldsymbol{\alpha}|=|OM|=\sqrt{|OA|^2+|OB|^2+|OC|^2}=\sqrt{x^2+y^2+z^2}.$$

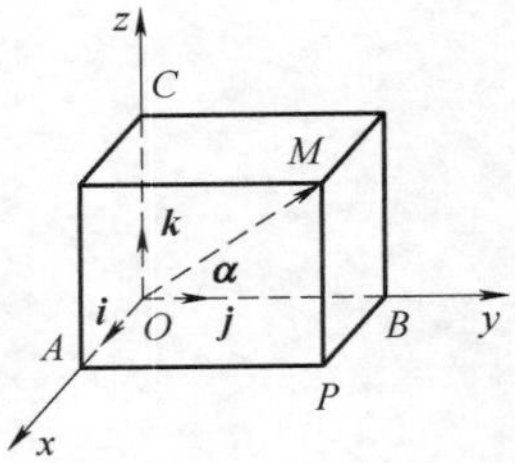

图 7-6

注 5 设向量 $\boldsymbol{\alpha}=x_1\boldsymbol{i}+y_1\boldsymbol{j}+z_1\boldsymbol{k}=(x_1,y_1,z_1)$，$\boldsymbol{\beta}=x_2\boldsymbol{i}+y_2\boldsymbol{j}+z_2\boldsymbol{k}=(x_2,y_2,z_2)$，则

$$\boldsymbol{\alpha}+\boldsymbol{\beta}=(x_1\boldsymbol{i}+y_1\boldsymbol{j}+z_1\boldsymbol{k})+(x_2\boldsymbol{i}+y_2\boldsymbol{j}+z_2\boldsymbol{k})=(x_1+x_2)\boldsymbol{i}+(y_1+y_2)\boldsymbol{j}+(z_1+z_2)\boldsymbol{k},$$

即 $\boldsymbol{\alpha}+\boldsymbol{\beta}=(x_1+x_2,y_1+y_2,z_1+z_2)$；

同样，有 $\boldsymbol{\alpha}-\boldsymbol{\beta}=(x_1-x_2,y_1-y_2,z_1-z_2)$.

对任意的实数 k，有

$$k\boldsymbol{\alpha}=k(x_1\boldsymbol{i}+y_1\boldsymbol{j}+z_1\boldsymbol{k})=(kx_1)\boldsymbol{i}+(ky_1)\boldsymbol{j}+(kz_1)\boldsymbol{k}$$

即 $k\boldsymbol{\alpha}=(kx_1,ky_1,kz_1)$.

若向量 $\boldsymbol{\alpha}=\overrightarrow{PQ}$，其中，点 P,Q 的坐标分别为 (x_1,y_1,z_1) 以及 (x_2,y_2,z_2)，由向量减法，有

$$\boldsymbol{\alpha}=\overrightarrow{PQ}=\overrightarrow{OQ}-\overrightarrow{OP}=(x_2,y_2,z_2)-(x_1,y_1,z_1)=(x_2-x_1,y_2-y_1,z_2-z_1).$$

定义 7.5（向量的夹角与方向余弦） 设 $\boldsymbol{\alpha},\boldsymbol{\beta}$ 是两个非零向量，$\boldsymbol{\alpha}=\overrightarrow{OA}$，$\boldsymbol{\beta}=\overrightarrow{OB}$，定义角 $\varphi=\angle AOB(0\leqslant\varphi\leqslant\pi)$ 为 $\boldsymbol{\alpha},\boldsymbol{\beta}$ 的夹角，记作 $\langle\boldsymbol{\alpha},\boldsymbol{\beta}\rangle$；在直角坐标系中，向量 $\boldsymbol{\alpha}$ 与三个坐标向量 $\boldsymbol{i},\boldsymbol{j},\boldsymbol{k}$ 的夹角 α，β,γ 称为向量 $\boldsymbol{\alpha}$ 的**方向角**，α,β,γ 的余弦称为向量 $\boldsymbol{\alpha}$ 的**方向余弦**.

注 1 若向量 $\boldsymbol{\alpha},\boldsymbol{\beta}$ 中有一个是零向量，则认为它们的夹角可以是 0 与 π 之间的任意值.

注 2 若向量 $\boldsymbol{\alpha}=(x,y,z)$，则 $\boldsymbol{\alpha}$ 的方向余弦有如下计算公式：

$$\cos\alpha=\frac{x}{\sqrt{x^2+y^2+z^2}},\cos\beta=\frac{y}{\sqrt{x^2+y^2+z^2}},\cos\gamma=\frac{z}{\sqrt{x^2+y^2+z^2}}.$$

显然，有 $\cos^2\alpha+\cos^2\beta+\cos^2\gamma=1$.

定义 7.6（向量的投影） 设轴 l 由单位向量 $\boldsymbol{\xi}$ 确定（见图 7-7），对任意非零向量 $\boldsymbol{\alpha}=\overrightarrow{OM}$，过点 M 作与轴 l 垂直的平面交 l 轴于 M'，称点 M' 为**点 M 在 l 轴的投影**，向量 $\overrightarrow{OM'}$ 称为**向量 $\boldsymbol{\alpha}$ 在 l 轴的投影向量**；若 $\overrightarrow{OM'}=k\boldsymbol{\xi}$，则称实数 k 为**向量 $\boldsymbol{\alpha}$ 在 l 轴的投影**，记作 $\mathrm{Prj}_l\boldsymbol{\alpha}$ 或 $\mathrm{Prj}_{\boldsymbol{\xi}}\boldsymbol{\alpha}$.

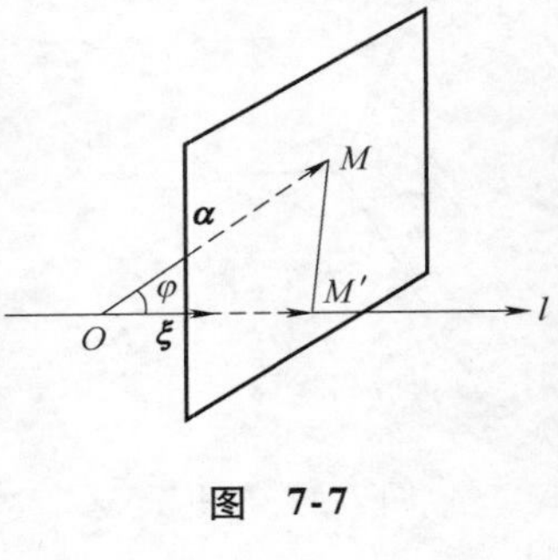

图 7-7

注1 若向量 $\boldsymbol{\alpha}=(x,y,z)$，则 $\boldsymbol{\alpha}$ 在三个坐标轴的投影恰好是 $\boldsymbol{\alpha}$ 的三个坐标，即

$$\mathrm{Prj}_x\boldsymbol{\alpha}=x,\mathrm{Prj}_y\boldsymbol{\alpha}=y,\mathrm{Prj}_z\boldsymbol{\alpha}=z.$$

注2 若向量 $\boldsymbol{\alpha}$ 与 l 轴的夹角为 φ，则 $\mathrm{Prj}_l\boldsymbol{\alpha}=|\boldsymbol{\alpha}|\cos\varphi$.

注3 向量的投影可以与向量的加法及数乘运算换序，即

$$\mathrm{Prj}_l(\boldsymbol{\alpha}+\boldsymbol{\beta})=\mathrm{Prj}_l\boldsymbol{\alpha}+\mathrm{Prj}_l\boldsymbol{\beta},\mathrm{Prj}_l(k\boldsymbol{\alpha})=k\,\mathrm{Prj}_l\boldsymbol{\alpha}.$$

上述注2和注3一般称为**投影定理**，证明请读者自行完成.

定义7.7（向量的数量积、向量积、混合积） 设 $\boldsymbol{\alpha},\boldsymbol{\beta},\boldsymbol{\gamma}$ 为三个向量；

（1）两个向量 $\boldsymbol{\alpha}$ 与 $\boldsymbol{\beta}$ 的**数量积**为一实数，记作 $\boldsymbol{\alpha}\cdot\boldsymbol{\beta}$，等于 $\boldsymbol{\alpha}$ 与 $\boldsymbol{\beta}$ 的长度与其夹角余弦的乘积，即 $\boldsymbol{\alpha}\cdot\boldsymbol{\beta}=|\boldsymbol{\alpha}|\cdot|\boldsymbol{\beta}|\cdot\cos\langle\boldsymbol{\alpha},\boldsymbol{\beta}\rangle$，数量积也称为**点积**或**内积**；

（2）两个向量 $\boldsymbol{\alpha}$ 与 $\boldsymbol{\beta}$ 的**向量积**为一向量，记作 $\boldsymbol{\alpha}\times\boldsymbol{\beta}$，其模等于 $\boldsymbol{\alpha}$ 与 $\boldsymbol{\beta}$ 的长度与其夹角正弦的乘积，即 $|\boldsymbol{\alpha}\times\boldsymbol{\beta}|=|\boldsymbol{\alpha}|\cdot|\boldsymbol{\beta}|\cdot\sin\langle\boldsymbol{\alpha},\boldsymbol{\beta}\rangle$，其方向与 $\boldsymbol{\alpha},\boldsymbol{\beta}$ 均垂直，且三个向量 $\boldsymbol{\alpha},\boldsymbol{\beta},\boldsymbol{\alpha}\times\boldsymbol{\beta}$ 构成右手系，向量积也称为**叉积**或**外积**；

（3）三个向量 $\boldsymbol{\alpha},\boldsymbol{\beta},\boldsymbol{\gamma}$ 的**混合积**为一实数，记作 $(\boldsymbol{\alpha},\boldsymbol{\beta},\boldsymbol{\gamma})$，等于 $\boldsymbol{\alpha},\boldsymbol{\beta}$ 的向量积与 $\boldsymbol{\gamma}$ 的数量积，即 $(\boldsymbol{\alpha},\boldsymbol{\beta},\boldsymbol{\gamma})=(\boldsymbol{\alpha}\times\boldsymbol{\beta})\cdot\boldsymbol{\gamma}$.

注1 由定义7.6的注2，向量 $\boldsymbol{\alpha}$ 与 $\boldsymbol{\beta}$ 的数量积，等于 $\boldsymbol{\alpha}$ 在 $\boldsymbol{\beta}$ 所在轴的投影与 $\boldsymbol{\beta}$ 模的乘积，也等于 $\boldsymbol{\beta}$ 在 $\boldsymbol{\alpha}$ 所在轴的投影与 $\boldsymbol{\alpha}$ 模的乘积，即 $\boldsymbol{\alpha}\cdot\boldsymbol{\beta}=\mathrm{Prj}_{\beta}\boldsymbol{\alpha}\cdot|\boldsymbol{\beta}|=\mathrm{Prj}_{\alpha}\boldsymbol{\beta}\cdot|\boldsymbol{\alpha}|$；特别地，若 $\boldsymbol{\beta}$ 为单位向量，则 $\boldsymbol{\alpha}$ 与 $\boldsymbol{\beta}$ 的数量积等于 $\boldsymbol{\alpha}$ 在 $\boldsymbol{\beta}$ 所在轴的投影.

注2 若一物体在常力 $\boldsymbol{F}$ 的作用下做直线运动，产生位移为 $\boldsymbol{s}$，则常力 $\boldsymbol{F}$ 所做的功为 $\boldsymbol{F}$ 与 $\boldsymbol{s}$ 的数量积，即 $W=\boldsymbol{F}\cdot\boldsymbol{s}$.

注3 由三角形面积公式，向量 $\boldsymbol{\alpha}$ 与 $\boldsymbol{\beta}$ 向量积的模，等于以 $\boldsymbol{\alpha}$ 和 $\boldsymbol{\beta}$ 为邻边的三角形面积的两倍，或以 $\boldsymbol{\alpha}$ 和 $\boldsymbol{\beta}$ 为邻边的平行四边形的面积.

注4 由平行六面体面积公式，向量 $\boldsymbol{\alpha},\boldsymbol{\beta},\boldsymbol{\gamma}$ 混合积的绝对值，等于以 $\boldsymbol{\alpha},\boldsymbol{\beta},\boldsymbol{\gamma}$ 为邻边的平行六面体的体积，或以 $\boldsymbol{\alpha},\boldsymbol{\beta},\boldsymbol{\gamma}$ 为邻边的三棱锥体积的六倍.

定理7.2 **设 $\boldsymbol{\alpha},\boldsymbol{\beta},\boldsymbol{\gamma}$ 为任意向量，则它们的数量积、向量积、混合积有如下性质：**

（1）（向量之间垂直、共线、共面的充要条件）

向量 $\boldsymbol{\alpha},\boldsymbol{\beta}$ 垂直的充要条件是它们的数量积为零，即 $\boldsymbol{\alpha}\perp\boldsymbol{\beta}\Leftrightarrow\boldsymbol{\alpha}\cdot\boldsymbol{\beta}=0$；

向量 $\boldsymbol{\alpha},\boldsymbol{\beta}$ 共线（平行）的充要条件是它们的向量积为零向量，即 $\boldsymbol{\alpha}/\!/\boldsymbol{\beta}\Leftrightarrow\boldsymbol{\alpha}\times\boldsymbol{\beta}=0$；

向量 $\boldsymbol{\alpha},\boldsymbol{\beta},\boldsymbol{\gamma}$ 共面的充要条件是它们的混合积为零，即 $\boldsymbol{\alpha},\boldsymbol{\beta},\boldsymbol{\gamma}$ 共面 $\Leftrightarrow(\boldsymbol{\alpha},\boldsymbol{\beta},\boldsymbol{\gamma})=0$.

(2)(交换律与反交换律)

$$\boldsymbol{\alpha}\cdot\boldsymbol{\beta}=\boldsymbol{\beta}\cdot\boldsymbol{\alpha},\boldsymbol{\alpha}\times\boldsymbol{\beta}=-(\boldsymbol{\beta}\times\boldsymbol{\alpha}),$$

$$(\boldsymbol{\alpha},\boldsymbol{\beta},\boldsymbol{\gamma})=(\boldsymbol{\beta},\boldsymbol{\gamma},\boldsymbol{\alpha})=(\boldsymbol{\gamma},\boldsymbol{\alpha},\boldsymbol{\beta}),(\boldsymbol{\alpha},\boldsymbol{\beta},\boldsymbol{\gamma})=-(\boldsymbol{\beta},\boldsymbol{\alpha},\boldsymbol{\gamma}).$$

(3)(对向量加法的分配律)

$$(\boldsymbol{\alpha}+\boldsymbol{\beta})\cdot\boldsymbol{\gamma}=\boldsymbol{\alpha}\cdot\boldsymbol{\gamma}+\boldsymbol{\beta}\cdot\boldsymbol{\gamma},(\boldsymbol{\alpha}+\boldsymbol{\beta})\times\boldsymbol{\gamma}=\boldsymbol{\alpha}\times\boldsymbol{\gamma}+\boldsymbol{\beta}\times\boldsymbol{\gamma}.$$

(4)(对数乘的结合与交换律)若 k 为实数,则

$$(k\boldsymbol{\alpha})\cdot\boldsymbol{\beta}=\boldsymbol{\alpha}\cdot(k\boldsymbol{\beta})=k(\boldsymbol{\alpha}\cdot\boldsymbol{\beta}),(k\boldsymbol{\alpha})\times\boldsymbol{\beta}=\boldsymbol{\alpha}\times(k\boldsymbol{\beta})=k(\boldsymbol{\alpha}\times\boldsymbol{\beta}),$$

$$(k\boldsymbol{\alpha},\boldsymbol{\beta},\boldsymbol{\gamma})=(\boldsymbol{\alpha},k\boldsymbol{\beta},\boldsymbol{\gamma})=(\boldsymbol{\alpha},\boldsymbol{\beta},k\boldsymbol{\gamma})=k(\boldsymbol{\alpha},\boldsymbol{\beta},\boldsymbol{\gamma}).$$

(5)(特殊向量的运算)$0,\boldsymbol{i},\boldsymbol{j},\boldsymbol{k}$ 分别为零向量及直角坐标系的三个坐标轴单位向量,则

$$\boldsymbol{0}\cdot\boldsymbol{\alpha}=0,\boldsymbol{0}\times\boldsymbol{\alpha}=\boldsymbol{0},\boldsymbol{\alpha}\cdot\boldsymbol{\alpha}=|\boldsymbol{\alpha}|^2,\boldsymbol{\alpha}\times\boldsymbol{\alpha}=\boldsymbol{0},$$

$$\boldsymbol{i}\cdot\boldsymbol{i}=\boldsymbol{j}\cdot\boldsymbol{j}=\boldsymbol{k}\cdot\boldsymbol{k}=1,\boldsymbol{i}\cdot\boldsymbol{j}=\boldsymbol{j}\cdot\boldsymbol{k}=\boldsymbol{k}\cdot\boldsymbol{i}=0,$$

$$\boldsymbol{i}\times\boldsymbol{j}=\boldsymbol{k},\boldsymbol{j}\times\boldsymbol{k}=\boldsymbol{i},\boldsymbol{k}\times\boldsymbol{i}=\boldsymbol{j},\boldsymbol{j}\times\boldsymbol{i}=-\boldsymbol{k},\boldsymbol{k}\times\boldsymbol{j}=-\boldsymbol{i},\boldsymbol{i}\times\boldsymbol{k}=-\boldsymbol{j}.$$

(证明略)

注 1 设向量 $\boldsymbol{\alpha}=x_1\boldsymbol{i}+y_1\boldsymbol{j}+z_1\boldsymbol{k}=(x_1,y_1,z_1)$,$\boldsymbol{\beta}=x_2\boldsymbol{i}+y_2\boldsymbol{j}+z_2\boldsymbol{k}=(x_2,y_2,z_2)$,则

$$\boldsymbol{\alpha}\cdot\boldsymbol{\beta}=(x_1\boldsymbol{i}+y_1\boldsymbol{j}+z_1\boldsymbol{k})\cdot(x_2\boldsymbol{i}+y_2\boldsymbol{j}+z_2\boldsymbol{k})=x_1x_2+y_1y_2+z_1z_2,$$

由此可得非零向量 $\boldsymbol{\alpha},\boldsymbol{\beta}$ 的夹角余弦计算公式:

$$\cos\langle\boldsymbol{\alpha},\boldsymbol{\beta}\rangle=\frac{\boldsymbol{\alpha}\cdot\boldsymbol{\beta}}{|\boldsymbol{\alpha}|\cdot|\boldsymbol{\beta}|}=\frac{x_1x_2+y_1y_2+z_1z_2}{\sqrt{x_1^2+y_1^2+z_1^2}\cdot\sqrt{x_2^2+y_2^2+z_2^2}}.$$

注 2 设向量 $\boldsymbol{\alpha}=x_1\boldsymbol{i}+y_1\boldsymbol{j}+z_1\boldsymbol{k}=(x_1,y_1,z_1)$,$\boldsymbol{\beta}=x_2\boldsymbol{i}+y_2\boldsymbol{j}+z_2\boldsymbol{k}=(x_2,y_2,z_2)$,则

$$\begin{aligned}\boldsymbol{\alpha}\times\boldsymbol{\beta}&=(x_1\boldsymbol{i}+y_1\boldsymbol{j}+z_1\boldsymbol{k})\times(x_2\boldsymbol{i}+y_2\boldsymbol{j}+z_2\boldsymbol{k})\\&=(y_1z_2-z_1y_2)\boldsymbol{i}+(z_1x_2-x_1z_2)\boldsymbol{j}+(x_1y_2-y_1x_2)\boldsymbol{k}\\&=(y_1z_2-z_1y_2,z_1x_2-x_1z_2,x_1y_2-y_1x_2).\end{aligned}$$

注 3 设向量 $\boldsymbol{\alpha}=x_1\boldsymbol{i}+y_1\boldsymbol{j}+z_1\boldsymbol{k}$,$\boldsymbol{\beta}=x_2\boldsymbol{i}+y_2\boldsymbol{j}+z_2\boldsymbol{k}$,$\boldsymbol{\gamma}=x_3\boldsymbol{i}+y_3\boldsymbol{j}+z_3\boldsymbol{k}$,则

$$\begin{aligned}(\boldsymbol{\alpha},\boldsymbol{\beta},\boldsymbol{\gamma})&=(\boldsymbol{\alpha}\times\boldsymbol{\beta})\cdot\boldsymbol{\gamma}\\&=[(y_1z_2-z_1y_2)\boldsymbol{i}+(z_1x_2-x_1z_2)\boldsymbol{j}+(x_1y_2-y_1x_2)\boldsymbol{k}]\cdot\\&\quad(x_3\boldsymbol{i}+y_3\boldsymbol{j}+z_3\boldsymbol{k})\\&=x_1y_2z_3+y_1z_2x_3+z_1x_2y_3-z_1y_2x_3-y_1x_2z_3-x_1z_2y_3.\end{aligned}$$

引入行列式,可以简化注 2 和注 3 中关于向量积与混合积的坐标表示形式. 关于行列式的概念将在 7.2 节正式介绍,下面只给出二阶与三阶行列式的定义.

定义 7.8(二阶与三阶行列式) 4 个实数 $a_{ij}(i,j=1,2)$ 排列成形式 $\begin{vmatrix}a_{11}&a_{12}\\a_{21}&a_{22}\end{vmatrix}$ 的记号,称为**二阶行列式**,表示一个实数,其值为

$$\begin{vmatrix} a_{11} & a_{12} \\ a_{21} & a_{22} \end{vmatrix} = a_{11}a_{22} - a_{12}a_{21};$$

9 个实数 $a_{ij}(i,j=1,2,3)$ 排列成形式为 $\begin{vmatrix} a_{11} & a_{12} & a_{13} \\ a_{21} & a_{22} & a_{23} \\ a_{31} & a_{32} & a_{33} \end{vmatrix}$ 的记号，称为**三阶行列式**，表示一个实数，其值为

$$\begin{vmatrix} a_{11} & a_{12} & a_{13} \\ a_{21} & a_{22} & a_{23} \\ a_{31} & a_{32} & a_{33} \end{vmatrix} = a_{11}a_{22}a_{33} + a_{12}a_{23}a_{31} + a_{13}a_{21}a_{32} - a_{11}a_{23}a_{32} - a_{12}a_{21}a_{33} - a_{13}a_{22}a_{31}.$$

注 1　二阶行列式为两项之差，可看作左上角到右下角对角线（称为**主对角线**）元素的乘积与右上角到左下角对角线（称为**辅对角线**）元素的乘积之差；

注 2　三阶行列式为六项的代数和，每一项均为行列式中不同行、不同列的三个元素的乘积，其中主对角线上以及与主对角线平行的线（如图 7-8 实线表示）上元素的乘积取正号，辅对角线上以及与辅对角线平行的线（如图 7-8 虚线表示）上元素的乘积取负号.

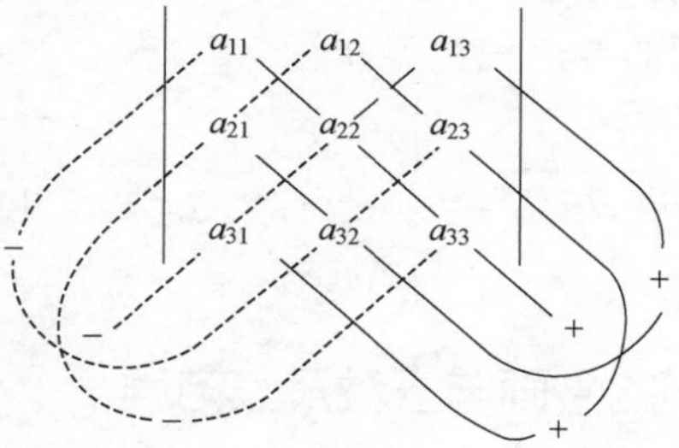

图　7-8

注 3　设向量 $\boldsymbol{\alpha} = x_1\boldsymbol{i} + y_1\boldsymbol{j} + z_1\boldsymbol{k}$，$\boldsymbol{\beta} = x_2\boldsymbol{i} + y_2\boldsymbol{j} + z_2\boldsymbol{k}$，则

$$\boldsymbol{\alpha} \times \boldsymbol{\beta} = \begin{vmatrix} y_1 & z_1 \\ y_2 & z_2 \end{vmatrix}\boldsymbol{i} + \begin{vmatrix} z_1 & x_1 \\ z_2 & x_2 \end{vmatrix}\boldsymbol{j} + \begin{vmatrix} x_1 & y_1 \\ x_2 & y_2 \end{vmatrix}\boldsymbol{k} = \begin{vmatrix} \boldsymbol{i} & \boldsymbol{j} & \boldsymbol{k} \\ x_1 & y_1 & z_1 \\ x_2 & y_2 & z_2 \end{vmatrix}.$$

结合定理 7.2 的性质（1），可得 $\boldsymbol{\alpha}$，$\boldsymbol{\beta}$ 共线（平行）的充要条件是 $\frac{x_1}{x_2} = \frac{y_1}{y_2} = \frac{z_1}{z_2}$.（连等式中分母为零，则分子亦为零，此式与定义 7.3 的注 1 中的结论吻合）

注 4　设向量 $\boldsymbol{\alpha} = x_1\boldsymbol{i} + y_1\boldsymbol{j} + z_1\boldsymbol{k}$，$\boldsymbol{\beta} = x_2\boldsymbol{i} + y_2\boldsymbol{j} + z_2\boldsymbol{k}$，$\boldsymbol{\gamma} = x_3\boldsymbol{i} + y_3\boldsymbol{j} + z_3\boldsymbol{k}$，则

$$(\boldsymbol{\alpha},\boldsymbol{\beta},\boldsymbol{\gamma})=\begin{vmatrix} x_1 & y_1 & z_1 \\ x_2 & y_2 & z_2 \\ x_3 & y_3 & z_3 \end{vmatrix}.$$

例 7.1 设 $\boldsymbol{\alpha}+\boldsymbol{\beta}+\boldsymbol{\gamma}=\boldsymbol{0}$,证明:

(1) $\boldsymbol{\alpha}\cdot\boldsymbol{\beta}+\boldsymbol{\beta}\cdot\boldsymbol{\gamma}+\boldsymbol{\gamma}\cdot\boldsymbol{\alpha}=\frac{1}{2}(|\boldsymbol{\alpha}|^2+|\boldsymbol{\beta}|^2+|\boldsymbol{\gamma}|^2)$;

(2) $\boldsymbol{\alpha}\times\boldsymbol{\beta}=\boldsymbol{\beta}\times\boldsymbol{\gamma}=\boldsymbol{\gamma}\times\boldsymbol{\alpha}$.

证 (1) 在等式 $\boldsymbol{\alpha}+\boldsymbol{\beta}+\boldsymbol{\gamma}=\boldsymbol{0}$ 两边依次与 $\boldsymbol{\alpha},\boldsymbol{\beta},\boldsymbol{\gamma}$ 做数量积,可得

$$\boldsymbol{\alpha}\cdot\boldsymbol{\alpha}+\boldsymbol{\beta}\cdot\boldsymbol{\alpha}+\boldsymbol{\gamma}\cdot\boldsymbol{\alpha}=0,\boldsymbol{\alpha}\cdot\boldsymbol{\beta}+\boldsymbol{\beta}\cdot\boldsymbol{\beta}+\boldsymbol{\gamma}\cdot\boldsymbol{\beta}=0,\boldsymbol{\alpha}\cdot\boldsymbol{\gamma}+\boldsymbol{\beta}\cdot\boldsymbol{\gamma}+\boldsymbol{\gamma}\cdot\boldsymbol{\gamma}=0.$$

三式相加并移项,得

$$\boldsymbol{\alpha}\cdot\boldsymbol{\beta}+\boldsymbol{\beta}\cdot\boldsymbol{\gamma}+\boldsymbol{\gamma}\cdot\boldsymbol{\alpha}=\frac{1}{2}(|\boldsymbol{\alpha}|^2+|\boldsymbol{\beta}|^2+|\boldsymbol{\gamma}|^2).$$

(2) 类似地,在等式 $\boldsymbol{\alpha}+\boldsymbol{\beta}+\boldsymbol{\gamma}=\boldsymbol{0}$ 两边依次与 $\boldsymbol{\alpha},\boldsymbol{\beta}$ 做向量积,可得

$$\boldsymbol{\alpha}\times\boldsymbol{\alpha}+\boldsymbol{\beta}\times\boldsymbol{\alpha}+\boldsymbol{\gamma}\times\boldsymbol{\alpha}=\boldsymbol{0},\boldsymbol{\alpha}\times\boldsymbol{\beta}+\boldsymbol{\beta}\times\boldsymbol{\beta}+\boldsymbol{\gamma}\times\boldsymbol{\beta}=\boldsymbol{0},$$

可得 $\boldsymbol{\alpha}\times\boldsymbol{\beta}=\boldsymbol{\beta}\times\boldsymbol{\gamma}=\boldsymbol{\gamma}\times\boldsymbol{\alpha}$.

例 7.2 求四点 $P_i(x_i,y_i,z_i)(i=1,2,3,4)$ 共面的充要条件.

解 四点 P_1,P_2,P_3,P_4 共面等价于三个向量 $\overrightarrow{P_1P_2},\overrightarrow{P_1P_3},\overrightarrow{P_1P_4}$ 共面,等价于三者的混合积为零,即

$$(\overrightarrow{P_1P_2},\overrightarrow{P_1P_3},\overrightarrow{P_1P_4})=\begin{vmatrix} x_2-x_1 & y_2-y_1 & z_2-z_1 \\ x_3-x_1 & y_3-y_1 & z_3-z_1 \\ x_4-x_1 & y_4-y_1 & z_4-z_1 \end{vmatrix}=0.$$

7.1.2 空间中的平面与直线及其方程

几何空间中,如何确定一张平面?最简单的方法是给定一个点与一个非零向量,过该点且与给定非零向量垂直的平面是唯一确定的.那么如何确定一条直线呢?显然,过一点且与给定非零向量平行的直线也是唯一确定的.上述给定向量分别称为平面的**法向量**和直线的**方向向量**.

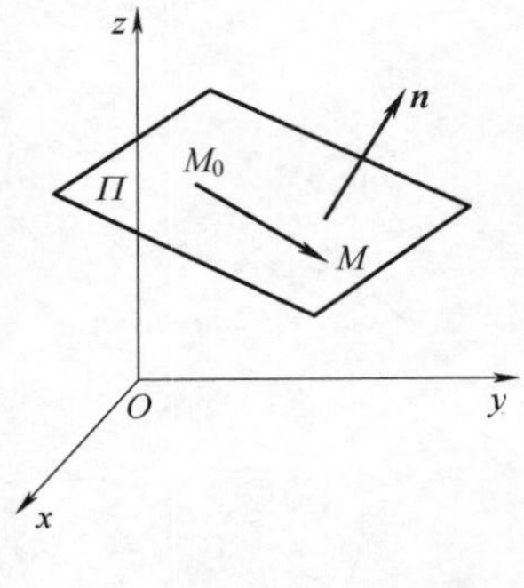

图 7-9

在平面坐标系中,设 $M_0(x_0,y_0,z_0)$ 为一定点,向量 $\boldsymbol{n}=(A,B,C)$.平面 Π 为过 M_0 点且以 $\boldsymbol{n}$ 为法向量的平面,设 $M(x,y,z)$ 为平面 Π 上任一点(如图 7-9 所示),则有 $\overrightarrow{M_0M}\perp\boldsymbol{n}$.由定理 7.2 的性质(1),可得

$$\overrightarrow{M_0M}\cdot\boldsymbol{n}=0,$$

即 $A(x-x_0)+B(y-y_0)+C(z-z_0)=0$,称此为平面 Π 的**点法式方程**.

点法式方程去括号化简后,可得 $Ax+By+Cz+D=0$,其中,$D=$

$-x_0-y_0-z_0$，称为平面 Π 的**一般式方程**. 因此，空间平面是和三元一次方程一一对应的，由三元一次方程中 x,y,z 的系数构造成的向量即为空间平面的法向量.

利用一般式方程 $\Pi:Ax+By+Cz+D=0$，可以讨论一些特殊位置平面的特性：

（1）若 $D=0$，则平面 Π 经过坐标原点；

（2）若 $A=0$，则平面 Π 与 x 轴平行，同样，B,C 为零时，平面 Π 分别与 y,z 轴平行；

（3）若 $A=B=0$，则平面 Π 与坐标面 xOy 平行（即与 z 轴垂直），同样，当 $B=C=0$ 或 $A=C=0$ 时，平面 Π 分别与坐标面 yOz，zOx 平行（即分别与 x,y 轴垂直）.

设空间中有不在一条直线上的三个点 $P_i(x_i,y_i,z_i)(i=1,2,3)$，则它们完全确定一张平面 Π. 对于空间中任一点 $M(x,y,z)$，显然其在平面 Π 上的充要条件是 M 与 P_1,P_2,P_3 这四个点共面，根据例7.2，可得

$$\begin{vmatrix} x-x_1 & y-y_1 & z-z_1 \\ x_2-x_1 & y_2-y_1 & z_2-z_1 \\ x_3-x_1 & y_3-y_1 & z_3-z_1 \end{vmatrix}=0.$$

此即为平面的**三点式方程**.

若平面 $\Pi:Ax+By+Cz+D=0$ 不经过坐标原点且与三个坐标轴都相交，则 A,B,C,D 均不为零，则平面 Π 的方程可以写成

$$\Pi:\frac{x}{a}+\frac{y}{b}+\frac{z}{c}=1,$$

其中，$a=-\dfrac{A}{D},b=-\dfrac{B}{D},c=-\dfrac{C}{D}$为平面在三个坐标轴上的截距，称上式为平面的**截距式方程**.

对于平面 $\Pi_1:A_1x+B_1y+C_1z+D_1=0$ 和 $\Pi_2:A_2x+B_2y+C_2z+D_2=0$，二者的夹角 θ 定义在0到 $\pi/2$ 之间，它的余弦相当于两平面法向量 $\boldsymbol{n}_1$ 和 $\boldsymbol{n}_2$ 夹角余弦的绝对值，即

$$\cos\theta=|\cos\langle\boldsymbol{n}_1,\boldsymbol{n}_2\rangle|=\frac{|A_1A_2+B_1B_2+C_1C_2|}{\sqrt{A_1^2+B_1^2+C_1^2}\cdot\sqrt{A_2^2+B_2^2+C_2^2}}.$$

进一步，可以利用平面 Π_1,Π_2 的法向量 $\boldsymbol{n}_1$ 和 $\boldsymbol{n}_2$ 来确定平面 Π_1,Π_2 的位置关系，具体如下：

（1）Π_1，Π_2 **平行**（包括重合）的充要条件是 $\boldsymbol{n}_1$ 和 $\boldsymbol{n}_2$ 共线，即 $\dfrac{A_1}{A_2}=\dfrac{B_1}{B_2}=\dfrac{C_1}{C_2}$；特别地，$\Pi_1,\Pi_2$ **平行但不重合**的充要条件是：$\dfrac{A_1}{A_2}=\dfrac{B_1}{B_2}=\dfrac{C_1}{C_2}\neq\dfrac{D_1}{D_2}$，$\Pi_1,\Pi_2$ **重合**的充要条件是：$\dfrac{A_1}{A_2}=\dfrac{B_1}{B_2}=\dfrac{C_1}{C_2}=\dfrac{D_1}{D_2}$.

（2）Π_1,Π_2 **相交**的充要条件是 $\boldsymbol{n}_1$ 和 $\boldsymbol{n}_2$ 不共线，即 $A_1:B_1:C_1\neq A_2:B_2:C_2$.

(3) Π_1,Π_2 **垂直**的充要条件是 $\boldsymbol{n}_1$ 和 $\boldsymbol{n}_2$ 垂直，即 $A_1A_2+B_1B_2+C_1C_2=0$.

下面考虑空间中直线的方程. 在平面坐标系中，设 $M_0(x_0,y_0,z_0)$ 为一定点，向量为 $\boldsymbol{s}=(m,n,p)$，L 为过 M_0 点且以 $\boldsymbol{s}$ 为方向向量的直线. $M(x,y,z)$ 为直线 L 上任一点，则 $\overrightarrow{M_0M}/\!/\boldsymbol{s}$. 由定义 7.8 注 3，可得

$$\frac{x-x_0}{m}=\frac{y-y_0}{n}=\frac{z-z_0}{p},$$

称上式为直线 L 的**标准方程**(或**对称式方程**，或**点向式方程**). 若 m,n,p 中有一个为零，例如 $m=0$，$n,p\neq 0$，则上述方程理解为 $\begin{cases}x=x_0,\\ \dfrac{y-y_0}{n}=\dfrac{z-z_0}{p},\end{cases}$ 若 m,n,p 中有两个为零，例如 $m=n=0$，则上述方程理解为 $\begin{cases}x=x_0,\\ y=y_0.\end{cases}$

若令 $\dfrac{x-x_0}{m}=\dfrac{y-y_0}{n}=\dfrac{z-z_0}{p}=t$，则 $\begin{cases}x=x_0+mt,\\ y=y_0+nt,\\ z=z_0+pt,\end{cases}$ 称此式为直线 L 的**参数式方程**. 如果给定空间中的两个点 $M_1=(x_1,y_1,z_1)$，$M_2=(x_2,y_2,z_2)$，则过 M_1,M_2 的直线 L 可以表示为

$$\frac{x-x_1}{x_2-x_1}=\frac{y-y_1}{y_2-y_1}=\frac{z-z_1}{z_2-z_1},$$

上式称为直线 L 的**两点式方程**.

一般地，任意一条直线都可以看作两张不平行平面的交线，这样可以将两个平面方程联立表示成一条直线，即

$$\begin{cases}A_1x+B_1y+C_1z+D_1=0,\\ A_2x+B_2y+C_2z+D_2=0.\end{cases}$$

其中，$A_1:B_1:C_1\neq A_2:B_2:C_2$，这称为直线 L 的**一般式方程**. 显然，该直线的方向向量与两个平面的法向量均垂直，故可以取为两个法向量的向量积，即 $\boldsymbol{s}=(m,n,p)$.

类似于平面的情形，两条直线 L_1：$\dfrac{x-x_1}{m_1}=\dfrac{y-y_1}{n_1}=\dfrac{z-z_1}{p_1}$ 和 L_2：$\dfrac{x-x_2}{m_2}=\dfrac{y-y_2}{n_2}=\dfrac{z-z_2}{p_2}$ 的夹角 φ 也定义在 0 到 $\dfrac{\pi}{2}$ 之间，它的余弦等于两个直线方向向量 $\boldsymbol{s}_1$ 和 $\boldsymbol{s}_2$ 夹角余弦的绝对值，即

$$\cos\varphi=|\cos\langle\boldsymbol{s}_1,\boldsymbol{s}_2\rangle|=\frac{|m_1m_2+n_1n_2+p_1p_2|}{\sqrt{m_1^2+n_1^2+p_1^2}\cdot\sqrt{m_2^2+n_2^2+p_2^2}}.$$

同样，可以利用 L_1,L_2 的法向量 $\boldsymbol{s}_1$ 和 $\boldsymbol{s}_2$ 来确定 L_1,L_2 的位置关系，具体如下：

(1) L_1,L_2 **平行**(包括重合)的充要条件是 $\boldsymbol{s}_1$ 和 $\boldsymbol{s}_2$ 共线,即$\frac{m_1}{m_2}=\frac{n_1}{n_2}=\frac{p_1}{p_2}$;特别地,$L_1,L_2$ **平行但不重合**的充要条件是:$m_1:n_1:p_1=m_2:n_2:p_2\neq x_2-x_1:y_2-y_1:z_2-z_1$,$L_1,L_2$ **重合**的充要条件是:$m_1:n_1:p_1=m_2:n_2:p_2=x_2-x_1:y_2-y_1:z_2-z_1$.

(2) L_1,L_2 **不平行**的充要条件是 $\boldsymbol{s}_1$ 和 $\boldsymbol{s}_2$ 不共线,即 $m_1:n_1:p_1\neq m_2:n_2:p_2$;注意到两条直线不平行包括相交或异面,这取决于 $\boldsymbol{s}_1,\boldsymbol{s}_2$ 是否与$\overrightarrow{M_1M_2}=(x_2-x_1,y_2-y_1,z_2-z_1)$共面:

L_1,L_2 **相交**的充要条件是 $m_1:n_1:p_1\neq m_2:n_2:p_2$ 且

$$\begin{vmatrix} x_2-x_1 & y_2-y_1 & z_2-z_1 \\ m_1 & n_1 & p_1 \\ m_2 & n_2 & p_2 \end{vmatrix}=0,$$

L_1,L_2 **异面**的充要条件是 $\begin{vmatrix} x_2-x_1 & y_2-y_1 & z_2-z_1 \\ m_1 & n_1 & p_1 \\ m_2 & n_2 & p_2 \end{vmatrix}\neq 0.$

(3) L_1,L_2 **垂直**的充要条件是 $\boldsymbol{s}_1$ 和 $\boldsymbol{s}_2$ 垂直,即

$$m_1m_2+n_1n_2+p_1p_2=0.$$

还可以继续考虑直线与平面的夹角及位置关系. 对于直线 $L:\frac{x-x_0}{m}=\frac{y-y_0}{n}=\frac{z-z_0}{p}$及平面 $\Pi:Ax+By+Cz+D=0$,夹角 ψ 定义在0到$\frac{\pi}{2}$之间,它的正弦等于 L 的方向向量 $\boldsymbol{s}$ 和 Π 的法向量 $\boldsymbol{n}$ 的夹角余弦的绝对值,即

$$\sin\psi=|\cos\langle\boldsymbol{s},\boldsymbol{n}\rangle|\frac{|mA+nB+pC|}{\sqrt{m^2+n^2+p^2}\cdot\sqrt{A^2+B^2+C^2}}.$$

利用 L 的方向向量 $\boldsymbol{s}$ 和 Π 的法向量 $\boldsymbol{n}$ 也可以确定 L 与 Π 的位置关系:

(1) L,Π **平行**(包括 L 在 Π 上)的充要条件是 $\boldsymbol{s}$ 和 $\boldsymbol{n}$ 垂直,即 $mA+nB+pC=0$;此时,若 $Ax_0+By_0+Cz_0+D=0$,则 L 在 Π 上,若 $Ax_0+By_0+Cz_0+D\neq 0$,则 L 不在 Π 上.

(2) L,Π **不平行**的充要条件是 $\boldsymbol{s}$ 和 $\boldsymbol{n}$ 不垂直,即 $mA+nB+pC\neq 0$.

(3) L,Π **垂直**的充要条件是 $\boldsymbol{s}$ 和 $\boldsymbol{n}$ 平行,即$\frac{m}{A}=\frac{n}{B}=\frac{p}{C}$.

例7.3　求过点(1,2,1),与直线 $L_1:\frac{x}{2}=y=-z$ 相交,且垂直于直线 $L_2:\frac{x-1}{3}=\frac{y}{2}=\frac{z+1}{1}$的直线方程.

解　设所求直线方程为$\frac{x-1}{m}=\frac{y-2}{n}=\frac{z-1}{p}$,它与 L_2 垂直,则有

$3m+2n+p=0$. 又因所求直线与 L_1 相交，则所求直线的法向量 (m,n,p) 与 L_1 的方向向量 $(2,1,-1)$ 及向量 $(1,2,1)$ 共面，即

$$\begin{vmatrix} m & n & p \\ 2 & 1 & -1 \\ 1 & 2 & 1 \end{vmatrix}=0,$$

可得 $3m-3n+3p=0$，联立解上面两个等式得 $m:n:p=-3:2:5$，故所求直线方程为

$$\frac{x-1}{-3}=\frac{y-2}{2}=\frac{z-1}{5}.$$

例 7.4 求过直线 $L_1:\dfrac{x-1}{1}=\dfrac{y-2}{0}=\dfrac{z-3}{-1}$ 且平行于直线 $L_2:\dfrac{x+2}{2}=\dfrac{y-1}{1}=\dfrac{z}{1}$ 的平面方程.

解 （解法一）设所求平面方程为

$$A(x-x_0)+B(y-y_0)+C(z-z_0)=0.$$

因为平面过 L_1，因此平面过点 $(1,2,3)$.

又平面过 L_1 且平行于 L_2，则平面的法向量 (A,B,C) 同时垂直于 L_1 和 L_2 的方向向量，因此满足 $\begin{cases} A-C=0, \\ 2A+B+C=0, \end{cases}$ 可得

$$A:B:C=1:(-3):1.$$

故所求平面方程为 $(x-1)-3(y-2)+(z-3)=0$，即

$$x-3y+z+2=0.$$

（解法二）直线 L_1 的一般式方程可写为 $\begin{cases} x+z-4=0, \\ y-2=0. \end{cases}$ 于是过 L_1 的平面具有如下形式：

$$\lambda(x+z-4)+\mu(y-2)=0.$$

其中，λ,μ 为任意实数，其法向量为 (λ,μ,λ). 由于该平面平行于 L_2，故

$$(\lambda,\mu,\lambda)\cdot(2,1,1)=3\lambda+\mu=0.$$

可取 $\lambda=1,\mu=-3$，则所求平面为 $x-3y+z+2=0$.

注 对于直线 $L:\begin{cases} A_1x+B_1y+C_1z+D_1=0, \\ A_2x+B_2y+C_2z+D_2=0, \end{cases}$ 方程

$$\lambda(A_1x+B_1y+C_1z+D_1)+\mu(A_2x+B_2y+C_2z+D_2)=0$$

表示了过直线 L 的所有平面方程（λ,μ 为任意实数），称为过直线 L 的**平面束**.

最后，考虑空间中点、线、面之间的距离问题.

定理 7.3（点面距离公式、点线距离公式、异面直线距离公式） **设 $M_0(x_0,y_0,z_0)$ 为空间中一点，$\Pi:Ax+By+Cz+D=0$ 为一平面，L_i：$\dfrac{x-x_i}{m_1}=\dfrac{y-y_i}{n_1}=\dfrac{z-z_i}{p_1}$ $(i=1,2)$ 为两条直线，记 $\boldsymbol{n}=(A,B,C)$，$M_i=$**

(x_i, y_i, z_i)，$\boldsymbol{s}_i = (m_i, n_i, p_i)$ $(i = 1, 2)$，则

(1) M_0 到 Π 的距离为$\dfrac{|Ax_0 + By_0 + Cz_0 + D|}{|\boldsymbol{n}|}$；

(2) M_0 到 L_1 的距离为$\dfrac{|\overrightarrow{M_0M_1} \times \boldsymbol{s}_1|}{|\boldsymbol{s}_1|}$；

(3) 当 L_1, L_2 异面时[即$(\boldsymbol{s}_1, \boldsymbol{s}_2, \overrightarrow{M_1M_2}) \neq \boldsymbol{0}$]，$L_1, L_2$ 的距离为$\dfrac{|(\boldsymbol{s}_1, \boldsymbol{s}_2, \overrightarrow{M_1M_2})|}{|\boldsymbol{s}_1 \times \boldsymbol{s}_2|}$.

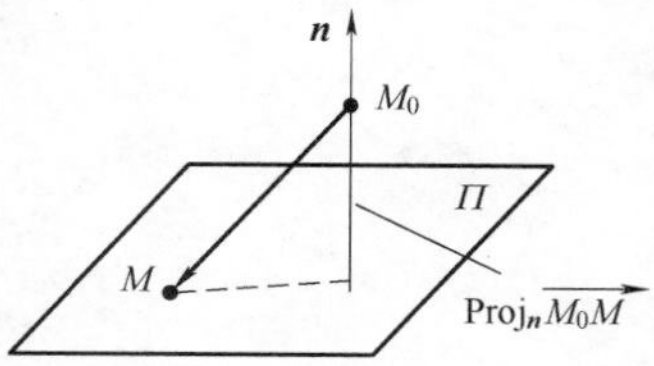

图　7-10

证　(1) 设 $M(x, y, z)$ 为平面 Π 上的任一点.

如图 7-10 所示，向量$\overrightarrow{M_0M} = (x - x_0, y - y_0, z - z_0)$在平面 Π 的法向量 $\boldsymbol{n} = (A, B, C)$ 上的投影$\mathrm{Proj}_{\boldsymbol{n}}\overrightarrow{M_0M}$的绝对值，就是 M_0 到 Π 的距离，即距离为

$$|\mathrm{Proj}_{\boldsymbol{n}}\overrightarrow{M_0M}| = \frac{|\boldsymbol{n} \cdot \overrightarrow{M_0M}|}{|\boldsymbol{n}|} = \frac{|A(x - x_0) + B(y - y_0) + C(z - z_0)|}{|\boldsymbol{n}|} = \frac{|Ax_0 + By_0 + Cz_0 + D|}{|\boldsymbol{n}|}.$$

(2) 对于直线 L_1 上的点 $M_1 = (x_1, y_1, z_1)$，设 N 为直线 L_1 上的点，使得$\overrightarrow{M_1N} = \boldsymbol{s}_1$.

如图 7-11 所示，以向量$\overrightarrow{M_1M_0}$和$\overrightarrow{M_1N}$为邻边的平行四边形的面积为$|\overrightarrow{M_0M_1} \times \boldsymbol{s}_1|$. M_0 到 L_1 的距离可以看作该平行四边形底边 M_1N 上的高，它等于面积除以底边长，因此距离为

$$\frac{|\overrightarrow{M_0M_1} \times \boldsymbol{s}_1|}{|\boldsymbol{s}_1|}.$$

(3) 若 L_1, L_2 异面，如图 7-12 所示，过 L_2 存在唯一的平面 Π_2 与 L_1 平行，过 L_1 也存在唯一的平面 Π_1 与 Π_2 垂直. P_2 为 L_2 与 Π_1 的交点，过 P_2 且与 Π_2 垂直的直线位于平面 Π_1 内，其与 L_1 的交点为 P_1. 这样 P_2P_1 即为 L_1, L_2 的公垂线段，其长度是 L_1, L_2 的距离.

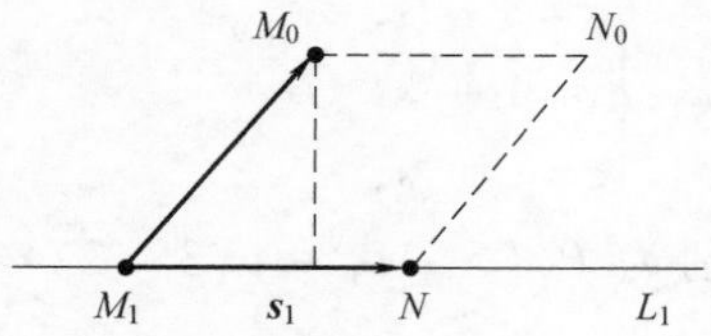

图　7-11

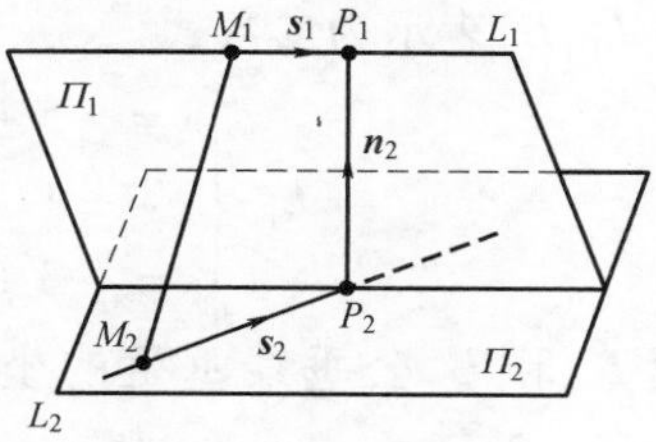

图　7-12

点 $M_i = (x_i, y_i, z_i)$ 位于直线 L_i $(i = 1, 2)$ 上，P_2P_1 的长度等于向量$\overrightarrow{M_1M_2}$在 Π_2 的法向量(即公垂线方向向量)$\boldsymbol{n}_2$ 上的投影的绝对值. 由于 $\boldsymbol{n}_2$ 同时垂直于 L_1, L_2，可取 $\boldsymbol{n}_2 = \boldsymbol{s}_1 \times \boldsymbol{s}_2$，因此 L_1, L_2 的距

离为

$$\left|\mathrm{Proj}_{\boldsymbol{n}_2}\overrightarrow{M_1M_2}\right| = \frac{\left|\boldsymbol{n}_2 \cdot \overrightarrow{M_1M_2}\right|}{\left|\boldsymbol{n}_2\right|} = \frac{\left|(\boldsymbol{s}_1 \times \boldsymbol{s}_2) \cdot \overrightarrow{M_1M_2}\right|}{\left|\boldsymbol{s}_1 \times \boldsymbol{s}_2\right|} = \frac{\left|(\boldsymbol{s}_1, \boldsymbol{s}_2, \overrightarrow{M_1M_2})\right|}{\left|\boldsymbol{s}_1 \times \boldsymbol{s}_2\right|}.$$

例 7.5 求直线 $L_1:\begin{cases}x-y=0,\\ z=0\end{cases}$ 与直线 $L_2:\dfrac{x-2}{4}=\dfrac{y-1}{-2}=\dfrac{z-3}{-1}$ 的距离.

解 首先,直线 L_1 的标准方程为 $\dfrac{x}{1}=\dfrac{y}{1}=\dfrac{z}{0}$,则 L_1,L_2 的方向向量分别为

$$\boldsymbol{s}_1=(1,1,0),\boldsymbol{s}_2=(4,-2,-1).$$

分别取 L_1 上的点 $M_1(0,0,0)$,L_2 上的点 $M_2(2,1,3)$,由于

$$(\boldsymbol{s}_1,\boldsymbol{s}_2,\overrightarrow{M_1M_2})=\begin{vmatrix}1 & 1 & 0\\ 4 & -2 & -1\\ 2 & 1 & 3\end{vmatrix}=-19\neq 0,$$

则 L_1,L_2 异面,由定理 7.3(3),L_1,L_2 的距离为

$$\frac{\left|(\boldsymbol{s}_1,\boldsymbol{s}_2,\overrightarrow{M_1M_2})\right|}{\left|\boldsymbol{s}_1\times\boldsymbol{s}_2\right|}=\frac{19}{\sqrt{38}}=\sqrt{\frac{19}{2}}.$$

例 7.6 已知直线 $L_1:\dfrac{x-5}{1}=\dfrac{y+1}{0}=\dfrac{z-3}{2}$ 与 $L_2:\dfrac{x-8}{2}=\dfrac{y-1}{-1}=\dfrac{z-1}{1}$,说明 L_1 和 L_2 异面并计算 L_1 和 L_2 公垂线垂足的坐标.

解 由直线方程知 $\boldsymbol{s}_1=(1,0,2)$,$\boldsymbol{s}_2=(2,-1,1)$,$M_1(5,-1,3)$,$M_2(8,1,1)$,由于

$$(\boldsymbol{s}_1,\boldsymbol{s}_2,\overrightarrow{M_1M_2})=\begin{vmatrix}1 & 0 & 2\\ 2 & -1 & 1\\ 3 & 2 & -2\end{vmatrix}=14\neq 0,$$

则 L_1,L_2 异面.

由于定理 7.3(3)并没有给出 L_1 和 L_2 公垂线垂足的坐标,为此将 L_1,L_2 表示为参数式

$$L_1:\begin{cases}x=5+t,\\ y=-1,\\ z=3+2t,\end{cases}\qquad L_2:\begin{cases}x=8+2s,\\ y=1-s,\\ z=1+s,\end{cases}$$

设 L_1 和 L_2 公垂线垂足的坐标分别为 $P_1(5+t,-1,3+2t)$,$P_2(8+2s,1-s,1+s)$,则有

$$\begin{cases}\overrightarrow{P_1P_2}\perp\boldsymbol{s}_1\Rightarrow\overrightarrow{P_1P_2}\cdot\boldsymbol{s}_1=0\Rightarrow 4s-5t-1=0\\ \overrightarrow{P_1P_2}\perp\boldsymbol{s}_2\Rightarrow\overrightarrow{P_1P_2}\cdot\boldsymbol{s}_2=0\Rightarrow 7s-4t+2=0\end{cases}\Rightarrow\begin{cases}t=-1,\\ s=-1.\end{cases}$$

于是 L_1 和 L_2 公垂线垂足的坐标分别为 $P_1(4,-1,1)$,$P_2(6,2,0)$.

习题 7.1

1. 设向量 $\boldsymbol{\alpha}=(2,2,1)$，$\boldsymbol{\beta}=(8,-4,1)$. 求与 $\boldsymbol{\alpha}$ 同方向的单位向量 $\boldsymbol{\alpha}^0$ 及 $\boldsymbol{\beta}$ 的方向余弦.
2. 设向量 $\boldsymbol{\alpha}=(1,1,-4)$，$\boldsymbol{\beta}=(2,-2,1)$. 求：(1) $\boldsymbol{\alpha}\cdot\boldsymbol{\beta}$；(2) $\boldsymbol{\alpha}$ 与 $\boldsymbol{\beta}$ 的夹角；(3) $\mathrm{Prj}_{\boldsymbol{\alpha}}\boldsymbol{\beta}$.
3. 设向量 $\boldsymbol{\alpha}=2\boldsymbol{i}-\boldsymbol{j}+\boldsymbol{k}$，$\boldsymbol{\beta}=\boldsymbol{i}+2\boldsymbol{j}-\boldsymbol{k}$. 求同时垂直于向量 $\boldsymbol{\alpha}$ 和 $\boldsymbol{\beta}$ 的单位向量.
4. 设向量 $\boldsymbol{\alpha}=a\boldsymbol{i}+5\boldsymbol{j}-\boldsymbol{k}$ 和 $\boldsymbol{\beta}=3\boldsymbol{i}+\boldsymbol{j}+b\boldsymbol{k}$ 共线，求 a,b.
5. 设向量 $\boldsymbol{\alpha},\boldsymbol{\beta},\boldsymbol{\gamma}$ 满足 $\boldsymbol{\alpha}\times\boldsymbol{\beta}+\boldsymbol{\beta}\times\boldsymbol{\gamma}+\boldsymbol{\gamma}\times\boldsymbol{\alpha}=\boldsymbol{0}$. 证明：$\boldsymbol{\alpha},\boldsymbol{\beta},\boldsymbol{\gamma}$ 共面.
6. 求过点 $M_1(3,-5,1)$ 与 $M_2(4,1,2)$，且与平面 $x-8y+3z-1=0$ 垂直的平面的方程.
7. 求过点 $M_1(2,-1,1)$ 与 $M_2(3,-2,1)$，且平行于 z 轴的平面方程.
8. 求与平面 $x+3y+2z=0$ 平行，且与三个坐标平面围成的四面体体积为 6 的平面方程.
9. 求过 x 轴且与点 $M(5,4,13)$ 相距 8 个单位的平面方程.
10. 用对称式及参数方程表示直线 $\begin{cases}x-y+z=1,\\2x+y+z=4.\end{cases}$
11. 求通过直线 $\begin{cases}3x-2y+2=0,\\x-2y-z+6=0\end{cases}$ 且与点 $(1,2,1)$ 的距离为 1 的平面方程.
12. 求通过直线 $\begin{cases}x+5y+z=0,\\x-z+4=0\end{cases}$ 且与平面 $x-4y-8z+12=0$ 夹角为 $\dfrac{\pi}{4}$ 的平面方程.
13. 求过点 $(1,0,-2)$ 且与平面 $3x+4y-z+6=0$ 平行，又与直线 $\dfrac{x-3}{1}=\dfrac{y+2}{4}=\dfrac{z}{1}$ 垂直的直线方程.
14. 求两相交直线 $l_1:\dfrac{x}{0}=\dfrac{y}{1}=\dfrac{z}{1}$ 与 $l_2:\dfrac{x}{1}=\dfrac{y}{0}=\dfrac{z}{1}$ 的交角的平分线方程.
15. 已知直线 $l_1:\dfrac{x}{1}=\dfrac{y}{-1}=\dfrac{z+1}{0}$，$l_2:\dfrac{x-1}{1}=\dfrac{y-1}{1}=\dfrac{z-1}{0}$. 证明：$l_1$ 与 l_2 为异面直线，并求 l_1 与 l_2 之间的距离及公垂线方程.

7.2 行列式 矩阵 线性方程组

在研究解线性方程组的过程中，逐渐产生了行列式、矩阵等概念. 在逻辑上，矩阵的概念应先于行列式的概念，但历史上却是相反.

行列式产生于17世纪末,1693年4月,莱布尼茨在写给洛必达的一封信中提到并使用了行列式,还给出方程组的系数行列式为零的条件.同时代的日本数学家关孝和(1642—1708)在其著作《解伏题元法》中也提出了行列式的概念与算法.1750年,瑞士数学家克拉默(G. Cramer,1704—1752)在其著作《线性代数分析导引》中,对行列式的定义和展开法则给出了比较完整、明确的阐述,并给出解线性方程组的克拉默法则.

在行列式的发展史上,第一个对行列式理论做出连贯的逻辑阐述,即把行列式理论与线性方程组求解相分离的人,是法国数学家范德蒙德(A-T. Vandermonde,1735—1796),他给出了用二阶子式和它们的余子式来展开行列式的法则.继范德蒙德之后,法国大数学家柯西在行列式的理论方面做出突出贡献,他在1815年给出了行列式的乘法定理,并第一个把行列式的元素排成方阵,采用双足标记法,并引进了行列式特征方程、相似行列式等概念.

继柯西之后,德国数学家雅可比(J. Jacobi,1804—1851)引进了函数行列式,即"雅可比行列式",指出函数行列式在多重积分的变量替换中的作用,给出了函数行列式的导数公式,其著名论文《论行列式的形成和性质》标志着行列式系统理论的确立.

率先把矩阵作为一个独立的数学概念提出来的,应该是英国数学家凯莱(A. Cayley,1821—1895).1858年,他发表论文《矩阵论的研究报告》,系统地阐述了关于矩阵的理论,定义了矩阵的相等、矩阵的运算法则、矩阵的转置以及矩阵的逆等一系列基本概念,指出了矩阵加法的可交换性与可结合性,给出了方阵的特征方程和特征根(特征值)等基本结果.

在矩阵论的发展史上,弗罗贝尼乌斯(G. Frobenius,1849—1917)的贡献不可磨灭.他讨论了最小多项式问题,引进了矩阵的秩、不变因子和初等因子、正交矩阵、矩阵的相似变换、合同矩阵等概念,以合乎逻辑的形式整理了不变因子和初等因子的理论,并讨论了正交矩阵与合同矩阵的一些重要性质.

在线性方程组的理论方面,瑞士数学家克拉默给出解线性方程组的克拉默法则之后,法国数学家贝祖(E. Bezout,1730—1783)证明了一元齐次线性方程组有非零解的条件是系数行列式等于零.19世纪,英国数学家史密斯(H. Smith)和道奇森(C-L. Dodgson)继续研究线性方程组理论,前者引进了方程组的增广矩阵和非增广矩阵的概念,后者证明了一元线性方程组相容的充要条件是系数矩阵和增广矩阵的秩相同.

在本节中,将介绍与行列式、矩阵、线性方程组相关的基本内容.由于篇幅所限,大部分结论都略去了证明.(读者可参阅文献[1]、[2])

7.2.1 行列式与矩阵的概念和性质

在 7.1.1 节定义 7.8 中，给出了二阶和三阶行列式，本节将讨论 n 阶行列式的定义及其性质. 首先，给出排列和逆序数的定义.

定义 7.9(排列与逆序数)　n 个自然数 $\{1,2,\cdots,n\}$ 组成的有序数组称为一个 n 阶(n 元)**排列**，一般记作 $j_1j_2\cdots j_n$. 在一个 n 阶排列 $j_1j_2\cdots j_n$ 中，任取一对数，如果较大的数排在较小的数之前，就称这对数构成一个**逆序**. 在一个排列中，它的逆序总数称为这个排列的**逆序数**，记作 $\sigma(j_1j_2\cdots j_n)$. 逆序数为奇数的排列称为**奇排列**，逆序数为偶数的排列称为**偶排列**.

注 1　n 阶排列一共有 $n!$ 种，若 $n>1$，则有 $\frac{n!}{2}$ 个奇排列，$\frac{n!}{2}$ 个偶排列.

注 2　在一个排列中，交换任意两个数的位置，而其余数不动(称之为原排列的**对换**)，则排列必改变奇偶性.

定义 7.10(n 阶行列式)　n^2 个数 $a_{ij}(i,j=1,2,\cdots,n)$ 排成 n 行 n 列的符号

$$\begin{vmatrix} a_{11} & a_{12} & \cdots & a_{1n} \\ a_{21} & a_{22} & \cdots & a_{2n} \\ \vdots & \vdots & & \vdots \\ a_{n1} & a_{n2} & \cdots & a_{nn} \end{vmatrix}$$

称为 n **阶行列式**，记作 D_n，它表示所有取自不同行不同列元素乘积的代数和，

$$D_n = \sum_{j_1j_2\cdots j_n} (-1)^{\sigma(j_1j_2\cdots j_n)} a_{1j_1}a_{2j_2}\cdots a_{nj_n}.$$

其中，$j_1j_2\cdots j_n$ 为 n 阶排列，$\sigma(j_1j_2\cdots j_n)$ 为其逆序数.

注 1　D_n 共包含 $n!$ 项，其中正负项各一半，$(-1)^{\sigma(j_1j_2\cdots j_n)}a_{1j_1}a_{2j_2}\cdots a_{nj_n}$ 称为行列式的**一般项**.

注 2　D_n 的行列互换后所得的行列式称为 D_n 的**转置行列式**，记作 D_n^{T}，此时有 $D_n^{\mathrm{T}}=D_n$. 因此，行列式中的行与列具有同等的地位，后面将只讨论行的性质(对列也同样成立).

注 3　将 D_n 中的 a_{ij} 所在的行与列都去掉后得到的 $n-1$ 阶行列式，称为 a_{ij} 的**余子式**，记作 M_{ij}，并称 $A_{ij}=(-1)^{i+j}M_{ij}$ 为 a_{ij} 的**代数余子式**. D_n 成立如下的**展开公式**：

$$\begin{aligned} D_n &= a_{i1}A_{i1}+a_{i2}A_{i2}+\cdots+a_{in}A_{in}, \quad i=1,2,\cdots,n, \\ &= a_{1j}A_{1j}+a_{2j}A_{2j}+\cdots+a_{nj}A_{nj}, \quad j=1,2,\cdots,n. \end{aligned}$$

即 n 阶行列式等于它任意一行(列)的所有元素与其代数余子式的乘积之和.

注 4 行列式的行(列)运算有如下性质:

(1) 任意两行(列)互换,行列式的值反号;

(2) 行列式某一行(列)有公因子 k,则可以将 k 提到行列式符号外;

(3) 将行列式某一行(列)的各元素的 k 倍加到另一行(列)的对应元素上,行列式的值不变;因此行列式中有两行(列)元素对应相等或成比例时,行列式等于零.

定义 7.11(矩阵) $m\times n$ 个数 $a_{ij}(i=1,2,\cdots,m;j=1,2,\cdots,n)$ 排成 m 行 n 列的数表

$$\boldsymbol{A}=\begin{bmatrix} a_{11} & a_{12} & \cdots & a_{1n} \\ a_{21} & a_{22} & \cdots & a_{2n} \\ \vdots & \vdots & & \vdots \\ a_{m1} & a_{m2} & \cdots & a_{mn} \end{bmatrix}$$

称为 $m\times n$ **矩阵**,可简记为 $\boldsymbol{A}=[a_{ij}]_{m\times n}$ 或 $\boldsymbol{A}=[a_{ij}]$,$\boldsymbol{A}=(a_{ij})_{m\times n}$,$\boldsymbol{A}=(a_{ij})$ 等.

注 1 $n\times n$ 矩阵 $\boldsymbol{A}$ 称为 n **阶方阵**,其元素组成的行列式记作 $|\boldsymbol{A}|$ 或 $\det \boldsymbol{A}$. 注意矩阵是一个数表,而行列式是一个算式,因此是一个数.

注 2 当 $m=1$ 时,矩阵称为**行矩阵**,当 $n=1$ 时,矩阵称为**列矩阵**,当矩阵的元素都为零时,称为**零矩阵**,记作 $\boldsymbol{O}$.

注 3 对于 n 阶方阵,从其左上角元素到右下角元素的连线,称为**主对角线**,主对角线上的元素称为**主对角元**;若方阵的非零元素只出现在主对角线及其上(右)方,则称为**上三角矩阵**,非零元素只出现在主对角线及其下(左)方,则称为**下三角矩阵**,非零元素只出现在主对角线上,则称为**对角矩阵**,元素都为 1 的对角矩阵称为**单位矩阵**,记作 $\boldsymbol{E}_n$ 或 $\boldsymbol{E}$.

定义 7.12(矩阵的运算)

(1) 设 $\boldsymbol{A}=(a_{ij})_{m\times n}$,$\boldsymbol{B}=(b_{ij})_{m\times n}$,则 $\boldsymbol{A}+\boldsymbol{B}=(a_{ij}+b_{ij})_{m\times n}$,称为矩阵的**和(加法)**;

(2) 设 $\boldsymbol{A}=(a_{ij})_{m\times n}$,$k$ 为常数,则 $k\boldsymbol{A}=(ka_{ij})_{m\times n}$,称为矩阵的**数乘**,一般记 $(-1)\boldsymbol{A}=-\boldsymbol{A}$,称为 $\boldsymbol{A}$ 的**负矩阵**;

(3) 设 $\boldsymbol{A}=(a_{ij})_{m\times s}$,$\boldsymbol{B}=(b_{ij})_{s\times n}$,则 $\boldsymbol{AB}=\left(\sum\limits_{k=1}^{s}a_{ik}b_{kj}\right)_{m\times n}$,称为矩阵的**积(乘法)**,若 $\boldsymbol{A}$ 为方阵,记 $\boldsymbol{AA}=\boldsymbol{A}^2$,一般地,$\boldsymbol{A}^n=\boldsymbol{A}\cdots\boldsymbol{A}$ (n 个 $\boldsymbol{A}$ 相乘),称为方阵 $\boldsymbol{A}$ 的**幂**;

(4) 设 $\boldsymbol{A}=(a_{ij})_{m\times n}$,则 $\boldsymbol{A}^{\mathrm{T}}=(a_{ji})_{n\times m}$,称为矩阵的**转置**.

注 1 矩阵加法和乘法是有条件的,矩阵加法要求两个矩阵的

行数、列数对应一致，矩阵乘法则要求后面矩阵的行数等于前面矩阵的列数.

注2　矩阵的加法和数乘满足如下运算律（设 $\boldsymbol{A},\boldsymbol{B},\boldsymbol{C}$ 都是 $m\times n$ 矩阵，k,l 为实数）.

（1）加法交换律：$\boldsymbol{A}+\boldsymbol{B}=\boldsymbol{B}+\boldsymbol{A}$；

（2）加法结合律：$(\boldsymbol{A}+\boldsymbol{B})+\boldsymbol{C}=\boldsymbol{A}+(\boldsymbol{B}+\boldsymbol{C})$；

（3）加法单位元（零矩阵）：$\boldsymbol{A}+\boldsymbol{O}=\boldsymbol{A}$；

（4）加法逆元素与消去律：$\boldsymbol{A}+(-\boldsymbol{A})=(-\boldsymbol{A})+\boldsymbol{A}=\boldsymbol{O}$，$\boldsymbol{A}+\boldsymbol{C}=\boldsymbol{B}+\boldsymbol{C}\Rightarrow\boldsymbol{A}=\boldsymbol{B}$；

（5）数乘结合律：$k(l\boldsymbol{A})=(kl)\boldsymbol{A}$；

（6）数乘分配律（对矩阵的加法）：$k(\boldsymbol{A}+\boldsymbol{B})=k\boldsymbol{A}+k\boldsymbol{B}$；

（7）数乘分配律（对数域的加法）：$(k+l)\boldsymbol{A}=k\boldsymbol{A}+l\boldsymbol{A}$；

（8）数乘单位元（1的数乘）：$1\boldsymbol{A}=\boldsymbol{A}$.

因此，所有的 $m\times n$ 矩阵构成一个向量空间（线性空间）（见7.1节定理7.1注）.

注3　矩阵乘法满足如下运算律（设所有运算都满足所需条件）.

（9）乘法结合律：$(\boldsymbol{AB})\boldsymbol{C}=\boldsymbol{A}(\boldsymbol{BC})$；

（10）数乘与乘法结合律：$k(\boldsymbol{AB})=(k\boldsymbol{A})\boldsymbol{B}=\boldsymbol{A}(k\boldsymbol{B})$；

（11）乘法分配律：$(\boldsymbol{A}+\boldsymbol{B})\boldsymbol{C}=\boldsymbol{AC}+\boldsymbol{BC}$，$\boldsymbol{A}(\boldsymbol{B}+\boldsymbol{C})=\boldsymbol{AB}+\boldsymbol{AC}$；

（12）乘法单位元（单位矩阵 $\boldsymbol{E}$ 的数乘）：$\boldsymbol{EA}=\boldsymbol{AE}=\boldsymbol{A}$.

注4　矩阵乘法不满足交换律和消去律，即在一般情况下 $\boldsymbol{AB}\neq\boldsymbol{BA}$，当 $\boldsymbol{AB}=\boldsymbol{BA}$ 时，称矩阵 $\boldsymbol{A},\boldsymbol{B}$ **可交换**；同样，一般情况下 $(\boldsymbol{AB})^k\neq\boldsymbol{A}^k\boldsymbol{B}^k$；由 $\boldsymbol{AB}=\boldsymbol{0}$，一般也不能推出 $\boldsymbol{A}=\boldsymbol{0}$ 或 $\boldsymbol{B}=\boldsymbol{0}$；由 $\boldsymbol{AB}=\boldsymbol{AC}$，一般也不能推出 $\boldsymbol{B}=\boldsymbol{C}$.

注5　若 $\boldsymbol{A}=\boldsymbol{A}^{\mathrm{T}}$，则称 $\boldsymbol{A}$ 是**对称矩阵**，若 $\boldsymbol{A}=-\boldsymbol{A}^{\mathrm{T}}$，则称 $\boldsymbol{A}$ 是**反对称矩阵**；矩阵转置满足如下运算律.

（1）$(\boldsymbol{A}^{\mathrm{T}})^{\mathrm{T}}=\boldsymbol{A}$；

（2）$(\boldsymbol{A}+\boldsymbol{B})^{\mathrm{T}}=\boldsymbol{A}^{\mathrm{T}}+\boldsymbol{B}^{\mathrm{T}}$，进而

$$(\boldsymbol{A}_1+\boldsymbol{A}_2+\cdots+\boldsymbol{A}_m)^{\mathrm{T}}=\boldsymbol{A}_1^{\mathrm{T}}+\boldsymbol{A}_2^{\mathrm{T}}+\cdots+\boldsymbol{A}_m^{\mathrm{T}};$$

（3）若 k 是任意常数，则 $(k\boldsymbol{A})^{\mathrm{T}}=k\boldsymbol{A}^{\mathrm{T}}$；

（4）$(\boldsymbol{AB})^{\mathrm{T}}=\boldsymbol{B}^{\mathrm{T}}\boldsymbol{A}^{\mathrm{T}}$，进而 $(\boldsymbol{A}_1\boldsymbol{A}_2\cdots\boldsymbol{A}_m)^{\mathrm{T}}=\boldsymbol{A}_m^{\mathrm{T}}\cdots\boldsymbol{A}_2^{\mathrm{T}}\boldsymbol{A}_1^{\mathrm{T}}$.

注6　若 $\boldsymbol{A},\boldsymbol{B}$ 是 n 阶方阵，则其行列式满足如下运算律：

（1）对任意常数 k，$|k\boldsymbol{A}|=k^n|\boldsymbol{A}|$；

（2）$|\boldsymbol{AB}|=|\boldsymbol{BA}|=|\boldsymbol{A}||\boldsymbol{B}|$，因此 $|\boldsymbol{A}^k|=|\boldsymbol{A}|^k$（行列式的**乘法定理**）；

（3）$|\boldsymbol{A}^{\mathrm{T}}|=|\boldsymbol{A}|$.

定义7.13（逆矩阵与伴随矩阵）　设 $\boldsymbol{A}$ 是 n 阶方阵，若存在 n 阶方阵 $\boldsymbol{B}$ 使得 $\boldsymbol{AB}=\boldsymbol{BA}=\boldsymbol{E}_n$，则称 $\boldsymbol{A}$ 是**可逆矩阵**，$\boldsymbol{B}$ 是 $\boldsymbol{A}$ 的**逆矩阵**；若 A_{ij} 为行列式 $|\boldsymbol{A}|$ 的元素 a_{ij} 的代数余子式，则称矩阵

$$A^{*}=\begin{bmatrix} A_{11} & A_{21} & \cdots & A_{n1} \\ A_{12} & A_{22} & \cdots & A_{n2} \\ \vdots & \vdots & & \vdots \\ A_{1n} & A_{2n} & \cdots & A_{nn} \end{bmatrix}$$

为矩阵 $\boldsymbol{A}$ 的**伴随矩阵**,也记作 adj $\boldsymbol{A}$.

注 1 $\boldsymbol{A}$ 是可逆矩阵的充要条件是 $|\boldsymbol{A}|\neq 0$,此时

$$\boldsymbol{A}^{-1}=\frac{1}{|\boldsymbol{A}|}\boldsymbol{A}^{*}.$$

注 2 若 $\boldsymbol{A},\boldsymbol{B}$ 是可逆矩阵,则

$$(k\boldsymbol{A})^{-1}=k\boldsymbol{A}^{-1}(k\neq 0),(\boldsymbol{A}^{-1})^{-1}=\boldsymbol{A},$$

$$|\boldsymbol{A}^{-1}|=\frac{1}{|\boldsymbol{A}|},(\boldsymbol{A}^{-1})^{*}=(\boldsymbol{A}^{*})^{-1},(\boldsymbol{AB})^{-1}=\boldsymbol{B}^{-1}\boldsymbol{A}^{-1}.$$

注 3 若 $\boldsymbol{A},\boldsymbol{B}$ 是 n 阶方阵,则

$$\boldsymbol{AA}^{*}=\boldsymbol{A}^{*}\boldsymbol{A}=|\boldsymbol{A}|\boldsymbol{E},(\boldsymbol{A}^{*})^{\mathrm{T}}=(\boldsymbol{A}^{\mathrm{T}})^{*},$$

$$|\boldsymbol{A}^{*}|=|\boldsymbol{A}|^{n-1},(k\boldsymbol{A})^{*}=k^{n-1}\boldsymbol{A}^{*},(\boldsymbol{AB})^{*}=\boldsymbol{B}^{*}\boldsymbol{A}^{*}.$$

定义 7.14(初等矩阵与初等变换) 如下的三种矩阵称为**初等矩阵**:

(1) $\boldsymbol{E}(i,j)=\begin{bmatrix} 1 & & & & & \\ & \ddots & & & & \\ & & 0 & & 1 & \\ & & & \ddots & & \\ & & 1 & & 0 & \\ & & & & & \ddots & \\ & & & & & & 1 \end{bmatrix}\begin{matrix} \\ \\ \cdots i \\ \\ \cdots j \\ \\ \\ \end{matrix}$ 称为**初等交换矩阵**;

(2) $\boldsymbol{E}(i(k))=\begin{bmatrix} 1 & & & & \\ & \ddots & & & \\ & & k & & \\ & & & \ddots & \\ & & & & 1 \end{bmatrix}\cdots i\,(k\neq 0)$ 称为**初等倍乘矩阵**;

(3) $\boldsymbol{E}(i,j(l))=\begin{bmatrix} 1 & & & & & & \\ & \ddots & & & & & \\ & & 1 & & l & & \\ & & & \ddots & & & \\ & & & & 1 & & \\ & & & & & \ddots & \\ & & & & & & 1 \end{bmatrix}\begin{matrix} \\ \\ \cdots i \\ \\ \cdots j \\ \\ \\ \end{matrix}$ (l 为常数)

称为**初等倍加矩阵**.

对 $m\times n$ 阶矩阵 $\boldsymbol{A}$ 做如下三种变换,称为 $\boldsymbol{A}$ 的**初等变换**:

(1) 交换 $\boldsymbol{A}$ 的 i,j 两行(两列)的位置;

(2) $\boldsymbol{A}$ 的第 i 行(列)乘常数 k;

(3) $\boldsymbol{A}$ 的第 i 行(列)的 l 倍加在第 j 行(列)上.

注 1　对 $m\times n$ 阶矩阵 $\boldsymbol{A}$ 做一次初等行(列)变换,相当于在 $\boldsymbol{A}$ 的左(右)边乘一个相应的 m 阶(n 阶)初等矩阵. 具体如下:

(1) $\boldsymbol{E}(i,j)\boldsymbol{A}$ 相当于交换 $\boldsymbol{A}$ 的 i,j 两行;

(2) $\boldsymbol{AE}(i,j)$ 相当于交换 $\boldsymbol{A}$ 的 i,j 两列;

(3) $\boldsymbol{E}(i(k))\boldsymbol{A}$ 相当于 $\boldsymbol{A}$ 的第 i 行乘常数 k;

(4) $\boldsymbol{AE}(i(k))$ 相当于 $\boldsymbol{A}$ 的第 i 列乘常数 k;

(5) $\boldsymbol{E}(i,j(l))\boldsymbol{A}$ 相当于 $\boldsymbol{A}$ 的第 i 行的 l 倍加在第 j 行上;

(6) $\boldsymbol{AE}(i,j(l))$ 相当于 $\boldsymbol{A}$ 的第 i 列的 l 倍加在第 j 列上.

注 2　初等矩阵都是可逆矩阵,它们的转置与逆运算,成立如下结论:

$$\boldsymbol{E}(i,j)^{\mathrm{T}}=\boldsymbol{E}(i,j)^{-1}=\boldsymbol{E}(i,j),\boldsymbol{E}(i(k))^{\mathrm{T}}=\boldsymbol{E}(i(k)),\boldsymbol{E}(i(k))^{-1}=\boldsymbol{E}\left(i\left(\frac{1}{k}\right)\right),$$

$$\boldsymbol{E}(i,j(l))^{\mathrm{T}}=\boldsymbol{E}(j,i(l)),\boldsymbol{E}(i,j(l))^{-1}=\boldsymbol{E}(i,j(-l)).$$

注 3　设 $\boldsymbol{P}$ 是 n 阶初等矩阵,$\boldsymbol{A}$ 是 n 阶方阵,则 $\boldsymbol{P}^{\mathrm{T}}\boldsymbol{AP}$ 相当于先对矩阵 $\boldsymbol{A}$ 做一次初等列变换,然后再做一次相应的行变换,称其为对方阵 $\boldsymbol{A}$ 做**初等合同变换**.

注 4　设 $\boldsymbol{A}$ 是 n 阶方阵,则

$$|\boldsymbol{E}(i,j)\boldsymbol{A}|=|\boldsymbol{AE}(i,j)|=-|\boldsymbol{A}|,|\boldsymbol{E}(i(k))\boldsymbol{A}|=|\boldsymbol{AE}(i(k))|=k^n|\boldsymbol{A}|,$$

$$|\boldsymbol{E}(i,j(l))\boldsymbol{A}|=|\boldsymbol{AE}(i,j(l))|=|\boldsymbol{A}|.$$

7.2.2 向量的线性相关性与矩阵的秩

n 维向量的概念与运算可以从 7.1 节几何空间中的向量与运算推广而来.

类似于几何空间向量共线与共面的概念,给出 n 维向量组线性相关的概念.

定义 7.15(向量的线性相关性)　对于 m 个 n 维向量 $\boldsymbol{\alpha}_1,\boldsymbol{\alpha}_2,\cdots,\boldsymbol{\alpha}_m$,若存在 m 个不全为零的数 $k_1,k_2,\cdots,k_m$,使得

$$k_1\boldsymbol{\alpha}_1+k_2\boldsymbol{\alpha}_2+\cdots+k_m\boldsymbol{\alpha}_m=\mathbf{0},$$

则称向量组 $\boldsymbol{\alpha}_1,\boldsymbol{\alpha}_2,\cdots,\boldsymbol{\alpha}_m$ **线性相关**,否则,称为**线性无关**.

注 1　向量组 $\boldsymbol{\alpha}_1,\boldsymbol{\alpha}_2,\cdots,\boldsymbol{\alpha}_m$ 线性无关的充要条件是:若 $k_1\boldsymbol{\alpha}_1+k_2\boldsymbol{\alpha}_2+\cdots+k_m\boldsymbol{\alpha}_m=\mathbf{0}$,则必有 $k_1=k_2=\cdots=k_m=0$. 即向量方程 $x_1\boldsymbol{\alpha}_1+x_2\boldsymbol{\alpha}_2+\cdots+x_m\boldsymbol{\alpha}_m=\mathbf{0}$ 只有零解.

注 2　两个向量线性相关,当且仅当二者共线;三个向量线性相关,当且仅当三者共面.

注 3 向量组 $\boldsymbol{\alpha}_1,\boldsymbol{\alpha}_2,\cdots,\boldsymbol{\alpha}_m$ 线性相关的充要条件是:$\boldsymbol{\alpha}_1,\boldsymbol{\alpha}_2,\cdots,\boldsymbol{\alpha}_m$ 中至少有一个向量可由其余 $n-1$ 个向量线性表示,即存在$1\leqslant m_0\leqslant m$,使得

$$\boldsymbol{\alpha}_{m_0}=\lambda_1\boldsymbol{\alpha}_1+\cdots+\lambda_{m_0-1}\boldsymbol{\alpha}_{m_0-1}+\lambda_{m_0+1}\boldsymbol{\alpha}_{m_0+1}+\cdots\lambda_m\boldsymbol{\alpha}_m.$$

注 4 若向量组 $\boldsymbol{\alpha}_1,\boldsymbol{\alpha}_2,\cdots,\boldsymbol{\alpha}_m$ 线性无关,而向量组 $\boldsymbol{\alpha}_1,\boldsymbol{\alpha}_2,\cdots,\boldsymbol{\alpha}_m,\boldsymbol{\beta}$ 线性相关,则存在唯一的一组常数 $\lambda_1,\lambda_2,\cdots,\lambda_m$,使得 $\boldsymbol{\beta}=\lambda_1\boldsymbol{\alpha}_1+\lambda_2\boldsymbol{\alpha}_2+\cdots+\lambda_m\boldsymbol{\alpha}_m$.

定义 7.16(极大线性无关组与向量组的秩) 设 $\boldsymbol{\alpha}_1,\boldsymbol{\alpha}_2,\cdots,\boldsymbol{\alpha}_r$ 为某向量组的子集,若满足

(1) $\boldsymbol{\alpha}_1,\boldsymbol{\alpha}_2,\cdots,\boldsymbol{\alpha}_r$ 线性无关;

(2) 若从原向量组中添加任何向量到 $\boldsymbol{\alpha}_1,\boldsymbol{\alpha}_2,\cdots,\boldsymbol{\alpha}_r$ 中,这 $r+1$ 个向量线性无关,则称 $\boldsymbol{\alpha}_1,\boldsymbol{\alpha}_2,\cdots,\boldsymbol{\alpha}_r$ 为原向量组的**极大线性无关组**,简称为**极大无关组**;任何向量组的极大无关组所含向量的个数称为向量组的**秩**;全部由零向量构成的向量组的秩定义为 0.

注 1 对于向量组 $\boldsymbol{\alpha}_1,\boldsymbol{\alpha}_2,\cdots,\boldsymbol{\alpha}_m$,其秩记作 $\mathrm{rank}(\boldsymbol{\alpha}_1,\boldsymbol{\alpha}_2,\cdots,\boldsymbol{\alpha}_m)$或 $\mathrm{r}(\boldsymbol{\alpha}_1,\boldsymbol{\alpha}_2,\cdots,\boldsymbol{\alpha}_m)$.

注 2 $\boldsymbol{\alpha}_1,\boldsymbol{\alpha}_2,\cdots,\boldsymbol{\alpha}_r$ 为某向量组的极大无关组,当且仅当 $\boldsymbol{\alpha}_1,\boldsymbol{\alpha}_2,\cdots,\boldsymbol{\alpha}_r$ 线性无关,且原向量组的每个向量都可由 $\boldsymbol{\alpha}_1,\boldsymbol{\alpha}_2,\cdots,\boldsymbol{\alpha}_r$ 线性表示.

注 3 对于两个向量组,若任一个向量组的向量都可由另一个向量组的向量线性表示,则称两个向量组**等价**;两个线性无关的向量组,若等价,则个数一定相等;因此,任意向量组所有极大无关组所含向量的个数一定是相同的,定义 7.15 关于向量组秩的定义是唯一确定的.

注 4 向量组 $\boldsymbol{\alpha}_1,\boldsymbol{\alpha}_2,\cdots,\boldsymbol{\alpha}_m$ 线性无关,当且仅当 $\mathrm{rank}(\boldsymbol{\alpha}_1,\boldsymbol{\alpha}_2,\cdots,\boldsymbol{\alpha}_m)=m$;向量组 $\boldsymbol{\alpha}_1,\boldsymbol{\alpha}_2,\cdots,\boldsymbol{\alpha}_m$ 线性相关,当且仅当 $\mathrm{rank}(\boldsymbol{\alpha}_1,\boldsymbol{\alpha}_2,\cdots,\boldsymbol{\alpha}_m)<m$.

注 5 所有的 n 维实向量在加法和数乘运算下(满足定理 7.1 的 8 条结论)构成一个向量空间,一般记作 $\mathbb{R}^n$,其任何极大无关组所含向量的个数恰好为 n 个,称为 $\mathbb{R}^n$ 的一组**基**;$\mathbb{R}^n$ 最常用的一组基是

$$\boldsymbol{\varepsilon}_1=(1,0,\cdots,0)^{\mathrm{T}},\boldsymbol{\varepsilon}_2=(0,1,\cdots,0)^{\mathrm{T}},\cdots,\boldsymbol{\varepsilon}_n=(0,0,\cdots,1)^{\mathrm{T}},$$

称为 $\mathbb{R}^n$ **自然基**.

对于 $m\times n$ 矩阵 $\boldsymbol{A}$,其每一行均可以看作一个 n 维向量,称为 $\boldsymbol{A}$ 的行向量,$\boldsymbol{A}$ 的 m 个行向量组成 $\boldsymbol{A}$ 的行向量组;同样,$\boldsymbol{A}$ 的每一列也可以看作一个 m 维向量,称为 $\boldsymbol{A}$ 的列向量,$\boldsymbol{A}$ 的 n 个列向量组成 $\boldsymbol{A}$ 的列向量组.

定义 7.17（矩阵的行秩和列秩）　矩阵 $\boldsymbol{A}$ 的行向量组的秩称为 $\boldsymbol{A}$ 的**行秩**；矩阵 $\boldsymbol{A}$ 的列向量组的秩称为 $\boldsymbol{A}$ 的**列秩**.

注 1　矩阵的初等行变换既不改变行秩，也不改变列秩；矩阵的初等列变换既不改变列秩，也不改变行秩；总之，矩阵的任意初等变换都不会改变行秩和列秩.

注 2　由于每一个 $m\times n$ 矩阵 $\boldsymbol{A}$ 都可以通过有限次初等行变换化为如下标准形：

$$\boldsymbol{A}\rightarrow\begin{bmatrix}\boldsymbol{E}_r & \boldsymbol{0}_{r\times(n-r)}\\ \boldsymbol{0}_{(m-r)\times r} & \boldsymbol{0}_{(m-r)\times(n-r)}\end{bmatrix}\text{（其中，}0\leqslant r\leqslant\min\{m,n\}\text{，}\boldsymbol{E}_r\text{ 为 }r\text{ 阶单位矩阵），}$$

而后者的行秩和列秩都等于 r，故任意矩阵的行秩等于列秩，称为**矩阵的秩**，记作 rank $\boldsymbol{A}$，显然，初等变换不会改变矩阵的秩，$\text{rank}\,\boldsymbol{A}\leqslant\min\{m,n\}$.（上述称为矩阵 $\boldsymbol{A}$ 的**等价标准形**）

注 3　关于矩阵的秩，满足如下性质：

（1）$\text{rank}\,\boldsymbol{A}=\text{rank}\,\boldsymbol{A}^{\mathrm{T}}=\text{rank}(k\boldsymbol{A})\,(k\neq0)$；

（2）$\text{rank}(\boldsymbol{AB})\leqslant\min\{\text{rank}\,\boldsymbol{A},\text{rank}\,\boldsymbol{B}\}$；

（3）$\text{rank}(\boldsymbol{AB})\geqslant\text{rank}\,\boldsymbol{A}+\text{rank}\,\boldsymbol{B}-n$（$n$ 为 $\boldsymbol{A}$ 的列数或 $\boldsymbol{B}$ 的行数）；

（4）$\text{rank}(\boldsymbol{A}+\boldsymbol{B})\leqslant\text{rank}(\boldsymbol{A}\vdots\boldsymbol{B})\leqslant\text{rank}\,\boldsymbol{A}+\text{rank}\,\boldsymbol{B}$[$(\boldsymbol{A}\vdots\boldsymbol{B})$ 表示 $\boldsymbol{A}$ 与 $\boldsymbol{B}$ 并排而成的矩阵]；

（5）若 $\boldsymbol{P},\boldsymbol{Q}$ 为可逆矩阵，则

$\text{rank}(\boldsymbol{PAQ})=\text{rank}(\boldsymbol{PA})=\text{rank}(\boldsymbol{AQ})=\text{rank}\,\boldsymbol{A}$；

（6）$\text{rank}(\boldsymbol{AA}^{\mathrm{T}})=\text{rank}(\boldsymbol{A}^{\mathrm{T}}\boldsymbol{A})=\text{rank}\,\boldsymbol{A}$；

（7）若 $\boldsymbol{A}$ 为 n 阶方阵，则 $\text{rank}\,\boldsymbol{A}=n$，当且仅当 $|\boldsymbol{A}|\neq0$；

定义 7.18（矩阵的子式）　$m\times n$ 矩阵 $\boldsymbol{A}$ 的任意 k 行和 k 列（$k\leqslant\min\{m,n\}$）的 k^2 个公共元素，按在原始矩阵中的顺序组成的 k 阶行列式，称为矩阵 $\boldsymbol{A}$ 的 k **阶子式**.

注 1　对于任意矩阵 $\boldsymbol{A}$，若存在非零的 k 阶子式，则一定存在非零的 $r(<k)$ 阶子式.

注 2　对于任意矩阵 $\boldsymbol{A}$，$\text{rank}\,\boldsymbol{A}=r$ 的充分必要条件是 $\boldsymbol{A}$ 存在非零的 r 阶子式，不存在非零的 $r+1$ 阶子式.

定义 7.19（向量的内积、正交向量组）　若 $\boldsymbol{\alpha}=(a_1,a_2,\cdots,a_n)^{\mathrm{T}}$，$\boldsymbol{\beta}=(b_1,b_2,\cdots,b_n)^{\mathrm{T}}$ 为两个 n 维实向量，$\boldsymbol{\alpha},\boldsymbol{\beta}$ 的**内积**定义为 $(\boldsymbol{\alpha},\boldsymbol{\beta})=\boldsymbol{\alpha}^{\mathrm{T}}\boldsymbol{\beta}=\boldsymbol{\beta}\boldsymbol{\alpha}^{\mathrm{T}}=\sum\limits_{i=1}^{n}a_ib_i$；若 $(\boldsymbol{\alpha},\boldsymbol{\beta})=0$，则称向量 $\boldsymbol{\alpha},\boldsymbol{\beta}$ **正交**，记作 $\boldsymbol{\alpha}\perp\boldsymbol{\beta}$；若由非零向量构成的向量组 $\boldsymbol{\alpha}_1,\boldsymbol{\alpha}_2,\cdots,\boldsymbol{\alpha}_s$ 满足 $(\boldsymbol{\alpha}_i,\boldsymbol{\alpha}_j)=0\,(i\neq j)$，则称此向量组为**正交向量组**；若正交向量组 $\boldsymbol{\alpha}_1,\boldsymbol{\alpha}_2,\cdots,\boldsymbol{\alpha}_s$ 又满足 $|\boldsymbol{\alpha}_i|=1$，则称为**标准正交向量组**（或称为**规范正交向量组**）；

注 1 设 $\boldsymbol{\alpha}=(a_1,a_2,\cdots,a_n)^{\mathrm{T}}$,则实向量 $\boldsymbol{\alpha}$ 的模定义为 $|\boldsymbol{\alpha}|=\sqrt{(\boldsymbol{\alpha},\boldsymbol{\alpha})}=\sqrt{\sum_{i=1}^{n}a_i^2}$;当 $|\boldsymbol{\alpha}|=1$ 时称 $\boldsymbol{\alpha}$ 为**单位向量**;若 $|\boldsymbol{\alpha}|\neq 0$,由数乘 $\frac{1}{|\boldsymbol{\alpha}|}\boldsymbol{\alpha}$ 可化单位向量,称为向量 $\boldsymbol{\alpha}$ 的单位化(或标准化).

注 2 正交向量组一定线性无关,反之未必.

注 3 若 n 阶方阵 $\boldsymbol{A}$ 的行向量组为标准正交向量组,则其列向量组也为标准正交向量组,此时称 $\boldsymbol{A}$ 为**正交矩阵**,满足 $\boldsymbol{AA}^{\mathrm{T}}=\boldsymbol{A}^{\mathrm{T}}\boldsymbol{A}=\boldsymbol{E}_n$,因此正交矩阵 $\boldsymbol{A}$ 可逆且 $\boldsymbol{A}^{-1}=\boldsymbol{A}^{\mathrm{T}}$.

注 4 设 $\boldsymbol{\alpha}_1,\boldsymbol{\alpha}_2,\cdots,\boldsymbol{\alpha}_s$ 线性无关,则可以用以下计算公式:

$$\boldsymbol{\beta}_1=\boldsymbol{\alpha}_1,\boldsymbol{q}_1=\frac{1}{|\boldsymbol{\beta}_1|}\boldsymbol{\beta}_1;$$

$$\boldsymbol{\beta}_2=\boldsymbol{\alpha}_2-(\boldsymbol{q}_1,\boldsymbol{\alpha}_2)\boldsymbol{q}_1,\boldsymbol{q}_2=\frac{1}{|\boldsymbol{\beta}_2|}\boldsymbol{\beta}_2;$$

$$\vdots$$

$$\boldsymbol{\beta}_s=\boldsymbol{\alpha}_s-(\boldsymbol{q}_1,\boldsymbol{\alpha}_s)\boldsymbol{q}_1-(\boldsymbol{q}_2,\boldsymbol{\alpha}_s)\boldsymbol{q}_2-\cdots-(\boldsymbol{q}_{s-1},\boldsymbol{\alpha}_s)\boldsymbol{q}_{s-1},\boldsymbol{q}_s=\frac{1}{|\boldsymbol{\beta}_s|}\boldsymbol{\beta}_s;$$

将 $\boldsymbol{\alpha}_1,\boldsymbol{\alpha}_2,\cdots,\boldsymbol{\alpha}_s$ 改造成标准正交向量组 $\boldsymbol{q}_1,\boldsymbol{q}_2,\cdots,\boldsymbol{q}_s$,且满足向量组 $\boldsymbol{q}_1,\cdots,\boldsymbol{q}_i$ 与 $\boldsymbol{\alpha}_1,\boldsymbol{\alpha}_2,\cdots,\boldsymbol{\alpha}_s$ 等价,这称为**施密特(Schmidt)正交化方法**.

定义 7.20(方阵的等价、相似、合同) 设 $\boldsymbol{A},\boldsymbol{B}$ 为 n 阶方阵,$\boldsymbol{P},\boldsymbol{Q}$ 为 n 阶可逆矩阵.

(1) 若 $\boldsymbol{PAQ}=\boldsymbol{B}$,则称矩阵 $\boldsymbol{A}$ 与 $\boldsymbol{B}$ **等价**;

(2) 若 $\boldsymbol{P}^{-1}\boldsymbol{AP}=\boldsymbol{B}$,则称矩阵 $\boldsymbol{A}$ 与 $\boldsymbol{B}$ **相似**;

(3) 若 $\boldsymbol{P}^{\mathrm{T}}\boldsymbol{AP}=\boldsymbol{B}$,则称矩阵 $\boldsymbol{A}$ 与 $\boldsymbol{B}$ **合同**.

注 1 由于每个可逆矩阵都可以看作有限个初等矩阵的乘积,因此若矩阵 $\boldsymbol{A}$ 与 $\boldsymbol{B}$ 等价,则矩阵 $\boldsymbol{A}$ 可通过有限次初等变换化为矩阵 $\boldsymbol{B}$;等价的矩阵具有相同的秩.

注 2 若矩阵 $\boldsymbol{A},\boldsymbol{B}$ 相似或合同,则它们等价,因此相似或合同的矩阵也具有相同的秩.

注 3 若矩阵 $\boldsymbol{A},\boldsymbol{B}$ 相似,则 $|\boldsymbol{A}|=|\boldsymbol{B}|$,且矩阵 $\boldsymbol{A}^n,\boldsymbol{B}^n$ 相似($n\in\mathbb{N}_+$),对任一多项式 $f(x)$,$f(\boldsymbol{A})$ 与 $f(\boldsymbol{B})$ 也相似;若 $\boldsymbol{A},\boldsymbol{B}$ 可逆,进一步有矩阵 $\boldsymbol{A}^{-1},\boldsymbol{B}^{-1}$ 相似.

注 4 若 $\boldsymbol{P}$ 为正交矩阵,则 $\boldsymbol{A}$ 与 $\boldsymbol{P}^{-1}\boldsymbol{AP}$ 既相似,也合同,$\boldsymbol{PA}$ 与 $\boldsymbol{AP}$ 既相似,也合同.

注 5 矩阵的等价、相似与合同关系均满足如下三条性质.

(1) 反身性:任何方阵 $\boldsymbol{A}$ 与 $\boldsymbol{A}$ 等价(相似、合同);

(2) 对称性:若 $\boldsymbol{A}$ 与 $\boldsymbol{B}$ 等价(相似、合同),则 $\boldsymbol{B}$ 与 $\boldsymbol{A}$ 等价(相似、合同);

(3) 传递性：若 $\boldsymbol{A}$ 与 $\boldsymbol{B}$ 等价(相似、合同)，$\boldsymbol{B}$ 与 $\boldsymbol{C}$ 等价(相似、合同)，则 $\boldsymbol{A}$ 与 $\boldsymbol{C}$ 也等价(相似、合同).

注 6　任何一个 n 阶方阵 $\boldsymbol{A}$，如果和某对角矩阵相似，称为**可对角化**，该对角矩阵称为 $\boldsymbol{A}$ 的**相似标准形**.

7.2.3 线性方程组与矩阵的特征值、特征向量

本节首先讨论线性方程组解的性质与结构.

含有 n 个未知数 $x_1,x_2,\cdots,x_n$ 的线性方程组(称为 n **阶线性方程组**)的一般形式为：

$$\begin{cases} a_{11}x_1+a_{12}x_2+\cdots+a_{1n}x_n=b_1, \\ a_{21}x_1+a_{22}x_2+\cdots+a_{2n}x_n=b_2, \\ \quad\vdots \\ a_{m1}x_1+a_{m2}x_2+\cdots+a_{mn}x_n=b_m. \end{cases}$$

称 $\boldsymbol{A}=(a_{ij})_{m\times n}$ 为**系数矩阵**，m 维列向量 $\boldsymbol{\beta}=\begin{bmatrix} b_1 \\ b_2 \\ \vdots \\ b_m \end{bmatrix}$ 为**常数向量**(或**常数项**)，$\overline{\boldsymbol{A}}=(\boldsymbol{A}\vdots\boldsymbol{\beta})$ 为**增广矩阵**. 记 $\boldsymbol{X}=\begin{bmatrix} x_1 \\ x_2 \\ \vdots \\ x_n \end{bmatrix}$，则上述方程组可表示为矩阵形式

$$\boldsymbol{AX}=\boldsymbol{\beta}.$$

如果 n 维列向量 $\boldsymbol{\eta}$ 满足 $\boldsymbol{A\eta}=\boldsymbol{\beta}$，则称 $\boldsymbol{X}=\boldsymbol{\eta}$ 是方程组的**解**(或**解向量**). 当 $\boldsymbol{\beta}=\boldsymbol{0}$ 时，上述方程组称为**齐次线性方程组**，否则称为**非齐次线性方程组**. 当 $\boldsymbol{\beta}\neq\boldsymbol{0}$ 时，齐次线性方程组 $\boldsymbol{AX}=\boldsymbol{0}$ 也称为非齐次线性方程组 $\boldsymbol{AX}=\boldsymbol{\beta}$ 的导出组.

定理 7.4(齐次线性方程组解的结构)　对于 n 阶齐次线性方程组 $\boldsymbol{AX}=\boldsymbol{0}$，

(1) $\boldsymbol{AX}=\boldsymbol{0}$ 有非零解的充要条件是 $\operatorname{rank}\boldsymbol{A}<n$；

(2) 如果 $\boldsymbol{\eta}_1,\boldsymbol{\eta}_2,\cdots,\boldsymbol{\eta}_s$ 是 $\boldsymbol{AX}=\boldsymbol{0}$ 的解，则它们的任意线性组合 $k_1\boldsymbol{\eta}_1+k_2\boldsymbol{\eta}_2+\cdots+k_s\boldsymbol{\eta}_s$ 仍是 $\boldsymbol{AX}=\boldsymbol{0}$ 的解，其中，$k_1,k_2,\cdots,k_s$ 是任意常数；

(3) 当 $\operatorname{rank}\boldsymbol{A}<n$ 时，$\boldsymbol{AX}=\boldsymbol{0}$ 最多有 $s=n-\operatorname{rank}\boldsymbol{A}$ 个线性无关解(此时，$\boldsymbol{AX}=\boldsymbol{0}$ 的任意 s 个线性无关解称为 $\boldsymbol{AX}=\boldsymbol{0}$ 的一个**基础解系**，或**基本解组**).

注 1　如果 $\boldsymbol{\eta}_1,\boldsymbol{\eta}_2,\cdots,\boldsymbol{\eta}_s$ 是 $\boldsymbol{AX}=\boldsymbol{0}$ 的一个基础解系，则 $\boldsymbol{AX}=\boldsymbol{0}$ 的任意解都可表示为

$$k_1\boldsymbol{\eta}_1+k_2\boldsymbol{\eta}_2+\cdots+k_s\boldsymbol{\eta}_s,$$

其中，$k_1,k_2,\cdots,k_s$ 是任意常数，上式也称为 $\boldsymbol{AX}=\boldsymbol{0}$ 的**通解**或**一般解**.

注 2 $\boldsymbol{AB}=\boldsymbol{0}\Leftrightarrow\boldsymbol{B}$ 的列向量是齐次线性方程组 $\boldsymbol{AX}=\boldsymbol{0}$ 的解向量，这是因为若将 $\boldsymbol{B}$ 按列分块为 $\boldsymbol{B}=(\boldsymbol{\beta}_1\boldsymbol{\beta}_2\cdots\boldsymbol{\beta}_n)$，则 $\boldsymbol{AB}=\boldsymbol{A}(\boldsymbol{\beta}_1\boldsymbol{\beta}_2\cdots\boldsymbol{\beta}_n)=(\boldsymbol{A\beta}_1\boldsymbol{A\beta}_2\cdots\boldsymbol{A\beta}_n)$. 于是

$$\boldsymbol{AB}=\boldsymbol{0}\Leftrightarrow(\boldsymbol{A\beta}_1\boldsymbol{A\beta}_2\cdots\boldsymbol{A\beta}_n)=(\boldsymbol{00}\cdots\boldsymbol{0})\Leftrightarrow\boldsymbol{A\beta}_i=\boldsymbol{0},\quad i=1,2,\cdots,n,$$

即 $\boldsymbol{B}$ 的列向量是齐次方程组 $\boldsymbol{AX}=\boldsymbol{0}$ 的解.

注 3 如果 $n\times s$ 矩阵 $\boldsymbol{B}$ 的所有列向量构成 $\boldsymbol{AX}=\boldsymbol{0}$ 的一个基础解系（此时称 $\boldsymbol{B}$ 为 $\boldsymbol{AX}=\boldsymbol{0}$ 的**基解矩阵**），$\boldsymbol{C}$ 为 s 阶可逆矩阵，则 $\boldsymbol{BC}$ 的所有列向量也构成 $\boldsymbol{AX}=\boldsymbol{0}$ 的一个基础解系.

定理 7.5（非齐次线性方程组解的结构） 对于 n 阶非齐次线性方程组 $\boldsymbol{AX}=\boldsymbol{\beta}(\boldsymbol{\beta}\neq\boldsymbol{0})$，

（1）$\boldsymbol{AX}=\boldsymbol{\beta}$ 有解的充要条件是 $\operatorname{rank}\boldsymbol{A}=\operatorname{rank}\overline{\boldsymbol{A}}=\operatorname{rank}(\boldsymbol{A}\ \vdots\ \boldsymbol{\beta})$；

（2）如果 $\boldsymbol{\xi}$ 是 $\boldsymbol{AX}=\boldsymbol{\beta}$ 的解，$\boldsymbol{\eta}_1,\boldsymbol{\eta}_2,\cdots,\boldsymbol{\eta}_s$ 是导出组 $\boldsymbol{AX}=\boldsymbol{0}$ 的一个基础解系，则 $\boldsymbol{AX}=\boldsymbol{\beta}$ 的通解是

$$\boldsymbol{\xi}+k_1\boldsymbol{\eta}_1+k_2\boldsymbol{\eta}_2+\cdots+k_s\boldsymbol{\eta}_s,$$

其中，$k_1,k_2,\cdots,k_s$ 是任意常数.

注 1 如果 $\boldsymbol{\xi}$ 是 $\boldsymbol{AX}=\boldsymbol{\beta}$ 的解，$\boldsymbol{\eta}_1,\boldsymbol{\eta}_2,\cdots,\boldsymbol{\eta}_s$ 是 $\boldsymbol{AX}=\boldsymbol{0}$ 的一个基础解系，则

$$\boldsymbol{\xi},\boldsymbol{\xi}+\boldsymbol{\eta}_1,\boldsymbol{\xi}+\boldsymbol{\eta}_2,\cdots,\boldsymbol{\xi}+\boldsymbol{\eta}_s$$

是 $\boldsymbol{AX}=\boldsymbol{\beta}$ 的 $s+1$ 个线性无关的解向量.

注 2 $\boldsymbol{AB}=\boldsymbol{C}\Leftrightarrow\boldsymbol{C}$ 的列向量可由 $\boldsymbol{A}$ 的列向量线性表示，事实上，若将矩阵 $\boldsymbol{A}$ 和 $\boldsymbol{C}$ 分别按列分块为 $\boldsymbol{A}=(\boldsymbol{\alpha}_1\boldsymbol{\alpha}_2\cdots\boldsymbol{\alpha}_s)$ 和 $\boldsymbol{C}=(\boldsymbol{\gamma}_1\boldsymbol{\gamma}_2\cdots\boldsymbol{\gamma}_n)$，并且记 $\boldsymbol{B}=(b_{ij})_{s\times n}$，则

$$\boldsymbol{AB}=(b_{11}\boldsymbol{\alpha}_1+\cdots+b_{s1}\boldsymbol{\alpha}_s,b_{12}\boldsymbol{\alpha}_1+\cdots+b_{s2}\boldsymbol{\alpha}_s,\cdots,b_{1n}\boldsymbol{\alpha}_1+\cdots+b_{sn}\boldsymbol{\alpha}_s).$$

于是

$$\boldsymbol{AB}=\boldsymbol{C}\Leftrightarrow b_{1j}\boldsymbol{\alpha}_1+b_{2j}\boldsymbol{\alpha}_2+\cdots+b_{sj}\boldsymbol{\alpha}_s=\boldsymbol{\gamma}_j,\quad j=1,2,\cdots,n,$$

即 $\boldsymbol{C}$ 的列向量可由 $\boldsymbol{A}$ 的列向量线性表示.

下面介绍矩阵的特征值与特征向量.

定义 7.21 设 $\boldsymbol{A}$ 为 n 阶方阵，如果存在数 λ 和非零向量 $\boldsymbol{\alpha}$，使得 $\boldsymbol{A\alpha}=\lambda\boldsymbol{\alpha}$，则称 λ 是 $\boldsymbol{A}$ 的**特征值**，称 $\boldsymbol{\alpha}$ 是 $\boldsymbol{A}$ 的属于特征值 λ 的**特征向量**；$\lambda\boldsymbol{E}-\boldsymbol{A}$ 称为 $\boldsymbol{A}$ 的**特征矩阵**，n 次多项式

$$f_A(\lambda)=|\lambda\boldsymbol{E}-\boldsymbol{A}|=\begin{vmatrix}\lambda-a_{11} & -a_{12} & \cdots & -a_{1n}\\ -a_{21} & \lambda-a_{22} & \cdots & -a_{21}\\ \vdots & \vdots & & \vdots\\ -a_{n1} & -a_{n2} & \cdots & \lambda-a_{nn}\end{vmatrix}$$

称为 $\boldsymbol{A}$ 的**特征多项式**，$|\lambda\boldsymbol{E}-\boldsymbol{A}|=0$ 称为 $\boldsymbol{A}$ 的**特征方程**.

注 1 矩阵 $\boldsymbol{A}$ 的特征多项式是首项系数为 1 的 n 次多项式，常数项为 $-|\boldsymbol{A}|$，特征方程的根就是矩阵 $\boldsymbol{A}$ 的特征值，因此 0 是矩阵

$\boldsymbol{A}$ 的特征值。当且仅当 $|\boldsymbol{A}|=0$，即 $\boldsymbol{A}$ 不可逆. 显然，矩阵 $\boldsymbol{A}$ 与 $\boldsymbol{A}^{\mathrm{T}}$ 有相同的特征值.

注 2 在复数范围内，特征方程有 n 个根（重根按重数计算），设为 $\lambda_1,\lambda_2,\cdots,\lambda_n$，则

$$f_A(\lambda)=|\lambda\boldsymbol{E}-\boldsymbol{A}|=\lambda^n+a_1\lambda^{n-1}+\cdots+a_n=(\lambda-\lambda_1)(\lambda-\lambda_2)\cdots(\lambda-\lambda_n).$$

进一步，若 $\lambda_1,\lambda_2,\cdots,\lambda_s$ 是 $\boldsymbol{A}$ 的全部相异特征值，则

$$f_A(\lambda)=|\lambda\boldsymbol{E}-\boldsymbol{A}|=(\lambda-\lambda_1)^{n_1}(\lambda-\lambda_2)^{n_2}\cdots(\lambda-\lambda_s)^{n_s},$$

其中，$n_1+n_2+\cdots+n_s=n$. 称 n_i 是特征值 λ_i 的代数重数（简称重数），称 $n-\operatorname{rank}(\lambda_i\boldsymbol{E}-\boldsymbol{A})$ 是特征值 λ_i 的几何重数，有 $n_i\geqslant n-\operatorname{rank}(\lambda_i\boldsymbol{E}-\boldsymbol{A})$（代数重数不小于几何重数）.

注 3 设 $\lambda_1,\lambda_2,\cdots,\lambda_n$ 是 n 阶矩阵 $\boldsymbol{A}=(a_{ij})_{n\times n}$ 的全部特征值，则

$$a_{11}+a_{22}+\cdots+a_{nn}=\lambda_1+\lambda_2+\cdots+\lambda_n.$$

称 $\operatorname{tr}(\boldsymbol{A})=a_{11}+a_{22}+\cdots+a_{nn}$ 为矩阵 $\boldsymbol{A}$ 的**迹**.

注 4 若 λ 是 $\boldsymbol{A}$ 的任一特征值，$f(x)$ 是任一多项式，则 $f(\lambda)$ 是 $f(\boldsymbol{A})$ 的特征值；若 $\boldsymbol{A}$ 可逆，则 $\dfrac{1}{\lambda}$ 是 $\boldsymbol{A}^{-1}$ 的特征值，$\dfrac{|\boldsymbol{A}|}{\lambda}$ 是 $\boldsymbol{A}^*$ 的特征值.

注 5 关于特征向量，有如下结论：

(1) $\boldsymbol{\alpha}$ 是 $\boldsymbol{A}$ 的属于特征值 λ 的特征向量 $\Leftrightarrow\boldsymbol{\alpha}$ 是方程组 $(\lambda\boldsymbol{E}-\boldsymbol{A})\boldsymbol{X}=\boldsymbol{0}$ 的非零解；

(2) 若 $\boldsymbol{\alpha}$ 是 $\boldsymbol{A}$ 的属于特征值 λ 的特征向量，$f(x)$ 是任一多项式，则 $\boldsymbol{\alpha}$ 也是 $f(\boldsymbol{A})$ 的属于特征值 $f(\lambda)$ 的特征向量；

(3) 若 $\boldsymbol{\alpha}$ 是 $\boldsymbol{A}$ 的属于特征值 λ 的特征向量，且 $\boldsymbol{A}$ 可逆，则 $\boldsymbol{\alpha}$ 也是 $\boldsymbol{A}^{-1}$ 和 $\boldsymbol{A}^*$ 的分别属于特征值 $\dfrac{1}{\lambda}$ 和 $\dfrac{|\boldsymbol{A}|}{\lambda}$ 的特征向量.

(4) 矩阵 $\boldsymbol{A}$ 的属于不同特征值的特征向量线性无关.

注 6 若矩阵 $\boldsymbol{A},\boldsymbol{B}$ 相似，则 $\boldsymbol{A},\boldsymbol{B}$ 有相同的特征值，因此 $\operatorname{tr}(\boldsymbol{A})=\operatorname{tr}(\boldsymbol{B})$. 矩阵 $\boldsymbol{A}$ 能够相似于某对角矩阵（即矩阵 $\boldsymbol{A}$ 可对角化）的充要条件：

(1) $\boldsymbol{A}$ 有 n 个线性无关的特征向量；

(2) 对 $\boldsymbol{A}$ 的每个特征值 λ_i，其重数 $n_i=n-\operatorname{rank}(\lambda_i\boldsymbol{E}-\boldsymbol{A})$，即代数重数与几何重数相等.

注 7 $\boldsymbol{A}$ 有 n 个不同的特征值，是 $\boldsymbol{A}$ 可对角化的充分非必要条件；$\boldsymbol{A}$ 的非零特征值的个数为 $\operatorname{rank}(\boldsymbol{A})$，是 $\boldsymbol{A}$ 可对角化的必要非充分条件.

注 8 设 $\boldsymbol{A}$ 是 n 阶实对称矩阵，则下面结论成立：

(1) $\boldsymbol{A}$ 的特征值是实数；

(2) $\boldsymbol{A}$ 一定可对角化；

(3) $\boldsymbol{A}$ 的属于不同特征值的特征向量正交；

(4) 存在可逆矩阵 $\boldsymbol{P}$,使得 $\boldsymbol{P}^{\mathrm{T}}\boldsymbol{A}\boldsymbol{P}$ 为对角矩阵,即 $\boldsymbol{A}$ 与某对角矩阵合同;

(5) 存在正交矩阵 $\boldsymbol{Q}=(\boldsymbol{q}_1,\boldsymbol{q}_2,\cdots,\boldsymbol{q}_n)$,使得 $\boldsymbol{Q}^{-1}\boldsymbol{A}\boldsymbol{Q}$ 为对角矩阵 $\mathrm{diag}(\lambda_1,\lambda_2,\cdots,\lambda_n)$,即 $\boldsymbol{A}$ 正交相似于某对角矩阵,其中,$\lambda_1,\lambda_2,\cdots,\lambda_n$ 是 $\boldsymbol{A}$ 的全部特征值,$\boldsymbol{q}_1,\boldsymbol{q}_2,\cdots,\boldsymbol{q}_n$ 是对应的标准正交特征向量.

本节最后介绍二次型,它将应用于下节介绍的空间二次曲面的分类研究.

定义 7.22 含有 n 个实变量 $x_1,x_2,\cdots,x_n$ 的二次齐次多项式称为**二次型**,表示为

$$f(x_1,x_2,\cdots,x_n)=\sum_{i=1}^{n}\sum_{j=1}^{n}a_{ij}x_ix_j \text{ 或 } f(\boldsymbol{X})=\boldsymbol{X}^{\mathrm{T}}\boldsymbol{A}\boldsymbol{X}.$$

其中,$\boldsymbol{X}=\begin{bmatrix}x_1\\x_2\\\vdots\\x_n\end{bmatrix}$,$\boldsymbol{A}=\begin{bmatrix}a_{11}&a_{12}&\cdots&a_{1n}\\a_{21}&a_{22}&\cdots&a_{2n}\\\vdots&\vdots&&\vdots\\a_{n1}&a_{n2}&\cdots&a_{nn}\end{bmatrix}$称为二次型的系数矩阵;若对任意 $\boldsymbol{X}\neq\boldsymbol{0}$ 恒有 $f(\boldsymbol{X})>0$,则称为**正定二次型**,若恒有 $f(\boldsymbol{X})\geqslant 0$,则称为**正半定二次型**.

注 1 对于 n 阶方阵 $\boldsymbol{A}$,由于 $\tilde{\boldsymbol{A}}=\dfrac{\boldsymbol{A}+\boldsymbol{A}^{\mathrm{T}}}{2}$为对称矩阵且 $\boldsymbol{X}^{\mathrm{T}}\boldsymbol{A}\boldsymbol{X}=\boldsymbol{X}^{\mathrm{T}}\tilde{\boldsymbol{A}}\boldsymbol{X}$,故可令 $a_{ij}=a_{ji}$,即系数矩阵 $\boldsymbol{A}$ 取为对称矩阵;反之,每一个对称矩阵 $\boldsymbol{A}$ 也都可以定义一个二次型;因此,二次型与对称矩阵的很多概念是彼此对应的,例如 $\mathrm{rank}\,\boldsymbol{A}$ 称为**二次型的秩**,若 $\boldsymbol{A}$ 定义的二次型为正(半)定二次型,则称 $\boldsymbol{A}$ 为**正(半)定矩阵**等.

注 2 只含平方项的二次型称为**标准二次型**,一般形式为 $f(\boldsymbol{X})=d_1x_1^2+d_2x_2^2+\cdots+d_nx_n^2$;根据定义 7.21 的注 8,存在 $\boldsymbol{X}$ 的正交线性变换 $\boldsymbol{X}=\boldsymbol{Q}\boldsymbol{Y}$($\boldsymbol{Q}$ 为正交矩阵),使得

$$f(\boldsymbol{X})=\boldsymbol{Y}^{\mathrm{T}}(\boldsymbol{Q}^{\mathrm{T}}\boldsymbol{A}\boldsymbol{Q})\boldsymbol{Y}=\lambda_1y_1^2+\lambda_2y_2^2+\cdots+\lambda_ny_n^2,$$

即 $\boldsymbol{Q}^{\mathrm{T}}\boldsymbol{A}\boldsymbol{Q}=\boldsymbol{Q}^{-1}\boldsymbol{A}\boldsymbol{Q}=\mathrm{diag}(\lambda_1,\lambda_2,\cdots,\lambda_n)$(其中,$\lambda_1,\lambda_2,\cdots,\lambda_n$ 是 $\boldsymbol{A}$ 的全部特征值).

注 3 形如$f(\boldsymbol{X})=x_1^2+\cdots+x_p^2-x_{p+1}^2-\cdots-x_{p+q}^2$的二次型称为**规范二次型**(只含平方项且系数为 ±1),其中,p,q 称为**正、负惯性指数**,满足 $p+q=\mathrm{rank}\,\boldsymbol{A}=r$;可知存在 $\boldsymbol{X}$ 的可逆线性变换 $\boldsymbol{X}=\boldsymbol{C}\boldsymbol{Y}$,使得$f(\boldsymbol{X})=\boldsymbol{Y}^{\mathrm{T}}(\boldsymbol{C}^{\mathrm{T}}\boldsymbol{A}\boldsymbol{C})\boldsymbol{Y}=y_1^2+\cdots+y_p^2-y_{p+1}^2-\cdots-y_{p+q}^2$,即$\boldsymbol{C}^{\mathrm{T}}\boldsymbol{A}\boldsymbol{C}=\mathrm{diag}(\boldsymbol{E}_p,-\boldsymbol{E}_q,\boldsymbol{0}_{n-r})$.

注 4 下列为 n 阶实对称矩阵 $\boldsymbol{A}$ 是正定矩阵的充要条件:

(1) 二次型$f(\boldsymbol{X})=\boldsymbol{X}^{\mathrm{T}}\boldsymbol{A}\boldsymbol{X}$ 的规范形为 $y_1^2+y_2^2+\cdots+y_n^2$,即正惯性指数 $p=n$;

（2）对任意 n 阶可逆矩阵 $\boldsymbol{P}$，$\boldsymbol{P}^{\mathrm{T}}\boldsymbol{A}\boldsymbol{P}$ 是正定矩阵；

（3）$\boldsymbol{A}$ 的 n 个特征值均大于零；

（4）$\boldsymbol{A}$ 与 n 阶单位矩阵合同（彼此合同的矩阵具有相同的规范形）；

（5）存在 n 阶可逆矩阵 $\boldsymbol{P}$，使得 $\boldsymbol{A}=\boldsymbol{P}^{\mathrm{T}}\boldsymbol{P}$；

（6）$\boldsymbol{A}$ 的 n 个顺序主子式（前 i 行与前 i 列对应的子式，$i=1,2,\cdots,n$）全大于零，即

$$a_{11}>0,\begin{vmatrix}a_{11}&a_{12}\\a_{21}&a_{22}\end{vmatrix}>0,\begin{vmatrix}a_{11}&a_{12}&a_{13}\\a_{21}&a_{22}&a_{23}\\a_{31}&a_{32}&a_{33}\end{vmatrix}>0,\cdots,|\boldsymbol{A}|>0.$$

由（6）可知若 $\boldsymbol{A}$ 是正定矩阵，则 $a_{ii}>0(i=1,\cdots,n)$.

习题 7.2

1. 确定下列排列的逆序数，并指出它们是奇排列，还是偶排列.

（1）(1 4 3 2 5)；（2）(2 4 6…2n　1 3 5…2n − 1).

2. 计算下列三阶行列式：

$$（1）\begin{vmatrix}1&2&3\\4&5&6\\7&8&9\end{vmatrix}；（2）\begin{vmatrix}1&1&1\\5&7&9\\5^2&7^2&9^2\end{vmatrix}；（3）\begin{vmatrix}3&1&1&1\\1&3&1&1\\1&1&3&1\\1&1&1&3\end{vmatrix}.$$

3. 设 $\boldsymbol{A}=\begin{pmatrix}3&1&1\\2&1&2\\1&2&3\end{pmatrix}$，$\boldsymbol{B}=\begin{pmatrix}1&1&-1\\2&-1&0\\1&0&1\end{pmatrix}$，计算 $\boldsymbol{AB}$，$\boldsymbol{AB}-\boldsymbol{BA}$，$(\boldsymbol{AB})^{\mathrm{T}}$，$\boldsymbol{A}^{\mathrm{T}}\boldsymbol{B}^{\mathrm{T}}$.

4. 计算下列矩阵的逆矩阵：

$$（1）\boldsymbol{A}=\begin{pmatrix}2&2&3\\1&-1&0\\-1&2&1\end{pmatrix}；（2）\boldsymbol{A}=\begin{pmatrix}1&0&0&0\\1&1&0&0\\1&-1&1&0\\1&-1&-1&1\end{pmatrix}.$$

5. 讨论下列向量组的相关性，并说明理由.

（1）$\boldsymbol{\alpha}_1=(1,2)^{\mathrm{T}}$，$\boldsymbol{\alpha}_2=(2,3)^{\mathrm{T}}$，$\boldsymbol{\alpha}_3=(-1,5)^{\mathrm{T}}$；

（2）$\boldsymbol{\alpha}_1=(1,1,1)^{\mathrm{T}}$，$\boldsymbol{\alpha}_2=(1,1,0)^{\mathrm{T}}$，$\boldsymbol{\alpha}_3=(1,0,0)^{\mathrm{T}}$；

（3）$\boldsymbol{\alpha}_1=(1,-2,0,3)^{\mathrm{T}}$，$\boldsymbol{\alpha}_2=(2,5,-1,0)^{\mathrm{T}}$，$\boldsymbol{\alpha}_3=(3,4,1,2)^{\mathrm{T}}$.

6. 设 $\boldsymbol{A}$，$\boldsymbol{B}$ 均为 n 阶方阵，且 $\boldsymbol{AB}=\boldsymbol{0}$，证明：

（1）矩阵 $\boldsymbol{B}$ 的每个列向量都是齐次方程组 $\boldsymbol{AX}=\boldsymbol{0}$ 的解；

（2）$\operatorname{rank}(\boldsymbol{A})+\operatorname{rank}(\boldsymbol{B})\leqslant n$.

7. 设 $\boldsymbol{A}^*$ 是 n 阶方阵 $\boldsymbol{A}$ 的伴随矩阵，证明：$\operatorname{rank}(\boldsymbol{A}^*)=$

$$\begin{cases} n, & \text{当 } \operatorname{rank}(\boldsymbol{A})=n \text{ 时}, \\ 1, & \text{当 } \operatorname{rank}(\boldsymbol{A})=n-1 \text{ 时}, \\ 0, & \text{当 } \operatorname{rank}(\boldsymbol{A})<n-1 \text{ 时}. \end{cases}$$

8. 将下列向量组标准正交化:

(1) $\boldsymbol{\alpha}_1=(1,1,0)^{\mathrm{T}}, \boldsymbol{\alpha}_2=(1,1,1)^{\mathrm{T}}, \boldsymbol{\alpha}_3=(-1,2,2)^{\mathrm{T}}$;

(2) $\boldsymbol{\alpha}_1=(1,1,-1)^{\mathrm{T}}, \boldsymbol{\alpha}_2=(-1,4,1)^{\mathrm{T}}, \boldsymbol{\alpha}_3=(4,-1,2)^{\mathrm{T}}$.

9. 设 $\boldsymbol{A}=\begin{bmatrix}1 & 2 & 0\\ 2 & 2 & -2\\ 0 & -2 & 3\end{bmatrix}$,求正交矩阵 $\boldsymbol{T}$ 使 $\boldsymbol{T}^{-1}\boldsymbol{A}\boldsymbol{T}$ 为对角形矩阵,并写出对角标准形.

10. 将二次型 $f(x_1,x_2,x_3)=x_1^2+4x_1x_2+2x_2^2+3x_3^2-4x_2x_3$ 用正交变换法化成标准形,并写出正交变换和标准形.

11. 判断下列二次型是否正定,并说明理由:

(1) $f(x_1,x_2,x_3)=5x_1^2+x_2^2+5x_3^2+4x_1x_2-8x_1x_3-4x_2x_3$;

(2) $f(x_1,x_2,x_3)=x_1^2+4x_3^2-x_4^2-3x_2x_3$.

12. 证明:如果 n 阶实对称矩阵 $\boldsymbol{A}$ 是正定矩阵,则它的伴随矩阵 $\boldsymbol{A}^*$ 也是正定矩阵.

7.3 空间的曲面和曲线

本节将继续研究空间解析几何,研究对象是空间的曲面和曲线.

不同于平面和直线,曲面和曲线方程都是非线性方程,其中最常遇到的是二次方程对应的曲面和曲线,称为二次曲面(或二次曲线).线性代数中的二次型理论,为研究它们的性质与分类建立了基础.

7.3.1 空间的曲面与曲线

在空间直角坐标系中,若一个曲面 Σ 上点的坐标满足三元方程 $F(x,y,z)=0$,并且坐标满足该方程的点也在曲面 Σ 上,则称 $F(x,y,z)=0$ 为曲面 Σ 的**(一般式)方程**,曲面 Σ 称为方程 $F(x,y,z)=0$ 的**图形**.

注 1 并不是说每一个三元方程 $F(x,y,z)=0$ 都可以表示一个曲面,还有以下几种情形:

(1) 如果 $F(x,y,z)=0$ 的左边可以分为两个(或多个)因式,则表示两个(或多个)曲面,如 $xyz=0$ 就表示三个坐标面;

(2) $F(x,y,z)=0$ 可以表示一条或几条曲线,例如

$(x^2+y^2)(y^2+z^2)=0$ 表示 z 轴和 x 轴两条直线;

(3) $F(x,y,z)=0$ 可以表示一个或几个孤立点,如 x^2+y^2+

$z^2=0$ 表示一个点$(0,0,0)$；

(4) $F(x,y,z)=0$ 也可以不表示实空间中的任何点，如 $x^2+y^2+z^2+1=0$.

注2　如果曲面上任意一点关于某坐标轴、坐标面或原点的对称点仍在该曲面上，则称此曲面关于某坐标轴、坐标面或原点**对称**；具体如下：

(1) 若 $F(-x,y,z)=F(x,y,z)$，则曲面 $F(x,y,z)=0$ 关于 yOz 坐标面(即 $x=0$)对称，

若 $F(x,-y,z)=F(x,y,z)$，则曲面 $F(x,y,z)=0$ 关于 zOx 坐标面(即 $y=0$)对称，

若 $F(x,y,-z)=F(x,y,z)$，则曲面 $F(x,y,z)=0$ 关于 xOy 坐标面(即 $z=0$)对称；

(2) 若 $F(-x,-y,z)=F(x,y,z)$，则曲面 $F(x,y,z)=0$ 关于 z 轴对称，

若 $F(-x,y,-z)=F(x,y,z)$，则曲面 $F(x,y,z)=0$ 关于 y 轴对称，

若 $F(x,-y,-z)=F(x,y,z)$，则曲面 $F(x,y,z)=0$ 关于 x 轴对称；

(3) 若 $F(-x,-y,-z)=F(x,y,z)$，则曲面 $F(x,y,z)=0$ 关于坐标原点$(0,0,0)$对称.

空间中的曲线 Γ 可以看作两曲面的交线，于是 Γ 可表示为 $\begin{cases}F(x,y,z)=0,\\G(x,y,z)=0,\end{cases}$ 称为曲线 Γ 的**一般式方程**. 此外，曲线 Γ 还可以表示为**参数式方程** $\begin{cases}x=x(t),\\y=y(t),\\z=z(t),\end{cases}$ 其中，$t(\in I)$为参变量.

若将空间中的曲面看作是由两族曲线交织而成，则曲面 Σ 可以表示为**双参数方程** $\begin{cases}x=x(t,s),\\y=y(t,s),\\z=z(t,s),\end{cases}$ 其中，$t(\in I_1)$，$s(\in I_2)$为参变量.
经过曲面上的每个点$(x_0,y_0,z_0)=(x(t_0,s_0),y(t_0,s_0),z(t_0,s_0))$，都有两条曲线位于曲面上，两条曲线方程分别为

$$\begin{cases}x=x(t,s_0),\\y=y(t,s_0),\\z=z(t,s_0),\end{cases}\text{和}\begin{cases}x=x(t_0,s),\\y=y(t_0,s),\\z=z(t_0,s).\end{cases}$$

下面考虑空间中两种重要的曲面及其方程.

1. 直纹曲面

空间中一直线按某种规律移动产生的曲面称为**直纹曲面**，动直线称为**母线**，与母线移动的轨迹相交的定曲线(一般可取为平面曲线)称为**准线**.

若准线的参数方程为$\begin{cases}x=x(t),\\y=y(t),\\z=z(t),\end{cases}$经过准线上各点母线的方向向量$\boldsymbol{\tau}=(u,v,w)$可以看作关于参数 t 的函数，记作$\begin{cases}u=u(t),\\v=v(t),\\w=w(t).\end{cases}$对于直纹曲面上的任一点 $P(x,y,z)$，一定存在准线上的点 P_0 使得

$$\overrightarrow{P_0P}=s\boldsymbol{\tau}\Leftrightarrow\begin{cases}x=x(t)+su(t),\\y=y(t)+sv(t),\\z=z(t)+sw(t),\end{cases}$$

其中，t,s 均为参数，即为**直纹曲面的双参数方程**.

在直纹曲面中，最常见的是柱面和锥面.

(1) **柱面**：由一族平行直线组成的曲面称为**柱面**，可以看作空间中的动直线(称为柱面的**母线**)平行于给定方向，且经过定曲线(称为柱面的**准线**，通常取平面曲线)形成的. 若准线的参数方程为$\begin{cases}x=x(t),\\y=y(t),\\z=z(t),\end{cases}$与母线平行的定方向为 $\boldsymbol{\tau}_0=(x_0,y_0,z_0)$，则柱面的双参数方程为

$$\begin{cases}x=x(t)+sx_0,\\y=y(t)+sy_0,\\z=z(t)+sz_0.\end{cases}$$

注 1　若 $\boldsymbol{\tau}_0=(x_0,y_0,z_0)$ 分别为 x,y,z 轴上的单位向量，则柱面方程可分别写为

$$\begin{cases}y=y(t),\\z=z(t),\end{cases}\begin{cases}x=x(t),\\z=z(t),\end{cases}\begin{cases}x=x(t),\\y=y(t),\end{cases}$$

注 2　当曲面方程缺少某变量时，就表示与该变量对应坐标轴平行的柱面，即

$$F(y,z)=0\,/\!/\,x\text{ 轴},F(x,z)=0\,/\!/\,y\text{ 轴},F(x,y)=0\,/\!/\,z\text{ 轴}.$$

例如，$x^2+y^2=1$ 在平面中表示圆周，在空间中表示与 z 轴平行的圆柱面.

注 3　当准线为圆周，并且母线垂直于圆周所在的平面时，称为**直圆柱面**.

注 4　对于某空间曲线，以该曲线为准线，母线垂直于某给定平面的柱面，称为此曲线关于给定平面的**投射柱面**.

例如，曲线方程$\begin{cases}F(x,y,z)=0,\\G(x,y,z)=0\end{cases}$消去 z，就得到关于 xOy 坐标面的投射柱面.

例 7.7　求以曲线$\begin{cases}\dfrac{x^2}{4}+\dfrac{y^2}{8}+\dfrac{z^2}{3}=1,\\ x+y=2\end{cases}$为准线，母线平行于 y 轴的柱面方程.

解　在准线方程中消去 y，得$\dfrac{x^2}{4}+\dfrac{(2-x)^2}{8}+\dfrac{z^2}{3}=1$，化简后知所求柱面方程为

$$\frac{9\left(x-\dfrac{2}{3}\right)^2}{16}+\frac{z^2}{2}=1.$$

注　上述柱面即为曲线关于 xOz 坐标面的投射柱面.

例 7.8　有一束平行于直线 $l:x=y=-z$ 的平行光照射不透明的球面 $S:x^2+y^2+z^2=2z$，求球面在 xOy 面上留下的阴影部分的边界曲线方程.

解　由光照的实际意义可知，阴影部分的边界曲线是由经过球心且与光线垂直的平面和球面的交线 L 形成的，因此阴影部分的边界曲线为以直线 l 为母线、以圆 L 为准线的柱面与 xOy 面的交线.

过球心 $(0,0,1)$ 且与直线 $l:x=y=-z$ 垂直的平面为 $x+y-(z-1)=0$，其与球面 S 的交线为

$$L:\begin{cases}x+y-z+1=0,\\ x^2+y^2+(z-1)^2=1.\end{cases}$$

设点 (x,y,z) 位于以直线 l 为母线、以圆 L 为准线的柱面上，则存在准线 L 上的某点 (u,v,w)，使得二者连线必定平行于母线 l，则

$$\frac{x-u}{1}=\frac{y-v}{1}=\frac{z-w}{-1}=t.$$

即 $u=x-t,v=y-t,w=z+t$，代入准线 L 的方程可得

$$\begin{cases}(x-t)+(y-t)-(z+t)+1=0,\\ (x-t)^2+(y-t)^2+(z+t-1)^2=1,\end{cases}$$

由第一个式子可得 $t=\dfrac{x+y-z+1}{3}$，再代入第二个式子可得柱面方程为

$$x^2+y^2+z^2-xy+yz+zx-x-y-2z=\frac{1}{2}.$$

令 $z=0$，得 xOy 面上阴影边界方程为$\begin{cases}x^2+y^2-xy-x-y=\dfrac{1}{2},\\ z=0.\end{cases}$

（2）**锥面**：过定点的直线族形成的曲面称为**锥面**，可以看作空间中的动直线（称为锥面的**母线**）经过定点（称为锥面的**顶点**）以及定曲线（称为锥面的**准线**，通常取平面曲线）形成的. 若定点为 $P_0(x_0,y_0,z_0)$，准线方程为$\begin{cases}x=x(t),\\ y=y(t),\\ z=z(t),\end{cases}$则母线的方向向量可取为

$(x(t)-x_0, y(t)-y_0, z(t)-z_0)$. 于是根据直纹曲面的一般形式，锥面的双参数方程为

$$\begin{cases} x=x(t)+s[x(t)-x_0], \\ y=y(t)+s[y(t)-y_0], \\ z=z(t)+s[z(t)-z_0] \end{cases} \text{或} \begin{cases} x=x_0+s[x(t)-x_0], \\ y=y_0+s[y(t)-y_0], \\ z=z_0+s[z(t)-z_0]. \end{cases}$$

注 当准线为圆周，并且顶点与圆心连线垂直于圆周所在的平面时，称为**直圆锥面**. 顶点与圆心连线称为直圆锥面的**轴**，母线和轴的夹角不变，称为**半顶角**（取锐角）.

例 7.9 求以原点为顶点，z 轴为轴，半顶角为 α 的直圆锥面方程.

解 设 $P(x,y,z)$ 为直圆锥面上的一点，则 OP 与 z 轴的夹角为 α. 于是

$$\cos\alpha=\frac{z}{\sqrt{x^2+y^2+z^2}},$$

可得 $\tan^2\alpha=\dfrac{\sin^2\alpha}{\cos^2\alpha}=\dfrac{x^2+y^2}{z^2}$，所求直圆锥面方程为 $x^2+y^2=z^2\tan^2\alpha$.

2. 旋转曲面

空间中的曲线绕某直线旋转形成的曲面称为**旋转曲面**，直线称为**旋转轴**，所旋转的曲线称为**母曲线**.

设母曲线方程为 $\begin{cases} F(x,y,z)=0, \\ G(x,y,z)=0, \end{cases}$ 旋转轴直线方程为 $\dfrac{x-x_0}{m}=\dfrac{y-y_0}{n}=\dfrac{z-z_0}{p}$. 首先注意到，圆心在旋转轴上，所在平面垂直于旋转轴的圆族可以表示为

$$\begin{cases} (x-x_0)^2+(y-y_0)^2+(z-z_0)^2=r^2, \\ lx+my+nz=p, \end{cases}$$

其中，r,p 为参数. 显然，旋转曲面可以看作上述圆族中与母曲线有公共点的圆组成的. 因此，只需在方程组

$$\begin{cases} F(x,y,z)=0, \\ G(x,y,z)=0, \\ (x-x_0)^2+(y-y_0)^2+(z-z_0)^2=r^2, \\ lx+my+nz=p \end{cases}$$

中任取三个方程，解出 x,y,z 后再代入第四个，得到关于 r,p 的方程 $H(r,p)=0$. 然后代入

$$r=\pm\sqrt{(x-x_0)^2+(y-y_0)^2+(z-z_0)^2}, p=lx+my+nz,$$

即得到旋转曲面的方程：

$$H(\pm\sqrt{(x-x_0)^2+(y-y_0)^2+(z-z_0)^2}, lx+my+nz)=0.$$

注 1 若母曲线为 $\begin{cases} F(y,z)=0, \\ x=0, \end{cases}$ 旋转轴为 z 轴，即 $\dfrac{x}{0}=\dfrac{y}{0}=\dfrac{z}{1}$,

由前述方法可得$\begin{cases}z=p,\\y=\pm\sqrt{r^2-p^2},\end{cases}$ 代入 $F(y,z)=0$ 并替换 $r=\pm\sqrt{x^2+y^2+z^2}$, $p=z$,因此旋转曲面方程为 $F(\pm\sqrt{x^2+y^2},z)=0$.

注2 若母曲线在某个坐标平面内,旋转轴为坐标轴,有以下几种情形:

(1) 母曲线为$\begin{cases}F(y,z)=0,\\x=0\end{cases}$或$\begin{cases}F(x,z)=0,\\y=0,\end{cases}$ 旋转轴为 z 轴,则旋转曲面方程为

$$F(\pm\sqrt{x^2+y^2},z)=0;$$

(2) 母曲线为$\begin{cases}G(x,y)=0,\\z=0\end{cases}$或$\begin{cases}G(x,z)=0,\\y=0,\end{cases}$ 旋转轴为 x 轴,则旋转曲面方程为

$$G(x,\pm\sqrt{y^2+z^2})=0;$$

(3) 母曲线为$\begin{cases}H(x,y)=0,\\z=0\end{cases}$或$\begin{cases}H(z,y)=0,\\x=0,\end{cases}$ 旋转轴为 y 轴,则旋转曲面方程为

$$H(\pm\sqrt{x^2+z^2},y)=0.$$

注3 若母曲线表示为参数方程:$\begin{cases}x=x(t),\\y=y(t),\\z=z(t),\end{cases}$ 旋转轴为坐标轴,有以下几种情形:

(1) 旋转轴为 z 轴时,旋转曲面方程为

$$\begin{cases}x^2+y^2=x^2(t)+y^2(t),\\z=z(t)\end{cases} \quad 或 \quad \begin{cases}x=\sqrt{x^2(t)+y^2(t)}\cdot\cos\theta,\\y=\sqrt{x^2(t)+y^2(t)}\cdot\sin\theta,\\z=z(t).\end{cases}$$

(2) 旋转轴为 x 轴时,旋转曲面方程为

$$\begin{cases}y^2+z^2=y^2(t)+z^2(t),\\x=x(t)\end{cases} \quad 或 \quad \begin{cases}y=\sqrt{y^2(t)+z^2(t)}\cdot\cos\theta,\\z=\sqrt{y^2(t)+z^2(t)}\cdot\sin\theta,\\x=x(t).\end{cases}$$

(3) 旋转轴为 y 轴时,旋转曲面方程为

$$\begin{cases}x^2+z^2=x^2(t)+z^2(t),\\y=y(t)\end{cases} \quad 或 \quad \begin{cases}x=\sqrt{x^2(t)+z^2(t)}\cdot\cos\theta,\\z=\sqrt{x^2(t)+z^2(t)}\cdot\sin\theta,\\y=y(t).\end{cases}$$

注4 以下是几种常见的旋转曲面:

(1) 圆绕对称轴旋转形成的曲面称为**球面**,椭圆绕长轴和短轴旋转形成的曲面分别称为**长球面**和**扁球面**. 设 yOz 平面上的椭圆方程为$\begin{cases}\dfrac{y^2}{a^2}+\dfrac{z^2}{b^2}=1,\\x=0,\end{cases}$ $(0<b<a)$,则其分别绕 y 轴和 z 轴旋转得到长球面和扁球面,方程分别为

$$\frac{y^2}{a^2}+\frac{x^2+z^2}{b^2}=1 \quad 和 \quad \frac{x^2+y^2}{a^2}+\frac{z^2}{b^2}=1.$$

(2) 双曲线绕虚轴旋转形成的曲面称为**旋转单叶双曲面**,绕实轴旋转形成的曲面称为**旋转双叶双曲面**. 设 yOz 平面上的双曲线方程为$\begin{cases}\dfrac{y^2}{a^2}-\dfrac{z^2}{b^2}=1,\\x=0,\end{cases}$ 则其分别绕 z 轴和 y 轴旋转得到旋转单叶双曲面和旋转双叶双曲面,它们的方程分别为

$$\frac{x^2+y^2}{a^2}-\frac{z^2}{b^2}=1 \quad 和 \quad \frac{y^2}{a^2}-\frac{x^2+z^2}{b^2}=1.$$

(3) 抛物线绕对称轴旋转形成的曲面称为**旋转抛物面**. 设 yOz 平面上抛物线方程为$\begin{cases}y^2=2pz,\\x=0,\end{cases}$ 则其绕 z 轴旋转得到的旋转抛物面方程为 $x^2+y^2=2pz$.

(4) 圆绕所在平面内相离的直线旋转形成的曲面称为**环面**,设 yOz 平面上圆的方程为

$$\begin{cases}(y-R)^2+z^2=r^2,\\x=0,\end{cases}(0<r<R),$$

其绕 z 轴旋转形成的环面方程为$(\pm\sqrt{x^2+y^2}-R)^2+z^2=r^2$,可化为如下标准形式

$$(x^2+y^2+z^2+R^2-r^2)^2=4R^2(x^2+y^2)(0<r<R).$$

若圆可以表示为参数方程$\begin{cases}y=R+r\cos t,\\z=r\sin t,\\x=0,\end{cases}$ $(0\leqslant t\leqslant 2\pi)$,由注 3,上述环面的参数方程为

$$\begin{cases}x=(R+r\cos t)\cos\theta,\\y=(R+r\cos t)\sin\theta,(0\leqslant t,\theta\leqslant 2\pi)\\z=r\sin t.\end{cases}$$

例 7.10 求直线$\dfrac{x}{a}=\dfrac{y-b}{0}=\dfrac{z}{1}$绕 z 轴旋转的曲面方程,并根据 a,b 取值讨论其是何种曲面.

解 直线的参数式方程为$\begin{cases}x=at,\\y=b,\\z=t,\end{cases}$ 则其绕 z 轴旋转所形成曲面

的双参数方程为

$$\begin{cases}x=\sqrt{(at)^2+b^2}\cos\theta,\\ y=\sqrt{(at)^2+b^2}\sin\theta,\\ z=t,\end{cases}$$

消去参数 t,θ,可得旋转曲面方程为

$$x^2+y^2=a^2z^2+b^2.$$

(1) 当 $a=b=0$ 时,为 z 轴;

(2) 当 $a=0,b\neq 0$ 时,为直圆柱面;

(3) 当 $a\neq 0,b=0$ 时,为顶点在原点、半顶角为 $\arctan a$ 的直圆锥面;

(4) 当 $a\neq 0,b\neq 0$ 时,为旋转单叶双曲面.

注　由例 7.10 可知,空间中的一条直线,绕与其平行的直线旋转形成直圆柱面,绕与其相交的直线旋转形成直圆锥面,绕与其异面的直线旋转形成单叶双曲面.

7.3.2　二次曲面及其分类

若曲面的方程可以化为 x,y,z 的多项式等于零的形式,即代数方程,称为**代数曲面**,方程的次数称为代数曲面的次数,非代数曲面称为**超越曲面**. 根据 7.1.2 节可知,**一次曲面**即为平面.

二次曲面的一般形式为

$$ax^2+by^2+cz^2+2fxy+2gxz+2hyz+2ux+2vy+2wz+d=0,$$

其中,$a^2+b^2+c^2+f^2+g^2+h^2\neq 0$.

首先,考虑不含交叉乘积项 xy,xz,yz 的二次曲面 $ax^2+by^2+cz^2+2ux+2vy+2wz+d=0$,包括以下几种情况.

(1) $a=b=c\neq 0$(不妨设 $a=b=c=1$),即为 $x^2+y^2+z^2+2ux+2vy+2wz+d=0$.

① 若 $d=u^2+v^2+w^2$,则配方后 $(x+u)^2+(y+v)^2+(z+w)^2=0$,表示一个点 $(-u,-v,-w)$.

② 若 $d>u^2+v^2+w^2$,则不表示实空间中的任何点.

③ 若 $d<u^2+v^2+w^2$,记 $x_0=-u,y_0=-v,z_0=-w,R=\sqrt{u^2+v^2+w^2-d}$,则方程变为

$$(x-x_0)^2+(y-y_0)^2+(z-z_0)^2=R^2,$$

表示与定点 $P_0(x_0,y_0,z_0)$ 的距离等于定值 R 的点的轨迹,称为**球面**.

(2) a,b,c 均非零且同号(不妨设 $a,b,c>0$).

① 若 $d=\frac{u^2}{a}+\frac{v^2}{b}+\frac{w^2}{c}$,则配方后方程可化为 $a(x-x_0)^2+b(y-y_0)^2+c(z-z_0)^2=0$,表示一个点 (x_0,y_0,z_0).

② 若 $d>\frac{u^2}{a}+\frac{v^2}{b}+\frac{w^2}{c}$,则不表示实空间中的任何点.

③ 若 $d<\frac{u^2}{a}+\frac{v^2}{b}+\frac{w^2}{c}$,则配方后可化为

$$\frac{(x-x_0)^2}{m^2}+\frac{(y-y_0)^2}{n^2}+\frac{(z-z_0)^2}{l^2}=1,$$

上式称为**椭球面**,(x_0,y_0,z_0)为其对称中心. 若 m,n,l 中有两个相等,则为旋转椭球面(旋转曲面注 4 的(1)中介绍的长球面或扁球面).

(3) a,b,c 均非零且异号(不妨设 $a,b>0,c<0$).

① 若 $d=\frac{u^2}{a}+\frac{v^2}{b}+\frac{w^2}{c}$,则配方后方程可化为 $a(x-x_0)^2+b(y-y_0)^2+c(z-z_0)^2=0$,表示以$(x_0,y_0,z_0)$为顶点,以椭圆 $\begin{cases}a(x-x_0)^2+b(y-y_0)^2=-c,\\ z=z_0+1\end{cases}$ 为准线的锥面(称为椭圆锥面).

② 若 $d>\frac{u^2}{a}+\frac{v^2}{b}+\frac{w^2}{c}$,则配方后可化为

$$\frac{(x-x_0)^2}{m^2}+\frac{(y-y_0)^2}{n^2}-\frac{(z-z_0)^2}{l^2}=-1,$$

称为**双叶双曲面**,(x_0,y_0,z_0)为其对称中心. 若 $m=n$,则表示双曲线 $\begin{cases}\frac{(y-y_0)^2}{n^2}-\frac{(z-z_0)^2}{l^2}=-1,\\ x=x_0\end{cases}$ 绕实轴 $\begin{cases}y=y_0,\\ x=x_0\end{cases}$ 旋转形成的曲面.

③ 若 $d<\frac{u^2}{a}+\frac{v^2}{b}+\frac{w^2}{c}$,则配方后可化为

$$\frac{(x-x_0)^2}{m^2}+\frac{(y-y_0)^2}{n^2}-\frac{(z-z_0)^2}{l^2}=1,$$

称为**单叶双曲面**,(x_0,y_0,z_0)为其对称中心. 若 $m=n$,则表示双曲线 $\begin{cases}\frac{(y-y_0)^2}{n^2}-\frac{(z-z_0)^2}{l^2}=1,\\ x=x_0\end{cases}$ 绕虚轴 $\begin{cases}y=y_0,\\ x=x_0\end{cases}$ 旋转形成的曲面.

(4) a,b,c 中一个为零(不妨设 $c=0,a,b$ 不为零),方程为 $ax^2+by^2+2ux+2vy+2wz+d=0$.

① 若 $w=0$,则为柱面(与 z 轴平行,具体可根据 a,b 是否相等、同号以及 d 的取值情况,分为圆柱面、椭圆柱面、双曲柱面、相交平面、直线、不表示任何点等情况);

② 若 $w\neq 0$ 且 a,b 同号,则方程可化为

$$\frac{(x-x_0)^2}{m^2}+\frac{(y-y_0)^2}{n^2}=\pm(z-z_0),$$

称为**椭圆抛物面**,垂直于 z 轴的平面与曲面的交线为椭圆,垂直于 x

轴或 y 轴的平面与曲面交线为抛物线. 若 $m=n$, 则表示抛物线 $\begin{cases}\dfrac{(y-y_0)^2}{n^2}=\pm(z-z_0),\\ x=x_0\end{cases}$ 绕对称轴 $\begin{cases}y=y_0,\\ x=x_0\end{cases}$ 旋转形成的曲面.

③ 若 $w\neq 0$ 且 a,b 异号, 则方程可化为

$$\frac{(x-x_0)^2}{m^2}-\frac{(y-y_0)^2}{n^2}=\pm(z-z_0),$$

称为**双曲抛物面**(也称为**马鞍面**), 垂直于 z 轴的平面与曲面的交线为双曲线, 垂直于 x 轴或 y 轴的平面与曲面的交线为抛物线.

(5) a,b,c 中两个为零(不妨设 $a=b=0,c\neq 0$), 方程为 $cz^2+2ux+2vy+2wz+d=0$.

① 当 u,v 不同时为零时, 表示母线平行于向量 $(-v,u,0)$ 的抛物柱面. 不妨设 $u\neq 0$, 则准线可取为抛物线 $\begin{cases}cz^2+2ux+2wz+d=0,\\ y=0.\end{cases}$

② 当 $u=v=0$ 时, 方程为 $cz^2+2wz+d=0$, 若此二次方程有解, 则表示与 xOy 平面平行的一张或两张平面, 否则不表示实空间中的任何点.

例 7.11　已知四点 $P_i(x_i,y_i,z_i)(i=1,2,3,4)$ 不共面, 求过此四点的球面方程.

解　设球面方程为 $x^2+y^2+z^2+2ux+2vy+2wz+d=0$, 由于 $P_i(x_i,y_i,z_i)(i=1,2,3,4)$ 在球面上, 可得关于 u,v,w,d 的线性方程组(其系数矩阵和增广矩阵分别记作 $\boldsymbol{A},\overline{\boldsymbol{A}}$):

$$\begin{cases}2xu+2yv+2zw+d=-(x^2+y^2+z^2),\\ 2x_1u+2y_1v+2z_1w+d=-(x_1^2+y_1^2+z_1^2),\\ 2x_2u+2y_2v+2z_2w+d=-(x_2^2+y_2^2+z_2^2),\\ 2x_3u+2y_3v+2z_3w+d=-(x_3^2+y_3^2+z_3^2),\\ 2x_4u+2y_4v+2z_4w+d=-(x_4^2+y_4^2+z_4^2).\end{cases}$$

由于 $P_i(x_i,y_i,z_i)(i=1,2,3,4)$ 不共面, 由例 7.2 知

$$\begin{vmatrix}2x_1&2y_1&2z_1&1\\2x_2&2y_2&2z_2&1\\2x_3&2y_3&2z_3&1\\2x_4&2y_4&2z_4&1\end{vmatrix}=\begin{vmatrix}2x_1&2y_1&2z_1&1\\2(x_2-x_1)&2(y_2-y_1)&2(z_2-z_1)&0\\2(x_3-x_1)&2(y_3-y_1)&2(z_3-z_1)&0\\2(x_4-x_1)&2(y_4-y_1)&2(z_4-z_1)&0\end{vmatrix}=-8\begin{vmatrix}x_2-x_1&y_2-y_1&z_2-z_1\\x_3-x_1&y_3-y_1&z_3-z_1\\x_4-x_1&y_4-y_1&z_4-z_1\end{vmatrix}\neq 0,$$

故系数矩阵的秩 $\operatorname{rank}\boldsymbol{A}=4$, 根据定理 7.5, 上述方程组有解的充要条件是 $\operatorname{rank}\overline{\boldsymbol{A}}=4$, 注意到 $\operatorname{rank}\overline{\boldsymbol{A}}\geqslant\operatorname{rank}\boldsymbol{A}=4$, 因此 $\operatorname{rank}\overline{\boldsymbol{A}}=4$ 等价于 $|\overline{\boldsymbol{A}}|=0$. 于是球面方程可表示为

$$\begin{vmatrix} x^2+y^2+z^2 & x & y & z & 1 \\ x_1^2+y_1^2+z_1^2 & x_1 & y_1 & z_1 & 1 \\ x_2^2+y_2^2+z_2^2 & x_2 & y_2 & z_2 & 1 \\ x_3^2+y_3^2+z_3^2 & x_3 & y_3 & z_3 & 1 \\ x_4^2+y_4^2+z_4^2 & x_4 & y_4 & z_4 & 1 \end{vmatrix}=0.$$

对于包含交叉乘积项 xy,xz,yz 的一般的二次曲面

$$ax^2+by^2+cz^2+2fxy+2gxz+2hyz+2ux+2vy+2wz+d=0,$$

令 $\boldsymbol{X}=\begin{bmatrix} x \\ y \\ z \end{bmatrix},\boldsymbol{A}=\begin{bmatrix} a & f & g \\ f & b & h \\ g & h & c \end{bmatrix},\boldsymbol{b}=\begin{bmatrix} u \\ v \\ w \end{bmatrix}$,则方程可写为

$$\boldsymbol{X}^{\mathrm{T}}\boldsymbol{A}\boldsymbol{X}+2\boldsymbol{b}^{\mathrm{T}}\boldsymbol{X}+d=0.$$

由于 $\boldsymbol{A}$ 为实对称矩阵,因此存在正交矩阵 $\boldsymbol{Q}$ 使得 $\boldsymbol{Q}^{-1}\boldsymbol{A}\boldsymbol{Q}=\mathrm{diag}(\lambda_1,\lambda_2,\lambda_3)$(其中,$\lambda_1,\lambda_2,\lambda_3$ 为 $\boldsymbol{A}$ 的特征值),于是在正交变换 $\boldsymbol{Y}=\boldsymbol{Q}\boldsymbol{X}$ 下,上述方程变为[记 $\boldsymbol{b}^{\mathrm{T}}\boldsymbol{Q}=(u',v',w')$]:

$$\lambda_1x^2+\lambda_2y^2+\lambda_3z^2+2u'x+2v'y+2w'z+d=0.$$

这已经成为不含交叉乘积项的二次曲面方程,可依上述方法来讨论它所表示的曲面类型.

由于 $\lambda_1,\lambda_2,\lambda_3$ 为 $\boldsymbol{A}$ 的特征值,即为特征方程 $|\lambda\boldsymbol{E}-\boldsymbol{A}|=0$ 的根,分别记

$$I_1=a+b+c,I_2=\begin{vmatrix} a & f \\ f & b \end{vmatrix}+\begin{vmatrix} a & g \\ g & c \end{vmatrix}+\begin{vmatrix} b & h \\ h & c \end{vmatrix},I_3=|\boldsymbol{A}|=\begin{vmatrix} a & f & g \\ f & b & h \\ g & h & c \end{vmatrix},$$

则 $|\lambda\boldsymbol{E}-\boldsymbol{A}|=\lambda^3-I_1\lambda^2+I_2\lambda-I_3$,根据三次方程根与系数的关系(韦达定理),可得

$$I_1=\lambda_1+\lambda_2+\lambda_3,I_2=\lambda_1\lambda_2+\lambda_1\lambda_3+\lambda_2\lambda_3,I_3=\lambda_1\lambda_2\lambda_3.$$

再记 $I_4=\begin{vmatrix} \boldsymbol{A} & \boldsymbol{b} \\ \boldsymbol{b}^{\mathrm{T}} & d \end{vmatrix}$,称 $I_i(i=1,2,3,4)$ 为二次曲面的**不变量**,可以通过不变量研究二次曲面的分类问题,具体如表 7-1 所示.

表 7-1 二次曲面的分类

$I_3\neq0$ 有心二次曲面	$I_4>0$	① λ_1、λ_2、λ_3 同号,虚椭球面
		② λ_1、λ_2、λ_3 异号,单叶双曲面
	$I_4=0$	③ λ_1、λ_2、λ_3 同号,虚二次锥面(或一个点)
		④ λ_1、λ_2、λ_3 异号,实二次锥面
	$I_4<0$	⑤ λ_1、λ_2、λ_3 同号,椭球面
		⑥ λ_1、λ_2、λ_3 异号,双叶双曲面
$I_3=0$ 无心二次曲面	I_2、I_4 均不为零	⑦ $I_4<0$,椭圆抛物面
		⑧ $I_4>0$,双面抛物面
	I_2、I_4 至少一个为零	⑨ 二次柱面或平面(又可细分若干情形,本书从略)

例 7.12　利用不变量判断下列二次曲面的类型：

(1) $z=xy$；

(2) $x^2+y^2+5z^2-6xy-2xz+2yz-6x+6y-6z+10=0$；

(3) $2x^2+2y^2+3z^2+4xy+2xz+2yz-4x+6y-2z+3=0$.

解　(1) 方程可化为 $2xy-2z=0$，由此可知 $a=b=c=0,f=1$，$g=h=0,u=v=0,w=-1,d=0$，可得

$$I_3=\begin{vmatrix}0&1&0\\1&0&0\\0&0&0\end{vmatrix}=0,I_2=\begin{vmatrix}0&1\\1&0\end{vmatrix}+\begin{vmatrix}0&0\\0&0\end{vmatrix}+\begin{vmatrix}0&0\\0&0\end{vmatrix}=-1,I_4=\begin{vmatrix}0&1&0&0\\1&0&0&0\\0&0&0&-1\\0&0&-1&0\end{vmatrix}=1,$$

符合表 7-1 中的情况⑧，故为双曲抛物面.

(2) 由方程知 $a=b=1,c=5,f=-3,g=-1,h=1,u=-3$，$v=3,w=-3,d=10$，可得

$$I_3=\begin{vmatrix}1&-3&-1\\-3&1&1\\-1&1&5\end{vmatrix}=-36,I_4=\begin{vmatrix}1&-3&-1&-3\\-3&1&1&3\\-1&1&5&-3\\-3&3&-3&10\end{vmatrix}=-252,$$

又由于 $I_1=7$，故 $\lambda_1,\lambda_2,\lambda_3$ 的和为正、积为负，不同号，符合表 7-1 中的情况⑥，故为双叶双曲面.

(3) 由方程知 $a=b=2,c=3,f=2,g=h=1,u=-2,v=3,w=-1,d=3$，可得

$$I_3=\begin{vmatrix}2&2&1\\2&2&1\\1&1&3\end{vmatrix}=0,I_2=\begin{vmatrix}2&2\\2&2\end{vmatrix}+\begin{vmatrix}2&1\\1&3\end{vmatrix}+\begin{vmatrix}2&1\\1&3\end{vmatrix}=10,I_4=\begin{vmatrix}2&2&1&-2\\2&2&1&3\\1&1&3&-1\\-2&3&-1&3\end{vmatrix}=-125,$$

符合表 7-1 中的情况⑦，故为椭圆抛物面.

习题 7.3

1. 设柱面的准线为 $\begin{cases}x=y^2+z^2,\\x=2z,\end{cases}$ 母线垂直于准线所在的平面，求柱面方程.

2. 已知柱面的准线为 $\begin{cases}(x-1)^2+(y+3)^2+(z-2)^2=25,\\x+y-z+2=0,\end{cases}$ 且母线平行于 x 轴，求柱面方程.

3. 求曲线 $\begin{cases}z=x^2+2y^2,\\z=2-x^2\end{cases}$ 关于 xOy 面的投影柱面和在 xOy 面上的投影曲线方程.

4. 已知锥面的顶点为原点，准线为 $\begin{cases}x^2-2z+1=0,\\y-z+1=0,\end{cases}$ 求锥面方程.

5. 求直线$\frac{x}{2}=\frac{y}{1}=\frac{z-1}{0}$绕直线 $x=y=z$ 旋转所得的旋转曲面方程.

6. 已知直线 l: $\frac{x}{m}=\frac{y}{n}=\frac{z}{p}$,

(1) 求以 l 为轴,半径为 R 的圆柱面的方程;

(2) 求以 l 为轴,顶点为原点,半顶角为 α 的圆锥面面的方程.

7. 设空间圆的方程为$\begin{cases}x^2+y^2+z^2=4,\\x+y+z=3.\end{cases}$ 求圆心坐标与半径.

8. 求曲线$\begin{cases}\frac{y^2}{9-\lambda}+\frac{z^2}{4-\lambda}=1,\\x=0\end{cases}$$(\lambda\neq 4,9)$绕 Oz 轴旋转所得旋转曲面的方程,并问 λ 分别取何值时,该曲面为旋转椭球面和旋转单叶双曲面.

9. 用双参数方程表示椭圆抛物面与双曲抛物面.

10. 利用不变量证明:二次曲面 $x^2+y^2+z^2+2xy+6xz-2yz+2x-6y-2z=0$ 是一个单叶双曲面.

第 8 章 多元函数微分学及其应用

本章将介绍多元函数微分学的基本概念及其应用.

本书上册主要讨论了一元函数的微分学和积分学,研究的对象是只有一个自变量的函数,但自然科学和工程技术问题往往会遇到一个变量依赖多个变量的情形,多元函数以及多元函数微积分的问题也就应运而生,这就需要将一元函数及其微积分推广到多元函数以及多元函数微积分,本章讨论多元函数及其微分学,在讨论中将充分利用一元函数已有的结果来研究多元函数,并推广发展一元函数微积分学的概念、理论和方法. 读者在学习下册时,要善于与一元函数进行比较,特别注意多元函数与一元函数的形同实异之处. 虽然从一元函数到二元函数将会产生一些本质上的差别,但从二元函数到三元函数或更多元函数,则在本质上并没有什么不同,本章和下一章中主要以讨论二元和三元函数为主.

8.1 *n* 维欧几里得空间中的点集

讨论一元函数时,曾用到邻域、区间等概念,它们是实数集 $\mathbb{R}$ 的两类特殊子集. 为了将一元函数的理论和方法推广到多元的情形,本节先引入 n 维空间以及 $\mathbb{R}^2$ 中的一些基本概念,将有关概念从 $\mathbb{R}^1$ 推广到 $\mathbb{R}^2$ 中,进而推广到一般的 $\mathbb{R}^n$ 中.

本节的主要内容为 n 维欧几里得空间中的各类点集,这将为研究多元微分学奠定基础。向量空间是数学研究的重要载体和对象,微积分学所关心的空间结构包括度量、范数、开集、闭集等.

8.1.1 *n* 维欧几里得空间

n 元有序实数组 $(x_1,x_2,\cdots,x_n)$ 的全体所构成的集合

$$\mathbb{R}^n=\{(x_1,x_2,\cdots,x_n)\mid x_i\in\mathbb{R},i=1,2,\cdots,n\},$$

按照以下定义的加法和数乘运算:

对于 $\boldsymbol{x}=(x_1,x_2,\cdots,x_n),\boldsymbol{y}=(y_1,y_2,\cdots,y_n)\in\mathbb{R}^n$,定义

$$\boldsymbol{x}+\boldsymbol{y}=(x_1+y_1,x_2+y_2,\cdots,x_n+y_n),$$

$$\alpha\boldsymbol{x}=(\alpha x_1,\alpha x_2,\cdots,\alpha x_n),\alpha\in\mathbb{R}.$$

它们满足了定理 7.1 中的 8 个结论,因此构成一个 **n 维(实)向量空间**,简称为 **n 维空间**,其中,$\boldsymbol{x}=(x_1,x_2,\cdots,x_n)$ 称为 $\mathbb{R}^n$ 中的一个向

量(或点);n 个实数 $x_1,x_2,\cdots,x_n$ 是这个向量(或点)的坐标(或分量).

在 n 维向量空间 $\mathbb{R}^n$ 中,按照以下方式来定义两个向量 $\boldsymbol{x}=(x_1,x_2,\cdots,x_n)$,$\boldsymbol{y}=(y_1,y_2,\cdots,y_n)\in\mathbb{R}^n$ 的内积:

$$< \boldsymbol{x},\boldsymbol{y} > = \sum_{i=1}^{n} x_i y_i .$$

构成一个 **n 维欧几里得空间**.

特别地,$\mathbb{R}$,$\mathbb{R}^2$,$\mathbb{R}^3$ 依次是实数的全体,二元有序实数对 (x,y) 的全体,三元有序实数组 (x,y,z) 的全体,分别与实数轴、xOy 面,空间 $Oxyz$ 上的点建立了一一对应的关系,更高维空间 $\mathbb{R}^n$ 可借助于它们的几何直观帮助理解.

在 n 维欧几里得空间中,对任意的 $\boldsymbol{x}=(x_1,x_2,\cdots,x_n)$,$\boldsymbol{y}=(y_1,y_2,\cdots,y_n)\in\mathbb{R}^n$,定义 $\boldsymbol{x}$ 的**长度**(或**范数**)为

$$\| \boldsymbol{x} \| = \sqrt{< \boldsymbol{x},\boldsymbol{x} >} = \sqrt{\sum_{i=1}^{n} x_i^2} .$$

这样,$\boldsymbol{x}$ 与 $\boldsymbol{y}$ 之间的**距离**为

$$\rho(\boldsymbol{x},\boldsymbol{y}) = \| \boldsymbol{x}-\boldsymbol{y} \| = \sqrt{\sum_{i=1}^{n} (x_i - y_i)^2} .$$

由空间 $\mathbb{R}^n$ 距离的概念,引出空间 $\mathbb{R}^n$ 中两个点集间距离、一个点集的直径和有界点集的概念如下:

两个非空点集 A 与 B 之间的**距离**定义为

$$\rho(A,B) = \inf_{\substack{\boldsymbol{x}\in A \\ \boldsymbol{y}\in B}} \rho(\boldsymbol{x},\boldsymbol{y}) .$$

注 若 $A=\{\boldsymbol{x}_0\}$,即 A 为单点集,则可记 $\rho(A,B)=\rho(\boldsymbol{x}_0,B)$.

一个非空点集 A 的**直径**定义为

$$d(A) = \sup_{\boldsymbol{x},\boldsymbol{y}\in A} \rho(\boldsymbol{x},\boldsymbol{y}) .$$

一个非空点集 A,若 $d(A)<\infty$,则称 A 为**有界集**,否则称 A 为**无界集**.

点集的有界性还可以用原点到点集的距离来反映.

对于点集 $A\in\mathbb{R}^n$,若存在 $M>0$,对于任意给定的 $\boldsymbol{x}\in A$,使得 $\rho(O,\boldsymbol{x})=\|\boldsymbol{x}\|\leqslant M$,则称点集 A 为**有界集**,否则称为**无界集**.

由柯西不等式,

$$| < \boldsymbol{x},\boldsymbol{y} > | = \left| \sum_{i=1}^{n} x_i y_i \right| \leqslant \sqrt{\sum_{i=1}^{n} x_i^2} \cdot \sqrt{\sum_{i=1}^{n} y_i^2} = \| \boldsymbol{x} \| \cdot \| \boldsymbol{y} \| .$$

由此得三角不等式,即

$$\| \boldsymbol{x}-\boldsymbol{y} \| \leqslant \| \boldsymbol{x}-\boldsymbol{z} \| + \| \boldsymbol{z}-\boldsymbol{y} \| .$$

设 $\boldsymbol{a}=(a_1,a_2,\cdots,a_n)$,$\boldsymbol{b}=(b_1,b_2,\cdots,b_n)\in\mathbb{R}^n$,点集 $\{(x_1,x_2,\cdots,x_n) \mid a_i<x_i<b_i, i=1,2,\cdots,n\}$ 称为 $\mathbb{R}^n$ 中的一个 **n 维开区间**,记作 $(\boldsymbol{a},\boldsymbol{b})$;类似地,有**闭区间** $[\boldsymbol{a},\boldsymbol{b}]$、**左开右闭区间** $(\boldsymbol{a},\boldsymbol{b}]$、**左闭右开**

区间$[\boldsymbol{a},\boldsymbol{b})$，统称为区间，记作$\boldsymbol{I}$，$b_i-a_i$称为$\boldsymbol{I}$的第$i$个**边长**，$\prod_{i=1}^{n}(b_i-a_i)$称为$\boldsymbol{I}$的**体积**，记作$|\boldsymbol{I}|$.

显然，$[\boldsymbol{a},\boldsymbol{b}]=[a_1,b_1]\times[a_2,b_2]\times\cdots\times[a_n,b_n]$.

8.1.2 点列的极限与聚点

定义 8.1(邻域)　设$\boldsymbol{a}\in\mathbb{R}^n$，$\delta>0$，点集$U(\boldsymbol{a},\delta)=\{\boldsymbol{x}\in\mathbb{R}^n\mid\rho(\boldsymbol{x},\boldsymbol{a})<\delta\}$称为**点$\boldsymbol{a}$的$\delta$邻域**，点集$U^{\circ}(\boldsymbol{a},\delta)=\{\boldsymbol{x}\in\mathbb{R}^n\mid 0<\rho(\boldsymbol{x},\boldsymbol{a})<\delta\}$称为**点$\boldsymbol{a}$的$\delta$去心邻域**. 如果不需要强调半径$\delta$，它们可分别简记为$U(\boldsymbol{a})$与$U^{\circ}(\boldsymbol{a})$.

在$\mathbb{R}^1,\mathbb{R}^2,\mathbb{R}^3$中，$U(\boldsymbol{a},\delta)$分别是以$\boldsymbol{a}$为中心以$\delta$为半径的开区间、开圆和开球.

定义 8.2(ε-N 定义)　设$\{\boldsymbol{x}_k\}$是$\mathbb{R}^n$中的一个点列，点$\boldsymbol{a}\in\mathbb{R}^n$，若对任意给定的$\varepsilon>0$，都存在$N\in\mathbb{N}_+$，使得任意$k>N$，有$\|\boldsymbol{x}_k-\boldsymbol{a}\|<\varepsilon$，则称点列$\{\boldsymbol{x}_k\}$收敛于$\boldsymbol{a}$，记作$\lim\limits_{k\to\infty}\boldsymbol{x}_k=\boldsymbol{a}$，或$\boldsymbol{x}_k\to\boldsymbol{a}(k\to\infty)$. 定义 8.2 的邻域式语言：若$\forall\varepsilon>0$，$\exists N\in\mathbb{N}_+$，使得$\forall k>N$，有$\boldsymbol{x}_k\in U(\boldsymbol{a},\varepsilon)$，则称该点列$\{\boldsymbol{x}_k\}$收敛于$\boldsymbol{a}$，

记作$\lim\limits_{k\to\infty}\boldsymbol{x}_k=\boldsymbol{a}$，或$\boldsymbol{x}_k\to\boldsymbol{a}(k\to\infty)$.

定义 8.3(柯西点列)　设$\{\boldsymbol{x}_k\}$是$\mathbb{R}^n$中的一个点列，若$\forall\varepsilon>0$，$\exists N\in\mathbb{N}_+$，使得$\forall k>N$及$\forall p\in\mathbb{N}_+$，有$\|\boldsymbol{x}_{k+p}-\boldsymbol{x}_k\|<\varepsilon$，则称点列$\{\boldsymbol{x}_k\}$是$\mathbb{R}^n$中的**柯西点列或基本点列**.

定理 8.1　$\mathbb{R}^n$中的一个点列$\{\boldsymbol{x}_k\}$收敛，等价于按坐标收敛，即

$$\lim_{k\to\infty}\boldsymbol{x}_k=\boldsymbol{a}\Leftrightarrow\lim_{k\to\infty}x_{k,i}=a_i\ (i=1,2,\cdots,n),$$

其中，$\boldsymbol{x}_k=(x_{k,1},x_{k,2},\cdots,x_{k,n})$，$\boldsymbol{a}=(a_1,a_2,\cdots,a_n)\in\mathbb{R}^n$.

证　由定义 8.2 可知，$\lim\limits_{k\to\infty}\boldsymbol{x}_k=\boldsymbol{a}\Leftrightarrow\lim\limits_{k\to\infty}\|\boldsymbol{x}_k-\boldsymbol{a}\|=0$

$$\Leftrightarrow\lim_{k\to\infty}\sqrt{\sum_{i=1}^{n}(x_{k,i}-a_i)^2}=0\Leftrightarrow\lim_{k\to\infty}(x_{k,i}-a_i)=0\ (i=1,2,\cdots,n),$$

故$\lim\limits_{k\to\infty}x_{k,i}=a_i\ (i=1,2,\cdots,n)$.

例 8.1　已知$\mathbb{R}^3$中点列$\boldsymbol{x}_k=\left(\left(1+\dfrac{1}{k}\right)^k,\dfrac{\sin k}{k},k(\mathrm{e}^{\frac{1}{k}}-1)\right)$，求$\lim\limits_{k\to\infty}\boldsymbol{x}_k$.

解　因$\lim\limits_{k\to\infty}\left(1+\dfrac{1}{k}\right)^k=\mathrm{e}$，$\lim\limits_{k\to\infty}\dfrac{\sin k}{k}=0$，$\lim\limits_{k\to\infty}k(\mathrm{e}^{\frac{1}{k}}-1)=1$，由定理 8.1，有

$$\lim_{k\to\infty}\boldsymbol{x}_k=(\mathrm{e},0,1).$$

定理 8.1 表明，$\mathbb{R}^n$ 中的一个点列 $\{\boldsymbol{x}_k\}$ 的收敛问题可转化为实数列的收敛的研究，这样就可以将第 1 章中收敛实数列的一些性质推广到 $\mathbb{R}^n$ 中的收敛点列，但应注意，与实数列的单调性、保序性、确界及商运算有关的性质无法直接推广到 $\mathbb{R}^n$ 中，因向量空间没有商的运算，向量也就无法比较大小. 设 $\{\boldsymbol{x}_k\}$ 是 $\mathbb{R}^n$ 中的收敛点列，列出点列 $\{\boldsymbol{x}_k\}$ 有关性质如下：

性质 1　若 $\boldsymbol{x}_k \to \boldsymbol{a}, \boldsymbol{y}_k \to \boldsymbol{b}\ (k\to\infty)$，则 $\alpha\boldsymbol{x}_k \pm \beta\boldsymbol{y}_k \to \alpha\boldsymbol{a} \pm \beta\boldsymbol{b}\ (k\to\infty)$，且

$$<\boldsymbol{x}_k, \boldsymbol{y}_k> \to <\boldsymbol{a}, \boldsymbol{b}>\ (k\to\infty)，\text{其中}，\alpha, \beta \in \mathbb{R}.$$

性质 2　若 $\boldsymbol{x}_k \to \boldsymbol{a}\ (k\to\infty)$，则 $\boldsymbol{x}_{k_j} \to \boldsymbol{a}\ (j\to\infty)$，其中，$\{\boldsymbol{x}_{k_j}\}$ 是 $\{\boldsymbol{x}_k\}$ 的任一子(点)列.

性质 3　收敛点列 $\{\boldsymbol{x}_k\}$ 必为有界点列，即存在 $M>0$，有 $\|\boldsymbol{x}_k\| \leqslant M$，对任意的 $k\in\mathbb{N}_+$.

定理 8.2(柯西收敛原理)　$\mathbb{R}^n$ 中的点列 $\{\boldsymbol{x}_k\}$ 收敛，等价于 $\{\boldsymbol{x}_k\}$ 是基本点列.

证　必要性. 设 $\lim\limits_{k\to\infty}\boldsymbol{x}_k = \boldsymbol{a}$. 则 $\forall \varepsilon>0, \exists N\in\mathbb{N}_+$，当 $k>N$ 时，有 $\|\boldsymbol{x}_k - \boldsymbol{a}\| < \dfrac{\varepsilon}{2}$，$\|\boldsymbol{x}_{k+p} - \boldsymbol{a}\| < \dfrac{\varepsilon}{2}\ (\forall p\in\mathbb{N}_+)$，因此，$\|\boldsymbol{x}_k - \boldsymbol{x}_{k+p}\| \leqslant \|\boldsymbol{x}_k - \boldsymbol{a}\| + \|\boldsymbol{x}_{k+p} - \boldsymbol{a}\| < \varepsilon$，点列 $\{\boldsymbol{x}_k\}$ 是 $\mathbb{R}^n$ 中的基本点列.

充分性. 设 $\{\boldsymbol{x}_k\}$ 是基本点列，即 $\forall \varepsilon>0, \exists N\in\mathbb{N}_+$，使得 $\forall k>N$ 及 $\forall p\in\mathbb{N}_+$，有 $\|\boldsymbol{x}_{k+p} - \boldsymbol{x}_k\| < \varepsilon$，于是，对 $i=1,2,\cdots,n$，有 $|x_{k+p,i} - x_{k,i}| \leqslant \|\boldsymbol{x}_{k+p} - \boldsymbol{x}_k\| < \varepsilon$，即 $\{x_{k,i}\}$ 是基本数列，所以实数列 $\{x_{k,i}\}$ 均收敛，由定理 8.1 知，点列 $\{\boldsymbol{x}_k\}$ 是收敛的.

定理 8.2 刻画了 $\mathbb{R}^n$ 的完备性，现代数学中把它作为空间完备性的定义.

定理 8.3(闭区间套定理)　设 $\{[\boldsymbol{a}_k, \boldsymbol{b}_k]\}$ 是 $\mathbb{R}^n$ 中的一个闭区间套，即

(1) $[\boldsymbol{a}_k, \boldsymbol{b}_k] \supseteq [\boldsymbol{a}_{k+1}, \boldsymbol{b}_{k+1}]$，$k=1,2,\cdots$，

(2) $\lim\limits_{k\to\infty}\|\boldsymbol{b}_k - \boldsymbol{a}_k\| = 0$，

则 $\mathbb{R}^n$ 中存在唯一 $\boldsymbol{\xi}\in[\boldsymbol{a}_k, \boldsymbol{b}_k]\ (k=1,2,\cdots)$，使得 $\bigcap\limits_{k=1}^{\infty}[\boldsymbol{a}_k, \boldsymbol{b}_k] = \{\boldsymbol{\xi}\}$. 其中，

$$\boldsymbol{a}_k = (a_{k,1}, a_{k,2}, \cdots, a_{k,n}), \boldsymbol{b}_k = (b_{k,1}, b_{k,2}, \cdots, b_{k,n}), \boldsymbol{\xi} = (\xi_1, \xi_2, \cdots, \xi_n) \in \mathbb{R}^n.$$

证　由条件，对 $i=1,2,\cdots,n$，$\{[a_{k,i}, b_{k,i}]\}$ 均是闭区间套，由区间套定理知，存在唯一 $\xi_{k,i}\in[a_{k,i}, b_{k,i}]\ (\forall k\in\mathbb{N}_+)$，因此，存在唯一的点 $\boldsymbol{\xi} = (\xi_1, \xi_2, \cdots, \xi_n) \in [\boldsymbol{a}_k, \boldsymbol{b}_k]\ (k=1,2,\cdots)$.

定理 8.4(聚点原理)　$\mathbb{R}^n$ 中的有界点列必有收敛的子列，子列的极限称为**聚点**(或**极限点**).

证明略.

8.1.3 开集、闭集、紧集与区域

在向量空间 $\mathbb{R}^n$ 中，由邻域的定义给出内点、聚点等定义，由此给出开集、闭集定义，从而引出紧集与区域的概念.

定义 8.4　设点集 $A\subset\mathbb{R}^n$，点 $\boldsymbol{a}\in\mathbb{R}^n$，

(1) 若 $\exists\delta>0$，使 $U(\boldsymbol{a},\delta)\subseteq A$，则称 $\boldsymbol{a}$ 为 A 的**内点**；由 A 的全体内点所成的集合，称为 A 的**内部**，记作 $\mathrm{int}A$，或 A^0；若集合 A 的每一点都是 A 的内点，则称 A 为**开集**（即 $A=\mathrm{int}\,A$）.

(2) 若 $\exists\delta>0$，使 $U(\boldsymbol{a},\delta)\cap A=\varnothing$，则称 $\boldsymbol{a}$ 为 A 的**外点**；由 A 的全体外点所构成的集合，称为 A 的**外部**，记作 $\mathrm{ext}\,A$.

(3) **边界点**：若 $\forall\delta>0$，有 $U(\boldsymbol{a},\delta)\not\subset A$，且 $U(\boldsymbol{a},\delta)\cap A\neq\varnothing$，则称 $\boldsymbol{a}$ 为 A 的（**边**）**界点**；由 A 的全体边界点所成的集合称为 A 的**边界**，记作 ∂A.

(4) **聚点**：若 $\forall\delta>0$，$U(\boldsymbol{a},\delta)\cap A$ 都是无限集合，则称 $\boldsymbol{a}$ 为 A 的**聚点**；A 的全体聚点所成的集合，称为 A 的**导集**，记作 A'；A 与 A 的导集的并集，称为 A 的**闭包**，记作 $\overline{A}=A\cup A'$；若集合 A 的每一个聚点都属于 A，则称 A 为**闭集**（$\overline{A}=A$）.

(5) **孤立点**：若 $\exists\delta>0$，使 $U(\boldsymbol{a},\delta)\cap A=\{\boldsymbol{a}\}$，则称 $\boldsymbol{a}$ 为 A 的**孤立点**.

有定义 1.4 知，对于点集 $A\in\mathbb{R}^n$，则点 $\boldsymbol{a}\in\mathbb{R}^n$ 是且只能是内点、界点和外点（或聚点，孤立点和外点）中的一个（见图 8-1）.

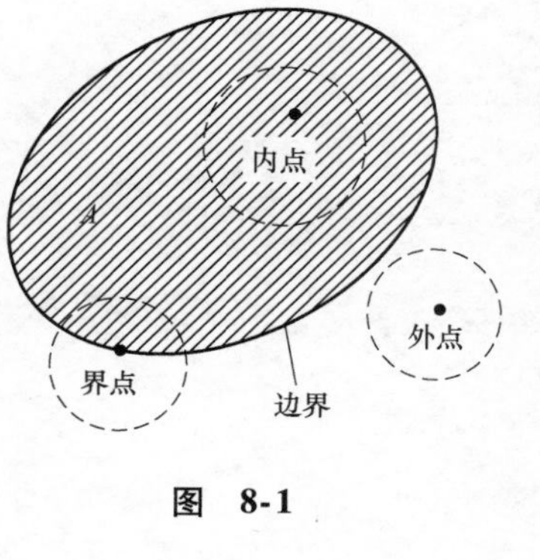

图　8-1

注 1　A 的内点必定属于 A，A 的外点必定不属于 A.

注 2　A 的界点可能属于 A，也可能不属于 A，且只有当 $\partial A\subset A$ 时，$\mathrm{ext}\,A=\mathbb{R}^n\setminus A$；界点要么是聚点，要么是孤立点.

注 3　聚点本身可能属于 A，也可能不属于 A；聚点可以是内点，也可以是界点，但一定不是外点.

注 4　孤立点必为界点，但一定不是内点、聚点和外点；既非聚点，又非孤立点，，则必为外点.

定理 8.5　关于聚点，下面三个条件是等价的

(1) $\boldsymbol{a}$ 是 A 的聚点；

(2) $\forall\delta>0$，$U^\circ(\boldsymbol{a},\delta)\cap A\neq\varnothing$；

(3) 存在 A 中的点列 $\{\boldsymbol{x}_k\}$，$\boldsymbol{x}_k\neq\boldsymbol{a}$（$\forall k\in\mathbb{N}_+$），使得 $\lim\limits_{k\to\infty}\boldsymbol{x}_k=\boldsymbol{a}$.

证　(1)⇒(2) 显然.

(2)⇒(3) 由条件，取 $\delta_k=\dfrac{1}{k}(k\in\mathbb{N}_+)$，存在点 $\boldsymbol{x}_k\in U^\circ(\boldsymbol{a},\delta_k)\cap A$，且 $\|\boldsymbol{x}_k-\boldsymbol{a}\|<\dfrac{1}{k}$，即存在点列 $\{\boldsymbol{x}_k\}$（$\boldsymbol{x}_k\neq\boldsymbol{a}$），有 $\lim\limits_{k\to\infty}\boldsymbol{x}_k=\boldsymbol{a}$.

(3)⇒(1) 由条件，$\forall\varepsilon>0$，$\exists N\in\mathbb{N}_+$，使得 $\forall k>N$，有 $\boldsymbol{x}_k\in U(\boldsymbol{a},\varepsilon)\cap A$，且 $\boldsymbol{x}_k\neq\boldsymbol{a}$，这说明 $U(\boldsymbol{a},\varepsilon)\cap A$ 是无限集合.

定理 8.6(闭集与开集具有对偶性) 若 A 为开集,则 A 的余集为闭集;若 A 为闭集,则 A 的余集为开集.

定理 8.7(开集与闭集的性质)

(1) 空集$\varnothing$与全空间 $\mathbb{R}^n$ 是开集也是闭集;

(2) 任意多个开集的并集以及有限多个开集的交集仍为开集;

(3) 任意多个闭集的交集以及有限多个闭集的并集仍为闭集.

证 (1)、(2)由定义,这是显然的;

(3)由(2)并利用集合的对偶原理(见第1章)容易证明.

定义 8.5 设 A 是 $\mathbb{R}^n$ 中的一个点集,若 A 是有界闭集,则 A 称为**紧集**.

设 $\boldsymbol{a}=(a_1,a_2,\cdots,a_n),\boldsymbol{b}=(b_1,b_2,\cdots,b_n)\in\mathbb{R}^n(\boldsymbol{a}\neq\boldsymbol{b})$,则称

$$\boldsymbol{x}(t)=(1-t)\boldsymbol{a}+t\boldsymbol{b}\in\mathbb{R}^n(0\leqslant t\leqslant 1)$$

为 $\mathbb{R}^n$ 中连接两点 $\boldsymbol{a},\boldsymbol{b}$ 的**线段**. 由 $\mathbb{R}^n$ 中有限条线段首尾相连形成 $\mathbb{R}^n$ 中的折线,若 $A\subset\mathbb{R}^n$ 任何两点都可用一条完全含于 A 的有限折线相连接,则称 A 为**连通集**.

定义 8.6 若非空开集 A 具有连通性,则称 A 为**开(区)域**. 开(区)域连同其边界所成的集合称为**闭(区)域**. 开域、闭域、开域连同其一部分界点所成的集合,统称为**区域**. 若区域 A 上任意两点的连线都含于 A 则称 A 为**凸区域**(见图 8-2).

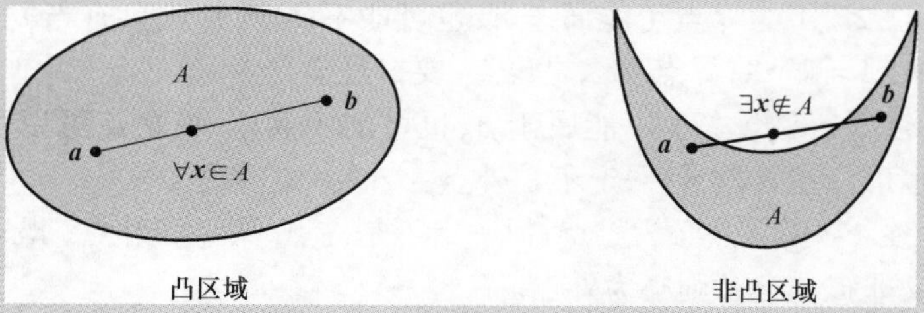

图 8-2

注 1 闭集不一定为闭域, 但闭域必为闭集.

注 2 凸集有类似的定义,且任何凸集是连通的,从而任意凸开集都是区域.

例 8.2 在平面 $\mathbb{R}^2$ 上,

$$A_1=\{(x,y)\mid 1<x^2+y^2<4\},$$

$$A_2=\{(x,y)\mid 1\leqslant x^2+y^2\leqslant 4\},$$

$$A_3=\{(x,y)\mid 1<x^2+y^2\leqslant 4\}$$

分别是有界开域、闭域和区域(但既不是开域又不是闭域),且

$\partial A_i=\{(x,y)\mid x^2+y^2=1$ 或 $x^2+y^2=4\}$，$A_i'=A_2=\overline{A_i}(i=1,2,3)$；

$$A_4=\{(x,y)\mid x-y>0\},$$

$$A_5=\{(x,y)\mid x-y\geqslant 0\}$$

分别是无界开域和闭域；

$$\mathbb{R}^2=\{(x,y)\mid -\infty<x<+\infty,-\infty<y<+\infty\}$$

是最大的开域，也是最大的闭域；

$$A_6=\{(x,y)\mid |x|>1\}$$

是开集，但非区域，因此不具有连通性.

$$A_7=\left\{(x,y)\mid y=\sin\frac{1}{x},x>0\right\},A_7'=A_7\cup\{(0,y)\mid -1\leqslant y\leqslant 1\}.$$

A_7 不是开集（因其中的点都不是内点），不是闭集（$A'\not\subset A$），也不是区域（因不是开集），是无界集.

习题8.1

1. 设 $\{P_n=(x_n,y_n)\}$ 是平面点列，$P_0=(x_0,y_0)$ 是平面上的点. 证明：$\lim\limits_{n\to\infty}P_n=P_0$ 的充要条件是 $\lim\limits_{n\to\infty}x_n=x_0$，且 $\lim\limits_{n\to\infty}y_n=y_0$.
2. 设平面点列 $\{P_n\}$ 收敛，证明：$\{P_n\}$ 有界.
3. 判别下列平面点集哪些是开集、闭集、有界集和区域，并分别指出它们的聚点和界点：
   (1) $E=\{(x,y)\mid y<x^2\}$；　　(2) $E=\{(x,y)\mid x^2+y^2\neq 1\}$；
   (3) $E=\{(x,y)\mid xy\neq 0\}$；　　(4) $E=\{(x,y)\mid xy=0\}$；
   (5) $E=\{(x,y)\mid 0\leqslant y\leqslant 2,2y\leqslant x\leqslant 2y+2\}$；
   (6) $E=\left\{(x,y)\mid y=\sin\dfrac{1}{x},x>0\right\}$；
   (7) $E=\{(x,y)\mid x^2+y^2=1$ 或 $y=0,0\leqslant x\leqslant 1\}$；
   (8) $E=\{(x,y)\mid x,y$ 均为整数$\}$.
4. 设 E 是平面点集. 证明：P_0 是 E 的聚点的充要条件是 E 中存在点列 $\{P_n\}$，满足
   $$P_n\neq P_0(n=1,2,\cdots)\text{ 且 }\lim_{n\to\infty}P_n=P_0.$$
5. 设 E 是平面点集，证明：E 的导集 E' 一定是闭集.
6. 证明：
   (1) 若 F_1,F_2 为闭集，则 $F_1\cup F_2$ 与 $F_1\cap F_2$ 都是闭集；
   (2) 若 F_1,F_2 为开集，则 $F_1\cup F_2$ 与 $F_1\cap F_2$ 都是开集；
   (3) 若 F 为闭集，E 为开集，则 $F\setminus E$ 为闭集，$E\setminus F$ 为开集.
7. 证明：设 E 是平面点集，则 f 在 E 上无界的充要条件是存在 $\{P_k\}\subset E$，使得
   $$\lim_{k\to\infty}f(P_k)=\infty.$$

8.2 多元函数的极限与连续

8.2.1 多元函数的概念

由上册知，映射是两个集合之间的一种对应关系. 从 $\mathbb{R}$ 到 $\mathbb{R}$ 的映射是一元函数，多元数量值(向量值)函数定义为 $\mathbb{R}^n$ 到 $\mathbb{R}$[$\mathbb{R}^n$ 到 $\mathbb{R}^m(m\geqslant 2)$]的映射.

定义 8.7 设 A 是 $\mathbb{R}^n$ 的一个非空子集，则称映射 $f:A\to\mathbb{R}$ 是定义在 A 上的一个 ***n* 元(数量值)函数**，记作

$$w=f(\boldsymbol{x})=f(x_1,x_2,\cdots,x_n),$$

或

$$w=f(P),P\in A,$$

其中，$\boldsymbol{x}=(x_1,x_2,\cdots,x_n)\in A$，$P(x_1,x_2,\cdots,x_n)$，$\boldsymbol{x}$ 或 $x_1,x_2,\cdots,x_n$ 称为**自变量**，A 称为 f 的**定义域**，w 称为**因变量**，$R(f)=f(A)=\{w\mid w=f(\boldsymbol{x}),\boldsymbol{x}\in A\}$ 称为 f 的**值域**.

二元及二元以上的函数统称为**多元函数**.

注 1 后一种表达式被称为“点函数”的写法，它可以使多元函数与一元函数在形式上尽量保持一致，以便仿照一元函数的办法来处理多元函数中的许多问题；同时，还可把二元函数的很多论断推广到多元函数中来.

注 2 特别地，**二元(三元)函数**，记作

$$z=f(x,y),(x,y)\in D\subseteq\mathbb{R}^2\ [u=f(x,y,z),(x,y,z)\in V\subseteq\mathbb{R}^3]$$

或

$$z=f(P),P\in D\subseteq\mathbb{R}^2\ [u=f(P),P\in V\subseteq\mathbb{R}^3].$$

例 8.3 求下列函数的定义域：

(1) $z=\dfrac{1}{\sqrt{x}}\ln(x+y)$;

(2) $z=\ln(x^2+y^2-2x)+\ln(4-x^2-y^2)$;

(3) $z=\dfrac{\arcsin(3-x^2-y^2)}{\sqrt{x-y^2}}$.

解 (1) $D=\{(x,y)\mid x>0,y>-x\}$，(见图 8-3a)；

(2) $D=\{(x,y)\mid 2x<x^2+y^2<4\}$(见图 8-3b)；

(3) $D=\{(x,y)\mid 2\leqslant x^2+y^2\leqslant 4,x>y^2\}$(见图 8-3c).

与一元函数类似，二元函数除了可以用解析法和表格法表示外，还可以用图形法表示.

当把 $(x,y)\in D$ 和它所对应的 $z=f(x,y)$ 一起组成三元数组 (x,y,z) 时，点集

$$\{(x,y,z)\mid z=f(x,y),(x,y)\in D\}\subseteq\mathbb{R}^3$$

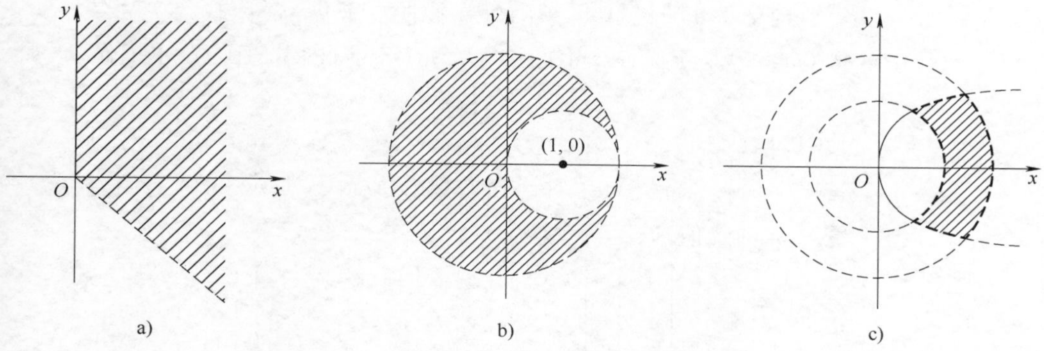

图　8-3

称为二元函数 $z=f(x,y)$ 的图像，一般表示空间 $Oxyz$ 的一个曲面，f 的定义域 D 是该曲面在 xOy 平面上的投影.

下面给出几个简单的二元函数图像的例子.

例 8.4　(1) 二元线性函数 $z=ax+by+c(a,b,c\in\mathbb{R})$，$(x,y)\in\mathbb{R}^2$ 的图形是一个平面，$f(D)=\mathbb{R}$.

(2) $z=-\sqrt{1-\frac{x^2}{4}-\frac{y^2}{9}}$，$D=\left\{(x,y)\,|\,\frac{x^2}{4}+\frac{y^2}{9}\leqslant 1\right\}$，$f(D)=[-1,0]$，其图像是下半椭球面.

(3) $z=xy$，$D=\{(x,y)\in\mathbb{R}^2\}$，$f(D)=\mathbb{R}$，它的图像是过原点的马鞍面.

曲面 $z=f(x,y)$ 被平面 $z=C$（C 为常数）所截得的曲线 $L:\begin{cases}z=f(x,y),\\z=C\end{cases}$ 在 xOy 面上的投影 $f(x,y)=C$ 称为**等高(值)线**(如图 8-4 所示)，它是另一种函数 $z=f(x,y)$ 的图形法表示.

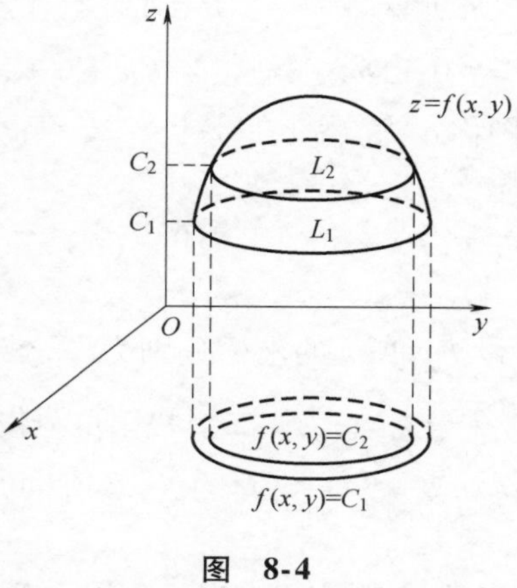

图　8-4

若二元函数的值域 $f(D)$ 是有界(无界)数集，则称函数 f 在 D 上是有界(无界)函数. 例 8.3 中(2)是有界函数，而例 8.3 中的(3)是无界函数，例如 $x=1+\frac{1}{n}$，$y=1$.

定义 8.8 设 A 是 $\mathbb{R}^n$ 的一个非空子集，则称映射 $\boldsymbol{f}: A \to \mathbb{R}^m (m \geqslant 2)$ 是定义在 A 上的一个 n **元**（m **维**）**向量值函数**，也记作

$$\boldsymbol{y} = \boldsymbol{f}(\boldsymbol{x}) = \boldsymbol{f}(x_1, x_2, \cdots, x_n),$$

其中 $\boldsymbol{x} = (x_1, x_2, \cdots, x_n) \in A$，$\boldsymbol{y} = (y_1, y_2, \cdots, y_m)$，$\boldsymbol{f} = (f_1, f_2, \cdots, f_m) \in \mathbb{R}^m$，$\boldsymbol{x}$ 或 $x_1, x_2, \cdots, x_n$ 称为**自变量**，$\boldsymbol{y}$ 或 $y_1, y_2, \cdots, y_m$ 称为**因变量**. n 元向量值函数可写成

$$\boldsymbol{y} = \begin{bmatrix} y_1 \\ y_2 \\ \vdots \\ y_m \end{bmatrix} = \begin{bmatrix} f_1(\boldsymbol{x}) \\ f_2(\boldsymbol{x}) \\ \vdots \\ f_m(\boldsymbol{x}) \end{bmatrix} = \begin{bmatrix} f_1(x_1, x_2, \cdots, x_n) \\ f_2(x_1, x_2, \cdots, x_n) \\ \vdots \\ f_m(x_1, x_2, \cdots, x_n) \end{bmatrix},$$

其中，$\boldsymbol{y} = (y_1, y_2, \cdots, y_m)^{\mathrm{T}}$，$\boldsymbol{f} = (f_1, f_2, \cdots, f_m)^{\mathrm{T}}$.

例如，位于原点电荷量为 q 的点电荷，对周围空间上任一点 $P(x, y, z)$ 产生的电场强度 $\boldsymbol{E}(P) = \frac{kq}{r^3}\boldsymbol{r}$（$k$ 为常数），其中，$\boldsymbol{r} = (x, y, z)$，$r = |\boldsymbol{r}| = \sqrt{x^2 + y^2 + z^2}$，这是一个 $\boldsymbol{E}: \mathbb{R}^3 \to \mathbb{R}^3$，即三元向量值函数，

$$\boldsymbol{E} = \begin{bmatrix} E_1(P) \\ E_2(P) \\ E_3(P) \end{bmatrix} = \begin{bmatrix} \frac{kq}{r^3}x \\ \frac{kq}{r^3}y \\ \frac{kq}{r^3}z \end{bmatrix}.$$

8.2.2 多元函数的重极限与累次极限

定义 8.9 设 n 元函数 $f(P)$，$P \in A \subseteq \mathbb{R}^n$，$P_0$ 是 A 的聚点，若存在常数 a，对 $\forall \varepsilon > 0$，$\exists \delta > 0$，使得当 $P \in \mathring{U}(P_0, \delta) \cap A$ 时，都有 $|f(P) - a| < \varepsilon$，则称 a 为 $f(P)$ 在 A 上当 $P \to P_0$ 时的**极限**（也称为 n **重极限**），记作

$$\lim_{\substack{P \to P_0 \\ (P \in A)}} f(P) = a，简记为 \lim_{P \to P_0} f(P) = a.$$

当 $n = 2$ 时，设 P 和 P_0 的坐标分别为 (x, y)，(x_0, y_0)，$\rho(P, P_0) = \sqrt{(x - x_0)^2 + (y - y_0)^2}$，则**二重极限**可写作

$$\lim_{\rho \to 0} f(x, y) = a，或 \lim_{(x,y) \to (x_0, y_0)} f(x, y) = a 或 \lim_{\substack{x \to x_0 \\ y \to y_0}} f(x, y) = a.$$

为讨论方便起见，极限定义有时可采用方邻域：

$$V(P_0, \delta) = \{(x, y) \mid |x - x_0| < \delta, |y - y_0| < \delta\};$$

$$\mathring{V}(P_0, \delta) = \{(x, y) \mid |x - x_0| < \delta, |y - y_0| < \delta\} \setminus \{(x_0, y_0)\}.$$

因为方邻域与圆邻域可以互相包含(见图 8-5),所以极限定义中的邻域也可用方邻域.

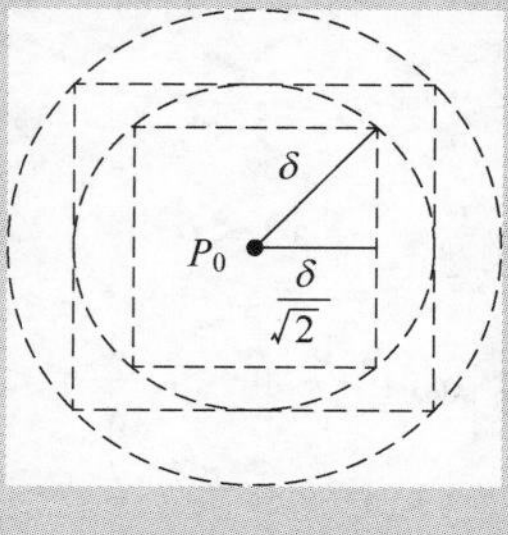

图　8-5

注 1　对于一元函数极限

$$\lim_{x\to x_0} f(x)=a \Leftrightarrow f(x_0+0)=f(x_0-0)=a,$$

而 $\lim\limits_{(x,y)\to(x_0,y_0)} f(x,y)=a$,点 $P(x,y)\to P_0(x_0,y_0)$ 的方式是任意的,即方向和路径虽然均是任意的,但极限是唯一的!

注 2　$\lim\limits_{\substack{x\to x_0\\y\to y_0}} f(x,y)=a \Rightarrow \forall y=y(x)$,且 $\lim\limits_{x\to x_0} y(x)=y_0$,$\lim\limits_{x\to x_0} f(x,y(x))=a$,反之未必. 由此可得到判断二重极限不存在的两个方法:

(1) 若 $\exists y=y(x)$,且 $\lim\limits_{x\to x_0} y(x)=y_0$,使得 $\lim\limits_{x\to x_0} f(x,y(x))$ 不存在,则 $\lim\limits_{\substack{x\to x_0\\y\to y_0}} f(x,y)$ 不存在.

(2) 若 $\exists y=y_i(x)(i=1,2)$,且 $\lim\limits_{x\to x_0} y_i(x)=y_0$,使得 $\lim\limits_{x\to x_0} f(x,y_i(x))=a_i(i=1,2)$,但 $a_1\neq a_2$,则 $\lim\limits_{\substack{x\to x_0\\y\to y_0}} f(x,y)$ 不存在.

例 8.5　对下列二元函数,求证:$\lim\limits_{(x,y)\to(0,0)} f(x,y)=0$.

(1) $f(x,y)=\begin{cases}\dfrac{x^2y^2}{x^2+y^2}, & x^2+y^2\neq 0,\\ 0, & x^2+y^2=0;\end{cases}$

(2) $f(x,y)=x\sin\dfrac{1}{y}+y\sin\dfrac{1}{x}$.

证　(1) 因 $x^2+y^2\neq 0$,

$$|f(x,y)-0|=\frac{x^2y^2}{x^2+y^2}\leqslant\frac{1}{2}(x^2+y^2).$$

对 $\forall\varepsilon>0$,取 $\delta=\sqrt{2\varepsilon}$,当 $0<\sqrt{(x-0)^2+(y-0)^2}<\delta$ 时,恒有 $|f(x,y)-0|<\varepsilon$,故

$$\lim_{(x,y)\to(0,0)} f(x,y)=0.$$

另证　$x=\rho\cos\theta,y=\rho\sin\theta$,这时 $(x,y)\to(0,0)\Leftrightarrow\rho\to 0$(对 $\forall\theta$),此时

$$0<f(x,y)\leqslant\frac{1}{2}(x^2+y^2)=\frac{1}{2}\rho^2(\text{对}\forall\theta),$$

因此，$\forall\varepsilon>0$，当$0<\rho<\delta=\sqrt{2\varepsilon}$时，恒有$|f(x,y)-0|=\frac{1}{2}\rho^2<\varepsilon$，得证.

（2）注意此函数定义域$D=\{(x,y)\mid xy\neq0\}$.

对于$\forall\varepsilon>0$，取$\delta=\frac{\varepsilon}{2}$，当$|x|<\delta$，$|y|<\delta$，且$xy\neq0$时，有

$$|f(x,y)-0|\leqslant\left|x\sin\frac{1}{y}+y\sin\frac{1}{x}\right|\leqslant|x|+|y|<\varepsilon,$$

故$\lim\limits_{(x,y)\to(0,0)}x\sin\frac{1}{y}+y\sin\frac{1}{x}=0$.

例 8.6 考察下列函数在$(x,y)\to(0,0)$时的极限是否存在.

（1）$f(x,y)=\frac{xy}{x^2+y^2}$，$x^2+y^2\neq0$；（2）$f(x,y)=\frac{xy}{x+y}$.

解 （1）当$P(x,y)$沿直线$y=kx$趋于$(0,0)$时，

$$\lim_{\substack{(x,y)\to(0,0)\\y=kx}}f(x,y)=\lim_{x\to0}f(x,kx)=\frac{k}{1+k^2},$$

即沿直线$y=kx$，当$(x,y)\to(0,0)$时，对应的极限值不相等，因此$\lim\limits_{(x,y)\to(0,0)}\frac{xy}{x^2+y^2}$不存在.

（2）当$P(x,y)$分别沿直线$y=x$和$y=x^2-x$趋于$(0,0)$时，

$$\lim_{\substack{(x,y)\to(0,0)\\y=x}}\frac{xy}{x+y}=\lim_{x\to0}\frac{x^2}{2x}=0,$$

$$\lim_{\substack{(x,y)\to(0,0)\\y=x^2-x}}\frac{xy}{x+y}=\lim_{x\to0}\frac{x(x^2-x)}{x^2}=\lim_{x\to0}(x-1)=-1,$$

故$\lim\limits_{(x,y)\to(0,0)}\frac{xy}{x+y}$不存在.

下面给出多元函数无穷大的定义.

定义 8.10（非正常极限） 设n元函数$f(P)$，$P\in A\subseteq\mathbb{R}^n$，$P_0\in A'$，若$\forall M>0$，$\exists\delta>0$，使得当$P\in \mathring{U}(P_0,\delta)\cap A$时，恒有$|f(P)|>M[f(P)>M$或$f(P)<-M]$，则称$f(P)$在$A$上当$P\to P_0$时为无穷大（正无穷或负无穷大），记作

$$\lim_{\substack{P\to P_0\\(P\in A)}}f(P)=\infty\ (+\infty\text{或}-\infty).$$

当$n=2$时，设P和P_0的坐标分别为(x,y)和(x_0,y_0)，$\rho(P,P_0)=\sqrt{(x-x_0)^2+(y-y_0)^2}$，则$f(x,y)$在定义域$D\subseteq\mathbb{R}^2$上当$P\to P_0$时为无穷大（正无穷或负无穷大），可写作

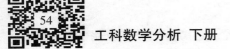

$\lim\limits_{(x,y)\to(x_0,y_0)} f(x,y)=\infty\ (+\infty 或 -\infty)$，或$\lim\limits_{\substack{x\to x_0\\ y\to y_0}} f(x,y)=\infty\ (+\infty 或 -\infty)$.

请读者给出下述非正常极限的定义：

$\lim\limits_{\substack{x\to\infty\\ y\to\infty}} f(x,y)=a$，$\lim\limits_{\rho\to\infty} f(x,y)=a$，$\lim\limits_{\substack{x\to\infty\\ y\to\infty}} f(x,y)=\infty$，$\lim\limits_{\rho\to\infty} f(x,y)=\infty$.

例 8.7　证明：$\lim\limits_{\substack{x\to 0\\ y\to 0}}\dfrac{1-\cos(x^2+y^2)}{(x^2+y^2)x^2y^2}$有非正常极限.

证　此函数的定义域为 $D=\mathbb{R}^2\setminus\{(x,y)\mid xy=0\}$. 因

$0<x^2y^2\leqslant\dfrac{1}{4}(x^2+y^2)^2\leqslant\dfrac{1}{4}\rho^4$，$0\leqslant 1-\cos(x^2+y^2)=1-\cos\rho^2\leqslant\dfrac{1}{2}\rho^4$，

由此，

$$\frac{1-\cos(x^2+y^2)}{(x^2+y^2)x^2y^2}\geqslant\frac{2}{\rho^2}>\frac{1}{\rho^2}.$$

对于 $\forall M>0$，取 $\delta=\dfrac{1}{\sqrt{M}}$，当 $(x,y)\in \mathring{U}(O,\delta)\cap D$ 时，

$\dfrac{1-\cos(x^2+y^2)}{(x^2+y^2)x^2y^2}>\dfrac{1}{\rho^2}>M$，

故

$$\lim_{\substack{x\to 0\\ y\to 0}}\frac{1-\cos(x^2+y^2)}{(x^2+y^2)x^2y^2}=+\infty.$$

与一元函数相类似，多元函数的极限是唯一的，也具有四则运算法则、夹逼准则、柯西收敛原理等，证明与一元函数极限证法相仿，请读者自行练习.

由上面的讨论不难发现，多元函数的极限由于自变量个数的增多比一元函数极限复杂了许多，不仅如此，下面将讨论的累次极限是一元函数没有的，它涉及求极限交换次序问题，这在多元函数理论中经常会遇到.

定义 8.11（累次极限）　设 P 和 P_0 的坐标分别为 (x,y) 和 (x_0,y_0)，令

$D=V(P_0,\delta)\setminus(\{x_0\}\times(y_0-\delta,y_0+\delta)\cup(x_0-\delta,x_0+\delta)\times\{y_0\})$，

函数 $z=f(x,y)$ 在 D 上有定义，且 $P_0\in D'$，若对每一个 $y\in(y_0-\delta,y_0)\cup(y_0,y_0+\delta)$，$\lim\limits_{x\to x_0} f(x,y)$ 存在，记作 $g(y)=\lim\limits_{x\to x_0} f(x,y)$，进而 $\lim\limits_{y\to y_0} g(y)=\boxed{\lim\limits_{y\to y_0}\lim\limits_{x\to x_0} f(x,y)}$ 存在，称此极限为 $f(x,y)$ 先对 x 后对 y 的**累次极限**，类似地可以定义先对 y 后对 x 的**累次极限**：

$$\boxed{\lim_{x\to x_0}\lim_{y\to y_0} f(x,y).}$$

注 1　二重极限与累次极限两者之间没有蕴涵关系：

（1）$\lim\limits_{y\to 0}\lim\limits_{x\to 0}\dfrac{xy}{x^2+y^2}=0=\lim\limits_{x\to 0}\lim\limits_{y\to 0}\dfrac{xy}{x^2+y^2}$，但 $\lim\limits_{(x,y)\to(0,0)}\dfrac{xy}{x^2+y^2}$ 不存在（见例 8.6）；

（2）$\lim\limits_{(x,y)\to(0,0)} x\sin\dfrac{1}{y}+y\sin\dfrac{1}{x}=0$（见例 8.5）；

但$\lim\limits_{y\to0}\lim\limits_{x\to0}\left(x\sin\dfrac{1}{y}+y\sin\dfrac{1}{x}\right)$与$\lim\limits_{x\to0}\lim\limits_{y\to0}\left(x\sin\dfrac{1}{y}+y\sin\dfrac{1}{x}\right)$都不存在；

（3）$\lim\limits_{y\to0}\lim\limits_{x\to0}\dfrac{x^2-y^2}{x^2+y^2}=-1$，$\lim\limits_{x\to0}\lim\limits_{y\to0}\dfrac{x^2-y^2}{x^2+y^2}=1$，两累次极限存在但不相等，故$\lim\limits_{(x,y)\to(0,0)}\dfrac{x^2-y^2}{x^2+y^2}$不存在.

注 2 二重极限与累次极限在一定条件下是有联系的：

（1）应用二重极限和累次极限的定义可验证：

若$\lim\limits_{(x,y)\to(x_0,y_0)} f(x,y)$与$\lim\limits_{y\to y_0}\lim\limits_{x\to x_0} f(x,y)$都存在，则二者相等；

（2）若二重极限与两个累次极限都存在，则三者相等；

（3）若两个累次极限存在但不相等，则二重极限不存在.

请读者举例说明二重极限和一个累次极限存在（因此相等），但另一个累次极限不存在.

8.2.3 多元函数的连续性

本小节在多元函数极限概念的基础上，引出多元函数连续的定义.

定义 8.12 设$A\subseteq\mathbb{R}^n$，$f:A\to\mathbb{R}$，$P_0\in A$，且为聚点，若$\lim\limits_{\substack{P\to P_0\\(P\in A)}} f(P)=f(P_0)$，则称 n 元函数$f(P)$在点 P_0 **连续**，点 P_0 称为$f(P)$的一个**连续点**，不连续的点称为$f(P)$的**间断点**或**不连续点**. 特别地，当$\lim\limits_{\substack{P\to P_0\\(P\in A)}} f(P)=a\neq f(P_0)$时，称点 P_0 是 f 的**可去间断点**.

如果$f(P)$在 A 的每一点都连续，则称$f(P)$在 A 上**连续**，记作$f(P)\in C(A)$.

当 $n=2$ 时，若$\lim\limits_{(x,y)\to(x_0,y_0)} f(x,y)=f(x_0,y_0)$，则二元函数 $z=f(x,y)$在点 $P_0(x_0,y_0)$**连续**，若函数在点 $P_0(x_0,y_0)$处不连续，则称点$P_0(x_0,y_0)$为函数$f(x,y)$的**间断点**. 类似地，有$f(x,y)\in C(A)$.

令 $\Delta x=x-x_0$，$\Delta y=y-y_0$，称

$$\boxed{\Delta z=f(x,y)-f(x_0,y_0)=f(x_0+\Delta x,y_0+\Delta y)-f(x_0,y_0)}$$

为函数 f 在点 $P_0(x_0,y_0)$的**全增量**，如果在全增量中取 $\Delta x=0$ 或 $\Delta y=0$，则相应得到的增量称为偏增量，分别记作，

$$\boxed{\Delta_x z=f(x_0+\Delta x,y_0)-f(x_0,y_0)}\quad(z\text{ 对 }x\text{ 的}\textbf{偏增量})$$

和

$$\boxed{\Delta_y z=f(x_0,y_0+\Delta y)-f(x_0,y_0)}\quad(z\text{ 对 }y\text{ 的}\textbf{偏增量}).$$

与一元函数相同,可用增量形式来描述连续性,即

当 $\lim\limits_{\substack{(\Delta x,\Delta y)\to(0,0)\\(x,y)\in A}}\Delta z=0$ 时,$z=f(x,y)$ 在点 $P_0(x_0,y_0)$ **连续**.

易见,

$$\lim_{(x,y)\to(x_0,y_0)} f(x,y)=f(x_0,y_0)\Rightarrow \lim_{x\to x_0} f(x,y_0)=f(x_0,y_0),\ \lim_{y\to y_0} f(x_0,y)=f(x_0,y_0).$$

反之未必.

对于 n 元函数 $f(P)$,在点 P_0 的有类似的全增量或对某个分量的偏增量的概念.

由于多元函数连续的定义与一元函数的相同,不难证明多元函数连续的性质:

(1) **有理运算性质**. 设 $f(P)$,$g(P)$ 都在 $A(\subseteq\mathbb{R}^n)$ 上连续,则 $f(P)\pm g(P)$,$f(P)g(P)$,$\dfrac{f(P)}{g(P)}[g(P)\neq 0,\forall P\in A]$ 在 A 上连续.

(2) **复合函数的连续性**. 设 $f(P)$ 在 $A(\subseteq\mathbb{R}^n)$ 上连续,$g(u)$ 在 $(-\infty,+\infty)$ 内连续,则 $g(f(P))$ 在 A 上连续.

(3) **保序性**. 若 $\lim\limits_{P\to P_0} f(P)=f(P_0)$,$\lim\limits_{P\to P_0} g(P)=g(P_0)$,且 $f(P_0)<g(P_0)$,则 $\delta>0$,$\forall P\in U(P_0,\delta)\cap A$,有 $f(P)<g(P)$.

(4) **局部有界性**. 若 $\lim\limits_{P\to P_0} f(P)=f(P_0)$,则 $\exists M>0,\delta>0$,$\forall P\in U(P_0,\delta)\cap A$,$|f(P)|\leqslant M$.

注　在多元复合函数的复合结构中,中间变量可以有一个或多个,自变量也可以有一个或多个,复合形式有多种,只要保证复合函数有意义就行,这样复合函数连续的定义就可以自然推广到中间变量和自变量多个的情形,上述性质(2)是中间变量为一个,自变量为 n 个的复合函数情况.

与一元初等函数的定义类似,**多元初等函数**是指由常数及具有不同自变量的一元基本初等函数经过有限次的四则运算及复合运算得到的,并可用一个解析式表示的多元函数. **多元初等函数在其定义域内连续**.

例如,$z=\sin(y+\sqrt{x})$,$z=x^2\ln(x^2+y^2-2)$,$z=\dfrac{2xy}{x^2+y^2}$ 分别在半平面 $x\geqslant 0$,$x^2+y^2>2$,$x^2+y^2\neq 0$ 内连续. 例 8.5(1)中的函数在全平面处处连续;例 8.5(2)中的函数在 x 轴和 y 轴上间断,其中,(0,0)是可去间断点;例 8.6(1)中的函数除去原点外处处连续;例 8.6(2)中的函数在直线 $x+y=0$ 间断.

例 8.8　证明:$f(x,y)=\begin{cases}\dfrac{\sin xy}{x}, & x\neq 0,\\ y, & x=0\end{cases}$ 在全平面处处连续.

证　显然,$f(x,y)$ 在 $\{(x,y)\mid x\neq 0\}$ 处处连续,只需证明 $f(x,y)$ 在 y 轴上每一点连续.

因 $f(0,0)=0$,

$$|f(x,y)-f(0,0)|=\begin{cases}\left|\dfrac{\sin xy}{x}\right|\leqslant|y|, & x\neq0,\\ |y|, & x=0,\end{cases}$$ 即 $|f(x,y)-f(0,0)|\leqslant|y|$，

对于 $\forall\varepsilon>0$，取 $\delta=\varepsilon$，当 $|x|<\varepsilon$，$|y|<\varepsilon$ 时，有 $|f(x,y)-f(0,0)|\leqslant|y|$，即 $f(x,y)$ 在原点连续；

对于点 $(0,y_0)$，其中 $y_0\neq0$，有

$$\lim_{\substack{(x,y)\to(0,y_0)\\ x=0}}f(x,y)=\lim_{(x,y)\to(0,y_0)}y=f(0,y_0),$$

$$\lim_{\substack{(x,y)\to(0,y_0)\\ x\neq0}}f(x,y)=\lim_{(x,y)\to(0,y_0)}\frac{\sin xy}{x}=\lim_{(x,y)\to(0,y_0)}\frac{\sin xy}{xy}\cdot y=y_0=f(0,y_0).$$

综上所述，$f(x,y)$ 在 y 轴上每点 $(0,y_0)$ 连续.

8.2.4 多元连续函数的性质

由第1章知，闭区间上连续函数具有有界性、最大、最小值性质、介值性和一致连续性等整体性质，但对开区间这些性质未必存在！本小节将闭区间上连续函数的性质推广到多元连续函数，只是闭区间要用有界闭区域代替，这些性质在多元函数理论和应用上都很重要.

定理8.8（有界闭区域上连续函数的性质） 设 $A\subset\mathbb{R}^n$ 是有界闭域，$f(P)\in C(A)$，则

(1) **有界性**. $f(P)$ 在 A 上有界，即

$\exists M>0$，使得 $|f(P)|\leqslant M$，$\forall P\in A$.

(2) **最值性**. $f(P)$ 在 A 上能取得最大值与最小值，即

$\exists P_1,P_2\in A$，使得 $f(P_1)\leqslant f(P)\leqslant f(P_2)$，$\forall P\in A$.

(3) **介值性**. 对任意两点 $P_1,P_2\in A$，且 $f(P_1)<f(P_2)$，则对任何满足不等式 $f(P_1)<\mu<f(P_2)$ 的 $\mu\in\mathbb{R}$，$\exists P_0\in A$，使得 $f(P_0)=\mu$.

特别地，若 $\min\limits_{P\in A}f(P)\leqslant\mu\leqslant\max\limits_{P\in A}f(P)$，则 $\exists P_0\in A$，使得 $f(P_0)=\mu$，由此 $f(A)$ 必定是一个区间（有限或无限）.

(4) **一致连续性**. $f(P)$ 在 A 上一致连续，即 $\forall\varepsilon>0$，$\exists\delta(\varepsilon)>0$，使得 $\forall P_1,P_2\in A$，当 $\rho(P_1,P_2)<\delta$ 时，恒有 $|f(P_1)-f(P_2)|<\varepsilon$.

注 上述诸性质中除了介值性以外，条件中的有界闭域 A 均可以改为有界闭集（紧集），而介值性为保证 A 的连通性，只能假设其为区域.

例8.9 设二元函数 $f(x,y)$ 在全平面上连续，且 $\lim\limits_{x^2+y^2\to\infty}f(x,y)=A$，求证：

(1) $f(x,y)$ 在全平面上有界；(2) $f(x,y)$ 在全平面上一致连续.

证 (1) 因 $\lim\limits_{x^2+y^2\to\infty}f(x,y)=A$，则有 $\varepsilon=1$，$\exists M>0$，使得 $\sqrt{x^2+y^2}\geqslant M$，$|f(x,y)-A|<1$，由此

$|f(x,y)| = |f(x,y)-A+A| \leqslant |f(x,y)-A| + |A| < 1+|A|$.

令 $D=\{(x,y) \mid x^2+y^2 \leqslant M^2\}$，由 $f(x,y) \in C(D)$，有 $\exists K_1>0$，使得 $|f(x,y)| \leqslant K_1,(x,y) \in D$.

令 $K=\max\{K_1, 1+|A|\}$，有 $|f(x,y)| \leqslant K, \forall (x,y) \in \mathbb{R}^2$，故 $f(x,y)$ 在全平面上有界.

（2）因 $\lim\limits_{x^2+y^2 \to \infty} f(x,y)=A$，则有 $\forall \varepsilon>0, \exists M>0, \sqrt{x^2+y^2} \geqslant M$，$|f(x,y)-A|<\dfrac{\varepsilon}{4}$，

① 令 $D_1=\{(x,y) \mid x^2+y^2 \leqslant M^2\}$，因 $f(x,y) \in C(D_1)$，则对以上 ε，$\exists \delta(\varepsilon)>0$，$\forall P_1, P_2 \in D_1$，当 $\rho(P_1,P_2)<\delta$ 时，有 $|f(P_1)-f(P_2)|<\dfrac{\varepsilon}{2}$.

② 令 $\forall P_1,P_2 \in D_2=\{(x,y) \mid x^2+y^2 \geqslant M^2\}$，则

$$\begin{aligned}|f(P_1)-f(P_2)| &= |f(P_1)-A+A-f(P_2)| \\ &\leqslant |f(P_1)-A|+|f(P_2)-A|<\frac{\varepsilon}{2}.\end{aligned}$$

③ $\forall P_1 \in D_1, \forall P_2 \in D_2$，令 P_1 与 P_2 的连线与 $x^2+y^2=M^2$ 的交点为 Q，则当 $\rho(P_1,Q)<\delta, \rho(P_2,Q)<\delta$ 时，有

$$\begin{aligned}|f(P_1)-f(P_2)| &= |f(P_1)-f(Q)+f(Q)-f(P_2)| \\ &\leqslant |f(P_1)-f(Q)|+|f(P_2)-f(Q)|<\varepsilon.\end{aligned}$$

综合①、②、③知，$\forall \varepsilon>0, \exists \delta(\varepsilon)>0, \forall P_1,P_2 \in \mathbb{R}^2$，使得当 $\rho(P_1,P_2)<\delta$ 时，有 $|f(P_1)-f(P_2)|<\varepsilon$，故 $f(x,y)$ 在全平面上一致连续.

习题 8.2

1. 求下列函数的定义域，并画出定义域的图形：

（1）$z=\ln(2\sqrt{2}-x^2-y^2)+\ln(|y|-1)$；　（2）$z=\sqrt{y^2-4x+8}$.

2. 叙述下列定义：

（1）$\lim\limits_{\substack{x \to x_0 \\ y \to y_0}} f(x,y)=\infty$；　（2）$\lim\limits_{\substack{x \to +\infty \\ y \to -\infty}} f(x,y)=A$.

3. 求下列极限（包括非正常极限）：

（1）$\lim\limits_{\substack{x \to 0 \\ y \to 0}} \dfrac{x^2+y^2}{|x|+|y|}$；　（2）$\lim\limits_{\substack{x \to 0 \\ y \to 0}} \dfrac{\sin(x^3+y^3)}{x^2+y^2}$；

（3）$\lim\limits_{\substack{x \to 0 \\ y \to 0}} \dfrac{x^2+y^2}{\sqrt{1+x^2+y^2}-1}$；　（4）$\lim\limits_{\substack{x \to 0 \\ y \to 0}} (x+y)\sin\dfrac{1}{x^2+y^2}$；

（5）$\lim\limits_{\substack{x \to 0 \\ y \to 0}} x^2y^2\ln(x^2+y^2)$；　（6）$\lim\limits_{\substack{x \to 0 \\ y \to 0}} \dfrac{x^2y^{\frac{3}{2}}}{x^4+y^2}$；

（7）$\lim\limits_{\substack{x \to 0 \\ y \to 2}} \dfrac{\sin(xy)}{x}$；　（8）$\lim\limits_{\substack{x \to 0 \\ y \to 0}} \dfrac{xy+1}{x^4+y^4}$；

(9) $\lim\limits_{\substack{x\to+\infty\\ y\to+\infty}}(x^2+y^2)e^{-(x+y)}$;　　(10) $\lim\limits_{\substack{x\to+\infty\\ y\to+\infty}}\left(\dfrac{xy}{x^2+y^2}\right)^{x^2}$.

4. 讨论下列函数在点(0,0)的重极限与累次极限:

(1) $f(x,y)=\dfrac{y^2}{x^2+y^2}$;

(2) $f(x,y)=(x+y)\sin\dfrac{1}{x}\sin\dfrac{1}{y}$;

(3) $f(x,y)=\dfrac{x^2y^2}{x^2y^2+(x-y)^2}$;　　(4) $f(x,y)=\dfrac{x^3+y^3}{x^2+y}$;

(5) $f(x,y)=y\sin\dfrac{1}{x}$;　　(6) $f(x,y)=\dfrac{x^2y^2}{x^3+y^3}$;

(7) $f(x,y)=\dfrac{e^x-e^y}{\sin xy}$.

5. 判断下列极限是否存在? 若存在,求出极限,若不存在,说明理由.

(1) $\lim\limits_{\substack{x\to0\\ y\to0}}\dfrac{x^2y}{x^2+y^2}\sin\dfrac{1}{x^2+y^2}$;　　(2) $\lim\limits_{\substack{x\to0\\ y\to0}}\dfrac{\ln(1+xy)}{x+y}$;

(3) $\lim\limits_{\substack{x\to0\\ y\to0}}(1+xy)^{\frac{1}{x+y}}$;　　(4) $\lim\limits_{\substack{x\to0\\ y\to0}}\dfrac{x^4y^4}{(x^3+y^6)^2}$;

(5) $\lim\limits_{\substack{x\to0\\ y\to0}}\dfrac{x^3+y^3}{x^2+y}$;　　(6) $\lim\limits_{\substack{x\to0\\ y\to0}}\dfrac{(y^2-x)^2}{x^2+y^4}$.

6. 试构造一函数$f(x,y)$,使得当$x\to+\infty$,$y\to+\infty$时,

(1) 两个累次极限存在而重极限不存在;

(2) 两个累次极限不存在而重极限存在;

(3) 重极限与累次极限都不存在;

(4) 重极限与一个累次极限存在,另一个累次极限不存在.

7. 讨论下列函数的连续范围:

(1) $f(x,y)=\begin{cases}\dfrac{\sin(xy)}{y}, & y\neq0,\\ 0, & y=0;\end{cases}$

(2) $f(x,y)=\begin{cases}\dfrac{\sin(xy)}{\sqrt{x^2+y^2}}, & x^2+y^2\neq0,\\ 0, & x^2+y^2=0;\end{cases}$

(3) $f(x,y)=\begin{cases}y^2\ln(x^2+y^2), & x^2+y^2\neq0,\\ 0, & x^2+y^2=0.\end{cases}$

8. 设$f(x,y)=\begin{cases}\dfrac{x}{(x^2+y^2)^p}, & x^2+y^2\neq0,\\ 0, & x^2+y^2=0\end{cases}$ $(p>0)$,试讨论它在(0,0)点处的连续性.

9. 若$f(x,y)$在某区域G内对变量x连续,对变量y满足利普希茨条件,即对任意$(x,y')\in G$和$(x,y'')\in G$,有

$$|f(x,y')-f(x,y'')|\leqslant L|y'-y''|,$$

其中,L 为常数,求证:$f(x,y)$ 在 G 内连续.

10. 证明:$f(x,y)=\begin{cases}\dfrac{x^2y^2}{x^2+y^2}, & x^2+y^2\neq 0,\\ 0, & x^2+y^2=0\end{cases}$ 在 $\mathbb{R}^2$ 上不一致连续.

11. 设 f 为定义在 $\mathbb{R}^2$ 上的连续函数,α 是任一实数,且

$E=\{(x,y)\mid f(x,y)>\alpha,(x,y)\in\mathbb{R}^2\}$,$F=\{(x,y)\mid f(x,y)\geqslant\alpha,(x,y)\in\mathbb{R}^2\}$.

证明:E 是开集,F 是闭集.

8.3 多元函数的导数与微分

8.3.1 偏导数

本小节讨论多元函数的偏导数和高阶偏导数,偏导数是多元函数微分学中最基本的概念,无论在理论上还是在应用上均起着很重要的作用.

定义 8.13　设函数 $z=f(x,y)$ 在点 $P_0(x_0,y_0)$ 的某一邻域内有定义,若

$$\lim_{\Delta x\to 0}\frac{\Delta xz}{\Delta x}=\lim_{\Delta x\to 0}\frac{f(x_0+\Delta x,y_0)-f(x_0,y_0)}{\Delta x}$$

存在,则称此极限为函数 $z=f(x,y)$ 在点 $P_0(x_0,y_0)$ 处**对 x 的偏导数**,记作

$$\left.\frac{\partial z}{\partial x}\right|_{\substack{x=x_0\\y=y_0}},\left.\frac{\partial f}{\partial x}\right|_{\substack{x=x_0\\y=y_0}},\left.z_x\right|_{\substack{x=x_0\\y=y_0}}\text{或}f_x(x_0,y_0),$$

有时也用 $f_1'(x_0,y_0)$ 表示.

类似地,可定义对 y 的偏导数,

$$f_y(x_0,y_0)=\lim_{\Delta y\to 0}\frac{f(x_0,y_0+\Delta y)-f(x_0,y_0)}{\Delta y}.$$

对 y 的偏导数也记作 $\left.\dfrac{\partial z}{\partial y}\right|_{\substack{x=x_0\\y=y_0}},\left.\dfrac{\partial f}{\partial y}\right|_{\substack{x=x_0\\y=y_0}},\left.z_y\right|_{\substack{x=x_0\\y=y_0}}$ 或 $f_2'(x_0,y_0)$.

若函数 $z=f(x,y)$ 在 $D\subseteq\mathbb{R}^2$ 内的每一点 $P(x,y)$ 处对 x 或 y 的偏导数存在,则它们仍是 x,y 的函数,并称它们为**偏导函数**,也可以简称为**偏导数**,记作

$$\frac{\partial z}{\partial x},\frac{\partial f}{\partial x},z_x,f_x(x,y)\text{或}f_1'(x,y),$$

$$\frac{\partial z}{\partial y},\frac{\partial f}{\partial y},z_y,f_y(x,y)\text{或}f_2'(x,y).$$

偏导数的概念可以推广到二元以上的函数.

例如,三元函数 $w=f(x,y,z)$ 在点 (x,y,z) 处对 z 的偏导数定义为

$$f_z(x,y,z)=\lim_{\Delta z\to 0}\frac{f(x,y,z+\Delta z)-f(x,y,z)}{\Delta z}.$$

由定义 8.13 可知,

$$f_x(x_0,y_0)=\frac{\mathrm{d}}{\mathrm{d}x}f(x,y_0)\bigg|_{x=x_0},\quad f_y(x_0,y_0)=\frac{\mathrm{d}}{\mathrm{d}y}f(x_0,y)\bigg|_{y=y_0}$$

分别是 $z=f(x,y)$ 在 x 和 y 方向的变化率,具有与导数同样的几何意义:$f_x(x_0,y_0)$ 和 $f_y(x_0,y_0)$ 分别是曲线 $C_1:\begin{cases}z=f(x,y),\\ y=y_0\end{cases}$ 在 $x=x_0$ 和曲线 $C_2:\begin{cases}z=f(x,y),\\ x=x_0\end{cases}$ 在 $y=y_0$ 处的切线斜率(见图 8-6),即

$$f_x(x_0,y_0)=\tan\alpha, f_y(x_0,y_0)=\tan\beta.$$

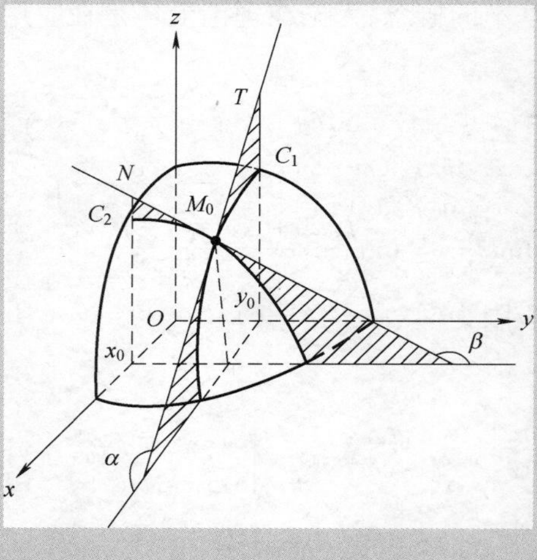

图 8-6

注 $f_x(x_0,y_0)$ 的存在与否及其值仅与 $f(x,y)$ 在直线 $y=y_0$ 上的值有关,除此之外得不到任何结论.

例如,$f(x,y)=\begin{cases}\dfrac{xy}{x^2+y^2}, & x^2+y^2\neq 0,\\ 0, & x^2+y^2=0,\end{cases}$ 由偏导数的定义,得

$$f_x(0,0)=\lim_{\Delta x\to 0}\frac{f(\Delta x,0)-f(0,0)}{\Delta x}=\lim_{\Delta x\to 0}\frac{0}{\Delta x}=0,$$

同理,$f_y(0,0)=0$,但由例 8.6(1)知,$f(x,y)$ 在点 $(0,0)$ 不连续,请读者注意这与一元函数“函数在某点可导⇒函数在该点一定连续”不同.

又如函数 $f(x,y)=\sqrt{x^2+y^2}$ 在全平面处处连续,但

$$f_x(0,0)=\lim_{\Delta x\to 0}\frac{f(\Delta x,0)-f(0,0)}{\Delta x}=\lim_{\Delta x\to 0}\frac{|\Delta x|}{\Delta x}$$

不存在,由对称性可知$f_y(0,0)$也不存在. 综上可知,多元函数在一点偏导数存在与其在该点连续没有蕴含关系.

由上面的讨论知,求多元函数的偏导数仍然是一元函数的求导！事实上对哪个自变量求偏导数,就将该自变量视为变量,其余的自变量看作常量,并对这个变量求导数,自然一元函数的求导公式和法则也可以采用.

例 8.10　求下列函数的偏导数:

(1) $z=x^y+\sin\dfrac{y}{x}(x>0)$;　　(2) $u=\mathrm{e}^{xy}\ln(yz)$.

解　(1) $\dfrac{\partial z}{\partial x}=yx^{y-1}-\dfrac{y}{x^2}\cos\dfrac{y}{x},\dfrac{\partial z}{\partial y}=x^y\ln x+\dfrac{1}{x}\cos\dfrac{y}{x}$;

(2) $\dfrac{\partial u}{\partial x}=y\mathrm{e}^{xy}\ln(yz),\dfrac{\partial u}{\partial y}=x\mathrm{e}^{xy}\ln(yz)+\dfrac{\mathrm{e}^{xy}}{y}$,

$\dfrac{\partial u}{\partial z}=\mathrm{e}^{xy}\cdot\dfrac{1}{yz}\cdot y=\dfrac{1}{z}\mathrm{e}^{xy}$.

对于二元函数$z=f(x,y)$,一般来说$f_x(x,y)$、$f_y(x,y)$仍然是x、y的二元函数,因此可以再对它们求偏导数,

$$\frac{\partial}{\partial x}\left(\frac{\partial z}{\partial x}\right),\frac{\partial}{\partial y}\left(\frac{\partial z}{\partial x}\right),\frac{\partial}{\partial x}\left(\frac{\partial z}{\partial y}\right),\frac{\partial}{\partial y}\left(\frac{\partial z}{\partial y}\right),$$

称为$z=f(x,y)$的**二阶偏导数**,且

$\dfrac{\partial}{\partial x}\left(\dfrac{\partial z}{\partial x}\right)$(纯偏导数),记作$\dfrac{\partial^2 z}{\partial x^2},z_{xx},f_{xx}(x,y)$或$f''_{11}(x,y)$;

$\dfrac{\partial}{\partial y}\left(\dfrac{\partial z}{\partial x}\right)$(混合偏导数),记作$\dfrac{\partial^2 z}{\partial x\partial y},z_{xy},f_{xy}(x,y)$或$f''_{12}(x,y)$;

$\dfrac{\partial}{\partial x}\left(\dfrac{\partial z}{\partial y}\right)$(混合偏导数),记作 $\dfrac{\partial^2 z}{\partial y\partial x},z_{yx},f_{yx}(x,y)$或$f''_{21}(x,y)$;

$\dfrac{\partial}{\partial y}\left(\dfrac{\partial z}{\partial y}\right)$(纯偏导数),记作$\dfrac{\partial^2 z}{\partial y^2},z_{yy},f_{yy}(x,y)$或$f''_{22}(x,y)$.

同样,$\dfrac{\partial^2 z}{\partial x\partial y}$也是二元函数,对它求偏导数得到**三阶偏导数**,有$\dfrac{\partial}{\partial x}\left(\dfrac{\partial^2 z}{\partial x\partial y}\right)$,记作$\dfrac{\partial^3 z}{\partial x\partial y\partial x}$或$f_{xyx}(x,y)$.

类似地,可定义更高阶的偏导数. 二阶以及二阶以上的偏导数统称为**高阶偏导数**.

例如,$z=f(x,y)$关于x的$n-1$阶偏导数为$\dfrac{\partial^{n-1}z}{\partial x^{n-1}}$,再对$y$求偏导数:

$$\frac{\partial}{\partial y}\left(\frac{\partial^{n-1}z}{\partial x^{n-1}}\right)=\frac{\partial^n z}{\partial x^{n-1}\partial y},$$

易见二元函数共有2^n个n阶偏导数.

例 8.11 对于函数 $z=\ln(x+y^2)$,有

$$\frac{\partial z}{\partial x}=\frac{1}{x+y^2},\frac{\partial z}{\partial y}=\frac{2y}{x+y^2};$$

$$\frac{\partial^2 z}{\partial x^2}=-\frac{1}{(x+y^2)^2},\frac{\partial^2 z}{\partial x\partial y}=-\frac{2y}{(x+y^2)^2},$$

$$\frac{\partial^2 z}{\partial y\partial x}=\frac{-2y}{(x+y^2)^2},\frac{\partial^2 z}{\partial y^2}=2\frac{x-y^2}{(x+y^2)^2};$$

$$\frac{\partial^3 z}{\partial y\partial x^2}=\frac{\partial^2}{\partial x^2}\left(\frac{\partial z}{\partial y}\right)=-\frac{\partial}{\partial x}\left[\frac{2y}{(x+y^2)^2}\right]=\frac{4y}{(x+y^2)^3},$$

$$\frac{\partial^3 z}{\partial x\partial y\partial x}=\frac{\partial}{\partial x}\left(\frac{\partial^2 z}{\partial x\partial y}\right)=-\frac{\partial}{\partial x}\left[\frac{2y}{(x+y^2)^2}\right]=\frac{4y}{(x+y^2)^3},$$

$$\frac{\partial^3 z}{\partial x^2\partial y}=\frac{\partial}{\partial y}\left(\frac{\partial^2 z}{\partial x^2}\right)=-\frac{\partial}{\partial y}\left[\frac{1}{(x+y^2)^2}\right]=\frac{4y}{(x+y^2)^3}.$$

由此例不难发现,$\frac{\partial^2 z}{\partial x\partial y}=\frac{\partial^2 z}{\partial y\partial x},\frac{\partial^3 z}{\partial x\partial y\partial x}=\frac{\partial^3 z}{\partial x^2\partial y}=\frac{\partial^3 z}{\partial y\partial x^2}$,这是偶然还是一般规律?下面以二元函数的两个二阶混合偏导数为例进行讨论.

根据偏导数定义,有

$$\begin{aligned}f_{xy}(x_0,y_0)&=\lim_{\Delta y\to 0}\frac{f_x(x_0,y_0+\Delta y)-f_x(x_0,y_0)}{\Delta y}\\&=\lim_{\Delta y\to 0}\frac{1}{\Delta y}\left[\lim_{\Delta x\to 0}\frac{f(x_0+\Delta x,y_0+\Delta y)-f(x_0,y_0+\Delta y)}{\Delta x}-\lim_{\Delta x\to 0}\frac{f(x_0+\Delta x,y_0)-f(x_0,y_0)}{\Delta x}\right]\\&=\lim_{\Delta y\to 0}\lim_{\Delta x\to 0}\frac{F(\Delta x,\Delta y)}{\Delta x\Delta y}.\end{aligned}$$

同理 $$f_{yx}(x_0,y_0)=\lim_{\Delta x\to 0}\lim_{\Delta y\to 0}\frac{F(\Delta x,\Delta y)}{\Delta x\Delta y},$$

其中,$F(\Delta x,\Delta y)=$

$$[f(x_0+\Delta x,y_0+\Delta y)-f(x_0,y_0+\Delta y)-f(x_0+\Delta x,y_0)+f(x_0,y_0)].$$

由此可知,

$$f_{xy}(x_0,y_0)=f_{yx}(x_0,y_0)\Leftrightarrow\lim_{\Delta y\to 0}\lim_{\Delta x\to 0}\frac{F(\Delta x,\Delta y)}{\Delta x\Delta y}=\lim_{\Delta x\to 0}\lim_{\Delta y\to 0}\frac{F(\Delta x,\Delta y)}{\Delta x\Delta y}.$$

这是一个累次极限交换次序问题.

令 $g(t)=f(t,y_0+\Delta y)-f(t,y_0)$,若 $f_{xy}(x,y)$ 在点 (x_0,y_0) 处连续,则

$$\begin{aligned}F(\Delta x,\Delta y)&=g(x_0+\Delta x)-g(x_0)\\&=g'(x_0+\theta_1\Delta x)\Delta x,(0<\theta_1<1)\text{(微分中值定理)}\\&=[f_x(x_0+\theta_1\Delta x,y_0+\Delta y)-f_x(x_0+\theta_1\Delta x,y_0)]\Delta x\\&=f_{xy}(x_0+\theta_1\Delta x,y_0+\theta_2\Delta y)\Delta x\Delta y(0<\theta_2<1)\text{(微分中值定理)},\end{aligned}$$

从而

$$\lim_{\substack{\Delta x\to 0\\ \Delta y\to 0}}\frac{F(\Delta x,\Delta y)}{\Delta x\Delta y}=\lim_{\substack{\Delta x\to 0\\ \Delta y\to 0}}f_{xy}(x_0+\theta_1\Delta x,y_0+\theta_2\Delta y)=f_{xy}(x_0,y_0),$$

这样二重极限$\lim\limits_{\substack{\Delta x\to 0\\ \Delta y\to 0}}\dfrac{F(\Delta x,\Delta y)}{\Delta x\Delta y}$和两个累次极限$\lim\limits_{\Delta y\to 0}\lim\limits_{\Delta x\to 0}\dfrac{F(\Delta x,\Delta y)}{\Delta x\Delta y}$、$\lim\limits_{\Delta x\to 0}\lim\limits_{\Delta y\to 0}\dfrac{F(\Delta x,\Delta y)}{\Delta x\Delta y}$都存在，所以三者相等，故有下面结论：

定理 8.9　若$f_{xy}(x,y)$在点(x_0,y_0)处连续，$f_{yx}(x,y)$在点(x_0,y_0)处存在，则

$$f_{xy}(x_0,y_0)=f_{yx}(x_0,y_0).$$

注　反复利用定理8.9，做相邻顺序调整，可推广到对n元函数的高阶混合偏导数. 应用时通常假定混合偏导数均连续，即当n元函数的k阶混合偏导数连续时，则k阶混合偏导数与求偏导顺序无关.

若$z=f(x,y)$的n阶偏导数均连续，则对所有n阶偏导数，有

$$\frac{\partial^n z}{\partial x^i\partial y^{n-i}}=\frac{\partial^{n-i}}{\partial y^{n-i}}\left(\frac{\partial^i z}{\partial x^i}\right)(i=0,1,\cdots,n).$$

历史上包括欧拉、柯西等一些数学家曾误以为$f_{xy}=f_{yx}$总成立，其实不然，请看下面的反例.

例 8.12　设$f(x,y)=\begin{cases}\dfrac{xy^3}{x^2+y^2}, & x^2+y^2\neq 0,\\ 0, & x^2+y^2\neq 0,\end{cases}$求二阶混合偏导数$f_{xy}(0,0)$，$f_{yx}(0,0)$.

解　$f_x(x,y)=\begin{cases}\dfrac{y^3}{x^2+y^2}-\dfrac{2x^2y^3}{(x^2+y^2)^2}, & x^2+y^2\neq 0,\\ 0, & x^2+y^2\neq 0,\end{cases}$

$f_y(x,y)=\begin{cases}\dfrac{3xy^2}{x^2+y^2}-\dfrac{2y^4x}{(x^2+y^2)^2}, & x^2+y^2\neq 0,\\ 0, & x^2+y^2\neq 0,\end{cases}$

故$f_x(0,y)=y$，$f_y(x,0)=0$，由此，

$f_{xy}(0,0)=\dfrac{\mathrm{d}}{\mathrm{d}y}f(0,y)\Big|_{y=0}=1$，同理$f_{yx}(0,0)=0$.

显然，$f_{xy}(0,0)\neq f_{yx}(0,0)$.

8.3.2 全微分

推广一元函数微分概念到多元函数的全微分，全微分是多元函数微分学的另一个最基本的概念.

定义 8.14　设函数$z=f(x,y)$在点(x_0,y_0)的某邻域内有定义，如果全增量

$$\Delta z=f(x_0+\Delta x,y_0+\Delta y)-f(x_0,y_0),$$

可表示为

$$\Delta z=A\Delta x+B\Delta y+o(\rho),$$

其中，A,B 是不依赖于 $\Delta x,\Delta y$ 且仅与点 (x_0,y_0) 有关的常数，$o(\rho)$ 是当 $\rho=\sqrt{(\Delta x)^2+(\Delta y)^2}\to 0$ 时，比 ρ 高阶的无穷小量，则称函数 $z=f(x,y)$ 在点 (x_0,y_0) **可微**，$A\Delta x+B\Delta y$（线性主部）称为 $z=f(x,y)$ 在点 (x_0,y_0) 的**全微分**，记为 $\mathrm{d}z\big|_{(x_0,y_0)}$，或 $\mathrm{d}f(x_0,y_0)$ 即

$$\mathrm{d}z\big|_{(x_0,y_0)}=A\Delta x+B\Delta y.$$

若函数 $z=f(x,y)$ 在区域 D 内每一点都可微，则称 $z=f(x,y)$ 在 D 内**可微**，此时，全微分记作 $\mathrm{d}z$ 或 $\mathrm{d}f$.

注 由微分的定义，有

$$\lim_{\substack{\Delta x\to 0\\ \Delta y\to 0}}\Delta z=\lim_{\rho\to 0}[(A\Delta x+B\Delta y)+o(\rho)]=0,$$

因此，$\lim\limits_{\substack{\Delta x\to 0\\ \Delta y\to 0}}f(x+\Delta x,y+\Delta y)=f(x,y)$，可见，若 $z=f(x,y)$ 在点 (x_0,y_0) 处可微，则 $z=f(x,y)$ 在点 (x_0,y_0) 必连续，即连续是可微的一个必要条件.

在可微的条件下，当 $\Delta y=0(\Delta x\neq 0)$ 时，$\rho=|\Delta x|$，全增量成为偏增量，

$$\Delta_x z=(x_0+\Delta x,y_0)-f(x_0,y_0)=A\Delta x+o(|\Delta x|),$$

则有

$$\lim_{\Delta x\to 0}\frac{\Delta_x z}{\Delta x}=A,\text{即} f_x(x_0,y_0)=A.$$

同理可证，$f_y(x_0,y_0)=B$. 这样得到了 $z=f(x,y)$ 在点 (x_0,y_0) 可微的另一个必要条件.

定理 8.10（可微的必要条件） 若函数 $z=f(x,y)$ 在点 (x_0,y_0) 可微分，则函数在该点的两个偏导数存在，且

$$f_x(x_0,y_0)=A,\ f_y(x_0,y_0)=B.$$

由此，函数 $z=f(x,y)$ 在点 (x_0,y_0) 的微分可唯一地表示为

$$\mathrm{d}f(x_0,y_0)=f_x(x_0,y_0)\Delta x+f_y(x_0,y_0)\Delta y,$$

因自变量 x,y 的微分分别等于对应的增量，$\mathrm{d}x=\Delta x,\mathrm{d}y=\Delta y$，则全微分可以表示为

$$\mathrm{d}f(x_0,y_0)=f_x(x_0,y_0)\mathrm{d}x+f_y(x_0,y_0)\mathrm{d}y.$$

例 8.13 $f(x,y)=\begin{cases}\dfrac{xy}{\sqrt{x^2+y^2}}, & x^2+y^2\neq 0,\\ 0, & x^2+y^2=0\end{cases}$ 在点 $(0,0)$ 的偏导数是否存在，是否可微分？

解 容易计算，$f_x(0,0)=\lim\limits_{\Delta x\to 0}\dfrac{f(\Delta x,0)-f(0,0)}{\Delta x}=\lim\limits_{\Delta x\to 0}\dfrac{0}{\Delta x}=0$，同理，$f_y(0,0)=0$.

因 $\Delta z=f(0+\Delta x,0+\Delta y)-f(0,0)=\dfrac{\Delta x\Delta y}{\sqrt{(\Delta x)^2+(\Delta y)^2}}$，两边

用 ρ 去除，得

$$\frac{\Delta z-[f_x(0,0)\Delta x+f_y(0,0)\Delta y]}{\rho}=\frac{\Delta x\Delta y}{(\Delta x)^2+(\Delta y)^2},$$

注意到 $\lim\limits_{\substack{(\Delta x,\Delta y)\to(0,0)\\ \Delta y=\Delta x}}\dfrac{\Delta x\Delta y}{(\Delta x)^2+(\Delta y)^2}=\dfrac{1}{2}\neq 0$，则

$$\Delta z-[f_x(0,0)\Delta x+f_y(0,0)\Delta y]\neq o(\rho),$$

所以，函数 $f(x,y)$ 在点 $(0,0)$ 不可微.

这表明二元函数偏导数存在是该函数可微的必要条件，但不是充分条件，这点与一元函数不同.

定理 8.11（可微的充分条件）　若 $z=f(x,y)$ 在点 $P_0(x_0,y_0)$ 的邻域 $U(P_0)$ 存在偏导数 $f_x(x,y)$ 和 $f_y(x,y)$ 且这两个偏导数在点 $P_0(x_0,y_0)$ 连续，则 $f(x,y)$ 在点 $P_0(x_0,y_0)$ 可微.

证　设任意的点 $(x_0+\Delta x,y_0+\Delta y)\in U(P_0)$，则

$$\begin{aligned}\Delta z&=f(x_0+\Delta x,y_0+\Delta y)-f(x_0,y_0)\\&=[f(x_0+\Delta x,y_0+\Delta y)-f(x_0,y_0+\Delta y)]+\\&\quad[f(x_0,y_0+\Delta y)-f(x_0,y_0)].\end{aligned}$$

对上式应用拉格朗日中值定理，得

$$\Delta z=f_x(x_0+\theta_1\Delta x,y_0+\Delta y)\Delta x+f_y(x_0,y_0+\theta_2\Delta y)\Delta y(0<\theta_1,\theta_2<1).$$

由 $f_x(x,y)$，$f_y(x,y)$ 在点 $P_0(x_0,y_0)$ 连续，有

$f_x(x_0+\theta_1\Delta x,y_0+\Delta y)=f_x(x_0,y_0)+\varepsilon_1$[$\varepsilon_1$ 是 $(\Delta x,\Delta y)\to(0,0)$ 时的无穷小量].

$f_y(x_0,y_0+\theta_2\Delta y)=f_y(x_0,y_0)+\varepsilon_2$($\varepsilon_2$ 是 $(\Delta x,\Delta y)\to(0,0)$ 时的无穷小量).

于是

$$\begin{aligned}\Delta z&=[f_x(x_0,y_0)+\varepsilon_1]\Delta x+[f_y(x_0,y_0)+\varepsilon_2]\Delta y\\&=f_x(x_0,y_0)\Delta x+f_y(x_0,y_0)\Delta y+\varepsilon_1\Delta x+\varepsilon_2\Delta y,\end{aligned}$$

$$\left|\frac{\varepsilon_1\Delta x+\varepsilon_2\Delta y}{\rho}\right|\leqslant|\varepsilon_1|\frac{|\Delta x|}{\rho}+|\varepsilon_2|\left|\frac{\Delta y}{\rho}\right|\leqslant|\varepsilon_1|+|\varepsilon_2|\to 0(\rho\to 0),$$

即

$$\varepsilon_1\Delta x+\varepsilon_2\Delta y=o(\rho),$$

$$\Delta z=[f_x(x_0,y_0)\Delta x+f_y(x_0,y_0)\Delta y]+o(\rho),$$

由可微的定义知，$z=f(x,y)$ 在点 $P_0(x_0,y_0)$ 可微.

类似地，n 元函数 $w=f(\boldsymbol{x})=f(x_1,x_2,\cdots,x_n)$ 在点 $P_0(x_{0,1},x_{0,2},\cdots,x_{0,n})$ 关于 x_k 的偏导数 $\dfrac{\partial f(\boldsymbol{x})}{\partial x_k}(k=1,2,\cdots,n)$ 的定义为

$$\left.\frac{\partial f(\boldsymbol{x})}{\partial x_k}\right|_{P_0}=\lim_{\Delta x_k\to 0}\frac{f(x_{0,1},x_{0,2},\cdots,x_{0,k}+\Delta x_k\cdots,x_{0,n})-f(x_{0,1},x_{0,2},\cdots,x_{0,k}\cdots,x_{0,n})}{\Delta x_k}.$$

若 n 元函数 $w=f(\boldsymbol{x})=f(x_1,x_2,\cdots,x_n)$ 在点 $P_0(x_{0,1},x_{0,2},\cdots,x_{0,n})$ 的邻域 $U(P_0)$ 存在偏导数 $\dfrac{\partial f(\boldsymbol{x})}{\partial x_i}(i=1,2,\cdots,n)$，且它们都在点 $P_0(x_{0,1},x_{0,2},\cdots,x_{0,n})$ 连续，则 $w=f(\boldsymbol{x})$ 在点 P_0 可微，且

$$\mathrm{d}w=f_1'(\boldsymbol{x})\mathrm{d}x_1+f_2'(\boldsymbol{x})\mathrm{d}x_2+\cdots+f_n'(\boldsymbol{x})\mathrm{d}x_n.$$

例 8.14 计算 $z=\dfrac{y}{x}$ 在 $x=2, y=1, \Delta x=0.1, \Delta y=-0.2$ 时，函数的全增量的全微分.

解 因 $\dfrac{\partial z}{\partial x}=-\dfrac{y}{x^2}, \dfrac{\partial z}{\partial y}=\dfrac{1}{x}$，所以

$$\mathrm{d}z\Big|_{\substack{(2,1)\\ \Delta x=0.1\\ \Delta y=-0.2}}=\left(-\frac{y}{x^2}\Delta x+\frac{1}{x}\Delta y\right)\Big|_{\substack{(2,1)\\ \Delta x=0.1,\\ \Delta y=-0.2}}=-0.125.$$

$$\Delta z=\frac{1-0.2}{2+0.1}-\frac{1}{2}=-0.119.$$

例 8.15 计算函数 $w=\dfrac{x\cos y+y\cos z+z\cos x}{1+\cos x+\cos y+\cos z}$ 在点 $(0,0,0)$ 处的全微分.

解 令 $w=f(x,y,z)$，因

$$f(0,0,z)=\frac{z}{3+\cos z}, \text{则} f_z(0,0,0)=\frac{\mathrm{d}}{\mathrm{d}z}\left(\frac{z}{3+\cos z}\right)\Big|_{z=0}=\frac{1}{4}.$$

由于 $f(x,y,z)$ 关于 x, y, z 具有轮换对称性，所以

$$f_x(0,0,0)=f_y(0,0,0)=\frac{1}{4}, \text{故 } \mathrm{d}w\big|_{(0,0,0)}=\frac{1}{4}(\mathrm{d}x+\mathrm{d}y+\mathrm{d}z).$$

例 8.16 讨论 $f(x,y)=\begin{cases} xy\sin\dfrac{1}{\sqrt{x^2+y^2}}, & x^2+y^2\neq 0, \\ 0, & x^2+y^2=0, \end{cases}$

在点 $(0,0)$ 的可微性和偏导数的连续性.

解 $f_x(x,y)=\begin{cases} y\sin\dfrac{1}{\sqrt{x^2+y^2}}-\dfrac{x^2y}{\sqrt{(x^2+y^2)^3}}\cos\dfrac{1}{\sqrt{x^2+y^2}}, & x^2+y^2\neq 0, \\ 0, & x^2+y^2=0, \end{cases}$

$$f_y(x,y)=\begin{cases} x\sin\dfrac{1}{\sqrt{x^2+y^2}}-\dfrac{xy^2}{\sqrt{(x^2+y^2)^3}}\cos\dfrac{1}{\sqrt{x^2+y^2}}, & x^2+y^2\neq 0, \\ 0, & x^2+y^2=0, \end{cases}$$

因 $\Delta z=f(0+\Delta x,0+\Delta y)-f(0,0)=\Delta x\cdot\Delta y\cdot\sin\dfrac{1}{\sqrt{(\Delta x)^2+(\Delta y)^2}}$，

两边用 ρ 去除，得

$$\frac{\Delta z-[f_x(0,0)\Delta x+f_y(0,0)\Delta y]}{\rho}=\frac{\Delta x\Delta y}{\sqrt{(\Delta x)^2+(\Delta y)^2}}\sin\frac{1}{\sqrt{(\Delta x)^2+(\Delta y)^2}}.$$

令 $\Delta x=\rho\cos\theta, \Delta y=\rho\sin\theta$，有

$$\lim_{\rho\to 0}\frac{\Delta z-[f_x(0,0)\Delta x+f_y(0,0)\Delta y]}{\rho}=\rho\cos\theta\sin\theta\sin\frac{1}{\rho}=0,$$

即
$$\Delta z-[f_x(0,0)\Delta x+f_y(0,0)\Delta y]=o(\rho),$$

所以函数 $f(x,y)$ 在点 $(0,0)$ 可微. 因为

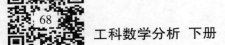

$$\lim_{\substack{(x,y)\to(0,0)\\ y=x}} f_x(x,y)=\lim_{x\to 0}\left(x\sin\frac{1}{\sqrt{2}|x|}-\frac{x^3}{2\sqrt{2}|x|^3}\cos\frac{1}{\sqrt{2}|x|}\right)$$

不存在，所以 $f_x(x,y)$ 在点 $(0,0)$ 不连续，由对称性，$f_y(x,y)$ 在点 $(0,0)$ 也不连续.

由以上讨论可知，n 元函数 $w=f(P)=f(x_1,x_2,\cdots,x_n)$ 在点 $P_0(x_{0,1},x_{0,2},\cdots,x_{0,n})$ 极限存在、连续、偏导数存在、可微、偏导数连续有如下关系：

$$\text{偏导数连续}\Rightarrow\text{可微}\Rightarrow\begin{cases}\text{连续}\Rightarrow\lim\limits_{P\to P_0}f(P)\text{存在}.\\ \text{偏导数存在}\Rightarrow\lim\limits_{x_i\to x_{0,i}}f(P)\text{存在}(i=1,2,\cdots,n).\end{cases}$$

以二元函数为例，设 $z=f(x,y)$ 在点 $P_0(x_0,y_0)$ 可微，则当 $|x-x_0|\ll 1$，$|y-y_0|\ll 1$ 时，有微分近似公式

$$\Delta z\approx \mathrm{d}z=f_x(x_0,y_0)(x-x_0)+f_y(x_0,y_0)(y-y_0),$$

或

$$f(x,y)\approx f(x_0,y_0)+f_x(x_0,y_0)(x-x_0)+f_y(x_0,y_0)(y-y_0).$$

特别地，当 $|x|\ll 1$，$|y|\ll 1$ 时，有

$$f(x,y)\approx f(0,0)+f_x(0,0)x+f_y(0,0)y.$$

利用近似公式 $\Delta z\approx \mathrm{d}z=f_x(x,y)\Delta x+f_y(x,y)\Delta y$，用 δ_x,δ_y 分别表示 x,y 的绝对误差界，即 $|\Delta x|\leqslant\delta_x$，$|\Delta y|\leqslant\delta_y$，则函数 $z=f(x,y)$ 的绝对误差界 δ_z（即 $|\Delta z|\leqslant\delta_z$）为

$$\delta_z=|f_x(x,y)|\delta_x+|f_y(x,y)|\delta_y.$$

其相对误差界为

$$\frac{\delta_z}{|z|}=\left|\frac{f_x(x,y)}{f(x,y)}\right|\delta_x+\left|\frac{f_y(x,y)}{f(x,y)}\right|\delta_y.$$

例 8.17　利用简谐运动的单摆周期公式 $T=2\pi\sqrt{\dfrac{l}{g}}$ 测定重力加速度. 现测得摆长 $l=(100\pm 0.1)\,\mathrm{cm}$，周期 $T=(2\pm 0.004)\,\mathrm{s}$，求由单摆和周期的误差所引起的重力加速度的误差.

解　因 $g=\dfrac{4\pi^2 l}{T^2}$，则

$\dfrac{\partial g}{\partial l}=\dfrac{4\pi^2}{T^2}$，$\dfrac{\partial g}{\partial T}=-\dfrac{8\pi^2 l}{T^3}$，又 $l=100$，$T=2$，$\delta_l=0.1$，$\delta_T=0.004$，由误差公式可知，g 的绝对误差为

$$\begin{aligned}\delta_g&=4\pi^2\left(\frac{1}{T^2}\delta_l+\frac{2l}{T^3}\delta_T\right)\\&=4\pi^2\left(\frac{1}{2^2}\times 0.1+\frac{2\times 100}{2^3}\times 0.04\right)=\frac{1}{2}\pi^2<5(\mathrm{cm/s^2}).\end{aligned}$$

g 的相对误差

$$\frac{\delta_g}{g}\approx\frac{0.5\pi^2}{\frac{4\pi^2\cdot 100}{2^2}}=0.5\%.$$

8.3.3 方向导数

现在讨论多元函数在一点沿任一方向的变化率.

定义 8.15 设多元函数 f 在点 P_0 的某邻域 $U(P_0)\subset\mathbb{R}^n$ 内有定义,点 P 是以 P_0 为端点的射线 l 上的任一点,且 $P\in U(P_0)$. 记 $\rho=\|\boldsymbol{P}-\boldsymbol{P}_0\|$,当点 P 沿 l 趋于点 P_0 时,若极限

$$\lim_{\rho\to0^+}\frac{f(P)-f(P_0)}{\rho}$$

存在,则称此极限值为函数 f 在点 P_0 沿 l 方向的**方向导数**,也就是函数 f 在点 P_0 处沿方向 l 的变化率,记作 $\left.\frac{\partial f}{\partial l}\right|_{P_0}$,即

$$\left.\frac{\partial f}{\partial l}\right|_{P_0}=\lim_{\rho\to0^+}\frac{f(P)-f(P_0)}{\rho}.$$

由方向导数的定义知,$\left.\frac{\partial f}{\partial l}\right|_{P_0}>0(<0)$,则函数 f 在点 P_0 沿方向 l 是增加(减少)的.

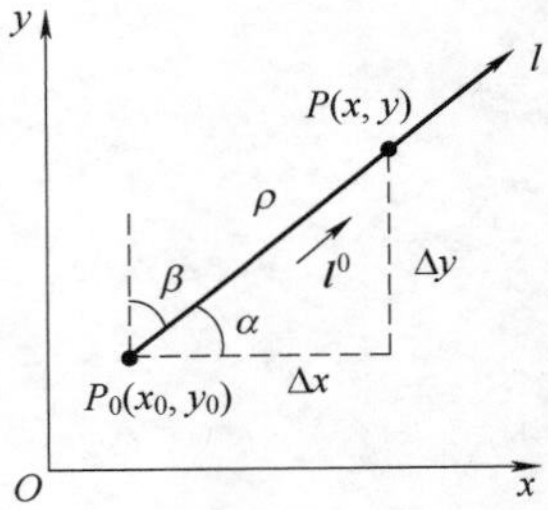

图 8-7

如图 8-7 所示,设以 $P_0(x_0,y_0)$ 为端点的射线 l 的方向余弦为 $\boldsymbol{l}^0=(\cos\alpha,\cos\beta)$,$P(x,y)$ 是射线 l 上的动点,则射线的参数方程为

$$x=x_0+\rho\cos\alpha,\quad y=y_0+\rho\cos\beta,\quad \rho\in[0,+\infty).$$

二元函数 $z=f(x,y)$ 在点 P_0 沿 l 方向的**方向导数**为

$$\begin{aligned}\left.\frac{\partial z}{\partial l}\right|_{P_0}&=\lim_{\rho\to0^+}\frac{f(P)-f(P_0)}{\rho}\\&=\lim_{\rho\to0^+}\frac{f(x_0+\rho\cos\alpha,y_0+\rho\cos\beta)-f(x_0,y_0)}{\rho}.\end{aligned}$$

容易看到,当 $\left.\frac{\partial z}{\partial x}\right|_{P_0}$ 存在时,则

$z=f(x,y)$ 在点 P_0 沿 $\boldsymbol{l}^0=(1,0)$ 的方向导数 $\left.\frac{\partial z}{\partial l}\right|_{P_0}=\left.\frac{\partial z}{\partial x}\right|_{x=x_0}$;

沿 $\boldsymbol{l}^0=(-1,0)$ 的方向导数 $\left.\frac{\partial z}{\partial l}\right|_{P_0}=-\left.\frac{\partial z}{\partial x}\right|_{P_0}$.

注意 方向导数与偏导数概念的联系与区别.

例 8.18 讨论函数 $z=\sqrt{x^2+y^2}$ 在点 $(0,0)$ 处沿 $\boldsymbol{l}^0=(\cos\alpha,\cos\beta)$ 的方向导数是否存在,偏导数呢?

解 由方向导数定义,有

$$\left.\frac{\partial z}{\partial l}\right|_{(0,0)}=\lim_{\rho\to 0^+}\frac{f(0+\rho\cos\alpha,0+\rho\cos\beta)-f(0,0)}{\rho}$$
$$=\lim_{\rho\to 0^+}\frac{\sqrt{(\rho\cos\alpha)^2+(\rho\sin\alpha)^2}-0}{\rho}=1.$$

$f_x(0,0)=\lim\limits_{x\to 0}\dfrac{f(x,0)-f(0,0)}{x}=\lim\limits_{x\to 0}\dfrac{|x|}{x}$不存在,同理$f_y(0,0)$也不存在.

以二元函数为例,关于方向导数及其计算给出下面的定理.

定理 8.12　若函数 $z=f(x,y)$ 在点 $P_0(x_0,y_0)$ 可微,则此函数在该点沿任一方向 l 的方向导数都存在,且

$$\boxed{\left.\frac{\partial f}{\partial l}\right|_{P_0}=f_x(x_0,y_0)\cos\alpha+f_y(x_0,y_0)\cos\beta,}$$

其中,$\boldsymbol{l}^0=(\cos\alpha,\cos\beta)$是射线 l 的方向余弦.

证　如图 8-7 所示,$\Delta x=x-x_0=\rho\cos\alpha$,$\Delta y=y-y_0=\rho\cos\beta$,$\rho=\sqrt{(\Delta x)^2+(\Delta y)^2}$. 由 $f(x,y)$ 在点 $P_0(x_0,y_0)$ 可微,有

$$f(P)-f(P_0)=\left.\frac{\partial f}{\partial x}\right|_{P_0}\Delta x+\left.\frac{\partial f}{\partial y}\right|_{P_0}\Delta y+o(\rho),\rho\to 0.$$

上式两边同除以ρ,得

$$\frac{f(P)-f(P_0)}{\rho}=\left.\frac{\partial f}{\partial x}\right|_{P_0}\frac{\Delta x}{\rho}+\left.\frac{\partial f}{\partial y}\right|_{P_0}\frac{\Delta y}{\rho}+\frac{o(\rho)}{\rho}$$
$$=\left.\frac{\partial f}{\partial x}\right|_{P_0}\cos\alpha+\left.\frac{\partial f}{\partial y}\right|_{P_0}\cos\beta+\frac{o(\rho)}{\rho}.$$

上式两边取极限,令 $\rho\to 0^+$,得

$$\left.\frac{\partial f}{\partial l}\right|_{P_0}=\lim_{\rho\to 0^+}\frac{f(P)-f(P_0)}{\rho}=\left.\frac{\partial f}{\partial x}\right|_{P_0}\cos\alpha+\left.\frac{\partial f}{\partial y}\right|_{P_0}\cos\beta.$$

此定理可推广到三元及三元以上函数. 例如,可微三元函数 $w=f(x,y,z)$ 在点 $P_0(x_0,y_0,z_0)$ 沿任一方向 l 的方向导数为

$$\boxed{\left.\frac{\partial f}{\partial l}\right|_{P_0}=f_x(x_0,y_0,z_0)\cos\alpha+f_y(x_0,y_0,z_0)\cos\beta+f_z(x_0,y_0,z_0)\cos\gamma.}$$

其中,$\boldsymbol{l}^0=(\cos\alpha,\cos\beta,\cos\gamma)$是与方向 l 一致的单位向量.

注　由例 8.18 知,函数可微是方向导数存在的充分条件而非必要条件.

例 8.19　求函数 $f(x,y,z)=\ln(x+\sqrt{y^2+z^2})$ 在点 $A(1,0,1)$ 沿点 A 指向点 $B(3,-2,2)$ 方向的方向导数.

解　由于 $\overrightarrow{AB}=(2,-2,1)$,则

$\boldsymbol{l}^0=\left(\dfrac{2}{3},-\dfrac{2}{3},\dfrac{1}{3}\right)=(\cos\alpha,\cos\beta,\cos\gamma)$. 因为

$$f_x(A)=\left.\frac{\mathrm{d}\ln(x+1)}{\mathrm{d}x}\right|_{x=1}=\frac{1}{2},$$

$$f_y(A)=\left.\frac{\mathrm{d}\ln(1+\sqrt{y^2+1})}{\mathrm{d}y}\right|_{y=0}=0,$$

$$f_z(A)=\left.\frac{\mathrm{d}\ln(1+z)}{\mathrm{d}z}\right|_{z=1}=\frac{1}{2},$$

所以

$$\left.\frac{\partial f}{\partial l}\right|_A=f_x(A)\cos\alpha+f_y(A)\cos\beta+f_z(A)\cos\gamma$$

$$=\frac{1}{2}\cdot\frac{2}{3}+0\cdot\left(-\frac{2}{3}\right)+\frac{1}{2}\cdot\frac{1}{3}=\frac{1}{2}.$$

在很多实际问题中，仅知道函数在点 P_0 处的方向导数还不够，人们关心的是函数在点 P_0 处函数沿哪个方向增加最快，这个最大增长率是多少？为此引入梯度的概念.

定义 8.16 设 $f(x,y,z)$ 在点 $P_0(x_0,y_0,z_0)$ 处的一阶偏导数都存在，则称向量

$$f_x(P_0)\boldsymbol{i}+f_y(P_0)\boldsymbol{j}+f_z(P_0)\boldsymbol{k}$$

为函数 f 在点 P_0 的**梯度**，记作 $\mathbf{grad}\,f(P_0)$ 或 $\nabla f(P_0)$（∇ 称为哈密顿算子），即

$$\boxed{\mathbf{grad}\,f(P_0)=f_x(P_0)\boldsymbol{i}+f_y(P_0)\boldsymbol{j}+f_z(P_0)\boldsymbol{k},}$$

其长度（模）为

$$\|\mathbf{grad}\,f(P_0)\|=\sqrt{[f_x(P_0)]^2+[f_y(P_0)]^2+[f_z(P_0)]^2}.$$

设 $\boldsymbol{l}^0=(\cos\alpha,\cos\beta,\cos\gamma)$ 是与方向 l 同指向的单位向量，在定理 8.12 条件下，方向导数计算公式可写为内积形式

$$\left.\frac{\partial f}{\partial l}\right|_{P_0}=\langle\mathbf{grad}\,f(P_0),\boldsymbol{l}^0\rangle=\|\mathbf{grad}\,f(P_0)\|\cos\theta,$$

其中，θ 是梯度 $\mathbf{grad}\,f(P_0)$ 与方向 l 的夹角.

上式表明函数 f 在点 P_0 处沿方向 l 的方向导数就是梯度 $\mathbf{grad}\,f(P_0)$ 在方向 l 上的投影. 显然，当 $\theta=0$，即方向 l 与梯度方向一致时，方向导数取得最大值 $\|\mathbf{grad}\,f(P_0)\|$，而当方向 l 与梯度方向反向时（$\theta=\pi$），方向导数取得最小值 $-\|\mathbf{grad}\,f(P_0)\|$. 由此可见，梯度 $\mathbf{grad}\,f$ 是一个向量，其方向是函数 f 在点 P_0 增长最快的方向，其长度（模）为函数 f 在点 P_0 处的最大增长率.

例 8.19 中函数 $f(x,y,z)=\ln(x+\sqrt{y^2+z^2})$ 在点 $A(1,0,1)$ 处的梯度 $\mathbf{grad}\,f(A)=\left(\frac{1}{2},0,\frac{1}{2}\right)$，则函数 f 在该点沿梯度方向增长最快，且增长率为 $\|\mathbf{grad}\,f(A)\|=\frac{\sqrt{2}}{2}$，沿 $\left(-\frac{1}{2},0,-\frac{1}{2}\right)$ 方向减少最快，其变化率取得最小值 $-\frac{\sqrt{2}}{2}$.

设 n 元函数 $w=f(P)=f(x_1,x_2,\cdots,x_n)$ 在点 $P_0(x_{0,1},x_{0,2},\cdots,x_{0,n})$ 处可微,则函数 f 在点 P_0 的梯度和沿方向 l 的方向导数计算公式为

$$\mathbf{grad}\, f(P_0)=\nabla f(P_0)=(f_1'(P_0),f_2'(P_0),\cdots,f_n'(P_0)).$$

$$\left.\frac{\partial u}{\partial l}\right|_{P_0}=<\mathbf{grad}\, f(P_0),\boldsymbol{l}^0>=\|\mathbf{grad}\, f(P_0)\|\cdot\cos\theta,$$

其中,$\boldsymbol{l}^0=(\cos\theta_1,\cos\theta_2,\cdots,\cos\theta_n)$ 为方向 l 的单位向量,θ_i 是方向 l 与 $\boldsymbol{e}_i=(\underbrace{0,\cdots 0,1,0,\cdots,0}_{\text{第}i\text{个}})$ 的夹角 $(i=1,2,\cdots,n)$,$\theta=(\widehat{\mathbf{grad}\, f(P_0),\boldsymbol{l}^0})$.

由梯度的定义,求函数 f 在点 P_0 的梯度,实际上就是要求函数 f 的所有一阶偏导数,从而使梯度具有一些与偏导数类似的简单运算性质.

设 C,λ,μ 为常数,函数 u,v,f 均可微,则

(1) $\mathbf{grad}\, C=\mathbf{0}$;

(2) $\mathbf{grad}(\lambda u\pm\mu v)=\lambda\mathbf{grad}\, u\pm\mu\mathbf{grad}\, v$;

(3) $\mathbf{grad}(uv)=u\mathbf{grad}\, v+v\mathbf{grad}\, u$;

(4) $\mathbf{grad}\left(\dfrac{u}{v}\right)=\dfrac{1}{v^2}(v\mathbf{grad}\, u-u\mathbf{grad}\, v)\ (v\neq 0)$;

(5) $\mathbf{grad}\, f(u)=f'(u)\mathbf{grad}\, u$.

8.3.4 多元复合函数的链式法则

本小节讨论多元函数偏导数和全微分的运算法则. 由于多元复合函数有各种复合结构,首先以两个中间变量和两个自变量构成的复合函数为例讨论其链式法则,然后推广到其他几种复合关系情况,最后讨论全微分形式不变性.

定理 8.13(链式法则)　设函数 $u=u(x,y)$,$v=v(x,y)$ 在点 (x,y) 的偏导数均存在,函数 $z=f(u,v)$ 在对应点 (u,v) 可微,则复合函数 $z=f(u(x,y),v(x,y))$ 在点 (x,y) 的偏导数存在,且

$$\boxed{\begin{aligned}\frac{\partial z}{\partial x}&=\frac{\partial z}{\partial u}\frac{\partial u}{\partial x}+\frac{\partial z}{\partial v}\frac{\partial v}{\partial x},\\ \frac{\partial z}{\partial y}&=\frac{\partial z}{\partial u}\frac{\partial u}{\partial y}+\frac{\partial z}{\partial v}\frac{\partial v}{\partial y}.\end{aligned}}$$

上式就是复合函数求偏导数的公式,也称为**链式法则**.

证　仅证第 1 式,第 2 式同法可证.

将 y 看作不变,给 x 以增量 Δx,相应地 u 和 v 就有增量 $\Delta_x u$ 和 $\Delta_x v$,即

$$\Delta_x u=u(x+\Delta x,y)-u(x,y),$$
$$\Delta_x v=v(x+\Delta x,y)-v(x,y),$$

从而 z 有增量 $\Delta_x z$,并注意到 $u=u(x,y),v=v(x,y)$ 在点 (x,y) 的偏导数均存在,所以当 $\Delta x\to 0$ 时,有 $\Delta_x u\to 0,\Delta_x v\to 0$,从而 $\rho=\sqrt{(\Delta_x u)^2+(\Delta_x v)^2}\to 0$.

因 $z=f(u,v)$ 在点 (x,y) 的对应点 (u,v) 处可微,所以

$$\begin{aligned}\Delta_x z&=f(u+\Delta_x u,v+\Delta_x v)-f(u,v)\\&=\frac{\partial z}{\partial u}\Delta_x u+\frac{\partial z}{\partial v}\Delta_x v+o(\rho).\end{aligned}$$

用 Δx 去除上式两边,得

$$\frac{\Delta_x z}{\Delta x}=\frac{\partial z}{\partial u}\frac{\Delta_x u}{\Delta x}+\frac{\partial z}{\partial v}\frac{\Delta_x v}{\Delta x}+\frac{o(\rho)}{\Delta x}$$

令 $\Delta x\to 0$,有

$$\lim_{\Delta x\to 0}\frac{\Delta_x z}{\Delta x}=\frac{\partial z}{\partial u}\cdot\lim_{\Delta x\to 0}\frac{\Delta_x u}{\Delta x}+\frac{\partial z}{\partial v}\cdot\lim_{\Delta x\to 0}\frac{\Delta_x v}{\Delta x}+\lim_{\Delta x\to 0}\frac{o(\rho)}{\Delta x},$$

由条件,$\lim\limits_{\Delta x\to 0}\dfrac{\Delta_x u}{\Delta x}=\dfrac{\partial u}{\partial x}$,$\lim\limits_{\Delta x\to 0}\dfrac{\Delta_x v}{\Delta x}=\dfrac{\partial v}{\partial x}$,且当 $\rho=0$ 时,有 $o(\rho)=0$,$\lim\limits_{\Delta x\to 0}\dfrac{o(\rho)}{\Delta x}=0$;当 $\rho\neq 0$ 时,有

$$\lim_{\Delta x\to 0}\frac{o(\rho)}{\Delta x}=\lim_{\Delta x\to 0}\frac{o(\rho)}{\rho}\frac{\rho}{\Delta x}=\lim_{\Delta x\to 0}\frac{o(\rho)}{\rho}\sqrt{\left(\frac{\Delta_x u}{\Delta x}\right)^2+\left(\frac{\Delta_x v}{\Delta x}\right)^2}=0.$$

故

$$\frac{\partial z}{\partial x}=\frac{\partial z}{\partial u}\frac{\partial u}{\partial x}+\frac{\partial z}{\partial v}\frac{\partial v}{\partial x}.$$

可以将定理 8.13 的结论推广到任意多个中间变量和自变量所构成的复合函数的链式法则.

设函数组 $u_i=u_i(x_1,\cdots,x_n)(i=1,2,\cdots,m)$ 在点 $(x_1,\cdots,x_n)$ 的所有偏导数均存在,$w=f(u_1,\cdots,u_m)$ 在对应点 $(u_1,\cdots,u_m)$ 可微,则复合函数

$$w=f(u_1(x_1,\cdots,x_n),u_2(x_1,\cdots,x_n),\cdots,u_m(x_1,\cdots,x_n))$$

在点 $(x_1,\cdots,x_n)$ 的偏导数存在,且

$$\boxed{\frac{\partial w}{\partial x_k}=\sum_{i=1}^{m}\frac{\partial f}{\partial u_i}\cdot\frac{\partial u_i}{\partial x_k}}\ (k=1,2,\cdots,n).$$

特别地,当内函数组是一元函数 $u_i=u_i(x)(i=1,2,\cdots,m)$ 时,则复合函数

$$w=f(u_1(x),u_2(x),\cdots,u_m(x))$$

是一元函数,此时上述结论化为

$$\boxed{\frac{\mathrm{d}w}{\mathrm{d}x}=\sum_{i=1}^{m}\frac{\partial f}{\partial u_i}\cdot\frac{\mathrm{d}u_i}{\mathrm{d}x}}$$

上式称为**全导数公式**,左边 $\dfrac{\mathrm{d}w}{\mathrm{d}x}$ 称为 $w=f(u_1(x),u_2(x),\cdots,u_m(x))$ 的**全导数**.

例 8.20　(1) 设 $z=f(u,v)$ 可微，且 $u=x^2-y^2$，$v=xy$，求 $\frac{\partial z}{\partial x},\frac{\partial z}{\partial y}$；

(2) 设 $z=uv+\sin x$，$u=\mathrm{e}^x$，$v=\cos x$，求全导数 $\frac{\mathrm{d}z}{\mathrm{d}x}$.

解　(1) 复合函数 $z=f(x^2-y^2,xy)$，由定理 8.13

$$\frac{\partial z}{\partial x}=\frac{\partial z}{\partial u}\frac{\partial u}{\partial x}+\frac{\partial z}{\partial v}\frac{\partial v}{\partial x}=\frac{\partial z}{\partial u}\cdot 2x+\frac{\partial z}{\partial v}\cdot y=2xf_1'+yf_2',$$

$$\frac{\partial z}{\partial y}=\frac{\partial z}{\partial u}\frac{\partial u}{\partial y}+\frac{\partial z}{\partial v}\frac{\partial v}{\partial y}=\frac{\partial z}{\partial u}\cdot(-2y)+\frac{\partial z}{\partial v}\cdot x=-2yf_1'+xf_2';$$

(2) 令 $f(u,v,x)=uv+\sin x$，则复合函数 $z=f(\mathrm{e}^x,\cos x,x)$ 为一元函数，因此

$$\begin{aligned}\frac{\mathrm{d}z}{\mathrm{d}x}&=\frac{\partial z}{\partial u}\frac{\mathrm{d}u}{\mathrm{d}x}+\frac{\partial z}{\partial v}\frac{\mathrm{d}v}{\mathrm{d}x}+\frac{\partial z}{\partial x}\\&=v\mathrm{e}^x+u(-\sin x)+\cos x\\&=\mathrm{e}^x(\cos x-\sin x)+\cos x.\end{aligned}$$

注　$\frac{\mathrm{d}z}{\mathrm{d}x}$ 是复合函数对 x 的全导数，而 $\frac{\partial z}{\partial x}$ 是外函数 $z=f(u,v,x)$ 对 x 的偏导数，注意二者的区别.

又如，设 $z=f(u,v,y)$ 可微，$u=\varphi(x,y)$ 及 $v=\psi(x,y)$ 的所有偏导数存在，则

$$\frac{\partial z}{\partial y}=\frac{\partial f}{\partial u}\frac{\partial u}{\partial y}+\frac{\partial f}{\partial v}\frac{\partial v}{\partial y}+\frac{\partial f}{\partial y},$$

其中 $\frac{\partial z}{\partial y}$ 与 $\frac{\partial f}{\partial y}$ 的意义是不一样的，$\frac{\partial z}{\partial y}$ 表示复合函数 $z=f(\varphi(x,y),\psi(x,y),y)$ 对 y 的偏导数；而 $\frac{\partial f}{\partial y}$ 则表示三元函数 $f(u,v,y)$ 对 y 的偏导数. 因此，在这种情况下采用下面简洁的符号表示可避免混淆：

$$\frac{\partial z}{\partial y}=f_1'\cdot\frac{\partial u}{\partial y}+f_2'\cdot\frac{\partial v}{\partial y}+f_3'.$$

例 8.21　设 $z=f(x+y,x-y,xy)$，f 具有二阶连续的偏导数，求 $\frac{\partial^2 z}{\partial x^2},\frac{\partial^2 z}{\partial x\partial y}$.

解　令 $u=x+y$，$v=x-y$，$w=xy$ 则 $z=f(u,v,w)$，由链式法则，有

$$\frac{\partial z}{\partial x}=f_1'+f_2'+yf_3'.$$

应注意 f_1'，f_2' 和 f_3' 仍是复合函数，且复合关系与 f 一样，引入以下简洁记号：

$$f_{11}''=\frac{\partial^2 f}{\partial u^2},f_{12}''=\frac{\partial^2 f}{\partial u\partial v},f_{13}''=\frac{\partial^2 f}{\partial u\partial w},f_{22}''=\frac{\partial^2 f}{\partial v^2},f_{23}''=\frac{\partial^2 f}{\partial v\partial w},\text{其余类似},$$

则

$$\frac{\partial f_1'}{\partial x}=f_{11}''+f_{12}''+yf_{13}'',\frac{\partial f_2'}{\partial x}=f_{21}''+f_{22}''+yf_{23}'',\frac{\partial f_3'}{\partial x}=f_{31}''+f_{32}''+yf_{33}'';$$

$$\frac{\partial f_1'}{\partial y}=f_{11}''-f_{12}''+xf_{13}'',\frac{\partial f_2'}{\partial y}=f_{21}''-f_{22}''+xf_{23}'',\frac{\partial f_3'}{\partial y}=f_{31}''-f_{32}''+xf_{33}'',$$

所以

$$\frac{\partial^2 z}{\partial x^2}=\frac{\partial}{\partial x}\left(\frac{\partial z}{\partial x}\right)=\frac{\partial f_1'}{\partial x}+\frac{\partial f_2'}{\partial x}+y\frac{\partial f_3'}{\partial x}=f_{11}''+f_{22}''+y^2f_{33}''+2f_{12}''+2yf_{13}''+2yf_{23}''.$$

$$\frac{\partial^2 z}{\partial x\partial y}=\frac{\partial}{\partial y}\left(\frac{\partial z}{\partial x}\right)=\frac{\partial f_1'}{\partial y}+\frac{\partial f_2'}{\partial y}+y\frac{\partial f_3'}{\partial y}+f_3'=f_3'+f_{11}''-f_{22}''+xyf_{33}''+(x+y)f_{13}''+(x-y)f_{23}''.$$

例 8.22 设 $z=f(x,y)$ 具有二阶连续偏导数，且 $x=\rho\cos\theta,y=\rho\sin\theta$，求证：

(1) $\left(\frac{\partial z}{\partial x}\right)^2+\left(\frac{\partial z}{\partial y}\right)^2=\left(\frac{\partial z}{\partial \rho}\right)^2+\frac{1}{\rho^2}\left(\frac{\partial z}{\partial \theta}\right)^2$.

(2) $\frac{\partial^2 u}{\partial x^2}+\frac{\partial^2 u}{\partial y^2}=\frac{\partial^2 z}{\partial \rho^2}+\frac{1}{\rho^2}\frac{\partial^2 z}{\partial \theta^2}+\frac{1}{\rho}\frac{\partial z}{\partial \rho}$.

证 (1) 把 z 看作是 ρ,θ 的复合函数 $z=f(\rho\cos\theta,\rho\sin\theta)$，由定理 8.13，有

$$\frac{\partial z}{\partial \rho}=\frac{\partial z}{\partial x}\frac{\partial x}{\partial \rho}+\frac{\partial z}{\partial y}\frac{\partial y}{\partial \rho}=\frac{\partial z}{\partial x}\cdot\cos\theta+\frac{\partial z}{\partial y}\cdot\sin\theta,$$

$$\frac{\partial z}{\partial \theta}=\frac{\partial z}{\partial x}\frac{\partial x}{\partial \theta}+\frac{\partial z}{\partial y}\frac{\partial y}{\partial \theta}=\frac{\partial z}{\partial x}\cdot(-\rho\sin\theta)+\frac{\partial z}{\partial y}\cdot(\rho\cos\theta),$$

所以有

$$\left(\frac{\partial z}{\partial x}\right)^2+\left(\frac{\partial z}{\partial y}\right)^2=\left(\frac{\partial z}{\partial \rho}\right)^2+\frac{1}{\rho^2}\left(\frac{\partial z}{\partial \theta}\right)^2.$$

(2)
$$\begin{aligned}\frac{\partial^2 z}{\partial \rho^2}&=\frac{\partial}{\partial \rho}\left(\frac{\partial z}{\partial x}\cdot\cos\theta+\frac{\partial z}{\partial y}\cdot\sin\theta\right)\\&=\cos\theta\left(\frac{\partial^2 z}{\partial x^2}\cos\theta+\frac{\partial^2 z}{\partial x\partial y}\sin\theta\right)+\sin\theta\left(\frac{\partial^2 z}{\partial x\partial y}\cos\theta+\frac{\partial^2 z}{\partial y^2}\sin\theta\right)\\&=\frac{\partial^2 z}{\partial x^2}\cos^2\theta+2\frac{\partial^2 z}{\partial x\partial y}\sin\theta\cos\theta+\frac{\partial^2 z}{\partial y^2}\sin^2\theta,\end{aligned}$$

$$\begin{aligned}\frac{\partial^2 z}{\partial \theta^2}&=\rho\frac{\partial}{\partial \theta}\left(-\sin\theta\frac{\partial z}{\partial x}+\cos\theta\frac{\partial z}{\partial y}\right)\\&=-\rho\left(\cos\theta\frac{\partial z}{\partial x}+\sin\theta\frac{\partial z}{\partial y}\right)+\\&\quad\rho^2\left(\frac{\partial^2 z}{\partial x^2}\sin^2\theta+\frac{\partial^2 z}{\partial y^2}\cos^2\theta-2\frac{\partial^2 z}{\partial x\partial y}\sin\theta\cos\theta\right).\end{aligned}$$

所以有
$$\frac{\partial^2 z}{\partial \rho^2}+\frac{1}{\rho^2}\frac{\partial^2 z}{\partial \theta^2}+\frac{1}{\rho}\frac{\partial z}{\partial \rho}=\frac{\partial^2 u}{\partial x^2}+\frac{\partial^2 u}{\partial y^2}.$$

本题也可以将 z 看作 x,y 的复合函数 $z=f(\rho\cos\theta,\rho\sin\theta)=F(\rho,\theta)=F\left(\sqrt{x^2+y^2},\arctan\frac{y}{x}\right)$ [若点 (x,y) 位于第二、三象限，则 $\theta=\arctan\frac{y}{x}+\pi$]，应用链式法则同样也可以证明，请读者自行练

习完成.

例 8.23 设 $u=\frac{1}{r}, r=\sqrt{x^2+y^2+z^2}$, 证明: $\frac{\partial^2 u}{\partial x^2}+\frac{\partial^2 u}{\partial y^2}+\frac{\partial^2 u}{\partial z^2}=0$.

证 $\frac{\partial u}{\partial x}=\frac{\mathrm{d}u}{\mathrm{d}r}\frac{\partial r}{\partial x}=-\frac{1}{r^2}\cdot\frac{x}{\sqrt{x^2+y^2+z^2}}=-\frac{x}{r^3}$,

$$\frac{\partial^2 u}{\partial x^2}=\frac{\partial}{\partial x}\left(\frac{\partial u}{\partial x}\right)=-\frac{1}{r^3}-x\cdot\left(-\frac{3}{r^4}\cdot\frac{x}{r}\right)=-\frac{1}{r^3}+\frac{3x^2}{r^5},$$

注意到 x,y,z 有同等地位,同理可得

$$\frac{\partial^2 u}{\partial y^2}=-\frac{1}{r^3}+\frac{3y^2}{r^5},\frac{\partial^2 u}{\partial z^2}=-\frac{1}{r^3}+\frac{3z^2}{r^5},$$

因此

$$\frac{\partial^2 u}{\partial x^2}+\frac{\partial^2 u}{\partial y^2}+\frac{\partial^2 u}{\partial z^2}=-\frac{3}{r^3}+\frac{3(x^2+y^2+z^2)}{r^5}=0.$$

引入**拉普拉斯算子**(Laplace,1749—1827,法国数学、天文学家):

$$\Delta=\frac{\partial^2}{\partial x^2}+\frac{\partial^2}{\partial y^2}+\frac{\partial^2}{\partial z^2},$$

则 $\Delta u=\frac{\partial^2 u}{\partial x^2}+\frac{\partial^2 u}{\partial y^2}+\frac{\partial^2 u}{\partial z^2}$, 方程 $\Delta u=0$ 称为**拉普拉斯方程**,是一个重要的偏微分方程. 例 8.23 表明函数 $u=\frac{1}{r}$ 是拉普拉斯方程 $\Delta u=0$ 的一个解.

注 1 应用链式法则求偏导数,尽管多元复合函数有各种各样的复合关系,但万变不离其宗,关键要弄清楚哪些是自变量,哪些是中间变量,掌握其规律. 链式法则是常用的工具,必须熟练掌握它.

注 2 链式法则中外函数的可微性条件不能少! 例如,外函数 $z=\sqrt{|uv|}$, 内函数 $u=x, v=x$ 所构成的复合函数 $z=|x|$ 在 $x=0$ 处不可导,但外函数 $\left.\frac{\partial z}{\partial u}\right|_{u=0,v=0}=0=\left.\frac{\partial z}{\partial v}\right|_{u=0,v=0}$, 在 $x=0$ 处有 $\frac{\partial z}{\partial u}\frac{\mathrm{d}u}{\mathrm{d}x}+\frac{\partial z}{\partial v}\frac{\mathrm{d}v}{\mathrm{d}x}=0\cdot 1+0\cdot 1=0$, 因此链式法则不成立.

现在考察复合函数的全微分. 将定理 8.13 中内函数的条件加强,若内函数 $u=u(x,y), v=v(x,y)$ 在点 (x,y) 可微,则复合函数 $z=f(u(x,y),v(x,y))$ 在点 (x,y) 的全微分存在,此时

$$\mathrm{d}z=\frac{\partial z}{\partial x}\mathrm{d}x+\frac{\partial z}{\partial y}\mathrm{d}y$$

由链式法则,有

$$\begin{aligned}\mathrm{d}z&=\left(\frac{\partial z}{\partial u}\cdot\frac{\partial u}{\partial x}+\frac{\partial z}{\partial v}\cdot\frac{\partial v}{\partial x}\right)\mathrm{d}x+\left(\frac{\partial z}{\partial u}\cdot\frac{\partial u}{\partial y}+\frac{\partial z}{\partial v}\cdot\frac{\partial v}{\partial y}\right)\mathrm{d}y\\&=\frac{\partial z}{\partial u}\cdot\left(\frac{\partial u}{\partial x}\mathrm{d}x+\frac{\partial u}{\partial y}\mathrm{d}y\right)+\frac{\partial z}{\partial v}\cdot\left(\frac{\partial v}{\partial x}\mathrm{d}x+\frac{\partial v}{\partial y}\mathrm{d}y\right)\\&=\frac{\partial z}{\partial u}\mathrm{d}u+\frac{\partial z}{\partial v}\mathrm{d}v.\end{aligned}$$

这表明对于可微函数 $z=f(u,v)$，不管 u,v 是中间变量，还是自变量，总有

$$dz=\frac{\partial z}{\partial u}du+\frac{\partial z}{\partial v}dv,$$

这个性质称为(全)**微分形式不变性**. 由此，一元函数的一阶微分形式不变性对多元函数也成立.

利用全微分形式不变性，易得全微分四则运算公式(u,v 为多元函数)：

(1) $d(u\pm v)=du\pm dv$;

(2) $d(uv)=vdu+udv$;

(3) $d\left(\frac{u}{v}\right)=\frac{vdu-udv}{v^2}$, $(v\neq 0)$.

例 8.24 设可微函数 $z=f\left(\frac{y}{x}\right)$ 是平面拉普拉斯方程 $\frac{\partial^2 z}{\partial x^2}+\frac{\partial^2 z}{\partial y^2}=0$ 的解，试求这个解.

解 由全微分形式不变性及四则运算法则有

$$\begin{aligned}dz&=f'\left(\frac{y}{x}\right)d\left(\frac{y}{x}\right)=f'\left(\frac{y}{x}\right)\cdot\frac{xdy-ydx}{x^2}\\&=-\frac{y}{x^2}f'\left(\frac{y}{x}\right)dx+\frac{1}{x}f'\left(\frac{y}{x}\right)dy,\end{aligned}$$

同时可得偏导数

$$\frac{\partial z}{\partial x}=-\frac{y}{x^2}f'\left(\frac{y}{x}\right),\frac{\partial z}{\partial y}=\frac{1}{x}f'\left(\frac{y}{x}\right).$$

$$\frac{\partial^2 z}{\partial x^2}=\frac{2y}{x^3}f'-\frac{y}{x^2}f''\cdot\left(-\frac{y}{x^2}\right)=\frac{2y}{x^3}f'+\frac{y^2}{x^4}f'',$$

$$\frac{\partial^2 z}{\partial y^2}=\frac{1}{x^2}f'',$$

$$\frac{\partial^2 z}{\partial x^2}+\frac{\partial^2 z}{\partial y^2}=\frac{2y}{x^3}f'+\frac{y^2}{x^4}f''+\frac{1}{x^2}f''=\frac{1}{x^2}\left[\frac{2y}{x}f'+\left(\frac{y^2}{x^2}+1\right)f''\right].$$

令 $\frac{y}{x}=u$，由条件有

$$2uf'(u)+(u^2+1)f''(u)=0.$$

即

$$\frac{d}{du}[(u^2+1)f'(u)]=0.$$

于是

$$(u^2+1)f'(u)=C_1,$$

$$f(u)=C_1\int\frac{1}{u^2+1}du=C_1\arctan u+C_2.$$

故所求解为

$$z=f\left(\frac{y}{x}\right)=C_1\arctan\frac{y}{x}+C_2,\text{其中},C_1,C_2\text{ 为任意常数}.$$

最后,通过举例来说明高阶全微分概念.

例 8.25

(1) 求 $z=x\sin y$ 的二阶微分 d^2z;

(2) 设 $z=x\sin y, x=\varphi(u,v), y=\psi(u,v)$,求二阶微分 d^2z.

解　(1) 因 x,y 为自变量时,其改变量 $\mathrm{d}x,\mathrm{d}y$ 任意固定,则

$$\mathrm{d}^2z=\mathrm{d}(\mathrm{d}z)=\mathrm{d}(\sin y\mathrm{d}x+x\cos y\mathrm{d}y)=2\cos y\mathrm{d}x\mathrm{d}y-x\sin y\mathrm{d}y^2.$$

(2) 因 x,y 为中间变量,$\mathrm{d}x,\mathrm{d}y$ 是 u,v 的函数,由全微分形式不变性,

$$\mathrm{d}z=\sin y\mathrm{d}x+x\cos y\mathrm{d}y,$$

这样,

$$\begin{aligned}\mathrm{d}^2z&=\mathrm{d}(\mathrm{d}z)\\&=(\cos y\mathrm{d}y)\mathrm{d}x+\sin y\mathrm{d}(\mathrm{d}x)+\mathrm{d}x(\cos y\mathrm{d}y)+\\&\quad x(-\sin y\mathrm{d}y)\mathrm{d}y+x\cos y\mathrm{d}(\mathrm{d}y)\\&=2\cos y\mathrm{d}x\mathrm{d}y-x\sin y\mathrm{d}y^2+\sin y\mathrm{d}^2x+x\cos y\mathrm{d}^2y,\end{aligned}$$

其中,

$$\mathrm{d}x=\varphi_1'\cdot\mathrm{d}u+\varphi_2'\cdot\mathrm{d}v,\mathrm{d}y=\psi_1'\cdot\mathrm{d}u+\psi_2'\cdot\mathrm{d}v;$$

$$\mathrm{d}^2x=\varphi_{11}''\cdot\mathrm{d}u^2+2\varphi_{12}''\cdot\mathrm{d}u\mathrm{d}v+\varphi_{22}''\cdot\mathrm{d}v^2;$$

$$\mathrm{d}^2y=\psi_{11}''\cdot\mathrm{d}u^2+2\psi_{12}''\cdot\mathrm{d}u\mathrm{d}v+\psi_{22}''\cdot\mathrm{d}v^2.$$

比较(1)与(2)的二阶微分 d^2z,它们并不相等,除非 $\mathrm{d}^2x=\mathrm{d}^2y=0$,这说明高阶全微分没有微分形式不变性质.

8.3.5 向量值函数的导数与微分

对于 n 元(m 维)向量值函数 $\boldsymbol{f}:A\subset\mathbb{R}^n\to\mathbb{R}^m(m\geqslant 2)$,或 $\boldsymbol{y}=\boldsymbol{f}(\boldsymbol{x}),\boldsymbol{x}\in A\subset\mathbb{R}^n$,其中,$\boldsymbol{x}=(x_1,x_2,\cdots,x_n)$ 为自变量,$\boldsymbol{y}=(y_1,y_2,\cdots,y_m)^{\mathrm{T}}\in\boldsymbol{f}(A)\subset\mathbb{R}^m$ 为因变量,对应法则 $\boldsymbol{f}=(f_1,f_2,\cdots,f_m)^{\mathrm{T}}$. 事实上 n 元向量值函数 $\boldsymbol{y}=\boldsymbol{f}(\boldsymbol{x})$ 对应于 m 个 n 元(数量值)函数:

$$\begin{cases}y_1=f_1(x_1,x_2,\cdots,x_n),\\y_2=f_2(x_1,x_2,\cdots,x_n),\\\qquad\vdots\\y_m=f_m(x_1,x_2,\cdots,x_n),\end{cases}\quad(x_1,x_2,\cdots,x_n)\in A,$$

反之亦然,由此可将数量值函数的一些概念直接推广到向量值函数的情况.

特别地,一元向量值函数

$$\boldsymbol{y}=\boldsymbol{f}(x)=(f_1(x),f_2(x),\cdots,f_m(x))^{\mathrm{T}},x\in A\subseteq\mathbb{R}.$$

二元向量值函数

$$\boldsymbol{y}=\boldsymbol{f}(\boldsymbol{x})=(f_1(x_1,x_2),f_2(x_1,x_2),\cdots,f_m(x_1,x_2))^{\mathrm{T}},(x_1,x_2)\in A\subseteq\mathbb{R}^2$$

定义 8.17（向量值函数的极限与连续的定义）

（1）$\lim\limits_{x\to x_0}\boldsymbol{f}(\boldsymbol{x})=\boldsymbol{a}\overset{\text{def}}{\Leftrightarrow}\forall\varepsilon>0,\exists\delta>0,\forall\boldsymbol{x}\in\mathring{U}(\boldsymbol{x}_0,\delta)\cap A$，$\|\boldsymbol{f}(\boldsymbol{x})-\boldsymbol{a}\|<\varepsilon$，其中，$\boldsymbol{x}_0$ 是 $A\subseteq\mathbb{R}^n$ 的聚点，$\boldsymbol{a}\in\mathbb{R}^m$ 为常向量.

（2）若 $\lim\limits_{x\to x_0}\boldsymbol{f}(\boldsymbol{x})=\boldsymbol{f}(\boldsymbol{x}_0)$，则称 n 元向量值函数 $\boldsymbol{f}(\boldsymbol{x})$ 在点 $\boldsymbol{x}_0$ **连续**，点 $\boldsymbol{x}_0$ 称为 $\boldsymbol{f}(\boldsymbol{x})$ 的一个**连续点**.

定义 8.18（一元向量值函数的导数与微分定义） 设一元向量值函数为

$$\boldsymbol{f}:U(x_0)\subseteq\mathbb{R}\to\mathbb{R}^m(m\geqslant 2),x_0+\Delta x\in U(x_0).$$

（1）若 $\lim\limits_{\Delta x\to 0}\dfrac{\boldsymbol{f}(x_0+\Delta x)-\boldsymbol{f}(x_0)}{\Delta x}$ 存在，则称一元向量值函数 $\boldsymbol{f}(x)$ 在点 x_0 可导，并称此极限值为 $\boldsymbol{f}(x)$ 在点 x_0 的导数，记作 $\boldsymbol{f}'(x_0)$，或 $D\boldsymbol{f}(x_0)$，或 $\left.\dfrac{\mathrm{d}\boldsymbol{f}}{\mathrm{d}x}\right|_{x=x_0}$，即

$$\boldsymbol{f}'(x_0)=\lim_{\Delta x\to 0}\frac{\boldsymbol{f}(x_0+\Delta x)-\boldsymbol{f}(x_0)}{\Delta x}.$$

（2）若存在一个与 Δx 无关的常向量 $\boldsymbol{a}=(a_1,a_2,\cdots,a_m)^{\mathrm{T}}$，使得

$$\boldsymbol{f}(x_0+\Delta x)-\boldsymbol{f}(x_0)=\boldsymbol{a}\Delta x+\boldsymbol{o}(\rho),$$

其中，$\rho=|\Delta x|$，$\lim\limits_{\rho\to 0}\dfrac{\boldsymbol{o}(\rho)}{\rho}=\boldsymbol{0}$，则称函数 $\boldsymbol{f}$ 在 x_0 **可微**，并称 $\boldsymbol{a}\Delta x$ 为 $\boldsymbol{f}$ 在 x_0 处的**微分**，记作 $\mathrm{d}\boldsymbol{f}(x_0)$，$\Delta x=\mathrm{d}x$，即

$$\mathrm{d}\boldsymbol{f}(x_0)=\boldsymbol{a}\mathrm{d}x.$$

定义 8.19（n 元向量值函数的偏导数与方向导数的定义） 设 $\boldsymbol{f}:U(\boldsymbol{x}_0)\subseteq\mathbb{R}^n\to\mathbb{R}^m$，$\boldsymbol{x}_0=(x_{0,1},x_{0,2},\cdots x_{0,n})$，自变量 $\boldsymbol{x}=(x_1,x_2,\cdots,x_n)$.

（1）已知 $\boldsymbol{e}_i=(\underbrace{0,\cdots 0,1,0,\cdots,0}_{\text{第}i\text{个}})(i=1,2,\cdots,n)$ 为 $\mathbb{R}^n$ 的一组标准正交基，若

$$\lim_{\Delta x_j\to 0}\frac{\boldsymbol{f}(\boldsymbol{x}_0+\Delta x_j\boldsymbol{e}_j)-\boldsymbol{f}(\boldsymbol{x}_0)}{\Delta x_j}$$

存在，则称其为 $\boldsymbol{f}$ 在点 $\boldsymbol{x}_0$ 对 x_j 的偏导数，记作 $\dfrac{\partial\boldsymbol{f}(\boldsymbol{x}_0)}{\partial x_j}$，或 $D_j\boldsymbol{f}(\boldsymbol{x}_0)$ $(j=1,2,\cdots,n)$.

（2）设 $\boldsymbol{l}$ 是以 $\boldsymbol{x}_0=(x_{0,1},x_{0,2},\cdots x_{0,n})$ 为起点在 $U(\boldsymbol{x}_0)$ 中的一个向量，$\boldsymbol{l}^0$ 是与方向 $\boldsymbol{l}$ 一致的单位向量，若

$$\lim_{\rho\to 0^+}\frac{\boldsymbol{f}(\boldsymbol{x}_0+\rho\boldsymbol{l}^0)-\boldsymbol{f}(\boldsymbol{x}_0)}{\rho}$$

存在,则称其为 $\boldsymbol{f}$ 在点 $\boldsymbol{x}_0$ 沿方向 $\boldsymbol{l}$ 的方向导数,记作 $\dfrac{\partial\boldsymbol{f}(\boldsymbol{x}_0)}{\partial l}$ 或$D_l\boldsymbol{f}(\boldsymbol{x}_0)$.

定理 8.14　(1) 设 $\boldsymbol{f}:\mathring{U}(\boldsymbol{x}_0)\subset\mathbb{R}^n\to\mathbb{R}^m$,$\boldsymbol{a}=(a_1,a_2,\cdots,a_m)^{\mathrm{T}}\in\mathbb{R}^m$ 为常向量,则

$$\lim_{\boldsymbol{x}\to\boldsymbol{x}_0}\boldsymbol{f}(\boldsymbol{x})=\boldsymbol{a}\Leftrightarrow\lim_{\boldsymbol{x}\to\boldsymbol{x}_0}f_i(\boldsymbol{x})=a_i,\quad i=1,2,\cdots,m;$$

(2) 设 $\boldsymbol{f}:U(\boldsymbol{x}_0)\subset\mathbb{R}^n\to\mathbb{R}^m$,则

$$\lim_{\boldsymbol{x}\to\boldsymbol{x}_0}\boldsymbol{f}(\boldsymbol{x})=\boldsymbol{f}(\boldsymbol{x}_0)\Leftrightarrow\lim_{\boldsymbol{x}\to\boldsymbol{x}_0}f_i(\boldsymbol{x})=f_i(\boldsymbol{x}_0)\quad i=1,2,\cdots,m,$$

(3) 一元向量值函数 $\boldsymbol{f}$ 在点 x_0 可导(可微)$\Leftrightarrow\boldsymbol{f}$ 的分量函数 $f_i(i=1,2,\cdots,m)$ 在点 x_0 可导(可微),且

$$\mathrm{D}\boldsymbol{f}(x_0)=(f_1'(x_0),\cdots,f_m'(x_0))^{\mathrm{T}}.$$

$$\mathrm{d}\boldsymbol{f}(x_0)=\boldsymbol{f}'(x_0)\mathrm{d}x=(f_1'(x_0)\mathrm{d}x,\cdots,f_m'(x_0)\mathrm{d}x)^{\mathrm{T}}.$$

(4) 一元向量值函数 $\boldsymbol{f}$ 在点 x_0 可导$\Leftrightarrow\boldsymbol{f}$ 在点 x_0 可微.

(5) 设 $\boldsymbol{f}:U(\boldsymbol{x}_0)\subseteq\mathbb{R}^n\to\mathbb{R}^m$,则 $\boldsymbol{f}$ 在点 $\boldsymbol{x}_0$ 对 x_j 的偏导数存在$\Leftrightarrow\boldsymbol{f}$ 的每个分量函数 f_i 在点 $\boldsymbol{x}_0$ 对 x_j 的偏导数存在,且

$$\frac{\partial\boldsymbol{f}(\boldsymbol{x}_0)}{\partial x_j}=\left(\frac{\partial f_1(\boldsymbol{x}_0)}{\partial x_j},\frac{\partial f_2(\boldsymbol{x}_0)}{\partial x_j},\cdots,\frac{\partial f_m(\boldsymbol{x}_0)}{\partial x_j}\right)^{\mathrm{T}}=D_j\boldsymbol{f}(\boldsymbol{x}_0),j=1,2,\cdots,n.$$

(6) 设 $\boldsymbol{f}:U(\boldsymbol{x}_0)\subseteq\mathbb{R}^n\to\mathbb{R}^m$,则 $\boldsymbol{f}$ 在点 $\boldsymbol{x}_0$ 沿方向 $\boldsymbol{l}$ 的方向导数存在$\Leftrightarrow\boldsymbol{f}$ 的每个分量函数 f_i 在点 $\boldsymbol{x}_0$ 沿方向 $\boldsymbol{l}$ 的方向导数存在,且

$$\frac{\partial\boldsymbol{f}(\boldsymbol{x}_0)}{\partial l}=\left(\frac{\partial f_1(\boldsymbol{x}_0)}{\partial l},\frac{\partial f_2(\boldsymbol{x}_0)}{\partial l},\cdots,\frac{\partial f_m(\boldsymbol{x}_0)}{\partial l}\right)^{\mathrm{T}}=D_l\boldsymbol{f}(\boldsymbol{x}_0).$$

证　由极限定义容易推得(1);由定义 8.17(2),定义 8.18 和定义 8.19,结合(1)直接验证得(2),(3),(5),(6),由(2),(3)立刻推得(4).

类似地,可定义一元向量值函数的 n 阶导数:$\mathrm{D}^n\boldsymbol{f}(x_0)=\mathrm{D}[\mathrm{D}^{n-1}\boldsymbol{f}(x)]\big|_{x_0}$,有

$\boldsymbol{f}$ 在点 x_0 处 n 阶可导$\Leftrightarrow$每个分量函数 f_i 在点 x_0 处 n 阶可导,且

$$\mathrm{D}^n\boldsymbol{f}(x_0)=\boldsymbol{f}^{(n)}(x_0)=(f_1^{(n)}(x_0),\cdots,f_m^{(n)}(x_0))^{\mathrm{T}}.$$

当 $m=3$ 时,一元向量值函数 $\boldsymbol{r}=\boldsymbol{r}(t)$ 在物理学中表示质点在空间 $\mathbb{R}^3$ 中的运动方程,其中,$\boldsymbol{r}(t)=(x(t),y(t),z(t))^{\mathrm{T}}$,$\boldsymbol{r}(t)$ 就是时刻 t 质点在空间位置的向径,则质点在时刻 t 的速度和加速度分别为

$$\boldsymbol{v}(t)=\mathrm{D}\boldsymbol{r}(t)=(x'(t),y'(t),z'(t))^{\mathrm{T}},$$

$$\boldsymbol{a}(t)=\mathrm{D}^2\boldsymbol{r}(t)=(x''(t),y''(t),z''(t))^{\mathrm{T}}.$$

这说明一元向量值函数和一元数量值函数的导数具有相同的物理意义.

由定理 8.14 知,向量值函数的极限、连续、一元向量值函数的导数

与微分以及多元向量值函数的偏导数与方向导数等均可转化为其每个分量函数的相应问题来处理,而这些分量函数都是数量函数,于是可以利用数量函数的已有结果来解决相应向量值函数问题(运算).

由于向量没有除法运算,结合定理 8.14(3),可以将一元向量值函数的导数与微分概念推广到多元向量值函数.

定义 8.20(*n* **元向量值函数的导数与微分定义**) 若 n 元向量值函数 $\boldsymbol{f}$ 的每个分量 f_i 均在 $\boldsymbol{x}_0=(x_{0,1},x_{0,2},\cdots,x_{0,n})$ 处可微,则称 $\boldsymbol{f}$ 在 $\boldsymbol{x}_0$ 处**可微**(或**可导**),并将

$$\mathrm{d}\boldsymbol{f}(\boldsymbol{x}_0)=(\mathrm{d}f_1(\boldsymbol{x}_0),\mathrm{d}f_2(\boldsymbol{x}_0),\cdots,\mathrm{d}f_m(\boldsymbol{x}_0))^{\mathrm{T}}$$

定义为 $\boldsymbol{f}$ 在 $\boldsymbol{x}_0$ 处的**微分**,而将

$$\mathrm{D}\boldsymbol{f}(\boldsymbol{x}_0)=\begin{bmatrix}\dfrac{\partial f_1(\boldsymbol{x}_0)}{\partial x_1} & \dfrac{\partial f_1(\boldsymbol{x}_0)}{\partial x_2} & \cdots & \dfrac{\partial f_1(\boldsymbol{x}_0)}{\partial x_n}\\ \dfrac{\partial f_2(\boldsymbol{x}_0)}{\partial x_1} & \dfrac{\partial f_2(\boldsymbol{x}_0)}{\partial x_2} & \cdots & \dfrac{\partial f_2(\boldsymbol{x}_0)}{\partial x_n}\\ \vdots & \vdots & & \vdots\\ \dfrac{\partial f_m(\boldsymbol{x}_0)}{\partial x_1} & \dfrac{\partial f_m(\boldsymbol{x}_0)}{\partial x_2} & \cdots & \dfrac{\partial f_m(\boldsymbol{x}_0)}{\partial x_n}\end{bmatrix}=\left(\frac{\partial f_i(\boldsymbol{x}_0)}{\partial x_j}\right)_{m\times n}$$

定义 $\boldsymbol{f}$ 在 $\boldsymbol{x}_0$ 处的**导数**(**雅可比矩阵**).

由于

$$\begin{aligned}\mathrm{d}f_i(\boldsymbol{x}_0)&=\sum_{j=1}^{n}\frac{\partial f_i(\boldsymbol{x}_0)}{\partial x_j}\mathrm{d}x_j\\&=\left(\frac{\partial f_i(\boldsymbol{x}_0)}{\partial x_1},\frac{\partial f_i(\boldsymbol{x}_0)}{\partial x_2},\cdots,\frac{\partial f_i(\boldsymbol{x}_0)}{\partial x_n}\right)\mathrm{d}\boldsymbol{x}\quad(i=1,2,\cdots,m),\end{aligned}$$

其中,$\mathrm{d}\boldsymbol{x}=(\mathrm{d}x_1,\mathrm{d}x_2,\cdots,\mathrm{d}x_n)^{\mathrm{T}}$.

由上述定义

$$\mathrm{d}\boldsymbol{f}(\boldsymbol{x}_0)=\begin{bmatrix}\mathrm{d}f_1(\boldsymbol{x}_0)\\ \mathrm{d}f_2(\boldsymbol{x}_0)\\ \vdots\\ \mathrm{d}f_m(\boldsymbol{x}_0)\end{bmatrix}=\begin{bmatrix}\dfrac{\partial f_1(\boldsymbol{x}_0)}{\partial x_1} & \dfrac{\partial f_1(\boldsymbol{x}_0)}{\partial x_2} & \cdots & \dfrac{\partial f_1(\boldsymbol{x}_0)}{\partial x_n}\\ \dfrac{\partial f_2(\boldsymbol{x}_0)}{\partial x_1} & \dfrac{\partial f_2(\boldsymbol{x}_0)}{\partial x_2} & \cdots & \dfrac{\partial f_2(\boldsymbol{x}_0)}{\partial x_n}\\ \vdots & \vdots & & \vdots\\ \dfrac{\partial f_m(\boldsymbol{x}_0)}{\partial x_1} & \dfrac{\partial f_m(\boldsymbol{x}_0)}{\partial x_2} & \cdots & \dfrac{\partial f_m(\boldsymbol{x}_0)}{\partial x_n}\end{bmatrix}\begin{bmatrix}\mathrm{d}x_1\\ \mathrm{d}x_2\\ \vdots\\ \mathrm{d}x_n\end{bmatrix}.$$

因此

$$\boxed{\mathrm{d}\boldsymbol{f}(\boldsymbol{x}_0)=\mathrm{D}\boldsymbol{f}(\boldsymbol{x}_0)\mathrm{d}\boldsymbol{x}.}$$

注意到,$\nabla f_i(\boldsymbol{x}_0)=\left(\dfrac{\partial f_i(\boldsymbol{x}_0)}{\partial x_1},\dfrac{\partial f_i(\boldsymbol{x}_0)}{\partial x_2},\cdots,\dfrac{\partial f_i(\boldsymbol{x}_0)}{\partial x_n}\right)(i=1,2,\cdots,m)$,则

$$\mathrm{D}\boldsymbol{f}(\boldsymbol{x}_0)=(\nabla f_1(\boldsymbol{x}_0),\nabla f_2(\boldsymbol{x}_0),\cdots,\nabla f_m(\boldsymbol{x}_0))^{\mathrm{T}}.$$

特别地,当 $m=1$ 时,即函数为 n 元数量值函数 f 时,$\mathrm{D}f(\boldsymbol{x}_0)=\nabla f(\boldsymbol{x}_0)$.

由定理8.14(5)

$$\mathrm{D}\boldsymbol{f}(\boldsymbol{x}_0)=(D_1\boldsymbol{f}(\boldsymbol{x}_0),D_2\boldsymbol{f}(\boldsymbol{x}_0),\cdots,D_n\boldsymbol{f}(\boldsymbol{x}_0)).$$

当 $n=m$ 时,则称雅可比矩阵 $\left(\dfrac{\partial f_i(\boldsymbol{x}_0)}{\partial x_j}\right)_{n\times n}$ 的行列式为 $\boldsymbol{f}$ 在 $\boldsymbol{x}_0$ 处的雅可比行列式,习惯上记作

$$J_f(\boldsymbol{x}_0)=\left.\frac{\partial(f_1,f_2,\cdots,f_n)}{\partial(x_1,x_2,\cdots,x_n)}\right|_{x_0},$$

即 $J_f(\boldsymbol{x}_0)=\det\left(\dfrac{\partial f_i(\boldsymbol{x}_0)}{\partial x_j}\right)_{n\times n}$.

例8.26　求下列向量值函数的导数与微分.

(1) $\boldsymbol{f}(\boldsymbol{x})=\boldsymbol{A}\boldsymbol{x}+\boldsymbol{b}$,其中,$\boldsymbol{A}=(a_{ij})_{m\times n}$ 为矩阵,其每个元素都是常数,自变量 $\boldsymbol{x}=(x_1,x_2,\cdots,x_n)^{\mathrm{T}}$,$\boldsymbol{b}=(b_1,b_2,\cdots,b_m)^{\mathrm{T}}\in\mathbb{R}^m$ 为常向量;

(2) $\boldsymbol{f}(x,y,z)=\left(x^2y,\dfrac{1}{y^2+z^2}\right)^{\mathrm{T}}$,在点(1,1,1)处

解　(1) 因 $\boldsymbol{f}$ 的每个分量函数 $f_i=\sum\limits_{j=1}^{n}a_{ij}x_j+b_i$ 都是可微的,所以 $\boldsymbol{f}$ 是可微的.

因

$$\nabla f_i=(a_{i1},a_{i2},\cdots,a_{in})\quad(i=1,2,\cdots,m),$$

所以

$$\mathrm{D}\boldsymbol{f}(\boldsymbol{x})=(\nabla f_1(\boldsymbol{x}),\nabla f_2(\boldsymbol{x}),\cdots,\nabla f_m(\boldsymbol{x}))^{\mathrm{T}}=\boldsymbol{A}.$$

$$\mathrm{d}\boldsymbol{f}(\boldsymbol{x})=\mathrm{D}\boldsymbol{f}(\boldsymbol{x})\mathrm{d}\boldsymbol{x}=\boldsymbol{A}\mathrm{d}\boldsymbol{x},$$

其中,$\mathrm{d}\boldsymbol{x}=(\mathrm{d}x_1,\mathrm{d}x_2,\cdots,\mathrm{d}x_n)^{\mathrm{T}}$.

(2) $$\mathrm{D}\boldsymbol{f}(x,y,z)=\begin{bmatrix}2xy & x^2 & 0\\ 0 & -\dfrac{2y}{(y^2+z^2)^2} & -\dfrac{2z}{(y^2+z^2)^2}\end{bmatrix},$$

$$\mathrm{D}\boldsymbol{f}(1,1,1)=\begin{bmatrix}2 & 1 & 0\\ 0 & -\dfrac{1}{2} & -\dfrac{1}{2}\end{bmatrix},$$

所以

$$\mathrm{d}\boldsymbol{f}(1,1,1)=\begin{bmatrix}2 & 1 & 0\\ 0 & -\dfrac{1}{2} & -\dfrac{1}{2}\end{bmatrix}(\mathrm{d}x,\mathrm{d}y,\mathrm{d}z)^{\mathrm{T}}=\begin{bmatrix}2\mathrm{d}x+\mathrm{d}y\\ -\dfrac{1}{2}(\mathrm{d}y+\mathrm{d}z)\end{bmatrix}.$$

关于向量值函数的微分有如下运算法则.

定理8.15　(1) 设向量值函数 $\boldsymbol{f}=(f_1,f_2,\cdots,f_m)^{\mathrm{T}}$ 与 $\boldsymbol{g}=(g_1,g_2,\cdots,g_m)^{\mathrm{T}}$ 均在 $\boldsymbol{x}\in\mathbb{R}^n$ 处可微,φ 是在 $\boldsymbol{x}\in\mathbb{R}^n$ 处可微的数量

值函数,则 $\boldsymbol{f}+\boldsymbol{g}$, $<\boldsymbol{f},\boldsymbol{g}>$, $\varphi\boldsymbol{f}$ 均在 $\boldsymbol{x}$ 处可微,且

$$\mathrm{D}(\boldsymbol{f}+\boldsymbol{g})(\boldsymbol{x})=\mathrm{D}\boldsymbol{f}(\boldsymbol{x})+\mathrm{D}\boldsymbol{g}(\boldsymbol{x});$$

$$\mathrm{D}<\boldsymbol{f},\boldsymbol{g}>(\boldsymbol{x})=\boldsymbol{f}(\boldsymbol{x})^{\mathrm{T}}\mathrm{D}\boldsymbol{g}(\boldsymbol{x})+\boldsymbol{g}(\boldsymbol{x})^{\mathrm{T}}\mathrm{D}\boldsymbol{f}(\boldsymbol{x});$$

$$\mathrm{D}(\varphi\boldsymbol{f})(\boldsymbol{x})=\varphi(\boldsymbol{x})\mathrm{D}\boldsymbol{f}(\boldsymbol{x})+\mathrm{D}\varphi(\boldsymbol{x})\boldsymbol{f}(\boldsymbol{x}).$$

(2) 若 $\boldsymbol{f},\boldsymbol{g}:\mathbb{R}\to\mathbb{R}^3$ 均在 x 处可微,则向量积 $\boldsymbol{f}\times\boldsymbol{g}$ 在 x 处可微,且

$$\mathrm{D}(\boldsymbol{f}\times\boldsymbol{g})(x)=\mathrm{D}\boldsymbol{f}(x)\times\boldsymbol{g}(x)+\boldsymbol{f}(x)\times\mathrm{D}\boldsymbol{g}(x).$$

(3) (向量值函数的**链式法则**) 若向量值函数 $\boldsymbol{g}=(g_1,g_2,\cdots,g_k)^{\mathrm{T}}$ 在 $\boldsymbol{x}\in\mathbb{R}^n$ 处可微,$\boldsymbol{f}=(f_1,f_2,\cdots,f_m)^{\mathrm{T}}$ 在对应点 $\boldsymbol{u}\in\mathbb{R}^k$ 处可微,则复合函数 $\boldsymbol{w}=\boldsymbol{f}\circ\boldsymbol{g}$ 在 $\boldsymbol{x}$ 处可微,且

$$\boxed{\mathrm{D}\boldsymbol{f}(\boldsymbol{g}(\boldsymbol{x}))=\mathrm{D}\boldsymbol{f}(\boldsymbol{u})\big|_{\boldsymbol{u}=\boldsymbol{g}(\boldsymbol{x})}\cdot\mathrm{D}\boldsymbol{g}(\boldsymbol{x}),}$$

其中,$\boldsymbol{x}=(x_1,x_2,\cdots,x_n)$,$\boldsymbol{u}=(u_1,u_2,\cdots,u_k)$,$\boldsymbol{w}=(w_1,w_2,\cdots,w_m)^{\mathrm{T}}$.

证 仅证明(3),其余请读者自行证明. 因

$$\boldsymbol{w}=\boldsymbol{f}(\boldsymbol{g}(\boldsymbol{x}))=\begin{bmatrix}f_1(g_1(\boldsymbol{x}),g_2(\boldsymbol{x}),\cdots,g_k(\boldsymbol{x}))\\ f_2(g_1(\boldsymbol{x}),g_2(\boldsymbol{x}),\cdots,g_k(\boldsymbol{x}))\\ \vdots\\ f_m(g_1(\boldsymbol{x}),g_2(\boldsymbol{x}),\cdots,g_k(\boldsymbol{x}))\end{bmatrix}.$$

由 n 元向量值函数的导数定义,有

$$\mathrm{D}\boldsymbol{w}(\boldsymbol{x})=\mathrm{D}\boldsymbol{f}(\boldsymbol{g}(\boldsymbol{x}))=\begin{bmatrix}\nabla f_1(g_1(\boldsymbol{x}),g_2(\boldsymbol{x}),\cdots,g_k(\boldsymbol{x}))\\ \nabla f_2(g_1(\boldsymbol{x}),g_2(\boldsymbol{x}),\cdots,g_k(\boldsymbol{x}))\\ \vdots\\ \nabla f_m(g_1(\boldsymbol{x}),g_2(\boldsymbol{x}),\cdots,g_k(\boldsymbol{x}))\end{bmatrix}=\begin{bmatrix}\dfrac{\partial f_1}{\partial x_1}&\dfrac{\partial f_1}{\partial x_2}&\cdots&\dfrac{\partial f_1}{\partial x_n}\\ \dfrac{\partial f_2}{\partial x_1}&\dfrac{\partial f_2}{\partial x_2}&\cdots&\dfrac{\partial f_2}{\partial x_n}\\ \vdots&\vdots&&\vdots\\ \dfrac{\partial f_m}{\partial x_1}&\dfrac{\partial f_m}{\partial x_2}&\cdots&\dfrac{\partial f_m}{\partial x_n}\end{bmatrix},$$

由条件,内函数和外函数的所有分量函数均可微,于是由数量函数的链式法则,有

$$\frac{\partial w_i}{\partial x_j}=\frac{\partial f_i}{\partial x_j}=\left(\frac{\partial f_i}{\partial u_1},\frac{\partial f_i}{\partial u_2},\cdots,\frac{\partial f_i}{\partial u_k}\right)\begin{bmatrix}\dfrac{\partial g_1}{\partial x_j}\\ \dfrac{\partial g_2}{\partial x_j}\\ \vdots\\ \dfrac{\partial g_k}{\partial x_j}\end{bmatrix},\quad i=1,2,\cdots,m;j=1,2,\cdots,n.$$

这说明复合函数的每个分量函数均可微,因此向量值复合函数 $\boldsymbol{w}=\boldsymbol{f}\cdot\boldsymbol{g}$ 在 $\boldsymbol{x}$ 处可微,且根据矩阵乘法,有

$$\begin{aligned}\mathrm{D}\boldsymbol{w}(\boldsymbol{x})&=\left(\frac{\partial w_i}{\partial x_j}\right)_{m\times n}=\left(\frac{\partial f_i}{\partial u_p}\right)_{m\times k}\cdot\left(\frac{\partial g_p}{\partial x_j}\right)_{k\times n}\\&=\mathrm{D}\boldsymbol{f}(\boldsymbol{u})\big|_{\boldsymbol{u}=\boldsymbol{g}(\boldsymbol{x})}\cdot\mathrm{D}\boldsymbol{g}(\boldsymbol{x}),\end{aligned}$$

即

$$\begin{bmatrix} \frac{\partial w_1}{\partial x_1} & \frac{\partial w_1}{\partial x_2} & \cdots & \frac{\partial w_1}{\partial x_n} \\ \frac{\partial w_2}{\partial x_1} & \frac{\partial w_2}{\partial x_2} & \cdots & \frac{\partial w_2}{\partial x_n} \\ \vdots & \vdots & & \vdots \\ \frac{\partial w_m}{\partial x_1} & \frac{\partial w_m}{\partial x_2} & \cdots & \frac{\partial w_m}{\partial x_n} \end{bmatrix}_x = \begin{bmatrix} \frac{\partial f_1}{\partial u_1} & \frac{\partial f_1}{\partial u_2} & \cdots & \frac{\partial f_1}{\partial u_k} \\ \frac{\partial f_2}{\partial u_1} & \frac{\partial f_2}{\partial u_2} & \cdots & \frac{\partial f_2}{\partial u_k} \\ \vdots & \vdots & & \vdots \\ \frac{\partial f_m}{\partial u_1} & \frac{\partial f_m}{\partial u_2} & \cdots & \frac{\partial f_m}{\partial u_k} \end{bmatrix}_{u=g(x)} \cdot \begin{bmatrix} \frac{\partial g_1}{\partial x_1} & \frac{\partial g_1}{\partial x_2} & \cdots & \frac{\partial g_1}{\partial x_n} \\ \frac{\partial g_2}{\partial x_1} & \frac{\partial g_2}{\partial x_2} & \cdots & \frac{\partial g_2}{\partial x_n} \\ \vdots & \vdots & & \vdots \\ \frac{\partial g_k}{\partial x_1} & \frac{\partial g_k}{\partial x_2} & \cdots & \frac{\partial g_k}{\partial x_n} \end{bmatrix}_x,$$

依次可得向量值复合函数的微分

$$\mathrm{d}\boldsymbol{w}(\boldsymbol{x}) = \mathrm{D}\boldsymbol{w}(\boldsymbol{x})\mathrm{d}\boldsymbol{x} = \mathrm{D}\boldsymbol{f}(\boldsymbol{u}) \cdot \mathrm{D}\boldsymbol{g}(\boldsymbol{x})\mathrm{d}\boldsymbol{x} = \mathrm{D}\boldsymbol{f}(\boldsymbol{u})\mathrm{d}\boldsymbol{u},$$

即**向量值复合函数也具有一阶微分形式不变性**.

特别地，当 $m=1$ 时，即给出了一般的 n 元数量值复合函数 $\boldsymbol{w} = f(g_1(\boldsymbol{x}), g_2(\boldsymbol{x}), \cdots, g_k(\boldsymbol{x}))$ 一阶全微分形式的不变性：

$$\mathrm{d}\boldsymbol{w}(\boldsymbol{x}) = \mathrm{D}\boldsymbol{w}(\boldsymbol{x})\mathrm{d}\boldsymbol{x} = \mathrm{D}f(\boldsymbol{u}) \cdot \mathrm{D}\boldsymbol{g}(\boldsymbol{x})\mathrm{d}\boldsymbol{x} = \mathrm{D}f(\boldsymbol{u})\mathrm{d}\boldsymbol{u}.$$

注　由向量值复合函数的链式法则，当 $m=n=k$ 时，则

$$J_{\boldsymbol{w}}(\boldsymbol{x}) = J_{\boldsymbol{f}}(\boldsymbol{u}) \cdot J_{\boldsymbol{g}}(\boldsymbol{x}),$$

即

$$\boxed{\frac{\partial(w_1, w_2, \cdots, w_n)}{\partial(x_1, x_2, \cdots, x_n)} = \frac{\partial(f_1, f_2, \cdots, f_n)}{\partial(u_1, u_2, \cdots, u_n)} \cdot \frac{\partial(g_1, g_2, \cdots, g_n)}{\partial(x_1, x_2, \cdots, x_n)}.}$$

习题 8.3

1. 求下列函数的偏导数：

(1) $z = x^2 y$；　(2) $z = \mathrm{e}^{xy}$；　(3) $z = \dfrac{1}{\sqrt{x^2+y^2}}$；

(4) $z = xy\mathrm{e}^{\sin(xy)}$；(5) $u = (xy)^z$；(6) $u = x^{y^z}$.

2. 设 $f(x,y) = \begin{cases} y\sin\dfrac{1}{x^2+y^2}, & x^2+y^2 \neq 0, \\ 0, & x^2+y^2 = 0, \end{cases}$ 考察函数 f 在原点 $(0,0)$ 的偏导数.

3. 求函数 $f(x,y) = \begin{cases} xy\dfrac{x^2-y^2}{x^2+y^2}, & (x,y) \neq (0,0), \\ 0, & (x,y) = (0,0) \end{cases}$ 的偏导数.

4. 考察函数 $f(x,y) = \begin{cases} xy\sin\dfrac{1}{x^2+y^2}, & x^2+y^2 \neq 0, \\ 0, & x^2+y^2 = 0 \end{cases}$ 在点 $(0,\ 0)$ 处的可微性.

5. 证明：函数 $f(x,y) = \begin{cases} (x^2+y^2)\sin\dfrac{1}{\sqrt{x^2+y^2}}, & x^2+y^2 \neq 0, \\ 0, & x^2+y^2 = 0 \end{cases}$ 在点

$(0,0)$连续且偏导数存在,但偏导数在$(0,0)$不连续,而f在原点$(0,0)$可微.

6. 求下列函数的全微分:

(1) $z=y\sin(x+y)$;

(2) $u=xe^{yz}+e^{-z}+y$.

7. 设$f(x,y)=\begin{cases}x-y+\dfrac{xy^3}{x^2+y^4}, & (x,y)\neq(0,0),\\ 0, & (x,y)=(0,0),\end{cases}$讨论$f(x,y)$在点$(0,0)$处的连续性、方向导数存在性以及可微性.

8. 求下列复合函数的偏导数或导数.

(1) 设$u=f(x+y,xy)$,求$\dfrac{\partial u}{\partial x},\dfrac{\partial u}{\partial y}$;

(2) 设$u=f\left(\dfrac{x}{y},\dfrac{y}{z}\right)$,求$\dfrac{\partial u}{\partial x},\dfrac{\partial u}{\partial y},\dfrac{\partial u}{\partial z}$.

9. 设$z=\dfrac{y}{f(x^2-y^2)}$,其中,f为可微函数,验证:$\dfrac{1}{x}\dfrac{\partial z}{\partial x}+\dfrac{1}{y}\dfrac{\partial z}{\partial y}=\dfrac{z}{y^2}$.

10. 设$z=\sin y+f(\sin x-\sin y)$,其中,$f$为可微函数,证明:

$$\frac{\partial z}{\partial x}\sec x+\frac{\partial z}{\partial y}\sec y=1.$$

11. 设函数$u(x,y)=\varphi(x+y)+\varphi(x-y)+\int_{x-y}^{x+y}\psi(t)\,\mathrm{d}t$,其中,函数$\varphi$具有二阶连续导数,$\psi$具有一阶导数,证明:$\dfrac{\partial^2 u}{\partial x^2}=\dfrac{\partial^2 u}{\partial y^2}$.

12. 证明:函数$u=\dfrac{1}{2a\sqrt{\pi t}}e^{-\frac{(x-b)^2}{4a^2t}}$($a,b$为常数)满足热传导方程

$$\frac{\partial u}{\partial t}=a^2\frac{\partial^2 u}{\partial x^2}.$$

13. 设函数$u=\varphi(x+\psi(y))$,证明:$\dfrac{\partial u}{\partial x}\dfrac{\partial^2 u}{\partial x\partial y}=\dfrac{\partial u}{\partial y}\dfrac{\partial^2 u}{\partial x^2}$.

14. 设$f(x,y,z)$具有性质$f(tx,t^ky,t^mz)=t^nf(x,y,z)$$(t>0)$,证明:

(1) $f(x,y,z)=x^nf\left(1,\dfrac{y}{x^k},\dfrac{z}{x^m}\right)$;

(2) $xf_x(x,y,z)+kyf_y(x,y,z)+mzf_z(x,y,z)=nf(x,y,z)$.

15. 求函数$u=x^2+2y^2+3z^2+xy-4x+2y-4z$在点$A=(0,0,0)$及点$B=\left(5,-3,\dfrac{2}{3}\right)$处的梯度以及它们的模.

16. 设函数$z=f(x,y)$在点$(1,1)$处可微,$f(1,1)=1$,$\left.\dfrac{\partial f}{\partial x}\right|_{(1,1)}=2$,$\left.\dfrac{\partial f}{\partial y}\right|_{(1,1)}=3$,$\varphi(x)=f(x,f(x,x))$,求$\left.\dfrac{d}{\mathrm{d}x}\varphi^3(x)\right|_{x=1}$.

17. 设$u(x,y)$的所有二阶偏导数均连续,且$u_{xx}=u_{yy}$,$u(x,2x)=x$,

$u'_x(x,2x)=x^2$,求 $u''_{xx}(x,2x)$,$u''_{xy}(x,2x)$,$u''_{yy}(x,2x)$.

18. 设函数 $u=\ln\left(\frac{1}{r}\right)$,其中,$r=\sqrt{(x-a)^2+(y-b)^2+(z-c)^2}$,求 u 的梯度,并指出在空间哪些点上成立等式 $|\mathbf{grad}\ u|=1$.

19. 设 $u=x^2+y^2+z^2-3xyz$,试问在怎样的点集上 $\mathbf{grad}\ u$ 分别满足:

(1) 垂直于 x 轴;

(2) 平行于 x 轴;

(3) 恒为零向量.

20. 设函数 $f(x,y)$ 的二阶偏导数皆连续,且 $f_{xx}(x,y)=f_{yy}(x,y)$,$f(x,2x)=x^2$,$f_x(x,2x)=x$,试求:$f_{xx}(x,2x)$ 与 $f_{xy}(x,2x)$.

21. 函数 $u(x,y)$ 具有连续的二阶偏导数,

算子 A 定义为 $A(u)=x\frac{\partial u}{\partial x}+y\frac{\partial u}{\partial y}$,

(1) 求 $A(u-A(u))$;

(2) 以 $\xi=\frac{y}{x}$,$\eta=x-y$ 为新变量,改变方程 $x^2\frac{\partial^2 u}{\partial x^2}+2xy\frac{\partial^2 u}{\partial x\partial y}+y^2\frac{\partial^2 u}{\partial y^2}=0$ 的形式.

22. 已知函数 $u(x,y)$ 具有连续的二阶偏导数,函数 $z=u(x,y)\mathrm{e}^{ax+by}$,且 $\frac{\partial^2 \mu}{\partial x\partial y}=0$,确定常数 a 和 b,使函数 $z=z(x,y)$ 满足方程 $\frac{\partial^2 z}{\partial x\partial y}-\frac{\partial z}{\partial x}-\frac{\partial z}{\partial y}+z=0$.

23. 设可微函数 $f(x,y)$ 满足 $\frac{\partial f}{\partial x}=-f(x,y)$,$f\left(0,\frac{\pi}{2}\right)=1$,且 $\lim\limits_{n\to\infty}\left(\frac{f\left(0,y+\frac{1}{n}\right)}{f(0,y)}\right)^n=\mathrm{e}^{\cot y}$,求 $f(x,y)$ 的表达式.

24. 求下列向量值函数的雅可比矩阵:

(1) $\boldsymbol{f}(x,y)=(x^2+\sin y,2xy)^{\mathrm{T}}$;

(2) $\boldsymbol{f}(x,y)=(x^2,xy,y^2)^{\mathrm{T}}$.

25. 求下列向量值函数在给定点的导数:

(1) $\boldsymbol{f}(x,y)=(x^2-y^2,y\tan x)^{\mathrm{T}}$ 在点 $(1,0)^{\mathrm{T}}$ 处;

(2) $\boldsymbol{f}(x,y,z)=\left(x^2y,\frac{1}{y^2+z^2}\right)^{\mathrm{T}}$ 在点 $(1,1,1)^{\mathrm{T}}$ 处.

26. 设 $u=u(x,y,z)$,$v=v(x,y,z)$ 和 $x=x(s,t)$,$y=y(s,t)$,$z=z(s,t)$ 都有连续的一阶偏导数,证明:

$$\frac{\partial(u,v)}{\partial(s,t)}=\frac{\partial(u,v)}{\partial(x,y)}\frac{\partial(x,y)}{\partial(s,t)}+\frac{\partial(u,v)}{\partial(y,z)}\frac{\partial(y,z)}{\partial(s,t)}+\frac{\partial(u,v)}{\partial(z,x)}\frac{\partial(z,x)}{\partial(s,t)}.$$

8.4 隐函数与隐函数组

本教材上册曾借助一元复合函数链式法则，给出了直接由二元方程 $F(x,y)=0$ 求其确定的隐函数 $y=f(x)$ 导数的方法. 但方程 $F(x,y)=0$在什么条件下才能确定实隐函数，隐函数的连续性、可微性等并没有讨论，也没有涉及确定更高维方程（方程组）的隐函数（隐函数组）的情况，本节利用多元函数微分学的知识讨论隐函数（隐函数组）存在性及隐函数的连续性、可微性和求导（偏导数）方法问题.

8.4.1 隐函数定理

一个方程

$$F(x_1,x_2,\cdots,x_n,w)=0,$$

若存在 $w=f(x_1,x_2,\cdots,x_n)$，$(x_1,x_2,\cdots,x_n)\in A\subset\mathbb{R}^n$，使得 $w=f(x_1,x_2,\cdots,x_n)$代入上式后成为恒等式，即

$$F(x_1,x_2,\cdots,x_n,f(x_1,x_2,\cdots,x_n))=0,$$

则称 $w=f(x_1,x_2,\cdots,x_n)$是由上述方程确定的**隐函数**.

例如，由方程 $x^2+y^2+z^2-1=0(z\geqslant 0)$确定隐函数

$$z=\sqrt{1-x^2-y^2},(x,y)\in A=\{(x,y)\mid x^2+y^2\leqslant 1\}.$$

为简洁起见，在下面的讨论中，设

$$\boldsymbol{x}=(x_1,x_2,\cdots,x_n)^{\mathrm{T}}\in\mathbb{R}^n,\boldsymbol{x}_0=(x_{0,1},x_{0,2},\cdots,x_{0,n})^{\mathrm{T}}\in\mathbb{R}^n,w,w_0\in\mathbb{R},$$

$$V(\boldsymbol{x}_0,\delta)=\{\boldsymbol{x}\mid |x_1-x_{0,1}|<\delta,|x_2-x_{0,2}|<\delta,\cdots,|x_n-x_{0,n}|<\delta\},V(w_0,\eta)=\{w\mid |w-w_0|<\eta\}.$$

下面给出因方程 $F(\boldsymbol{x},w)=0$ 确定的隐函数存在的一个充分条件和隐函数求（偏）导数公式.

定理 8.16（隐函数存在定理） 设 $G\subseteq\mathbb{R}^n\times\mathbb{R}$ 是以点$(\boldsymbol{x}_0,w_0)$为内点的某区域，函数 $F:G\to\mathbb{R}$ 是具有连续偏导数的数量值函数

$$F(\boldsymbol{x},w)=F(x_1,x_2,\cdots,x_n,w),$$

并满足：

(1) $F(\boldsymbol{x}_0,w_0)=0$；

(2) $F_w(\boldsymbol{x}_0,w_0)\neq 0$；

则存在某邻域 $V((\boldsymbol{x}_0,w_0))=V(\boldsymbol{x}_0,\delta)\times V(w_0,\eta)\subseteq G$，在该邻域内，由方程 $F(\boldsymbol{x},w)=0$ 唯一确定一个具有连续（偏）导数的函数 $w=f(\boldsymbol{x})$，$\boldsymbol{x}\in V(\boldsymbol{x}_0,\delta)\subset\mathbb{R}^n$，使得 $w_0=f(\boldsymbol{x}_0)$以及当$\boldsymbol{x}\in V(\boldsymbol{x}_0,\delta)$时，$(\boldsymbol{x},f(\boldsymbol{x}))\in V((\boldsymbol{x}_0,w_0))$，$F(\boldsymbol{x},f(\boldsymbol{x}))=0$，且

$$\frac{\partial w}{\partial x_i}=-\frac{\dfrac{\partial F}{\partial x_i}}{\dfrac{\partial F}{\partial w}},(i=1,2,\cdots,n),$$

定理证明从略（可参见参考文献[4]），仅推导偏导数计算

公式.

事实上,将函数 $w=f(\boldsymbol{x})$ 代入方程 $F(\boldsymbol{x},w)=0$,得

$$F(x_1,x_2,\cdots,x_n,f(x_1,x_2,\cdots,x_n))=0,$$

由多元函数链式法则,上式两边对 $x_i(i=1,2,\cdots,n)$ 求偏导数,

$$\frac{\partial F}{\partial x_i}+\frac{\partial F}{\partial w}\cdot\frac{\partial w}{\partial x_i}=0.$$

由于 F_w 连续,且 $F_w(P_0)\neq 0$,故存在 $V(P_0)=V(\boldsymbol{x}_0,\delta)\times V(w_0,\eta)$,在该邻域内 $F_w\neq 0$,于是

$$\frac{\partial w}{\partial x_i}=-\frac{\dfrac{\partial F}{\partial x_i}}{\dfrac{\partial F}{\partial w}}.$$

特别地,关于方程 $F(x,y,z)=0$ 和 $F(x,y)=0$ 的隐函数存在定理可简述如下:

(1) 设函数 $F(x,y,z)$ 在以点 (x_0,y_0,z_0) 为内点的某区域 $G\subseteq\mathbb{R}^2\times\mathbb{R}$ 内具有连续的偏导数,$F(x_0,y_0,z_0)=0$,$F_z(x_0,y_0,z_0)\neq 0$,则在点 (x_0,y_0,z_0) 的某邻域,由方程 $F(x,y,z)=0$ 唯一确定一个具有连续偏导数的函数 $z=f(x,y)$,使得 $z_0=f(x_0,y_0)$ 及 $F(x,y,f(x,y))=0$,且

$$\frac{\partial z}{\partial x}=-\frac{F_x}{F_z},\frac{\partial z}{\partial y}=-\frac{F_y}{F_z}.$$

(2) 设函数 $F(x,y)$ 在以点 (x_0,y_0) 为内点的某区域 $G\subseteq\mathbb{R}\times\mathbb{R}$ 内具有连续的偏导数;$F(x_0,y_0)=0$,$F_y(x_0,y_0)\neq 0$,则在点 (x_0,y_0) 的某邻域,由方程 $F(x,y)=0$ 唯一确定一个具有连续导数的函数 $y=f(x)$,使得 $y_0=f(x_0)$ 及 $F(x,f(x))=0$,且

$$\frac{\mathrm{d}y}{\mathrm{d}x}=-\frac{F_x}{F_y}.$$

注1　隐函数存在定理的条件是充分的. 例如:$F(x,y)=y^3-x^3=0$,$F_y(0,0)=0$,但仍能唯一确定隐函数 $y=x$;$F(x,y)=y^2-x^4=0$,$F_y(0,0)=0$,但在点 $(0,0)$ 的任意小的邻域,不能唯一确定隐函数,这在几何上是显然的.

注2　在隐函数存在定理中,条件 $F_y(x_0,y_0)\neq 0$ 可用 $F_x(x_0,y_0)\neq 0$ 替换,此时,在点 (x_0,y_0) 的某邻域内,由 $F(x,y)=0$ 唯一确定一个具有连续导数的隐函数 $x=\varphi(y)$. 例如,$F(x,y)=y^2+x^2-1=0$,$F_y(1,0)=0$,但 $F_x(1,0)=2\neq 0$,所以在点 $(1,0)$ 附近可以确定唯一一个具有连续导数的函数 $x=\sqrt{1-y^2}$,这在几何上是显然的.

例8.27　验证方程 $x-\mathrm{e}^x-y+\cos y=0$ 在 $(0,0)$ 的某邻域内唯一确定一个具有连续导数的隐函数 $y=f(x)$,并求 $\dfrac{\mathrm{d}y}{\mathrm{d}x}$ 及 $\dfrac{\mathrm{d}^2y}{\mathrm{d}x^2}$.

解　设 $F(x,y)=x-\mathrm{e}^x-y+\cos y$,$F(0,0)=0$,$F_x(x,y)=1-$

e^x, $F_y(x,y)=-(1+\sin y)$在全平面处处连续,且$F_y(0,0)=-1\neq 0$,所以在$(0,0)$的某邻域隐函数存在. 应用前面介绍的隐函数求导公式,得

$$\frac{\mathrm{d}y}{\mathrm{d}x}=-\frac{F_x}{F_y}=-\frac{1-e^x}{(1+\sin y)}=\frac{e^x-1}{1+\sin y},$$

$$\frac{\mathrm{d}^2y}{\mathrm{d}x^2}=-\frac{\mathrm{d}}{\mathrm{d}x}\left(\frac{e^x-1}{1+\sin y}\right)=-\frac{e^x(1+\sin y)-(e^x-1)\cos y\cdot\frac{\mathrm{d}y}{\mathrm{d}x}}{(1+\sin y)^2}$$

$$=-\frac{e^x\,(1+\sin y)^2+(e^x-1)^2\cos y}{(1+\sin y)^3}.$$

例 8.28 求由方程$xe^{z+x-y}+z+x-y=0$确定的隐函数$z=z(x,y)$在$P_0(0,1,1)$处的全微分.

解法 1 将方程两边微分,得

$$\mathrm{d}(xe^{z+x-y})+\mathrm{d}z+\mathrm{d}x-\mathrm{d}y=0,$$

即

$$e^{z+x-y}\mathrm{d}x+xe^{z+x-y}(\mathrm{d}z+\mathrm{d}x-\mathrm{d}y)+\mathrm{d}z+\mathrm{d}x-\mathrm{d}y=0,$$

将$(x,y,z)=(0,1,1)$代入,得

$$\mathrm{d}z\big|_{P_0}=-2\mathrm{d}x+\mathrm{d}y.$$

解法 2 设$F(x,y,z)=xe^{z+x-y}+z+x-y$,则$F_x=(1+x)e^{z-x-y}+1$, $F_y=-xe^{z+x-y}-1$, $F_z=xe^{z+x-y}+1$.

因$F(P_0)=0$, $F_z(P_0)=1\neq 0$, $F_x,F_y,F_z\in C(\mathbb{R}^3)$,所以方程在点$P_0(0,1,1)$附近能唯一确定连续可微的隐函数$z=z(x,y)$. 由隐函数偏导数计算公式,得

$$\frac{\partial z}{\partial x}=-\frac{F_x}{F_z}=-\frac{(1+x)e^{z+x-y}+1}{xe^{z+x-y}+1},\ \frac{\partial z}{\partial y}=-\frac{F_y}{F_z}=\frac{xe^{z+x-y}+1}{xe^{z+x-y}+1}=1,$$

故

$$\mathrm{d}z\big|_{P_0}=\frac{\partial z}{\partial x}\bigg|_{P_0}\mathrm{d}x+\frac{\partial z}{\partial y}\bigg|_{P_0}\mathrm{d}y=-2\mathrm{d}x+\mathrm{d}y.$$

例 8.29 证明由方程$F(x-z,y-z)=0$确定的隐函数$z=z(x,y)$满足

$$\frac{\partial^2 z}{\partial x^2}+2\frac{\partial^2 z}{\partial x\partial y}+\frac{\partial^2 z}{\partial y^2}=0,$$

其中,F具有二阶连续的偏导数.

证 $F_x=F_1'$, $F_y=F_2'$ $F_z=-F_1'-F_2'$,由隐函数偏导数计算公式,得

$$\frac{\partial z}{\partial x}=\frac{F_1'}{F_1'+F_2'},\ \frac{\partial z}{\partial y}=\frac{F_2'}{F_1'+F_2'},$$

易见$\frac{\partial z}{\partial x}+\frac{\partial z}{\partial y}=1$,将其两边分别对$x$与$y$求偏导数,得

$$\frac{\partial^2 z}{\partial x^2}+\frac{\partial^2 z}{\partial y\partial x}=0\ 及\ \frac{\partial^2 z}{\partial x\partial y}+\frac{\partial^2 z}{\partial y^2}=0,$$

将两式相加,并注意到$\frac{\partial^2 z}{\partial y\partial x}=\frac{\partial^2 z}{\partial x\partial y}$,则

$$\frac{\partial^2 z}{\partial x^2}+2\frac{\partial^2 z}{\partial x\partial y}+\frac{\partial^2 z}{\partial y^2}=0.$$

8.4.2 隐函数组定理

考察 $m(\geqslant 2)$ 个方程 $n+m$ 个变量的方程组

$$\begin{cases}F_1(x_1,x_2,\cdots,x_n,w_1,w_2,\cdots,w_m)=0,\\ F_2(x_1,x_2,\cdots,x_n,w_1,w_2,\cdots,w_m)=0,\\ \vdots\\ F_m(x_1,x_2,\cdots,x_n,w_1,w_2,\cdots,w_m)=0.\end{cases}$$

令

$$\boldsymbol{x}=(x_1,x_2,\cdots,x_n)^{\mathrm{T}}\in\mathbb{R}^n,w=(w_1,w_2,\cdots,w_m)^{\mathrm{T}}\in\mathbb{R}^m,$$
$$\boldsymbol{0}=(0,0,\cdots,0)^{\mathrm{T}}\in\mathbb{R}^m,\boldsymbol{F}=(F_1,F_2,\cdots,F_m)^{\mathrm{T}},$$

方程组可以表示为

$$\boldsymbol{F}(\boldsymbol{x},\boldsymbol{w})=\boldsymbol{0}.$$

若存在 $w_i=f_i(\boldsymbol{x})(i=1,2,\cdots,m)$,$\boldsymbol{x}\in A\subset\mathbb{R}^n$,使得 $w_i=f_i(\boldsymbol{x})(i=1,2,\cdots,m)$代入方程组成为恒等式,即

$$\boldsymbol{F}(\boldsymbol{x},f_1(\boldsymbol{x}),f_2(\boldsymbol{x}),\cdots,f_m(\boldsymbol{x}))=0,$$

则称 $w_i=f_i(\boldsymbol{x})(i=1,2,\cdots,m)$是由方程组 $\boldsymbol{F}(\boldsymbol{x},\boldsymbol{w})=\boldsymbol{0}$ 确定的**隐函数组**.

设

$$\boldsymbol{A}=\begin{bmatrix}a_{11}&a_{12}&\cdots&a_{1n}\\a_{21}&a_{22}&\cdots&a_{2n}\\\vdots&\vdots&&\vdots\\a_{m1}&a_{m2}&\cdots&a_{mn}\end{bmatrix},\boldsymbol{C}=\begin{bmatrix}c_{11}&c_{12}&\cdots&c_{1m}\\c_{21}&c_{22}&\cdots&c_{2m}\\\vdots&\vdots&&\vdots\\c_{m1}&c_{m2}&\cdots&c_{mm}\end{bmatrix},$$

$$\boldsymbol{X}=(x_1,x_2,\cdots,x_n,w_1,w_2,\cdots,w_m)^{\mathrm{T}},\boldsymbol{F}(\boldsymbol{x},\boldsymbol{w})=[\boldsymbol{A}\quad\boldsymbol{C}]\boldsymbol{X},$$

则 $\boldsymbol{F}(\boldsymbol{x},\boldsymbol{w})=\boldsymbol{0}$ 是 m 个方程 $n+m$ 个变量的线性代数方程组. 则它对任一 $\boldsymbol{x}$ 均有唯一的一组解 $w_1,w_2,\cdots,w_m$,当且仅当 $\det\boldsymbol{C}\neq 0$.

注意到,$\det\boldsymbol{C}=J(\boldsymbol{w})=\frac{\partial(F_1,F_2,\cdots,F_m)}{\partial(w_1,w_2,\cdots,w_m)}$. 由此推出关于方程组 $\boldsymbol{F}(\boldsymbol{x},\boldsymbol{w})=\boldsymbol{0}$ 的如下结果.

定理 8.17(隐函数组存在定理)　设 $G\subseteq\mathbb{R}^n\times\mathbb{R}^m$ 是以点$(\boldsymbol{x}_0,\boldsymbol{w}_0)$为内点的某区域,函数 $\boldsymbol{F}:G\to\mathbb{R}^m$ 是连续可微的向量值函数

$$\boldsymbol{F}(\boldsymbol{x},\boldsymbol{w})=\boldsymbol{F}(x_1,x_2,\cdots,x_n,w_1,w_2,\cdots,w_m),$$

并满足:

(1) $\boldsymbol{F}(\boldsymbol{x}_0,\boldsymbol{w}_0)=\boldsymbol{0}$;

(2) $J(\boldsymbol{w})\big|_{(\boldsymbol{x}_0,\boldsymbol{w}_0)}=\frac{\partial(F_1,F_2,\cdots,F_m)}{\partial(w_1,w_2,\cdots,w_m)}\Big|_{(\boldsymbol{x}_0,\boldsymbol{w}_0)}\neq 0$;

则存在某邻域 $V((\boldsymbol{x}_0,\boldsymbol{w}_0))=V(\boldsymbol{x}_0,\delta)\times V(\boldsymbol{w}_0,\boldsymbol{\eta})\subseteq G$,在该邻域

内,由方程组 $\boldsymbol{F}(\boldsymbol{x},\boldsymbol{w})=\boldsymbol{0}$ 唯一确定连续可微函数 $\boldsymbol{w}=\boldsymbol{f}(\boldsymbol{x}),\boldsymbol{x}\in V(\boldsymbol{x}_0,\delta)\subset\mathbb{R}^n$,使得 $\boldsymbol{w}_0=\boldsymbol{f}(\boldsymbol{x}_0)$ 以及当 $\boldsymbol{x}\in V(\boldsymbol{x}_0,\delta)$ 时,$(\boldsymbol{x},f(\boldsymbol{x}))\in V((\boldsymbol{x}_0,\boldsymbol{w}_0))$,$\boldsymbol{F}(\boldsymbol{x},f(\boldsymbol{x}))=\boldsymbol{0}$,且

$$\frac{\partial w_i}{\partial x_j}=-\frac{1}{J(\boldsymbol{w})}\frac{\partial(F_1,F_2,\cdots,F_m)}{\partial(w_1,w_2,\cdots,w_{i-1},x_j,w_{i+1},\cdots,w_m)}\ (i=1,2,\cdots,m;j=1,2,\cdots,n)$$

其中,$\boldsymbol{f}=(f_1,f_2,\cdots,f_m)^{\mathrm{T}}$;$V(\boldsymbol{x}_0,\delta)=\{\boldsymbol{x}\,|\,|x_j-x_{0,j}|<\delta,j=1,2,\cdots,n\}$;

$$V(\boldsymbol{w}_0,\eta)=\{\boldsymbol{w}\,|\,|w_j-w_{0,j}|<\eta,j=1,2,\cdots m\}.$$

仅证明上述偏导数计算公式,其他证明从略.

事实上,由多元函数链式法则,将方程 $F_i(\boldsymbol{x},f_1(\boldsymbol{x}),f_2(\boldsymbol{x}),\cdots,f_m(\boldsymbol{x}))=0$ 两边对 $x_j(j=1,2,\cdots,n)$ 求偏导数,得

$$\frac{\partial F_i}{\partial x_j}+\sum_{k=1}^{m}\frac{\partial F_i}{\partial w_k}\cdot\frac{\partial w_k}{\partial x_j}=0\ (i=1,2,\cdots,m),$$

这可以看作是一个以 $\frac{\partial w_i}{\partial x_j}(i=1,2,\cdots,m)$ 为未知数的 m 元线性方程组,其系数矩阵的行列式为 $J_F(\boldsymbol{x},\boldsymbol{w})$. 由连续性,且 $J(\boldsymbol{w})|_{(\boldsymbol{x}_0,\boldsymbol{w}_0)}\neq0$,故存在 $V((\boldsymbol{x}_0,\boldsymbol{w}_0))=V(\boldsymbol{x}_0,\delta)\times V(\boldsymbol{w}_0,\eta)$,在该邻域内 $J(\boldsymbol{w})\neq0$,于是由克拉默(Cramer)法则解方程组即得上述隐函数组偏导计算公式.

特别地,关于方程组 $\begin{cases}F(x,y,u,v)=0,\\G(x,y,u,v)=0\end{cases}$ 的隐函数组存在定理可简述如下:

设函数 $F(x,y,u,v)$,$G(x,y,u,v)$ 在以点 $P_0(x_0,y_0,u_0,v_0)$ 为内点的某区域 $D\subseteq\mathbb{R}^2\times\mathbb{R}^2$ 内具有连续的偏导数,$F(P_0)=0=G(P_0)$,$J(u,v)\,|_{P_0}=\left.\frac{\partial(F,G)}{\partial(u,v)}\right|_{P_0}\neq0$,则在点 $P_0(x_0,y_0,u_0,v_0)$ 的某邻域内,由方程组 $\begin{cases}F(x,y,u,v)=0,\\G(x,y,u,v)=0\end{cases}$ 唯一确定具有连续偏导数的隐函数组 $u=u(x,y)$ 和 $v=v(x,y)$,使得 $u_0=u(x_0,y_0)$,$v_0=v(x_0,y_0)$ 及 $\begin{cases}F(x,y,u(x,y),v(x,y))=0,\\G(x,y,,u(x,y),v(x,y))=0,\end{cases}$ 且

$$\frac{\partial u}{\partial x}=-\frac{1}{J(u,v)}\frac{\partial(F,G)}{\partial(x,v)},\frac{\partial v}{\partial x}=-\frac{1}{J(u,v)}\frac{\partial(F,G)}{\partial(u,x)};$$

$$\frac{\partial u}{\partial y}=-\frac{1}{J(u,v)}\frac{\partial(F,G)}{\partial(y,v)},\frac{\partial v}{\partial y}=-\frac{1}{J(u,v)}\frac{\partial(F,G)}{\partial(u,y)}.$$

例 8.30 验证方程组 $\begin{cases}v^3+yu-x=0,\\u^3+xv-y=0\end{cases}$ 在点 $P_0(1,1,1,0)$ 的某邻域能唯一确定隐函数组 $u=u(x,y)$ 和 $v=v(x,y)$,并计算各隐函数的偏导数.

解 令 $F(x,y,u,v)=v^3+yu-x$,$G(x,y,u,v)=u^3+xv-y$,显

然函数 F 和 G 在 $\mathbb{R}^4$ 内均有连续的偏导数,且

$$F_u=y,F_v=3v^2,G_u=3u^2,G_v=x,$$

则

$$J(u,v)=\frac{\partial(F,G)}{\partial(u,v)}=\begin{vmatrix}F_u & F_v\\ G_u & G_v\end{vmatrix}=\begin{vmatrix}y & 3v^2\\ 3u^2 & x\end{vmatrix}=xy-9u^2v^2,$$

$$J(u,v)\big|_{P_0}=\begin{vmatrix}1 & 0\\ 3 & 1\end{vmatrix}=1\neq 0,$$

由此,在点(1,1,1,0)的附近可唯一确定具有连续偏导数的隐函数组 $u=u(x,y),v=v(x,y)$.

由于 $F_x=-1,F_y=u,G_x=v,G_y=-1$,由偏导数计算公式,

$$\frac{\partial u}{\partial x}=-\frac{1}{J(u,v)}\frac{\partial(F,G)}{\partial(x,v)}=\frac{3v^3+x}{xy-9u^2v^2},$$

$$\frac{\partial u}{\partial y}=-\frac{1}{J(u,v)}\frac{\partial(F,G)}{\partial(y,v)}=-\frac{3v^2+ux}{xy-9u^2v^2},$$

$$\frac{\partial v}{\partial x}=-\frac{1}{J(u,v)}\frac{\partial(F,G)}{\partial(u,x)}=-\frac{3u^2+yv}{xy-9u^2v^2},$$

$$\frac{\partial v}{\partial y}=-\frac{1}{J(u,v)}\frac{\partial(F,G)}{\partial(u,y)}=\frac{3u^3+y}{xy-9u^2v^2}.$$

注　计算隐函数组的偏导数时也可应用一阶全微分形式不变性.

将方程组$\begin{cases}v^3+yu-x=0,\\ u^3+xv-y=0\end{cases}$各方程两边求全微分,得

$$\begin{cases}3v^2\mathrm{d}v+u\mathrm{d}y+y\mathrm{d}u-\mathrm{d}x=0,\\ 3u^2\mathrm{d}u+v\mathrm{d}x+x\mathrm{d}v-\mathrm{d}y=0,\end{cases}$$

即

$$\begin{cases}y\mathrm{d}u+3v^2\mathrm{d}v=\mathrm{d}x-u\mathrm{d}y,\\ 3u^2\mathrm{d}u+x\mathrm{d}v=\mathrm{d}y-v\mathrm{d}x,\end{cases}$$

将此方程看作关于 $\mathrm{d}u,\mathrm{d}v$ 的线性方程组,则当 $J(u,v)=xy-9u^2v^2\neq 0$ 时,有

$$\mathrm{d}u=\frac{(x+3v^3)\mathrm{d}x-(ux+3v^2)\mathrm{d}y}{xy-9u^2v^2},\mathrm{d}v=\frac{(y+3u^3)\mathrm{d}y-(vy+3u^2)\mathrm{d}x}{xy-9u^2v^2},$$

所以,

$$\frac{\partial u}{\partial x}=\frac{3v^3+x}{xy-9u^2v^2},\frac{\partial u}{\partial y}=-\frac{3v^2+ux}{xy-9u^2v^2},\frac{\partial v}{\partial x}=-\frac{3u^2+yv}{xy-9u^2v^2},\frac{\partial v}{\partial y}=\frac{3u^3+y}{xy-9u^2v^2}.$$

各隐函数在 $x=1,y=1$ 处的偏导数分别为

$$\left.\frac{\partial u}{\partial x}\right|_{(1,1)}=\left.\frac{3v^3+x}{xy-9u^2v^2}\right|_{P_0}=1,\left.\frac{\partial u}{\partial y}\right|_{(1,1)}=-\left.\frac{3v^2+ux}{xy-9u^2v^2}\right|_{P_0}=-1,$$

$$\left.\frac{\partial v}{\partial x}\right|_{(1,1)}=-\left.\frac{3u^2+yv}{xy-9u^2v^2}\right|_{P_0}=-3,\left.\frac{\partial v}{\partial y}\right|_{(1,1)}=\left.\frac{3u^3+y}{xy-9u^2v^2}\right|_{P_0}=4.$$

易见,应用一阶微分形式不变性求隐函数组的所有偏导数会更

简便一些.

例 8.31 设方程组$\begin{cases}x+y+z=0,\\x^2+y^2+z^2=6\end{cases}$在点 $P_0(1,-2,1)$ 的某邻域唯一确定隐函数组 $y=y(x)$ 和 $z=z(x)$,求$\dfrac{\mathrm{d}y}{\mathrm{d}x},\dfrac{\mathrm{d}z}{\mathrm{d}x}$.

解 将方程组中每个方程两边对 x 求导,得

$$\begin{cases}\dfrac{\mathrm{d}y}{\mathrm{d}x}+\dfrac{\mathrm{d}z}{\mathrm{d}x}=-1,\\ y\dfrac{\mathrm{d}y}{\mathrm{d}x}+z\dfrac{\mathrm{d}z}{\mathrm{d}x}=-x,\end{cases}$$

由于 $J(y,z)\big|_{P_0}=\left|\begin{vmatrix}1&1\\2y&2z\end{vmatrix}\right|_{P_0}=6\neq0$,再由 $J(y,z)$ 的连续性,存在点 $P_0(1,-2,1)$ 的某邻域,当 $J(y,z)\neq0$ 时,由上述方程组解得

$$\frac{\mathrm{d}y}{\mathrm{d}x}=\frac{x-z}{z-y},\frac{\mathrm{d}z}{\mathrm{d}x}=\frac{y-x}{z-y}.$$

思考:由例 8.31 中的方程组能否在点 $P_0(1,-2,1)$ 的某邻域唯一确定下面的隐函数组?

$$\begin{cases}x=x(z),\\y=x(z)\end{cases}\text{和}\begin{cases}x=x(y),\\z=x(y).\end{cases}$$

应用隐函数组存在定理可将一元反函数存在定理推广到多元反函数组情况.

定理 8.18(反函数组存在定理) 设函数 $y_i=f_i(\boldsymbol{x})(i=1,2,\cdots,n)$ 在邻域 $V(\boldsymbol{x}_0,\delta)$ 内具有连续的偏导数,且 $J(\boldsymbol{x})=\dfrac{\partial(y_1,y_2,\cdots,y_n)}{\partial(x_1,x_2,\cdots,x_n)}\neq0$,则

(1) 存在 $\boldsymbol{y}_0(=\boldsymbol{f}(\boldsymbol{x}_0))$ 的某邻域 $V(\boldsymbol{y}_0,\boldsymbol{\eta})$,在邻域 $V((\boldsymbol{x}_0,\boldsymbol{y}_0))=V(\boldsymbol{x}_0,\delta)\times V(\boldsymbol{y}_0,\boldsymbol{\eta})$ 内,方程组 $y_i=f_i(\boldsymbol{x})(i=1,2,\cdots,n)$ 唯一确定具有连续偏导数的反函数组

$$x_i=f_i^{-1}(\boldsymbol{y})(i=1,2,\cdots,n),\boldsymbol{y}\in V(\boldsymbol{y}_0,\boldsymbol{\eta}),$$

且

$$\frac{\partial x_i}{\partial y_j}=-\frac{J_{j,i}(\boldsymbol{x})}{J(\boldsymbol{x})}(i,j=1,2,\cdots,n),$$

其中,

$$\boldsymbol{x}=(x_1,x_2,\cdots,x_n)^{\mathrm{T}};\boldsymbol{y}=(y_1,y_2,\cdots,y_n)^{\mathrm{T}};\boldsymbol{x}_0=(x_{0,1},x_{0,2},\cdots,x_{0,n})^{\mathrm{T}};$$
$$\boldsymbol{y}_0=(y_{0,1},y_{0,2},\cdots,y_{0,n})^{\mathrm{T}};\boldsymbol{f}=(f_1,f_2,\cdots,f_n)^{\mathrm{T}};\boldsymbol{f}^{-1}=(f_1^{-1},f_2^{-1},\cdots,f_n^{-1})^{\mathrm{T}};$$

$J_{j,i}(\boldsymbol{x})$ 表示雅可比矩阵$\left(\dfrac{\partial y_i}{\partial x_j}\right)_{n\times n}$中的元素$\dfrac{\partial y_j}{\partial x_i}$的代数余子式.

(2) $\dfrac{\partial(y_1,y_2,\cdots,y_n)}{\partial(x_1,x_2,\cdots,x_n)}\cdot\dfrac{\partial(x_1,x_2,\cdots,x_n)}{\partial(y_1,y_2,\cdots,y_n)}=1.$

证 (1) 令 $F_i(\boldsymbol{y},\boldsymbol{x})=y_i-f_i(\boldsymbol{x})(i=1,2,\cdots,n)$,$F_i(\boldsymbol{y}_0,\boldsymbol{x}_0)=y_{0,i}-f_i(\boldsymbol{x}_0)=0$,则

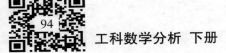

$$J(\boldsymbol{x})=\frac{\partial(F_1,F_2,\cdots,F_n)}{\partial(x_1,x_2,\cdots,x_n)}=\frac{\partial(f_1,f_2,\cdots,f_n)}{\partial(x_1,x_2,\cdots,x_n)}\neq 0,\boldsymbol{x}\in V(\boldsymbol{x}_0,\delta),$$

由隐函数组存在定理8.17,则存在某邻域$V(\boldsymbol{y}_0,\boldsymbol{\eta})$,唯一确定连续可微的反函数$\boldsymbol{x}=\boldsymbol{f}^{-1}(\boldsymbol{y}),\boldsymbol{y}\in V(\boldsymbol{y}_0,\boldsymbol{\eta})$.

注意到,当$l=1,\cdots,j-1,j+1,\cdots n$时,有$\frac{\partial F_k(\boldsymbol{y},\boldsymbol{x})}{\partial x_l}=-\frac{\partial f_k(\boldsymbol{x})}{\partial x_l}$ $(k=1,2,\cdots,n)$,同时

$$\frac{\partial F_k(\boldsymbol{y},\boldsymbol{x})}{\partial y_j}=\begin{cases}0, & k\neq j,\\ 1, & k=j\end{cases}(k=1,2,\cdots,n),$$

于是,将$\frac{\partial(F_1,F_2,\cdots,F_n)}{\partial(x_1,x_2,\cdots,x_{i-1},y_j,x_{i+1},\cdots,x_n)}$按第$i$列展开即为$J_{j,i}(\boldsymbol{x})$,从而

$$\frac{\partial x_i}{\partial y_j}=-\frac{1}{J(\boldsymbol{x})}J_{j,i}(\boldsymbol{x})(i,j=1,2,\cdots,n).$$

(2) 若$y_i=f_i(x_1,x_2,\cdots,x_n)(i=1,2,\cdots,n)$,而$x_i=g_i(u_1,u_2,\cdots,u_n)(i=1,2,\cdots,n)$均具有连续的一阶偏导数,由向量值复合函数的链式法则,有

$$\frac{\partial(y_1,y_2,\cdots,y_n)}{\partial(x_1,x_2,\cdots,x_n)}\cdot\frac{\partial(x_1,x_2,\cdots,x_n)}{\partial(u_1,u_2,\cdots,u_n)}=\frac{\partial(y_1,y_2,\cdots,y_n)}{\partial(u_1,u_2,\cdots,u_n)},$$

取$u_i=y_i(i=1,2,\cdots,n)$,即得

$$\frac{\partial(y_1,y_2,\cdots,y_n)}{\partial(x_1,x_2,\cdots,x_n)}\cdot\frac{\partial(x_1,x_2,\cdots,x_n)}{\partial(y_1,y_2,\cdots,y_n)}=\frac{\partial(y_1,y_2,\cdots,y_n)}{\partial(y_1,y_2,\cdots,y_n)}=1.$$

这个结论是反函数微分公式$\frac{\mathrm{d}x}{\mathrm{d}y}=\frac{1}{\frac{\mathrm{d}y}{\mathrm{d}x}}$的推广.

例8.32 若$u=f(x,y),v=g(x,y)$满足定理8.18的条件,求反函数组

$$x=f^{-1}(u,v),y=g^{-1}(u,v)$$

的所有偏导数.

解 $J(x,y)=\frac{\partial(u,v)}{\partial(x,y)}=\begin{vmatrix}f_1' & f_2'\\ g_1' & g_2'\end{vmatrix}\neq 0,$

其中,

$J_{1,1}(x,y)=g_2';J_{2,1}(x,y)=-f_2';J_{1,2}(x,y)=-g_1';J_{2,2}(x,y)=f_1'.$

由反函数偏导计算公式

$$\frac{\partial x}{\partial u}=-\frac{J_{1,1}(x,y)}{J(x,y)}=-\frac{g_2'}{\frac{\partial(u,v)}{\partial(x,y)}},\frac{\partial x}{\partial v}=-\frac{J_{2,1}(x,y)}{J(x,y)}=\frac{f_2'}{\frac{\partial(u,v)}{\partial(x,y)}},$$

$$\frac{\partial y}{\partial u}=-\frac{J_{1,2}(x,y)}{J(x,y)}=\frac{g_1'}{\frac{\partial(u,v)}{\partial(x,y)}},\frac{\partial y}{\partial v}=-\frac{J_{2,2}(x,y)}{J(x,y)}=\frac{-f_1'}{\frac{\partial(u,v)}{\partial(x,y)}}.$$

本题设$F(x,y,u,v)=u-f(x,y)=0,G(x,y,u,v)=v-g(x,y)=$

0,应用隐函数组求偏导数法也可方便地计算反函数组的偏导数.

注 例8.32中的函数组

$$u=f(x,y),v=g(x,y),(x,y)\in D(\subset\mathbb{R}^2)$$

确定了一个映射(或坐标变换)

$$T:D\to\mathbb{R}^2,$$

它把 xOy 面上的点 $P(x,y)\in D$ 中变成了 uOv 面上的点 $Q(u,v)$,即 $Q=T(P)$.

记 D 的像集为 $D^*=T(D)$,变换 T 满足什么条件时才存在逆变换 $T^{-1}:D^*\to D$? 事实上这就是函数组 $\begin{cases}u=f(x,y),\\v=g(x,y)\end{cases}$ 的反函数组存在的问题,即变换 T 满足 $J(x,y)\neq 0$,则其逆变换 T^{-1} 存在. 在第9章中介绍重积分换元法时会用到坐标变换的概念.

习题 8.4

1. 由方程 $\cos x+\sin y=\mathrm{e}^{xy}$ 能否在原点的某邻域内确定隐函数 $y=f(x)$ 或 $x=g(y)$?
2. 由方程 $xy+z\ln y+\mathrm{e}^{xz}=1$ 在点(0,1,1)的某邻域内能否确定出某一个变量为另外两个变量的函数?
3. 试讨论由方程组 $\begin{cases}x^2+y^2=\dfrac{z^2}{2},\\x+y+z=2\end{cases}$ 在点(1,-1,2)的附近能否确定形如 $x=f(z),y=g(z)$ 的隐函数组?
4. 求由方程 $\mathrm{e}^{-xy}-2z+\mathrm{e}^{x}=0$ 所确定的函数 $z=f(x,y)$ 的一阶和二阶偏导数.
5. 设 $z=x^2+y^2$,其中,$y=f(x)$ 为由方程 $x^2-xy+y^2=1$ 所确定的隐函数,求 $\dfrac{\mathrm{d}z}{\mathrm{d}x}$ 和 $\dfrac{\mathrm{d}^2z}{\mathrm{d}x^2}$.
6. 设 $u=x^2+y^2+z^2$,其中,$z=f(x,y)$ 为由方程 $x^3+y^3+z^3=3xyz$ 所确定的隐函数,求 $\dfrac{\partial^2u}{\partial x^2}$.
7. 设 x,y,t 满足 $y=f(x,t)$ 及 $F(x,y,t)=0$,函数 f,F 的一阶偏导数连续,求 $\dfrac{\mathrm{d}y}{\mathrm{d}x}$.
8. 已知 $u=u(x,y)$ 由方程 $u=f(x,y,z,t),g(y,z,t)=0$ 和 $h(z,t)=0$ 确定(f,g,h 均为可微函数),求 $\dfrac{\partial u}{\partial x},\dfrac{\partial u}{\partial y}$.
9. 给定方程 $x^2+y+\sin(x^2y)=0$,
   (1) 在原点的邻域内,由此方程是否可以唯一确定连续函数 $y=y(x)$,使得 $y(0)=0$?
   (2) 若存在上述函数 $y=y(x)$,试求其导函数,并判断在原点邻域内的单调性与极值.

（3）在原点的邻域内，由此方程是否可以唯一确定连续函数 $x=x(y)$，使得 $x(0)=0$?

10. 设 $z=xf(x+y)$，$F(x+y+z)=0$，其中，f 和 F 分别具有一阶导数和一阶偏导数，求 $\frac{\mathrm{d}z}{\mathrm{d}x}$.

11. 已知 $x+y-z=\mathrm{e}^z$，$x\mathrm{e}^x=\tan t$，$y=\cos t$，求 $\left.\frac{\mathrm{d}^2z}{\mathrm{d}t^2}\right|_{t=0}$.

12. 设函数 $f(u,v)$ 由关系式 $f(xg(y),y)=x+g(y)$ 确定，其中函数 $g(y)$ 可微，且 $g(y)\neq 0$，求 $\frac{\partial^2 f}{\partial u\partial v}$.

13. 设 $y=f(x,t)$，而 t 是由方程 $F(x,y,t)=0$ 所确定的 x,y 的函数. 试证明：

$$\frac{\mathrm{d}y}{\mathrm{d}x}=\frac{\frac{\partial f}{\partial x}\cdot\frac{\partial F}{\partial t}-\frac{\partial f}{\partial t}\cdot\frac{\partial F}{\partial x}}{\frac{\partial f}{\partial t}\cdot\frac{\partial F}{\partial y}+\frac{\partial F}{\partial t}}.$$

14. 设 $z=z(x,y)$ 是由方程 $F\left(z+\frac{1}{x},z-\frac{1}{y}\right)=0$ 确定的隐函数，且具有连续的二阶偏导数. 求证：

（1）$x^2\frac{\partial z}{\partial x}+y^2\frac{\partial z}{\partial y}=0$；　（2）$x^3\frac{\partial^2 z}{\partial x^2}+xy(x+y)\frac{\partial^2 z}{\partial x\partial y}+y^3\frac{\partial^2 z}{\partial y^2}=0$.

15. 设函数 $f(x,y)$ 有二阶连续偏导数，满足 $f(x,y)f_x^2f_{yy}-2f_xf_yf_{xy}+f_y^2f_{xx}=0$，且 $f_y\neq 0$，$y=y(x,z)$ 是由方程 $z=f(x,y)$ 所确定的函数，求 $\frac{\partial^2 y}{\partial x^2}$.

8.5 多元函数的泰勒公式与极值

8.5.1 多元函数的中值定理与泰勒公式

设 $f(x,y)$ 在 $P_0(x_0,y_0)$ 的某邻域 $U(P_0)$ 内有连续的 $n+1$ 阶偏导数，$(x_0+h,y_0+k)\in U(P_0)$，引入函数

$$\Phi(t)=f(x_0+ht,y_0+kt),(0\leqslant t\leqslant 1).$$

由链式法则对 $\Phi(t)$ 逐次求导数，得

$$\Phi'(t)=h\frac{\partial f}{\partial x}+k\frac{\partial f}{\partial y},$$

$$\Phi''(t)=h\left(h\frac{\partial^2 f}{\partial x^2}+k\frac{\partial^2 f}{\partial x\partial y}\right)+k\left(h\frac{\partial^2 f}{\partial y\partial x}+k\frac{\partial^2 f}{\partial y^2}\right)$$

$$=h^2\frac{\partial^2 f}{\partial x^2}+2hk\frac{\partial^2 f}{\partial x\partial y}+k^2\frac{\partial^2 f}{\partial y^2},\left(因\frac{\partial^2 f}{\partial x\partial y}=\frac{\partial^2 f}{\partial y\partial x}\right)$$

$$\Phi'''(t)=h^3\frac{\partial^3 f}{\partial x^3}+3h^2k\frac{\partial^3 f}{\partial x^2\partial y}+3hk^2\frac{\partial^3 f}{\partial x\partial y^2}+k^3\frac{\partial^3 f}{\partial y^3},$$

$$\vdots$$

$$\Phi^{(n)}(t)=\sum_{j=0}^{n}C_n^j h^{n-j}k^j\frac{\partial^n f}{\partial x^{n-j}\partial y^j},$$

$$\Phi^{(n+1)}(t)=\sum_{j=0}^{n+1}C_{n+1}^j h^{n+1-j}k^j\frac{\partial^{n+1} f}{\partial x^{n+1-j}\partial y^j}.$$

以上应用归纳法容易证明.

引入记号

$$\left(h\frac{\partial}{\partial x}+k\frac{\partial}{\partial y}\right)^m f\triangleq\sum_{j=0}^{m}C_m^j h^{m-j}k^j\frac{\partial^m f}{\partial x^{m-j}\partial y^j},m=1,2,\cdots,n+1.$$

$C^{(m)}(\Omega)$表示定义在区域$\Omega\subseteq\mathbb{R}^n$内,由具有$m$阶连续偏导数的$n$元(数量值)函数全体所组成的集合;$f\in C^{(m)}(\Omega)$,则称$f$是$\Omega$上的$C^{(m)}$类函数;特别地,$f$是$\Omega$上的$C^{(0)}$(简记作$C$)类函数,即$f$是定义在$\Omega$上的连续函数.

定理 8.19(二元函数泰勒定理) 设$\Omega\subset\mathbb{R}^2$是某一凸区域,二元函数$f\in C^{(n+1)}(\Omega)$,点$P_0(x_0,y_0),P(x_0+h,y_0+k)\in\Omega$,则$\exists\theta\in(0,1)$,使得

$$f(x_0+h,y_0+k)=f(x_0,y_0)+\left(h\frac{\partial}{\partial x}+k\frac{\partial}{\partial y}\right)f(x_0,y_0)+\cdots+\frac{1}{n!}\left(h\frac{\partial}{\partial x}+k\frac{\partial}{\partial y}\right)^n f(x_0,y_0)+R_n,$$

其中

$$R_n=\frac{1}{(n+1)!}\left(h\frac{\partial}{\partial x}+k\frac{\partial}{\partial y}\right)^{n+1}f(x_0+\theta h,y_0+\theta k),$$

称为**拉格朗日(Lagrange)余项**,上式称为f在点(x_0,y_0)**带拉格朗日余项的n阶泰勒(Taylor)公式**.

证 由假设$\Phi(t)$在$[0,1]$上满足一元函数麦克劳林公式的条件,于是

$$\Phi(1)=\Phi(0)+\Phi'(0)+\frac{1}{2}\Phi''(0)+\cdots+\frac{1}{n!}\Phi^{(n)}(0)+\frac{1}{(n+1)!}\Phi^{(n+1)}(\theta),(0<\theta<1).$$

将

$$\Phi(0)=f(x_0,y_0),$$

$$\Phi(1)=f(x_0+h,y_0+k),$$

$$\vdots$$

$$\Phi^{(n)}(1)=\left(h\frac{\partial}{\partial x}+k\frac{\partial}{\partial y}\right)^n f(x_0+h,y_0+k)\quad(i=1,2,\cdots,n),$$

$$\Phi^{(n+1)}(\theta)=\left(h\frac{\partial}{\partial x}+k\frac{\partial}{\partial y}\right)^{n+1}f(x_0+\theta h,y_0+\theta k)$$

代入上式即得二元函数的泰勒公式.

注 1 在上述二元函数泰勒公式中,令$x_0=0,y_0=0,h=x,k=y$,即得到二元函数$f(x,y)$的**麦克劳林(Maclaurin)公式**:

$$f(x,y)=\sum_{i=0}^{n}\frac{1}{i!}\left(x\frac{\partial}{\partial x}+y\frac{\partial}{\partial y}\right)^{i}f(0,0)+\frac{1}{(n+1)!}\left(x\frac{\partial}{\partial x}+y\frac{\partial}{\partial y}\right)^{n+1}f(\theta x,\theta y)\quad(0<\theta<1).$$

注 2　当 $n=0$ 时，便得到**二元函数的拉格朗日(Lagrange)中值公式**：

$$f(x_0+\Delta x,y_0+\Delta y)-f(x_0,y_0)=\Delta x\cdot f_x(x_0+\theta\Delta x,y_0+\theta\Delta y)+\Delta y\cdot f_y(x_0+\theta\Delta x,y_0+\theta\Delta y)\quad(0<\theta<1).$$

注 3　若二元函数 $f\in C^{(n)}(U(P_0))$，$(x_0+h,y_0+k)\in U(P_0)$，则函数 f 在点 (x_0,y_0) 的**带佩亚诺(Peano)型余项的 n 阶泰勒公式**为

$$f(x_0+h,y_0+k)=\sum_{i=0}^{n}\frac{1}{i!}\left(h\frac{\partial}{\partial x}+k\frac{\partial}{\partial y}\right)^{i}f(x_0,y_0)+o(\rho^n),$$

其中，$R_n=o(\rho^n)\ (\rho=\sqrt{h^2+k^2})$ 为**佩亚诺型余项**.

设 $\Omega\subset\mathbb{R}^n$ 是以 $\boldsymbol{x}_0$ 为内点的凸区域，n 元函数 $f\in C^{(m+1)}(\Omega)$，$\boldsymbol{x}_0+\Delta\boldsymbol{x}\in\Omega$，可以同样引入

$$\boldsymbol{\Phi}(t)=f(\boldsymbol{x}_0+t\Delta\boldsymbol{x})\quad(0\leqslant t\leqslant 1),$$

其中，$\boldsymbol{x}_0=(x_{0,1},x_{0,2},\cdots,x_{0,n})^{\mathrm{T}}$，$\Delta\boldsymbol{x}=(\Delta x_1,\Delta x_2,\cdots,\Delta x_n)^{\mathrm{T}}$.

利用归纳法可证明

$$\boldsymbol{\Phi}^{(l)}(t)=\left(\Delta x_1\frac{\partial}{\partial x_1}+\Delta x_2\frac{\partial}{\partial x_2}+\cdots+\Delta x_n\frac{\partial}{\partial x_n}+\right)^{l}f(\boldsymbol{x}_0+t\Delta\boldsymbol{x}),$$

再由 $\boldsymbol{\Phi}(t)$ 的麦克劳林公式便可得 n 元函数的泰勒公式：

$$f(\boldsymbol{x}_0+\Delta\boldsymbol{x})=\sum_{i=0}^{n}\frac{1}{i!}\left(\Delta x_1\frac{\partial}{\partial x_1}+\Delta x_2\frac{\partial}{\partial x_2}+\cdots+\Delta x_n\frac{\partial}{\partial x_n}\right)^{i}f(\boldsymbol{x}_0)+R_n,$$

其中，

$$R_n=\frac{1}{(n+1)!}\left(\Delta x_1\frac{\partial}{\partial x_1}+\Delta x_2\frac{\partial}{\partial x_2}+\cdots+\Delta x_n\frac{\partial}{\partial x_n}\right)^{n+1}f(\boldsymbol{x}_0+\theta\Delta\boldsymbol{x})\quad(0<\theta<1)$$

称为**拉格朗日余项**.

特别地，n 元函数 $f\in C^{(2)}(U(\boldsymbol{x}_0))$，$\boldsymbol{x}_0+\Delta\boldsymbol{x}\in U(\boldsymbol{x}_0)$.

(1) n 元函数 f 在 $\boldsymbol{x}_0$ 处的一阶带拉格朗日余项的泰勒公式可表示为

$$f(\boldsymbol{x}_0+\Delta\boldsymbol{x})=f(\boldsymbol{x}_0)+<\nabla f(\boldsymbol{x}_0),\Delta\boldsymbol{x}>+\frac{1}{2!}(\Delta\boldsymbol{x})^{\mathrm{T}}H_f(\boldsymbol{x}_0+\theta\Delta\boldsymbol{x})\Delta\boldsymbol{x}.$$

(2) n 元函数 f 在 $\boldsymbol{x}_0$ 处的二阶带佩亚诺型余项的泰勒公式可表示为

$$f(\boldsymbol{x}_0+\Delta\boldsymbol{x})=f(\boldsymbol{x}_0)+<\nabla f(\boldsymbol{x}_0),\Delta\boldsymbol{x}>+\frac{1}{2!}(\Delta\boldsymbol{x})^{\mathrm{T}}H_f(\boldsymbol{x}_0)\Delta\boldsymbol{x}+\boldsymbol{o}(\rho^2)\quad(\rho=\|\Delta\boldsymbol{x}\|),$$

其中，$\Delta\boldsymbol{x}=(\Delta x_1,\Delta x_2,\cdots,\Delta x_n)^{\mathrm{T}}$，$\nabla f(\boldsymbol{x}_0)=(f'_1(\boldsymbol{x}_0),f'_2(\boldsymbol{x}_0),\cdots,f'_n(\boldsymbol{x}_0))$，

$$\boldsymbol{H}_f(\boldsymbol{x}_0)=\begin{bmatrix}f''_{11}&f''_{12}&\cdots&f''_{1n}\\f''_{21}&f''_{22}&\cdots&f''_{2n}\\\vdots&\vdots&&\vdots\\f''_{n1}&f''_{n2}&\cdots&f''_{nn}\end{bmatrix}\Bigg|_{x_0}=(f''_{ij}(\boldsymbol{x}_0))_{n\times n}$$

是实对称矩阵,称为 $f(\boldsymbol{x})$ 在 $\boldsymbol{x}_0$ 处的**黑塞(Hessian)矩阵**.

(3) $f(x,y)$ 在 (x_0,y_0) 的二阶带佩亚诺型余项的泰勒公式可表示为

$$f(x_0+\Delta x,y_0+\Delta y)=f(x_0,y_0)+<\nabla f(x_0,y_0),(\Delta x,\Delta y)^{\mathrm{T}}>+$$

$$\frac{1}{2!}(\Delta x,\Delta y)\begin{bmatrix}f_{xx} & f_{xy}\\ f_{yx} & f_{yy}\end{bmatrix}\Bigg|_{(x_0,y_0)}\begin{bmatrix}\Delta x\\ \Delta y\end{bmatrix}+o(\rho^2)\quad(\rho=\sqrt{(\Delta x)^2+(\Delta y)^2}).$$

例 8.33 求下列函数在指定点的泰勒公式:

(1) $f(x,y)=2x^2-xy-y^2-6x-3y+5$ 在点 $(1,-2)$;

(2) $f(x,y)=\mathrm{e}^x\ln(1+y)$ 在点 $(1,-2)$(三阶带拉格朗日余项).

解 (1) $f(1,-2)=5$.

$$f_x(1,-2)=(4x-y-6)\big|_{(1,-2)}=0,f_y(1,-2)=-(x+2y+3)\big|_{(1,-2)}=0.$$

$$f_{xx}(1,-2)=4,f_{xy}(1,-2)=f_{yx}(1,-2)=-1,f_{yy}(1,-2)=-2,\frac{\partial^3 f}{\partial^i x\partial^{3-i}y}\equiv 0.$$

因此,

$$\begin{aligned}f(x,y)=&f(1,-2)+(x-1)f_x(1,-2)+(y+2)f_y(1,-2)+\\&\frac{1}{2!}[(x-1)^2f_{xx}(1,-2)+2(x-1)(y+2)f_{xy}(1,-2)+\\&(y+2)^2f_{yy}(1,-2)]\\=&5+2(x-1)^2-(x-1)(y+2)-(y+2)^2.\end{aligned}$$

(注意 $f(x,y)$ 为二元二次多项式)

(2) $f(0,0)=0$,

$$\frac{\partial^m f}{\partial x^m}\bigg|_{(0,0)}=\mathrm{e}^x\ln(1+y)\big|_{(0,0)}=0,$$

$$\frac{\partial^m f}{\partial x^{m-k}\partial y^k}\bigg|_{(0,0)}=\mathrm{e}^x\frac{(-1)^{k-1}(k-1)!}{(1+y)^k}\bigg|_{(0,0)}=\frac{\partial^k f}{\partial y^k}\bigg|_{(0,0)}=(-1)^{k-1}(k-1)!\quad(k=0,1,\cdots,m),$$

$$\left(x\frac{\partial}{\partial x}+y\frac{\partial}{\partial y}\right)f(0,0)=xf_x(0,0)+yf_y(0,0)=y,$$

$$\left(x\frac{\partial}{\partial x}+y\frac{\partial}{\partial y}\right)^2f(0,0)=x^2f_{xx}(0,0)+2xyf_{xy}(0,0)+y^2f_{yy}(0,0)=2xy-y^2,$$

$$\begin{aligned}\left(x\frac{\partial}{\partial x}+y\frac{\partial}{\partial y}\right)^3f(0,0)&=x^3f_{xxx}(0,0)+3x^2yf_{xxy}(0,0)+3xy^2f_{xyy}(0,0)+y^3f_{yyy}(0,0)\\&=3x^2y-3xy^2+2y^3.\end{aligned}$$

因此,

$$\begin{aligned}f(x,y)&=\sum_{i=0}^{3}\frac{1}{i!}\left(x\frac{\partial}{\partial x}+y\frac{\partial}{\partial y}\right)^i f(0,0)+R_3\\&=y+\frac{1}{2!}(2xy-y^2)+\frac{1}{3!}(3x^2y-3xy^2+2y^3)+R_3.\end{aligned}$$

其中,

$$R_3=\frac{1}{4!}\left(x\frac{\partial}{\partial x}+y\frac{\partial}{\partial y}\right)^4 f(\theta x,\theta y)$$

$$=\frac{1}{4!}\mathrm{e}^{\theta x}\left\{x^4\ln(1+\theta y)+4x^4y\cdot\frac{1}{1+\theta y}+6x^2y^2\left[-\frac{1}{(1+\theta y)^2}\right]+4xy^3\left[\frac{2}{(1+\theta y)^3}\right]+y^4\left[-\frac{3!}{(1+\theta y)^4}\right]\right\},$$

$(0<\theta<1)$.

例 8.34　利用二阶泰勒公式计算$1.04^{2.02}$的近似值.

解　当$|h|<<1$, $|k|<<1$时,由二阶带佩亚诺余项的泰勒公式二阶近似公式为

$$f(x,y)=f(x_0+\Delta x,y_0+\Delta y)\approx f(x_0,y_0)+<\nabla f(x_0,y_0),(\Delta x,\Delta y)^{\mathrm{T}}>+$$
$$\frac{1}{2!}(\Delta x,\Delta y)\begin{bmatrix}f_{xx} & f_{xy}\\ f_{yx} & f_{yy}\end{bmatrix}\Bigg|_{(x_0,y_0)}\begin{bmatrix}\Delta x\\ \Delta y\end{bmatrix}.$$

令　$f(x,y)=x^y$, $(x_0,y_0)=(1,2)$, $(\Delta x,\Delta y)=(0.04,0.02)$,

将　$f(1,2)=1$, $\nabla f(1,2)=(yx^{y-1},x^y\ln x)\big|_{(1,2)}=(2,0)$,

$$\begin{bmatrix}f_{xx} & f_{xy}\\ f_{yx} & f_{yy}\end{bmatrix}\Bigg|_{(1,2)}=\begin{bmatrix}y(y-1)x^{y-2} & x^{y-1}(1+y\ln x)\\ x^{y-1}(1+y\ln x) & x^y\ln^2 x\end{bmatrix}\Bigg|_{(1,2)}=\begin{bmatrix}2 & 1\\ 1 & 0\end{bmatrix}$$

代入近似公式,得

$$1.04^{2.02}\approx 1+2\times 0.04+\frac{1}{2!}(2\times 0.04^2+2\times 0.04\times 0.02)=1.0824.$$

由泰勒公式知,用h及k的n次多项式近似表达$f(x_0+h,y_0+k)$时,其误差为$|R_n|$,由假设,存在$M>0$,在含于Ω的某闭邻域上,有

$$\left|\frac{\partial^m f}{\partial x^{m-k}\partial y^k}\right|\leqslant M\quad(m=0,1,\cdots,n;k=0,1,\cdots,m),$$

于是,

$$|R_n|\leqslant\frac{M}{(n+1)!}(|h|+|k|)^{n+1}=\frac{M}{(n+1)!}\rho^{n+1}(|\cos\alpha|+|\sin\alpha|)^{n+1}$$

$$\leqslant\frac{M}{(n+1)!}(\sqrt{2})^{n+1}\rho^{n+1}=o(\rho^n),\rho=\sqrt{h^2+k^2}\to 0.$$

8.5.2　多元函数的极值与最值

多元函数的极值问题包括无条件(无约束)极值与条件(约束)极值两种类型.如果极值点的搜索范围仅仅是函数的定义域,通常称之为**无条件极值**;如果极值点的搜索范围除受限于定义域,还受到其他约束条件限制,则称之为**条件极值**.本小节讨论无条件极值,它是一元函数极值问题的直接推广.

定义 8.21　设$U(\boldsymbol{x}_0)\subseteq\mathbb{R}^n$,函数$f:U(\boldsymbol{x}_0)\to\mathbb{R}$,若$\forall\boldsymbol{x}\in U(\boldsymbol{x}_0)$,满足

$$f(\boldsymbol{x})\leqslant f(\boldsymbol{x}_0)\ [f(\boldsymbol{x})\geqslant f(\boldsymbol{x}_0)],$$

则称 f 在点 $\boldsymbol{x}_0$ 取得（**无约束**）**极大值**[（**无约束**）**极小值**] $f(\boldsymbol{x}_0)$，并称点 $\boldsymbol{x}_0$ 为 f 的**极大值点**（**极小值点**），极大值和极小值统称为**极值**，极大值点和极小值点统称**极值点**.

由极值的定义知，二元函数 $f(x,y)=\sqrt{x^2+y^2}$，$f(x,y)=\sqrt{4-x^2-y^2}$ 和 $f(x,y)=x^2-2y^2$ 分别在 $(0,0)$ 处取得极小值 0，极大值 2 和不取得极值.

定理 8.20（极值的必要条件） 设 n 元函数 $f(\boldsymbol{x})$ 在点 $\boldsymbol{x}_0$ 的偏导数均存在，若 $\boldsymbol{x}_0$ 是 $f(\boldsymbol{x})$ 的极值点，则必有 $\nabla f(\boldsymbol{x}_0)=\boldsymbol{0}$.

证 设 $\boldsymbol{x}_0=(x_{0,1},x_{0,2},\cdots,x_{0,n})$，因 $f(\boldsymbol{x}_0)$ 为极值，则一元函数 $\varphi(x)=f(x_{0,1},\cdots,x_{0,i-1},x,x_{0,i+1},\cdots,x_{0,n})$ 在点 $x=x_{0,i}$ 必取得极值，由一元函数极值存在的必要条件，有 $\varphi'(x_{0,i})=0$，即

$$\frac{\mathrm{d}}{\mathrm{d}x}f(x_{0,1},\cdots,x_{0,i-1},x,x_{0,i+1},\cdots,x_{0,n})\bigg|_{x=x_{0,i}}=\frac{\partial f(\boldsymbol{x}_0)}{\partial x_i}=0\quad(i=1,2,\cdots,n)$$

因此，

$$\nabla f(\boldsymbol{x}_0)=\boldsymbol{0}.$$

使得 $\nabla f(\boldsymbol{x}_0)=\boldsymbol{0}$ 的内点 $\boldsymbol{x}_0$ 称为函数 f 的**驻点**或**稳定点**. 由定理 8.20 知，偏导数存在时，极值点必是驻点，但驻点未必是极值点. 例如，$f(x,y)=x^2-2y^2$，$(x,y)\in\mathbb{R}^2$，$\nabla f((0,0))=(f_x(0,0),f_y(0,0))=\boldsymbol{0}$，但点 $(0,0)$ 不是极值点. 与一元函数相同，函数在某点处的偏导数不存在时仍有可能是极值点，如 $f(x,y)=\sqrt{x^2+y^2}$ 在 $(0,0)$ 处的偏导数不存在，但函数在 $(0,0)$ 处取得极小值. 驻点和偏导数不存在的点统称为函数的**临界点**.

定理 8.21（极值的充分条件） 设 n 元函数 $f\in C^{(2)}(U(\boldsymbol{x}_0))$，且 $\nabla f(\boldsymbol{x}_0)=\boldsymbol{0}$，$\boldsymbol{x}_0+\Delta\boldsymbol{x}\in U(\boldsymbol{x}_0)$.

(1) 若黑塞矩阵 $\boldsymbol{H}_f(\boldsymbol{x}_0)$ 是正定（负定）矩阵，则 $f(\boldsymbol{x}_0)$ 是极小（大）值；

(2) 若黑塞矩阵 $\boldsymbol{H}_f(\boldsymbol{x}_0)$ 是不定矩阵，则 $f(\boldsymbol{x}_0)$ 不是极值.

证 (1) 由 f 在 $\boldsymbol{x}_0$ 的二阶带佩亚诺型余项的泰勒公式，并注意到条件 $\nabla f(\boldsymbol{x}_0)=\boldsymbol{0}$，有

$$f(\boldsymbol{x}_0+\Delta\boldsymbol{x})-f(\boldsymbol{x}_0)=\frac{1}{2!}(\Delta\boldsymbol{x})^{\mathrm{T}}\boldsymbol{H}_f(\boldsymbol{x}_0)\Delta\boldsymbol{x}+\boldsymbol{o}(1)\,\|\Delta\boldsymbol{x}\|^2,$$

其中，$\Delta\boldsymbol{x}=(\Delta x_1,\Delta x_2,\cdots,\Delta x_n)^{\mathrm{T}}$；$\boldsymbol{o}(1)$ 是 $\Delta\boldsymbol{x}\to 0$ 时的无穷小.

因 $\boldsymbol{H}_f(\boldsymbol{x}_0)$ 是实对称矩阵，由 7.3 节知，存在正交变换 $\Delta\boldsymbol{x}=\boldsymbol{T}\Delta\boldsymbol{y}$ [$\Delta\boldsymbol{y}=(\Delta y_1,\Delta y_2,\cdots,\Delta y_n)^{\mathrm{T}}$]，使得二次型为标准形，即

$$(\Delta\boldsymbol{x})^{\mathrm{T}}\boldsymbol{H}_f(\boldsymbol{x}_0)\Delta\boldsymbol{x}=(\Delta\boldsymbol{y})^{\mathrm{T}}\mathrm{diag}(\lambda_1,\lambda_2,\cdots,\lambda_n)\Delta\boldsymbol{y},$$

其中，$\lambda_i(i=1,2,\cdots,n)$ 是黑塞矩阵 $\boldsymbol{H}_f(\boldsymbol{x}_0)$ 的特征值；$\mathrm{diag}(\lambda_1,\lambda_2,\cdots,\lambda_n)=\boldsymbol{T}^{-1}\boldsymbol{H}_f(\boldsymbol{x}_0)\boldsymbol{T}=\boldsymbol{T}^{\mathrm{T}}-\boldsymbol{H}_f(\boldsymbol{x}_0)\boldsymbol{T}$.

当 $\boldsymbol{H}_f(\boldsymbol{x}_0)$ 正定时，则 $\lambda_i>0(i=1,2,\cdots,n)$，令 $\lambda=\min\{\lambda_1,\lambda_2,$

$\cdots,\lambda_n\}$，并注意到

$$\|\Delta \boldsymbol{y}\|^2=<(\Delta \boldsymbol{y})^{\mathrm{T}},\Delta \boldsymbol{y}>=<(\Delta \boldsymbol{x})^{\mathrm{T}},\Delta \boldsymbol{x}>=\|\Delta \boldsymbol{x}\|^2,$$

则
$$(\Delta \boldsymbol{x})^{\mathrm{T}}\boldsymbol{H}_f(\boldsymbol{x}_0)\Delta \boldsymbol{x}\geqslant\lambda\ \|\Delta \boldsymbol{x}\|^2>0,\ \forall\,\Delta \boldsymbol{x}\neq\boldsymbol{0},$$

从而

$$f(\boldsymbol{x}_0+\Delta \boldsymbol{x})-f(\boldsymbol{x}_0)\geqslant\frac{1}{2}\lambda\ \|\Delta \boldsymbol{x}\|^2+o(1)\ \|\Delta \boldsymbol{x}\|^2,\ \|\Delta \boldsymbol{x}\|\to 0,$$

故存在 $\delta>0$，且 $U(\boldsymbol{x}_0,\delta)\subset U(\boldsymbol{x}_0)$，当 $\Delta \boldsymbol{x}\neq\boldsymbol{0}$ 时，$\boldsymbol{x}_0+\Delta \boldsymbol{x}\in U(\boldsymbol{x}_0,\delta)$，$f(\boldsymbol{x}_0+\Delta \boldsymbol{x})-f(\boldsymbol{x}_0)>0$，即 $f(\boldsymbol{x}_0+\Delta \boldsymbol{x})>f(\boldsymbol{x}_0)$，即当 $\boldsymbol{H}_f(\boldsymbol{x}_0)$ 正定时，$f(\boldsymbol{x}_0)$ 为极小值. 因 $\boldsymbol{H}_f(\boldsymbol{x}_0)$ 负定当且仅当 $-\boldsymbol{H}_f(\boldsymbol{x}_0)$ 正定，所以当 $\boldsymbol{H}_f(\boldsymbol{x}_0)$ 负定时，$f(\boldsymbol{x}_0)$ 为极大值.

(2) 当 $\boldsymbol{H}_f(\boldsymbol{x}_0)$ 是不定矩阵时，存在 $\Delta \boldsymbol{x}_1$，$\Delta \boldsymbol{x}_2$，使得 $(\Delta \boldsymbol{x}_1)^{\mathrm{T}}\boldsymbol{H}_f(\boldsymbol{x}_0)\Delta \boldsymbol{x}_1<0$，$(\Delta \boldsymbol{x}_2)^{\mathrm{T}}\boldsymbol{H}_f(\boldsymbol{x}_0)\Delta \boldsymbol{x}_2>0$，取 $\delta>0$，有

$$f(\boldsymbol{x}_0+\delta\Delta \boldsymbol{x}_i)-f(\boldsymbol{x}_0)=\left[\frac{1}{2}(\Delta \boldsymbol{x}_i)^{\mathrm{T}}\boldsymbol{H}_f(\boldsymbol{x}_0)\Delta \boldsymbol{x}_i+\boldsymbol{o}(1)\right]\delta^2\quad(i=1,2)$$

当 δ 充分小时，有

$$f(\boldsymbol{x}_0+\delta\Delta \boldsymbol{x}_1)<f(\boldsymbol{x}_0)<f(\boldsymbol{x}_0+\delta\Delta \boldsymbol{x}_2).$$

因此 $f(\boldsymbol{x}_0)$ 不是极值.

特别地，设二元函数 $z=f(x,y)$ 在点 $P_0(x_0,y_0)$ 的黑塞矩阵为

$$\boldsymbol{H}_f(P_0)=\begin{bmatrix} f_{xx}(P_0) & f_{xy}(P_0)\\ f_{yx}(P_0) & f_{yy}(P_0)\end{bmatrix}.$$

记 $f_{xx}(P_0)=A$，$f_{xy}(P_0)=B$，$f_{yy}(P_0)=C$，当 $f\in C^2(U(P_0))$ 时，则 $\boldsymbol{H}_f(P_0)=\begin{bmatrix} A & B\\ B & C\end{bmatrix}$. 由上一章 7.3 节，有

$$\boldsymbol{H}_f(P_0)\text{正定(负定)}\Leftrightarrow A>0(<0),\ \det \boldsymbol{H}_f(P_0)=AC-B^2>0(>0),$$

由此得到关于二元函数极值的判定定理.

定理 8.22 设函数 $z=f(x,y)$ 在点 $P_0(x_0,y_0)$ 的某邻域内有二阶连续偏导数，若点 $P_0(x_0,y_0)$ 为函数 f 的驻点，则

(1) 当 $A>0$，$AC-B^2>0$ 时，$f(x_0,y_0)$ 是极小值；

(2) 当 $A<0$，$AC-B^2>0$ 时，$f(x_0,y_0)$ 是极大值；

(3) 当 $AC-B^2<0$ 时，$f(x_0,y_0)$ 不是极值.

注 当 $AC-B^2=0$ 时，称为临界情况，此时不能确定 $f(x_0,y_0)$ 是否为极值.

例如，函数 $f(x,y)=x^2+y^4$ 及 $g(x,y)=x^2+y^3$，$(0,0)$ 均为它们的驻点，且在点 $(0,0)$ 处有 $AC-B^2=0$，但 $f(0,0)=0$ 是极小值，而 $g(0,0)=0$ 不是极值.

例 8.35 求函数 $f(x,y)=(x^2+y^2)-2(x^3+y^3)$ 的极值.

解 由

$$\begin{cases} f_x(x,y)=2x-6x^2=0,\\ f_y(x,y)=2y-6y^2=0,\end{cases}$$

求得 f 的四个驻点 $P_1(0,0)$, $P_2\left(0,\frac{1}{3}\right)$, $P_3\left(\frac{1}{3},0\right)$, $P_4\left(\frac{1}{3},\frac{1}{3}\right)$. 再求二阶偏导数,得

$$f_{xx}(x,y)=2-12x, f_{xy}(x,y)=0, f_{yy}(x,y)=2-12y,$$

$$\boldsymbol{H}_f(P_1)=\begin{bmatrix}2&0\\0&2\end{bmatrix}, \boldsymbol{H}_f(P_2)=\begin{bmatrix}2&0\\0&-2\end{bmatrix}, \boldsymbol{H}_f(P_3)=\begin{bmatrix}-2&0\\0&2\end{bmatrix}, \boldsymbol{H}_f(P_4)=\begin{bmatrix}-2&0\\0&-2\end{bmatrix},$$

显然,$\boldsymbol{H}_f(P_1)$ 正定,$\boldsymbol{H}_f(P_2)$,$\boldsymbol{H}_f(P_3)$ 不定,$\boldsymbol{H}_f(P_4)$ 负定,故 $f(0,0)=0$ 是极小值;$f\left(0,\frac{1}{3}\right)=\frac{1}{27}$ 及 $f\left(\frac{1}{3},0\right)=\frac{1}{27}$ 不是极值,$f\left(\frac{1}{3},\frac{1}{3}\right)=\frac{2}{27}$ 是极大值.

由 8.2 节知,定义在有界闭域 Ω 上的连续函数必取得最大值和最小值,而求函数在 Ω 上的最大值和最小值的方法与一元函数相同:求出函数在 Ω 内的所有临界点(驻点及偏导数不存的点)的函数值以及在 Ω 边界上的最大值和最小值,将这些值相互比较,其中最大者即为最大值,最小者即为最小值.

例 8.36 求 $f(x,y)=\sin x\sin y\sin(x+y)$ 在 $D=\{(x,y)\mid x\geqslant 0, y\geqslant 0, x+y\leqslant\pi\}$ 上的最大值和最小值.

解 对于区域 D 的内部方程组

$$\begin{cases}f_x(x,y)=\sin y\sin(2x+y)=0,\\ f_y(x,y)=\sin x\sin(x+2y)=0\end{cases}\Leftrightarrow\begin{cases}\sin(2x+y)=0,\\ \sin(x+2y)=0,\end{cases}$$

因 $0<2x+y<2\pi$, $0<x+2y<2\pi$, 所以 $\begin{cases}2x+y=\pi,\\ x+2y=\pi,\end{cases}$ 解得唯一驻点 $\left(\frac{\pi}{3},\frac{\pi}{3}\right)$.

显然,$(x,y)\in\partial D$ 时,$f(x,y)\equiv 0$;$(x,y)\in\operatorname{int}D$ 时,$f(x,y)>0$,所以 $f\left(\frac{\pi}{3},\frac{\pi}{3}\right)=\frac{3\sqrt{3}}{8}$ 为最大值,$(x,y)\in\partial D$, $f(x,y)=0$ 为最小值.

作为最值问题的一个重要应用,下面介绍测量工程和科学实验中常用的一种数据处理方法:**最小二乘法**.

已知实验测得一组数据 (x_i,y_i) $(i=1,2,\cdots,n)$, x_i 互不相同. 需要寻求一个函数(曲线)$y=f(x)$,使得 $f(x)$ 在某种准则下与实验所得数据 $y_1,y_2,\cdots,y_n$ 最为接近(即曲线拟合得最好),从而用 $y=f(x)$ 近似表达两个变量 x 与 y 之间的函数关系. 通常以这组数据作为坐标在直角坐标系中画出对应的数据点,观察若发现它们近似地分布在一条直线上,就取近似公式为 $y=ax+b$(a,b 待定),然后确定 a,b,使得 $y=ax+b$ 与这组数据点的偏差平方之和为最小,这种方法称为**最小二乘法**,是解决曲线拟合最常用的方法.

构造函数

$$f(a,b)=\sum_{i=1}^{n}(ax_i+b-y_i)^2,$$

现在来求它的最小值点 a,b. 令

$$\begin{cases}\dfrac{\partial f}{\partial a}=2\sum\limits_{i=1}^{n}x_i(ax_i+b-y_i)=0,\\ \dfrac{\partial f}{\partial b}=2\sum\limits_{i=1}^{n}(ax_i+b-y_i)=0.\end{cases}$$

整理,得

$$\begin{cases}a\sum\limits_{i=1}^{n}x_i^2+b\sum\limits_{i=1}^{n}x_i=\sum\limits_{i=1}^{n}x_iy_i,\\ a\sum\limits_{i=1}^{n}x_i+nb=\sum\limits_{i=1}^{n}y_i.\end{cases}$$

由柯西不等式,有

$$\left(\sum_{i=1}^{n}x_i\right)^2<\sum_{i=1}^{n}1^2\cdot\sum_{i=1}^{n}x_i^2=n\sum_{i=1}^{n}x_i^2\quad(x_i\text{ 互不相同}),$$

上述方程组系数行列式不等于0,有唯一解.

又

$$\frac{\partial^2 f}{\partial a^2}=2\sum_{i=1}^{n}x_i^2,\frac{\partial^2 f}{\partial a\partial b}=2\sum_{i=1}^{n}x_i,\frac{\partial^2 f}{\partial b^2}=2n,$$

则黑塞矩阵 $\boldsymbol{H}_f=2\begin{bmatrix}\sum\limits_{i=1}^{n}x_i^2 & \sum\limits_{i=1}^{n}x_i\\ \sum\limits_{i=1}^{n}x_i & n\end{bmatrix}$ 是正定的,所以唯一的驻点就是最小值点. 所求直线方程为

$$\begin{vmatrix}x & y & 1\\ \sum\limits_{i=1}^{n}x_i^2 & \sum\limits_{i=1}^{n}x_iy_i & \sum\limits_{i=1}^{n}x_i\\ \sum\limits_{i=1}^{n}x_i & \sum\limits_{i=1}^{n}y_i & n\end{vmatrix}=0.$$

8.5.3 条件极值

先看一个简单的例子.

已知矩形的周长为 $2p$,将它绕其一边旋转而形成一圆柱体,求使得圆柱体体积为最大的矩形.

设 $2x,y>0$ 为矩形相邻两边长,且设矩形绕边长为 y 的一边旋转,则这个问题就是求函数 $V=4\pi x^2y$ 在条件 $2x+y=p$ 下的条件极值问题. 这个问题可归结为典型的形式:求目标函数

$$z=f(x,y),(x,y)\in D,$$

其约束条件为

$$\varphi(x,y)=0.$$

对于上面的例子,由条件 $2x+y=p$ 解出 $y=p-2x$,代入目标函

数中得到

$$V=4\pi x^2(p-2x),$$

这样就化为无条件极值问题了. 从而,令$\frac{\mathrm{d}V}{\mathrm{d}x}=8\pi x(p-3x)=0$,解得驻点 $x=\frac{p}{3}=y$,经检验求得矩形边长为$\frac{2p}{3},\frac{p}{3}$.

这个例子比较简单,但是当约束条件比较复杂时,由约束方程 $\varphi(x,y)=0$ 往往难以解出 x 或 y,此时这种方法便行不通.

考虑隐函数及其微分法,不必从 $\varphi(x,y)=0$ 解出隐函数,而是借助隐函数微分法求出条件极值问题的稳定点.

设函数 $f(x,y)$ 与 $\varphi(x,y)$ 都具有连续的一阶偏导数,且 $\varphi_y(x,y)\neq 0$,则由方程 $\varphi(x,y)=0$ 就确定了一个具有连续导数的函数 $y=y(x)$,且

$$\frac{\mathrm{d}y}{\mathrm{d}x}=-\frac{\varphi_x}{\varphi_y}.$$

将 $y=y(x)$ 代入目标函数中,得到一元复合函数 $z=f(x,y(x))$,令

$$\frac{\mathrm{d}z}{\mathrm{d}x}=f_x+f_y\cdot\frac{\mathrm{d}y}{\mathrm{d}x}=0.$$

将$\frac{\mathrm{d}y}{\mathrm{d}x}=-\frac{\varphi_x}{\varphi_y}$代入上式,得

$$f_x\cdot\varphi_y=f_y\cdot\varphi_x.$$

若 $y_0=y(x_0)$ 且 x_0 是 $z=f(x,y(x))$ 的稳定点,则 $P_0(x_0,y_0)$ 为目标函数 $z=f(x,y)$ 在约束条件 $\varphi(x,y)=0$ 下的**稳定点**,简称**条件稳定点**,条件稳定点满足上式,这表明 $\nabla f(P_0)$ 与 $\nabla\varphi(P_0)$ 相平行,所以存在 λ_0,使得

$$f_x(P_0)=-\lambda_0\varphi_x(P_0),f_y(P_0)=-\lambda_0\varphi_y(P_0).$$

若 $\varphi_x(P_0)\neq 0$,则在 y_0 的某邻域存在隐函数 $x=x(y)$,类似地可推出 $f_x\cdot\varphi_y=f_y\cdot\varphi_x$,反之,当 $\varphi(P_0)=0,\nabla\varphi(P_0)\neq\mathbf{0}$ 时,若 $f_x\cdot\varphi_y=f_y\cdot\varphi_x$ 成立,则 P_0 是条件稳定点,从而得到下面结论.

定理 8.23 设 $D\subset\mathbb{R}\times\mathbb{R}$,函数 $f,\varphi\in C^{(1)}(D)$,$P_0(x_0,y_0)$ 是 D 的内点,且

$$\varphi(P_0)=0,\nabla\varphi(P_0)\neq\mathbf{0},$$

则 $P_0(x_0,y_0)$ 是 $z=f(x,y)$ 在条件 $\varphi(x,y)=0$ 下的稳定点的充分必要条件是存在 λ_0,使得

$$\boxed{\nabla f(P_0)=-\lambda_0\nabla\varphi(P_0).}$$

结合上述结论容易得到,作为方程组

$$\begin{cases}f_x+\lambda\varphi_x=0,\\ f_y+\lambda\varphi_y=0,\\ \varphi(x,y)=0\end{cases}$$

的解,(P_0,λ_0) 即为关于 x,y,λ 的三元函数

$$L(x,y,\lambda)=f(x,y)+\lambda\varphi(x,y)$$

的稳定点[因 $L_x(x,y,\lambda)=f_x+\lambda\varphi_x,L_y(x,y,\lambda)=f_y+\lambda\varphi_y,L_\lambda(x,y,\lambda)=\varphi$]. 至此,将条件极值稳定点问题转化为求 $L(x,y,\lambda)$ 的无条件极值稳定点问题. 这种求条件极值稳定点的方法称为**拉格朗日乘数法**,$L(x,y,\lambda)$ 称为**拉格朗日函数**.

一般地,设 $D\subset\mathbb{R}^n\times\mathbb{R}^m$,$f(\boldsymbol{x},\boldsymbol{y}),\varphi_i(\boldsymbol{x},\boldsymbol{y})(i=1,2,\cdots,m)\in C^{(1)}(D)$, $P_0(\boldsymbol{x}_0,\boldsymbol{y}_0)$ 是 D 的内点, 且 $\boldsymbol{\varphi}(P_0)=0$, $J(P_0)=\dfrac{\partial(\varphi_1,\varphi_2,\cdots,\varphi_m)}{\partial(y_1,y_2,\cdots,y_m)}\neq0$,如果 $P_0(\boldsymbol{x}_0,\boldsymbol{y}_0)$ 是目标函数 $f(\boldsymbol{x},\boldsymbol{y})$ 在约束条件 $\boldsymbol{\varphi}(\boldsymbol{x},\boldsymbol{y})=\boldsymbol{0}$ 下的稳定点,那么存在 $\boldsymbol{\lambda}_0$,使得 $(\boldsymbol{x}_0,\boldsymbol{y}_0,\boldsymbol{\lambda}_0)$ 是拉格朗日函数

$$L(\boldsymbol{x},\boldsymbol{y},\boldsymbol{\lambda})=f(\boldsymbol{x},\boldsymbol{y})+\sum_{i=1}^{m}\lambda_i\varphi_i(\boldsymbol{x},\boldsymbol{y})$$

的稳定点,即 $(\boldsymbol{x}_0,\boldsymbol{y}_0,\boldsymbol{\lambda}_0)$ 满足下列方程组

$$\begin{cases}\dfrac{\partial L}{\partial x_k}=\dfrac{\partial f}{\partial x_k}+\displaystyle\sum_{i=1}^{m}\lambda_i\dfrac{\partial\varphi_i}{\partial x_k}=0 & (k=1,2,\cdots,n),\\ \dfrac{\partial L}{\partial y_j}=\dfrac{\partial f}{\partial y_j}+\displaystyle\sum_{i=1}^{m}\lambda_i\dfrac{\partial\varphi_i}{\partial y_j}=0 & (j=1,2,\cdots,m),\\ \boldsymbol{\varphi}(\boldsymbol{x},\boldsymbol{y})=\boldsymbol{0},\end{cases}$$

其中,

$$\boldsymbol{x}=(x_1,x_2,\cdots,x_n)^{\mathrm{T}},\boldsymbol{y}=(y_1,y_2,\cdots,y_m)^{\mathrm{T}},$$
$$\boldsymbol{\lambda}=(\lambda_1,\lambda_{12},\cdots,\lambda_m)^{\mathrm{T}},\boldsymbol{\varphi}=(\varphi_1,\varphi_2,\cdots,\varphi_m)^{\mathrm{T}}.$$

注　若 $P_0(\boldsymbol{x}_0,\boldsymbol{y}_0)$ 是条件稳定点,且黑塞矩阵 $\boldsymbol{H}_f(P_0)$ 是正定(负定)矩阵,则 $f(P_0)$ 为极小(大)值,但当 $\boldsymbol{H}_f(P_0)$ 不定时,$f(P_0)$ 仍有可能是极值.

例 8.37　把一个正数 a 分成三个非负的数 x,y,z 之和,使得

$$f(x,y,z)=x^\alpha y^\beta z^\gamma$$

为最大,其中 α,β,γ 是给定的正数.

解　目标函数为 $x^\alpha y^\beta z^\gamma$,约束条件为 $x+y+z-a=0$.

构造拉格朗日函数

$$L(x,y,z,\lambda)=x^\alpha y^\beta z^\gamma+\lambda(x+y+z-a),$$

$$\begin{cases}L_x=\alpha x^{\alpha-1}y^\beta z^\gamma+\lambda=0,\\ L_y=\beta x^\alpha y^{\beta-1}z^\gamma+\lambda=0,\\ L_z=\gamma x^\alpha y^\beta z^{\gamma-1}+\lambda=0,\\ L_\lambda=x+y+z-a=0.\end{cases}$$

由前三个方程,有 $\alpha f+\lambda x=0,\beta f+\lambda y=0,\gamma f+\lambda z=0$,得 $x:y:z=\alpha:\beta:\gamma$.

将 $x=\alpha t,y=\beta t,z=\gamma t$ 代入第四个方程,得 $t=\dfrac{a}{\alpha+\beta+\gamma}$,从而

$$x=\frac{\alpha a}{\alpha+\beta+\gamma},y=\frac{\beta a}{\alpha+\beta+\gamma},z=\frac{\gamma a}{\alpha+\beta+\gamma}.$$

例 8.38 求曲线$\begin{cases}4x^2+4y^2+1=z,\\ x+y+z=2\end{cases}$与坐标平面 $z=0$ 的最近距离和最远距离.

解 目标函数为 z^2,约束条件为$\begin{cases}4x^2+4y^2-z+1=0,\\ x+y+z-2=0.\end{cases}$

构造拉格朗日函数

$$L(x,y,z,\lambda,\mu)=z^2+\lambda(4x^2+4y^2-z+1)+\mu(x+y+z-2),$$

由$\begin{cases}\dfrac{\partial L}{\partial x}=8x\lambda+\mu=0,\\ \dfrac{\partial L}{\partial y}=8y\lambda+\mu=0\end{cases}$可得 $x=y$,代入约束条件,解得

$$\begin{cases}x=\dfrac{1}{4},\\ y=\dfrac{1}{4},\\ z=\dfrac{3}{2},\end{cases}\quad 或\quad \begin{cases}x=-\dfrac{1}{2},\\ y=-\dfrac{1}{2},\\ z=3,\end{cases}$$

故最近距离为$\dfrac{3}{2}$,最远距离为 3.

应用条件极值可以证明不等式. 例如,若求得函数 $f(\boldsymbol{x})$ 在条件 $\varphi(\boldsymbol{x})=a$ 下的最小(大)值为 $g(a)$,则证明了下列不等式

$$f(\boldsymbol{x})>g(\varphi(\boldsymbol{x}))\,[f(\boldsymbol{x})<g(\varphi(\boldsymbol{x}))].$$

例如,由例 8.37 可知,当 $x>0,y>0,z>0$ 时,有

$$x^\alpha y^\beta z^\gamma\leqslant\alpha^\alpha\beta^\beta\gamma^\gamma\cdot\frac{a^{\alpha+\beta+\gamma}}{(\alpha+\beta+\gamma)^{\alpha+\beta+\gamma}},$$

其中,$x+y+z=a$.

特别地,当 $\alpha=\beta=\gamma=1$ 时,$\sqrt[3]{xyz}\leqslant\dfrac{a}{3}$,再由 $a=x+y+z$,有

$$\sqrt[3]{xyz}\leqslant\frac{x+y+z}{3},x>0,y>0,z>0,$$

当且仅当 $x=y=z$ 时等号成立;

当 $\alpha=1,\beta=2,\gamma=3$ 时,$xy^2z^3\leqslant1\cdot2^2\cdot3^3\cdot\left(\dfrac{a}{6}\right)^6$,再由 $a=x+y+z$ 有,

$$xy^2z^3\leqslant108\left(\frac{x+y+z}{6}\right)^6,x>0,y>0,z>0,$$

当且仅当 $x:y:z=1:2:3$ 时等号成立.

例 8.39 求函数 $f(\boldsymbol{x})=\sum\limits_{i=1}^{n}\dfrac{1}{x_i}\ (x_i>0,i=1,2,\cdots,n)$ 在条件 $\prod\limits_{i=1}^{n}x_i=a\ (a>0)$ 下的最小值,并由此导出相应的不等式.

解 构造拉格朗日函数

$$L(\boldsymbol{x},\lambda) = \sum_{i=1}^{n}\frac{1}{x_i} + \lambda\left(\prod_{i=1}^{n}x_i - a\right).$$

由

$$\begin{cases} L_{x_i}(\boldsymbol{x},\lambda) = -\dfrac{1}{x_i^2} + \lambda\prod\limits_{j=1,j\neq i}^{n}x_i = 0, & i=1,2,\cdots,n, \\ L_{\lambda}(\boldsymbol{x},\lambda) = \prod\limits_{i=1}^{n}x_i - a = 0, & i=1,2,\cdots,n. \end{cases}$$

解得 $x_1 = x_2 = \cdots = x_n = \sqrt[n]{a}$，即得唯一条件稳定点 $\boldsymbol{x}_0 = (\sqrt[n]{a},\sqrt[n]{a},\cdots,\sqrt[n]{a})$，$f(\boldsymbol{x}_0) = \dfrac{n}{\sqrt[n]{a}}$.

记 $\Omega = \left\{\boldsymbol{x} \,\middle|\, \prod\limits_{i=1}^{n}x_i = a(x_i>0,i=0,1,\cdots,n)\right\}$，$\boldsymbol{x}_0 \in \Omega^0$，当 $\boldsymbol{x} \in \Omega$ 时，且对每个固定的 i，当 $x_i \to 0$ 时，$f(\boldsymbol{x}) \to +\infty$，所以，$\exists\delta\left(0<\delta<\dfrac{\sqrt[n]{a}}{2}\right)$，当 $0<|x_i|\leqslant\delta(i=1,2,\cdots,n)$ 时，$f(\boldsymbol{x}) > \dfrac{n}{\sqrt[n]{a}}$，设 $\Omega_1 = \{\boldsymbol{x}\,|\,\boldsymbol{x}\in\Omega, x_i\geqslant\delta, i=1,2,\cdots,n\}$，这是一个有界闭集，又 $f(\boldsymbol{x}) \in C(\Omega_1)$，所以存在最大值和最小值，但在 $\partial\Omega_1$ 及 $\Omega\backslash\Omega_1$ 上，$f(\boldsymbol{x}) > \dfrac{n}{\sqrt[n]{a}}$，故 $f(\boldsymbol{x})$ 在 Ω 上的最小值为 $f(\boldsymbol{x}_0) = \dfrac{n}{\sqrt[n]{a}}$，即

$$\sum_{i=1}^{n}\frac{1}{x_i} \geqslant \frac{n}{\sqrt[n]{a}}, \boldsymbol{x} \in \Omega,$$

将 $\prod\limits_{i=1}^{n}x_i = a$ 代入上式，有

$$n\left(\sum_{i=1}^{n}\frac{1}{x_i}\right)^{-1} \leqslant \sqrt[n]{\prod_{i=1}^{n}x_i}, x_i > 0 \quad (i=1,2,\cdots,n).$$

这是著名不等式“调和平均不大于几何平均”，当且仅当 $x_1 = x_2 = \cdots = x_n$ 时等号成立.

本题若改为求目标函数 $f(\boldsymbol{x}) = \prod\limits_{i=1}^{n}x_i\ (x_i>0\quad i=1,2,\cdots,n)$ 在条件 $\sum\limits_{i=1}^{n}\dfrac{1}{x_i} = a\ (a>0)$ 下的最小值，并由此导出相应的不等式，请读者自行练习并与例 8.39 对比，考察一个问题的这两种处理形式的等价性.

习题 8.5

1. 设函数 $f(x,y)$ 在平面区域 D 上可微，线段 PQ 位于 D 内，坐标分别为 $P(a,b)$，$Q(x,y)$，求证：在线段 PQ 上存在点 $M(\xi,\eta)$，使得 $f(x,y) = f(a,b) + f'_x(\xi,\eta)(x-a) + f'_y(\xi,\eta)(y-b)$.

2. 通过对 $F(x,y)=\sin x\cos y$ 使用中值定理，证明对 $\theta\in(0,1)$，有

$$\frac{3}{4}=\frac{\pi}{3}\cos\frac{\pi\theta}{3}\cos\frac{\pi\theta}{6}-\frac{\pi}{6}\sin\frac{\pi\theta}{3}\sin\frac{\pi\theta}{6}.$$

3. 求下列函数在指定点处的泰勒公式：

(1) $f(x,y)=\sin(x^2+y^2)$ 在点 $(0,0)$（到二阶为止）；

(2) $f(x,y)=\frac{y}{x}$ 在点 $(1,1)$（到三阶为止）；

(3) $f(x,y)=\ln(1+x+y)$ 在点 $(0,0)$；

(4) $f(x,y)=2x^2-xy-y^2-6x-3y+5$ 在点 $(1,-2)$.

4. 求下列函数的极值点：

(1) $z=x^2-xy+y^2-2x+y$；　　(2) $z=e^{2x}(x+y^2+2y)$.

5. 求下列函数在指定范围内的最大值与最小值：

(1) $z=x^2-y^2,\{(x,y)\mid x^2+y^2\leqslant 4\}$；

(2) $z=x^2-xy+y^2,\{(x,y)\mid |x|+|y|\leqslant 1\}$；

(3) $z=\sin x+\sin y-\sin(x+y),\{(x,y)\mid x\geqslant 0,y\geqslant 0,x+y\leqslant 2\pi\}$.

6. 在已知周长为 $2p$ 的一切三角形中，求出面积为最大的三角形.

7. 已知平面上 n 个点的坐标分别是 $A_1(x_1,y_1),A_2(x_2,y_2),\cdots,A_n(x_n,y_n)$，试求一点，使它与这 n 个点距离的平方和最小.

8. 在 xOy 平面上求一点，使得它到三直线 $x=0,y=0$ 以及 $x+2y-16=0$ 的距离的平方和为最小.

9. 设 $z=z(x,y)$ 是由 $x^2-6xy+10y^2-2yz-z^2+18=0$ 确定的函数，求 $z=z(x,y)$ 的极值点和极值.

10. 试证明：二次型 $f(x,y,z)=Ax^2+By^2+Cz^2+2Dyz+2Ezx+2Fxy$ 在单位球面 $x^2+y^2+z^2=1$ 上的最大值和最小值恰好是矩阵 $\boldsymbol{\Phi}=\begin{bmatrix}A&F&E\\F&B&D\\E&D&C\end{bmatrix}$ 的最大特征值和最小特征值.

11. 设 n 为正整数，$x,y>0$. 用条件极值的方法证明：

$$\frac{x^n+y^n}{2}\geqslant\left(\frac{x+y}{2}\right)^n.$$

12. 求曲线 $\begin{cases}2x-3y+z=5,\\2x^2+3y^2+z^2=30\end{cases}$ 上 z 坐标的最大值和最小值.

13. 证明：函数 $z=(1+e^y)\cos x-ye^y$ 有无穷多个极大值而无一极小值.

14. 求椭球面 $\frac{x^2}{3}+\frac{y^2}{2}+z^2=1$ 被平面 $x+y+z=0$ 所截得的椭圆的面积.

15. 求原点到曲线 $\begin{cases}x^2+y^2=z,\\x+y+z=1\end{cases}$ 的最长距离和最短距离.

16. 修建一个容积为常量 V 的长方体地下仓库,已知仓库和墙壁每单位面积的造价分别是地面每单位面积造价的 3 倍和 2 倍,问如何设计仓库的长、宽和高,使造价最小.

17. 当 $x>0,y>0$ 且 $x+4y+6z\pm 21=0$ 时,求函数

$$f(x,y)=\frac{1}{a}x^a+\frac{1}{b}y^b$$

的最小值,其中,$a>0,b>0$ 且 $\frac{1}{a}+\frac{1}{b}=1$,并证明对任意的 $u>0,v>0$ 都有下面的不等式成立:

$$\frac{1}{a}u^a+\frac{1}{b}v^b\geqslant uv.$$

18. 证明不等式 $abc^3\leqslant 27\left(\frac{a+b+c^5}{5}\right)(a>0,b>0,c>0)$.

19. 证明:当 $x\geqslant 0,y\geqslant 0$ 时,$\frac{x^2+y^2}{4}\leqslant \mathrm{e}^{x+y-2}$.

20. 求 $f(x,y)=3(x-2y)^2+x^3-8y^3$ 的极值,并说明 $f(0,0)=0$ 不是 $f(x,y)$ 的极值.

21. 设二元函数 $f(x,y)$ 在平面上有二阶连续偏导数. 对任意角度 α,定义一元函数

$$g_\alpha(t)=f(t\cos\alpha,t\sin\alpha),$$

若对任意 α 都有 $\frac{\mathrm{d}g_\alpha(0)}{\mathrm{d}t}=0,\frac{\mathrm{d}^2g_\alpha(0)}{\mathrm{d}t^2}>0$,证明:

$f(0,0)$ 是 $f(x,y)$ 的极小值.

8.6 多元函数微分学的几何应用

8.6.1 曲面的切平面与法线

在空间直角坐标系中,曲面的方程至少在局部可以表示为

(1) 显式方程　　$z=f(x,y)$.

(2) 隐式方程　　$F(x,y,z)=0$.

除此之外,还有第三种表示方法,即

(3) 参数方程

$$\begin{cases}x=x(u,v),\\ y=y(u,v),\quad (u,v)\in\sigma.\\ z=z(u,v),\end{cases}$$

或写成向量函数:

$$\boldsymbol{r}=\boldsymbol{r}(u,v)=(x(u,v),y(u,v),z(u,v)),\quad (u,v)\in\sigma,$$

即在映射 $\boldsymbol{r}:\sigma\subset\mathbb{R}^2\to\mathbb{R}^3$ 下,σ 的像集一般地构成 $\mathbb{R}^3$ 中的一个曲面 S(见图 8-8),其中,$\boldsymbol{r}$ 为曲面 $S\subset\mathbb{R}^3$ 点的位置向量.

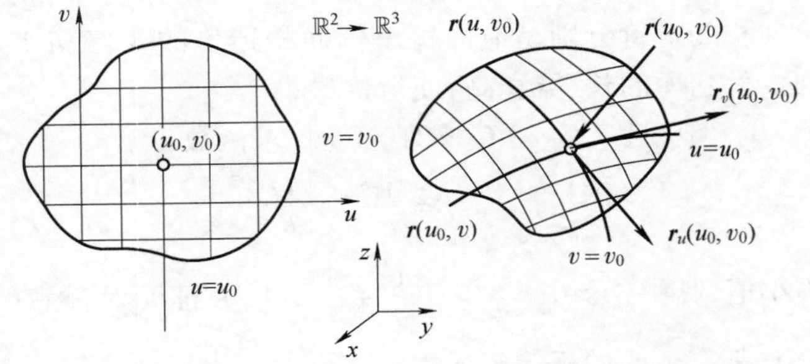

图 8-8

设$(u_0,v_0)\in\sigma$，在 uOv 平面上固定 $v=v_0$，让 u 在 σ 中变动，则(u,v_0)被映射到 S 上的一条曲线 $\boldsymbol{r}=\boldsymbol{r}(u,v_0)$，称为曲面 S 上过 $\boldsymbol{r}=\boldsymbol{r}(u_0,v_0)$点的 ***u* 坐标曲线**，简称 ***u* 线**$(v=v_0)$. 同样，当固定 $u=u_0$ 时，$\boldsymbol{r}=\boldsymbol{r}(u_0,v)$为曲面 S 上过 $\boldsymbol{r}=\boldsymbol{r}(u_0,v_0)$点的 ***v* 线**$(\mathbf{u}=\mathbf{v}_0)$. 这样，过曲面 $\mathbf{S}$ 上每个点 $\boldsymbol{r}=\boldsymbol{r}(u_0,v_0)$，一般有一条 u 线和一条 v 线，它们的全体构成曲面 S 上的**参数曲线网**，简称为**坐标网**，u,v 也称为曲面上的**曲线坐标**(见图 8-8).

设向量函数 $\boldsymbol{r}=\boldsymbol{r}(u,v)$在 σ 上有连续的一阶偏导，其偏导数为

$$\boldsymbol{r}_u=\left(\frac{\partial x(u,v)}{\partial u},\frac{\partial y(u,v)}{\partial u},\frac{\partial z(u,v)}{\partial u}\right),\boldsymbol{r}_v=\left(\frac{\partial x(u,v)}{\partial v},\frac{\partial y(u,v)}{\partial v},\frac{\partial z(u,v)}{\partial v}\right),$$

则 u 线和 v 线在点 $\boldsymbol{r}=\boldsymbol{r}(u_0,v_0)$处的切向量分别是 $\boldsymbol{r}_u(u_0,v_0)$和$\boldsymbol{r}_v(u_0,v_0)$.

若 $\boldsymbol{r}_u(u_0,v_0)\times\boldsymbol{r}_v(u_0,v_0)\neq\mathbf{0}$，即雅可比矩阵的秩 $\operatorname{rank}(J_r(u_0,v_0))=2$，点$(u_0,v_0)$称为曲面 S 的**正则点**，若任意$(u,v)\in\sigma$ 均是曲面 S 的正则点，则称曲面 S 是 σ 上的**正则曲面**.

定义 8.22 在正则点处的向量

$$\boldsymbol{n}=\boldsymbol{r}_u\times\boldsymbol{r}_v \text{ 或 } \boldsymbol{n}=-\boldsymbol{r}_u\times\boldsymbol{r}_v$$

称为曲面 S 在该点的**法向量**.

例 8.40 旋转曲面.

将 xOz 平面中的一条光滑曲线 C：$x=f(v)$，$z=g(v)$ $(\alpha\leqslant v\leqslant\beta)$绕 z 轴旋转一周时，所生成的旋转曲面方程为

$$\boldsymbol{r}=(f(v)\cos u,f(v)\sin u,g(v)),\sigma=\{(u,v)\mid 0\leqslant u\leqslant 2\pi,\alpha\leqslant v\leqslant\beta\},$$

此时 u 线称为纬线，易见所有的纬线都是圆. v 线称为经线，每条经线都落在过 z 轴的一个平面上，而且与曲线 C 相交. 由

$$\boldsymbol{r}_u=(-f\sin u,f\cos u,0),\boldsymbol{r}_v=(f'\cos u,f'\sin u,g'),$$

$$\boldsymbol{r}_u\times\boldsymbol{r}_v=f(g'\cos u,g'\sin u,-f'),$$

显然，当 $f\neq0$，$(f')^2+(g')^2\neq0$ 时，旋转曲面为正则曲面.

下面是三种特殊的旋转曲面.

(1) 球面.

$C: x=R\sin\varphi, z=R\cos\varphi(0\leqslant\varphi\leqslant\pi)$ 绕 z 轴旋转一周所成的曲面为球心在原点、半径为 R 的球面，其方程为

$$\boldsymbol{r}=(R\sin\varphi\cos\theta, R\sin\varphi\sin\theta, R\cos\varphi), \sigma=\{(\theta,\varphi)\mid 0\leqslant\theta\leqslant 2\pi, 0\leqslant\varphi\leqslant\pi\}.$$

这时，两族坐标曲线是球面上的纬圆（θ 曲线）和经圆（φ 曲线）. 除了两极点 $(0,0,R)$，$(0,0,-R)$ 外球面是正则的.

（2）圆环面.

$C: x=b+a\cos v, z=a\sin v(b>a>0)$ 绕 z 轴旋转一周所成的圆环面（轮胎）方程为

$$\boldsymbol{r}=((b+a\cos\varphi)\cos\theta, (b+a\cos\varphi)\sin\theta, r\sin v), \sigma=\{(\theta,\varphi)\mid 0\leqslant\theta,\varphi\leqslant 2\pi\},$$

圆环面是正则曲面.

（3）悬链面.

$C: x=a\operatorname{ch}\dfrac{v}{a}, z=v(a>0)$ 绕 z 轴旋转一周所成的悬链面方程为

$$\boldsymbol{r}=\left(a\operatorname{ch}\frac{v}{a}\cos u, a\operatorname{ch}\frac{v}{a}\sin u, v\right), \sigma=\{(u,v)\mid 0\leqslant u\leqslant 2\pi, -\infty<v<+\infty\},$$

悬链面是正则曲面.

$$\boldsymbol{n}=\frac{1}{\operatorname{ch}\dfrac{v}{a}}\left\{\cos u, \sin u, -sh\frac{v}{a}\right\}\cdot\boldsymbol{r}_u\times\boldsymbol{r}_v=f(g'\cos u, g'\sin u, -f').$$

请读者自行练习给出半径为 R、对称轴为 z 轴的圆柱面和以原点为顶点、对称轴为 z 轴、半顶角为 α 的圆锥面的参数方程，并讨论它们的正则性.

定理 8.24　曲面 S 上过正则点 $\boldsymbol{r}=\boldsymbol{r}(u_0,v_0)$ 的任意曲线的切向量都与曲面 S 在该点的法向量正交.

证　设 C 是曲面 S 上经过点 $\boldsymbol{r}=\boldsymbol{r}(u_0,v_0)$ 的任意一条光滑曲线，其方程为

$$C: \boldsymbol{r}=\boldsymbol{r}(u(t),v(t)), a\leqslant t\leqslant b,$$

曲线 C 的映射关系是

$$t\to(u(t),v(t))\to r(u(t),v(t)).$$

设点 $\boldsymbol{r}=\boldsymbol{r}(u_0,v_0)$ 对应的参数为 t_0，按照链式法则，有

$$\dot{\boldsymbol{r}}(t_0)=\boldsymbol{r}_u(u_0,v_0)\dot{u}(t_0)+\boldsymbol{r}_v(u_0,v_0)\dot{v}(t_0).$$

$$\begin{aligned}\pm\dot{\boldsymbol{r}}(t_0)\cdot\boldsymbol{n}&=\dot{\boldsymbol{r}}(t_0)\cdot[\boldsymbol{r}_u(u_0,v_0)\times\boldsymbol{r}_v(u_0,v_0)]\\&=\pm\{[\boldsymbol{r}_u\dot{u}(t_0)+\boldsymbol{r}_v\dot{v}(t_0)]\cdot[\boldsymbol{r}_u\times\boldsymbol{r}_v]\}\big|_{(u_0,v_0)}\\&=\pm[\boldsymbol{r}_u\cdot(\boldsymbol{r}_u\times\boldsymbol{r}_v)\dot{u}(t_0)+\boldsymbol{r}_v\cdot(\boldsymbol{r}_u\times\boldsymbol{r}_v)\dot{v}(t_0)]\big|_{(u_0,v_0)}=0.\end{aligned}$$

这表明，曲面 S 上经过点 $\boldsymbol{r}=\boldsymbol{r}(u_0,v_0)$ 的任意一条曲线 C 的切向量 $\dot{\boldsymbol{r}}(t_0)$ 均落在经过该点，以 $\boldsymbol{n}=\boldsymbol{r}_u(u_0,v_0)\times\boldsymbol{r}_v(u_0,v_0)$ 为法向量的一个平面 π 上，这个平面 π 称为曲面 S 在点 $\boldsymbol{r}=\boldsymbol{r}(u_0,v_0)$ 的**切平面**，法向量 $\boldsymbol{n}$ 称为曲面 S 在点 $\boldsymbol{r}=\boldsymbol{r}(u_0,v_0)$ 的法向量，经过点 $\boldsymbol{r}=\boldsymbol{r}(u_0,v_0)$，以法向量 $\boldsymbol{n}$ 为方向向量的直线称为曲面 S 在点 $\boldsymbol{r}=\boldsymbol{r}(u_0,v_0)$ 的

法线. 设 $\boldsymbol{\rho}=(x,y,z)$ 分别是切平面和法线上的动点，记

$$\boldsymbol{r}=\boldsymbol{r}(u_0,v_0)=(x_0,y_0,z_0),$$

$$\pm\boldsymbol{n}=\boldsymbol{r}_u(u_0,v_0)\times\boldsymbol{r}_v(u_0,v_0)=\left(\frac{\partial(y,z)}{\partial(u,v)},\frac{\partial(z,x)}{\partial(u,v)},\frac{\partial(x,y)}{\partial(u,v)}\right)\bigg|_{(u_0,v_0)}=(A,B,C),$$

曲面 S 在点 $\boldsymbol{r}=\boldsymbol{r}(u_0,v_0)$ 处的切平面方程为

$$[\boldsymbol{\rho}-\boldsymbol{r}(u_0,v_0)]\cdot\boldsymbol{n}=0,$$

或

$$\boxed{A(x-x_0)+B(y-y_0)+C(z-z_0)=0;}$$

曲面 S 在点 $\boldsymbol{r}=\boldsymbol{r}(u_0,v_0)$ 处的法线方程为

$$\boldsymbol{\rho}=\boldsymbol{r}(u_0,v_0)+t\boldsymbol{n},\quad -\infty<t<+\infty.$$

或

$$\boxed{\frac{x-x_0}{A}=\frac{y-y_0}{B}=\frac{z-z_0}{C}.}$$

（1）对于显式方程表示的曲面

$$S:z=f(x,y),(x,y)\in\boldsymbol{\sigma},$$

可将其化为参数方程

$$\boldsymbol{r}=\boldsymbol{r}(x,y)=(x,y,f(x,y)),(x,y)\in\boldsymbol{\sigma}.$$

$$\boldsymbol{r}_x=(1,0,f_x(x,y)),\boldsymbol{r}_y=(0,1,f_y(x,y)).$$

设 $f(x,y)\in C^{(1)}(\boldsymbol{\sigma})$，曲面法向量为

$$\boldsymbol{n}=\pm\boldsymbol{r}_x\times\boldsymbol{r}_y=\pm(-f_x(x,y),-f_y(x,y),1)\,/\!/\,(f_x(x,y),f_y(x,y),-1),$$

曲面在 (x_0,y_0,z_0) $(z_0=f(x_0,y_0))$ 处的切平面和法线方程分别为

$$\boxed{z-z_0=f_x(x_0,y_0)(x-x_0)+f_y(x_0,y_0)(y-y_0),}$$

和

$$\boxed{\frac{x-x_0}{f_x(x_0,y_0)}=\frac{y-y_0}{f_y(x_0,y_0)}=\frac{z-z_0}{-1}.}$$

（2）对于隐式方程表示的曲面

$$S:F(x,y,z)=0,$$

设 $P_0(x_0,y_0,z_0)\in S,F(x,y,z)\in C^{(1)}(S)$，且 $\mathbf{grad}\,F(x_0,y_0,z_0)\neq\mathbf{0}$，不妨设 $F_z(x_0,y_0,z_0)\neq0$，则由隐函数存在定理至少在点 $P_0(x_0,y_0,z_0)$ 的附近存在隐函数 $z=z(x,y)$，且

$$z_x(x,y)=-\frac{F_x}{F_z},z_y(x,y)=-\frac{F_y}{F_z},$$

$$\boldsymbol{n}=\pm\boldsymbol{r}_x\times\boldsymbol{r}_y=\pm\left(\frac{F_x}{F_z},\frac{F_y}{F_z},1\right)/\!/\,(F_x,F_y,F_z),$$

曲面在点 $P_0(x_0,y_0,z_0)$ 处的切平面和法线方程分别为

$$\boxed{F_x(x_0,y_0,z_0)(x-x_0)+F_y(x_0,y_0,z_0)(y-y_0)+F_z(x_0,y_0,z_0)(z-z_0)=0,}$$

和

$$\boxed{\frac{x-x_0}{F_x(x_0,y_0,z_0)}=\frac{y-y_0}{F_y(x_0,y_0,z_0)}=\frac{z-z_0}{F_z(x_0,y_0,z_0)}.}$$

例 8.41　求下列曲面在指定点处的切平面方程与法线方程.

（1）悬链面 $\boldsymbol{r}=\left(a\operatorname{ch}\frac{v}{a}\cos u, a\operatorname{ch}\frac{v}{a}\sin u, v\right)$，在 $(u,v)=\left(\frac{\pi}{4},a\right)$ 处；

（2）$\mathrm{e}^{\frac{x}{z}}+\mathrm{e}^{\frac{y}{z}}=4$，在点 $(\ln 2,\ln 2,1)$ 处.

解　（1）悬链面的法向量为

$$\sigma=\{(u,v)\mid 0\leqslant u\leqslant 2\pi,-\infty<v<+\infty\},$$

是正则曲面

$$(\boldsymbol{r}_u\times\boldsymbol{r}_v)\Big|_{\left(\frac{\pi}{4},a\right)}=a\operatorname{ch}\frac{v}{a}\left(\cos u,\sin u,-\operatorname{sh}\frac{v}{a}\right)\Big|_{\left(\frac{\pi}{4},a\right)}/\!/(\sqrt{2},\sqrt{2},-2\operatorname{sh}1),$$

当 $(u,v)=\left(\frac{\pi}{4},a\right)$ 时，$\boldsymbol{r}=\left(\frac{a\operatorname{ch}1}{\sqrt{2}},\frac{a\operatorname{sh}1}{\sqrt{2}},a\right)$，故所求切平面方程为

$$\sqrt{2}\left(x-\frac{a\operatorname{ch}1}{\sqrt{2}}\right)+\sqrt{2}\left(y-\frac{a\operatorname{sh}1}{\sqrt{2}}\right)-2\operatorname{sh}1(z-a)=0,$$

即

$$\sqrt{2}x+\sqrt{2}y-2\operatorname{sh}1\cdot z+a(\operatorname{sh}1-\operatorname{ch}1)=0,$$

所求法线方程为

$$\frac{x-\frac{a\operatorname{ch}1}{\sqrt{2}}}{\sqrt{2}}=\frac{y-\frac{a\operatorname{sh}1}{\sqrt{2}}}{\sqrt{2}}=\frac{z-a}{-2\operatorname{sh}1}.$$

（2）设 $F(x,y,z)=\mathrm{e}^{\frac{x}{z}}+\mathrm{e}^{\frac{y}{z}}-4$，则

$$\begin{aligned}\mathbf{grad}\,F(\ln 2,\ln 2,1)&=\left(\frac{1}{z}\mathrm{e}^{\frac{x}{z}},\frac{1}{z}\mathrm{e}^{\frac{y}{z}},-\frac{1}{z^2}\left(x\mathrm{e}^{\frac{x}{z}}+y\mathrm{e}^{\frac{y}{z}}\right)\right)\Big|_{(\ln 2,\ln 2,1)}\\&=(2,2,-4\ln 2)/\!/(1,1,-2\ln 2),\end{aligned}$$

所求切平面方程为

$$x+y-\ln 4\cdot z=0.$$

所求法线方程为

$$\frac{x-\ln 2}{1}=\frac{y-\ln 2}{1}=\frac{z-1}{-2\ln 2}$$

注 1　若曲面 S 上每一点都有切平面，且当点在曲面上连续变动时，切平面也连续变动，则称该曲面是**光滑的**，若曲面 S 由有限个光滑曲面组成，则称其为**分片光滑曲面**.

注 2　全微分的几何意义.

考察切平面方程

$$z-z_0=f_x(x_0,y_0)(x-x_0)+f_y(x_0,y_0)(y-y_0),$$

等式右端正好是 $z=f(x,y)$ 在点 (x_0,y_0) 的全微分 $\mathrm{d}z$，左端是曲面 $z=f(x,y)$ 在点 (x_0,y_0,z_0) 处切平面上点的 z 坐标增量，由此可知，在几何上，全微分 $\mathrm{d}z$ 表示曲面 $z=f(x,y)$ 在点 (x_0,y_0,z_0) 处的切平面上点的 z 坐标的增量.

注 3 梯度与等值线(面)的关系.

可微函数 $z=f(x,y)$ 在点 $P(x,y)$ 的梯度方向与过点 P 的等高线 $f(x,y)=C$ 在该点的一条法线的方向相同,且从数值较低的等高线指向数值较高的等高线(见图 8-9).

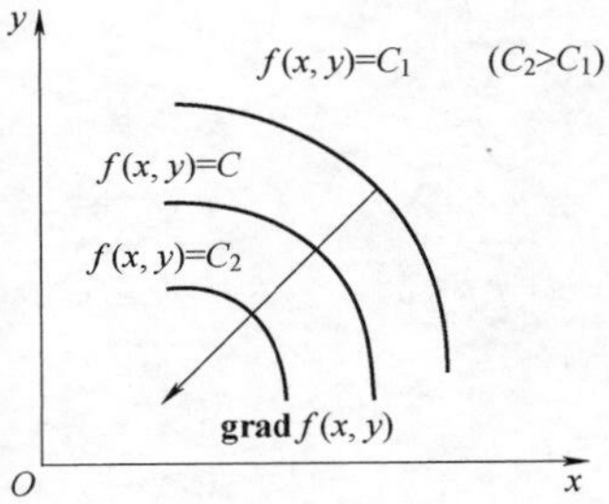

图 8-9

事实上,$f(x,y)=C$ 上的任一点 $P(x,y)$ 处的切线的方向向量为 $\boldsymbol{\tau}=(\mathrm{d}x,\mathrm{d}y)$.

另一方面,对 $f(x,y)=C$ 两边求全微分,得 $f_x\mathrm{d}x+f_y\mathrm{d}y=0$,即

$$<\mathbf{grad}\,f(x,y),\boldsymbol{\tau}>=0.$$

于是函数 $z=f(x,y)$ 在点 $P(x,y)$ 的梯度垂直于等高线 $f(x,y)=C$ 在该点处的切线.

类似地,设曲面 $f(x,y,z)=C$ 为可微函数 $u=f(x,y,z)$ 的等量面. 由曲面法向量 $n=\pm r_x\times r_y=\pm\left(\frac{F_x}{F_z},\frac{F_y}{F_z},1\right)/\!/(F_x,F_y,F_z)$ 知,此函数在点 $P(x,y,z)$ 的梯度的方向与过点 $P(x,y,z)$ 的等量面 $f(x,y,z)=C$ 在该点的一条法线的方向相同,且从数值较低的等量面指向数值较高的等量面,而梯度的模等于函数在这个法线方向的方向导数.

8.6.2 空间曲线的切线与法平面

在空间直角坐标系中,空间曲线方程有两种表示形式.

(1) 参数方程

$$L:\boldsymbol{r}=\boldsymbol{r}(t)=(x(t),y(t),z(t)),\quad t\in[\alpha,\beta],$$

或

$$x=\varphi(t),y=\psi(t),z=\omega(t),t\in[\alpha,\beta].$$

(2) 一般式

$$L:\begin{cases}F(x,y,z)=0,\\G(x,y,z)=0.\end{cases}$$

对于空间曲线的参数方程,当 $\boldsymbol{r}(t)$ 可微,且 $\dot{\boldsymbol{r}}(t)\neq\boldsymbol{0}$ 时,

$$\boldsymbol{r}(t_0)=(x(t_0),y(t_0),z(t_0))\xlongequal{\text{记作}}(x_0,y_0,z_0),$$

由 8.3 节知,$\boldsymbol{r}(t_0)$ 处的切向量为

$$\dot{\boldsymbol{r}}(t_0)=(x'(t_0),y'(t_0),z'(t_0))^{\mathrm{T}}.$$

曲线在 t_0 处的切线方程为

$$\boldsymbol{\rho}=\boldsymbol{r}(t_0)+t\dot{\boldsymbol{r}}(t_0).$$

或

$$\boxed{\frac{x-x_0}{x'(t_0)}=\frac{y-y_0}{y'(t_0)}=\frac{z-z_0}{z'(t_0)}.}$$

经过点 $\boldsymbol{r}(t_0)$、以 $\dot{\boldsymbol{r}}(t_0)$ 为法向量的平面称为曲线在点 t_0 处的**法平面**,法平面方程为

$$[\boldsymbol{\rho}-\boldsymbol{r}(t_0)]\cdot\dot{\boldsymbol{r}}(t_0)=0.$$

或

$$\boxed{x'(t_0)(x-x_0)+y'(t_0)(y-y_0)+z'(t_0)(z-z_0)=0.}$$

对于空间曲线的一般式方程,设 $P_0(x_0,y_0,z_0)\in L$,若方程组 $\begin{cases}F(x,y,z)=0,\\G(x,y,z)=0\end{cases}$ 在 $U(P_0)$ 内满足隐函数组存在定理的条件,不妨设 $\dfrac{\partial(F,G)}{\partial(y,z)}\neq 0$,则方程组在 $U(P_0)$ 内存在隐函数组 $\begin{cases}y=y(x),\\z=z(x),\end{cases}$ 此时可将一般方程写为参数方程

$$\boldsymbol{r}=(x,y(x),z(x)),$$

在 $P_0(x_0,y_0,z_0)$ 处的切向量为

$$\boldsymbol{\tau}=(1,y'(x_0),z'(x_0)),$$

其中

$$y'(x)=\frac{\partial(F,G)}{\partial(x,z)}\bigg/\frac{\partial(F,G)}{\partial(y,z)},z'(x)=\frac{\partial(F,G)}{\partial(y,x)}\bigg/\frac{\partial(F,G)}{\partial(y,z)}.$$

切线方程为

$$\boxed{\frac{x-x_0}{1}=\frac{y-y_0}{y'(x_0)}=\frac{z-z_0}{z'(x_0)}.}$$

法平面方程为

$$\boxed{(x-x_0)+y'(x_0)(y-y_0)+z'(x_0)(z-z_0)=0.}$$

注 1　一般式方程表示的空间曲线 L 是两个曲面的交线,在 $P(x,y,z)$ 处的切向量同时垂直于两曲面在点 $P(x,y,z)$ 处的法向量,于是

$$\begin{matrix}\boldsymbol{n}_F=(F_x,F_y,F_z)\\ \boldsymbol{n}_G=(G_x,G_y,G_z)\end{matrix}\Rightarrow\boldsymbol{\tau}=\boldsymbol{n}_F\times\boldsymbol{n}_G=\begin{vmatrix}\boldsymbol{i}&\boldsymbol{j}&\boldsymbol{k}\\F_x&F_y&F_z\\G_x&G_y&G_z\end{vmatrix}$$

$$=\left(\frac{\partial(F,G)}{\partial(y,z)},\frac{\partial(F,G)}{\partial(z,x)},\frac{\partial(F,G)}{\partial(x,y)}\right).$$

确定了切向量,就可容易地写出曲线在一点的切线方程和法平面方程,这种方法更直观好记.

注 2　若曲线 L 上的每一点都有切线,且当点在曲线 L 上连续变动时,切线也连续变动,则称该曲线是**光滑的**,若曲线 L 由有限条光滑曲线组成,则称其为**分段光滑曲线**.

显然,对于曲线 $L:\boldsymbol{r}=\boldsymbol{r}(t)$,当 $\boldsymbol{r}(t)$ 有连续的导数,且 $\dot{\boldsymbol{r}}(t)\neq\boldsymbol{0}$ 时,则 L 是光滑曲线.

例 8.42　求下列曲线在给定点的切线和法平面方程.

(1) $\boldsymbol{r}=(3\cos t,3\sin t,4t)$,在点 $\left(\dfrac{3}{\sqrt{2}},\dfrac{3}{\sqrt{2}},\pi\right)$ 处;

(2) $\begin{cases}x^2+y^2=10,\\ y^2+z^2=25\end{cases}$在点(1,3,4)处.

解 (1) 曲线上的点$\left(\frac{3}{\sqrt{2}},\frac{3}{\sqrt{2}},\pi\right)$对应于参数 $t=\frac{\pi}{4}$.

$$\dot{\boldsymbol{r}}\left(\frac{\pi}{4}\right)=(-3\sin t,3\cos t,4)\Big|_{t=\frac{\pi}{4}}=\left(-\frac{3}{\sqrt{2}},\frac{3}{\sqrt{2}},4\right)/\!/(-3,3,4\sqrt{2}),$$

所求切线方程为

$$\frac{x-\frac{3}{\sqrt{2}}}{-3}=\frac{y-\frac{3}{\sqrt{2}}}{3}=\frac{z-\pi}{4\sqrt{2}},$$

所求法平面方程为

$$-3\left(x-\frac{3}{\sqrt{2}}\right)+3\left(y-\frac{3}{\sqrt{2}}\right)+4\sqrt{2}(z-\pi)=0,$$

即

$$3x-3y-4\sqrt{2}z+4\sqrt{2}\pi=0.$$

(2) 令$\begin{cases}F(x,y,z)=x^2+y^2-10,\\ G(x,y,z)=y^2+z^2-25,\end{cases}$则有

$$\boldsymbol{\tau}=\boldsymbol{n}_F\times\boldsymbol{n}_G=\begin{vmatrix}\boldsymbol{i}&\boldsymbol{j}&\boldsymbol{k}\\ F_x&F_y&F_z\\ G_x&G_y&G_z\end{vmatrix}=\begin{vmatrix}\boldsymbol{i}&\boldsymbol{j}&\boldsymbol{k}\\ 2x&2y&0\\ 0&2y&2z\end{vmatrix}=4(yz,-zx,xy),$$

$$\boldsymbol{\tau}\Big|_{(1,3,4)}=4(12,-4,3).$$

所求切线方程

$$\frac{x-1}{12}=\frac{y-3}{-4}=\frac{z-4}{3},$$

所求法平面方程

$$12(x-1)-4(y-3)+3(z-4)=0,$$

即

$$12x-4y+3z-12=0.$$

例 8.43 求函数 $f(x,y,z)=x^2+y^z$ 在点 $P_0(1,1,1)$处沿曲线 $\begin{cases}x=t,\\ y=2t^2-1,\\ z=t^3\end{cases}$在该点切线方向的方向导数.

解 曲线上点 $P_0(1,1,1)$对应于参数 $t=1$,则曲线在点 $P_0(1,1,1)$处的切向量为

$$\boldsymbol{\tau}=(1,4t,3t^2)\Big|_{t=1}=(1,4,3),$$

$$\boldsymbol{\tau}^0=\frac{1}{\sqrt{26}}(1,4,3).$$

$$\textbf{grad}\,f(P_0)=(2x,zy^{z-1},y^z\ln y)\Big|_{P_0}=(2,1,0),$$

所求方向导数为

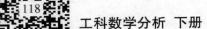

$$\left.\frac{\partial f}{\partial l}\right|_{P_0} = <\mathbf{grad}\, f(P_0), \boldsymbol{\tau}^0> = \frac{6}{\sqrt{26}}.$$

习题8.6

1. 求曲面 $z=\arctan\dfrac{y}{x}$ 在点 $\left(1,1,\dfrac{\pi}{4}\right)$ 处的切平面方程和法线方程.
2. 求曲面 $3x^2+y^2-z^2=27$ 在点 $(3,1,1)$ 处的切平面方程与法线方程.
3. 在曲面 $z=xy$ 上求一点，使这点的切平面平行于平面 $x+3y+z+9=0$，并写出其切平面方程和法线方程.
4. 求曲面 $x^2+2y^2+3z^2=21$ 的切平面，使它平行于平面 $x+4y+6z=0$.
5. 证明：曲面 $F(x-az,y-bz)=0$ 的切平面与某一定直线平行，其中，a,b 为常数.
6. 证明：曲面 $z=xe^{\frac{x}{y}}$ 的每一切平面都通过原点.
7. 求两曲面 $F(x,y,z)=0,G(x,y,z)=0$ 的交线在 xOy 平面上的投影曲线的切线方程.
8. 求曲线 $\begin{cases}3x^2+2y^2=12,\\ z=0\end{cases}$ 绕 y 轴旋转一周所得旋转面在点 $(0,\sqrt{3},\sqrt{2})$ 处由内部指向外部的单位法向量.
9. 设 $\boldsymbol{n}$ 是曲面 $2x^2+3y^2+z^2=6$ 在点 $P_0(1,1,1)$ 处由内部指向外部的法向量，求函数 $u=\dfrac{1}{z}\sqrt{6x^2+8y^2}$ 在 P_0 处沿方向 $\boldsymbol{n}$ 的方向导数.
10. 求函数 $u=\dfrac{x}{\sqrt{x^2+y^2+z^2}}$ 在点 $P_0(1,2,-2)$ 处沿曲线 $x=t,y=2t^2,z=-2t^4$ 在点 P_0 处的与参数增加方向一致的切向量方向上的方向导数.
11. 两个曲面在交线上某点的交角，是指两曲面在该点的法线的交角. 证明：球面 $x^2+y^2+z^2=R^2$ 与锥面 $x^2+y^2=k^2z^2$ 正交（即交角为 $\pi/2$）.
12. 设直线 l：$\begin{cases}x+y+b=0,\\ x+ay-z-3=0\end{cases}$ 在平面 π 上，而平面 π 与曲面 $z=x^2+y^2$ 相切于点 $(1,-2,5)$，求 a,b 的值.
13. 在曲线 $x=t,y=-t^2,z=t^3$ 上，求与平面 $z+2y+z=4$ 平行的切线方程.
14. 证明：曲面 $xyz=a^3(a>0)$ 的切平面与坐标面形成体积一定的四面体.

15. 曲面 $z+\sqrt{x^2+y^2+z^2}=x^3f\left(\dfrac{y}{x}\right)$ 任意点的切平面在 Oz 轴上的截距与切点到坐标原点的距离之比为常数，并求出该常数.

16. 设光滑封闭曲面 $S: F(x,y,z)=0$，证明：S 上任何两个相距最远点处的切线平面互相平行，且垂直于这两点的连线.

17. $f(x,y)$ 在 $(2,-2)$ 可微，满足 $f(\sin(xy)+2\cos x, xy-2\cos y)=1+x^2+y^2+o(x^2+y^2)$，求曲面 $z=f(x,y)$ 在点 $(2,-2,f(2,-2))$ 处的切平面方程.

18. 过直线 $\begin{cases}10x+2y-2z=27,\\ x+y-z=0\end{cases}$ 作曲面 $3x^2+y^2-z^2=27$ 的切平面，求切平面方程.

19. 设 $f(u,v)$ 在全平面上有连续的偏导数，试证明：曲面 $f\left(\dfrac{x-a}{z-c},\dfrac{y-b}{z-c}\right)=0$ 的所有切平面都交于点 (a,b,c).

20. 设 $F(x,y,z)$ 和 $G(x,y,z)$ 有连续偏导数，$\dfrac{\partial(F,G)}{\partial(x,z)}\neq 0$，曲线 Γ：$\begin{cases}F(x,y,z)=0,\\ G(x,y,z)=0\end{cases}$ 过点 $P_0(x_0,y_0,z_0)$. 记 Γ 在 xOy 平面上的投影曲线为 S. 求 S 上过点 (x_0,y_0) 的切线方程.

第 9 章 多元函数积分学

本章将介绍多元函数积分学的基本概念、计算方法及其应用.

本章将定积分概念推广到被积函数为多元函数、积分范围为有界可度量几何形体的积分,即多元函数的积分. 多元函数积分学分可分为两大类:

- 多元函数积分学
  - 多元(数量值)函数积分学
    - 二重积分
    - 三重积分
    - 第一型曲线积分
    - 第一型曲面积分
  - 多元向量值函数积分学
    - 第二型曲线积分
    - 第二型曲面积分

在 9.1 节 ~9.5 节先讨论多元(数量值)函数的积分(包括二重积分和三重积分、第一型曲线与曲面积分)的概念、性质、计算法以及它们的应用,还有含参变量积分和反常二重积分,然后讨论多元向量值函数的积分(第二型曲线与曲面积分)的概念、性质、计算法以及它们在场论中的应用.

9.1 多元函数积分的概念与性质

9.1.1 物体的质量

设 Ω 是可度量的某一几何形体,即 Ω 可能是直线段 $[a,b]$、平面区域 σ、空间区域 V、曲线段 L 或曲面片 S. 所谓 Ω 是可度量的,就是说它可求长度、面积或体积.

设一物体是有界的可度量几何形体 Ω,已知其密度是点 M 的函数 $\mu=\mu(M)$, $M\in\Omega$,以下采用定积分解决问题的思想来求物体 Ω 的质量 m.

(1) **分割**:将 Ω 任意地划分为 n 个小部分 $\Delta\Omega_1,\Delta\Omega_2,\cdots,\Delta\Omega_n$,且用它们表示其度量. 记第 i 个部分 $\Delta\Omega_i$ 的质量为 Δm_i,则物体的质量 $m=\sum\limits_{i=1}^{n}\Delta m_i$;

(2) **近似**:任取一点 $M_i\in\Delta\Omega_i$,将 $\Delta\Omega_i$ 近似地看作是物质均匀分布的几何形体,其密度为 $\mu(M_i)$,则 $\Delta\Omega_i$ 的质量可近似地表示为

$$\Delta m_i \approx \mu(M_i)\Delta\Omega_i;$$

(3) **求和**:将所有部分质量的近似值相加,得

$$m = \sum_{i=1}^{n} \Delta m_i \approx \sum_{i=1}^{n} \mu(M_i)\Delta\Omega_i;$$

(4) **取极限**:记 d 为 n 个 $\Delta\Omega_i$ 直径($\Delta\Omega_i$ 的直径是指其上任意两点间的距离的最大值或上确界)中的最大值,即 $d=\max\limits_{1\leqslant i\leqslant n}\max\limits_{P,Q\in(\Delta\Omega_i)} d(P,Q)$.若当 $d\to 0$ 时,上述近似值的极限存在,则称此极限值为物体 Ω 的质量,即

$$m = \lim_{d\to 0}\sum_{i=1}^{n} \mu(M_i)\Delta\Omega_i.$$

特别地,当物体 Ω 是直线段 $[a,b]$ 时,上式表示的就是上册 5.1.1 节中问题二所求的非均匀细杆的质量.

当物体 Ω 是 xOy 面上的平面薄板 σ 时,其面密度为 $\mu(M)=\mu(x,y)$,则平面薄板 σ 的质量为

$$m(\sigma) = \lim_{d\to 0}\sum_{i=1}^{n} \mu(\xi_i,\eta_i)\Delta\sigma_i,$$

其中,$\Delta\sigma_i$ 是将 σ 任意地划分所得的第 i 个小区域的面积;$M_i(\xi_i,\eta_i)\in\Delta\sigma_i$;

$$d = \max_{1\leqslant i\leqslant n}\max_{P,Q\in(\Delta\sigma_i)} d(P,Q).$$

当物体 Ω 是 $Oxyz$ 空间的立体 V 时,其体密度为 $\mu(M)=\mu(x,y,z)$,则立体的质量为

$$m(V) = \lim_{d\to 0}\sum_{i=1}^{n} \mu(\xi_i,\eta_i,\zeta_i)\Delta V_i,$$

其中,ΔV_i 是将 V 任意地划分所得的第 i 个小区域的体积;$M_i(\xi_i,\eta_i,\zeta_i)\in\Delta V_i$;

$$d = \max_{1\leqslant i\leqslant n}\max_{P,Q\in(\Delta V_i)} d(P,Q).$$

曲线状物体 L 的质量为

$$m(L) = \lim_{d\to 0}\sum_{i=1}^{n} \mu(M_i)\Delta s_i,$$

其中,Δs_i 是将 L 划分所得的第 i 个小弧段的长度;$d=\max\limits_{1\leqslant i\leqslant n}\{\Delta s_i\}$,且当 L 为平面曲线时,$\mu(M_i)=\mu(\xi_i,\eta_i)$,当 L 为空间曲线时,$\mu(M_i)=\mu(\xi_i,\eta_i,\zeta_i)$.

曲面状物体 S 的质量为

$$m(S) = \lim_{d\to 0}\sum_{i=1}^{n} \mu(\xi_i,\eta_i,\zeta_i)\Delta S_i,$$

其中，ΔS_i 是将 S 划分所得的第 i 个小曲面片的面积；$M_i(\xi_i,\eta_i,\zeta_i)\in\Delta S_i$；

$$d=\max_{1\leqslant i\leqslant n}\max_{P,Q\in(\Delta S_i)}d(P,Q).$$

不难看出，对于不同几何形状的、密度非均匀分布的物体，其质量可以表示为同一形式和式的极限，且解决该问题的步骤和方法与定积分均相同，所不同的是现在讨论的对象为定义在不同几何形体上的多元函数．在物理学和工程技术中还会经常遇到这种非均匀分布在某几何形体上量的求和问题，最终可表示为类似的和式极限．例如，物质非均匀分布物体的质心和转动惯量，非规则立体的面积和体积等．抽去它们的实际背景，保留其数学结构，便形成了多元函数积分的概念．

9.1.2 多元函数积分的概念

定义 9.1　设 Ω 是一个有界的可度量几何体，函数 f 在 Ω 上有定义．将 Ω 任意地划分为 n 个小部分 $\Delta\Omega_1,\Delta\Omega_2,\cdots,\Delta\Omega_n$，也可用它们表示其度量．任取一点 $M_i\in\Delta\Omega_i$，作乘积 $f(M_i)\Delta\Omega_i$，然后作和式 $\sum\limits_{i=1}^{n}f(M_i)\Delta\Omega_i$，若不论 Ω 怎么划分，以及点 M_i 在 $\Delta\Omega_i$ 中怎样选取，当 $d=\max\limits_{1\leqslant i\leqslant n}\max\limits_{P,Q\in(\Delta\Omega_i)}d(P,Q)\to0$ 时，上述和式的极限都趋于同一常数，那么称函数 $f(M)$ 在 Ω 上**可积**，且称此常数为多元函数 $f(M)$ 在 Ω 上的**积分**，记作 $\int\limits_{\Omega}f(M)\,\mathrm{d}\Omega$，即

$$\boxed{\int\limits_{\Omega}f(M)\,\mathrm{d}\Omega=\lim_{d\to0}\sum_{i=1}^{n}f(M_i)\Delta\Omega_i,}$$

其中，$f(M)$ 称为**被积函数**；$f(M)\,\mathrm{d}\Omega$ 称为**被积表达式**，Ω 为**积分域**；$\mathrm{d}\Omega$ 称为 Ω 的**度量微元**．

若极限 $\lim\limits_{d\to0}\sum\limits_{i=1}^{n}f(M_i)\Delta\Omega_i$ 不存在，则称函数 $f(M)$ 在 Ω 上**不可积**．与定积分的情形相类似，容易证明，函数 $f(M)$ 在 Ω 上可积的必要条件是 $f(M)$ 在 Ω 上有界．

思考：当 $f(M)\equiv1$ 时，$\int\limits_{\Omega}f(M)\,\mathrm{d}\Omega$ 的值表示什么意义？

类似于 9.1.1 节求物体质量问题，抽去质量的物理背景，按积分域 Ω 分类，由定义 9.1 给出的积分定义式，给出四种具体积分定义，其表达式、记号和名称见表 9-1，它们是本章研究的主要对象．

表 9-1

积分名称	积分域 Ω	被积函数 $f(M)$	$\lim\limits_{d\to 0}\sum\limits_{i=1}^{n} f(M_i)\Delta\Omega_i$	$\int\limits_{\Omega} f(M)\,\mathrm{d}\Omega$
二重积分	xOy 面闭域 σ	$f(x,y)$	$\lim\limits_{d\to 0}\sum\limits_{i=1}^{n} f(\xi_i,\eta_i)\Delta\sigma_i$	$\iint\limits_{\sigma} f(x,y)\,\mathrm{d}\sigma$
三重积分	$Oxyz$ 空间闭域 V	$f(x,y,z)$	$\lim\limits_{d\to 0}\sum\limits_{i=1}^{n} f(\xi_i,\eta_i,\zeta_i)\Delta V_i$	$\iiint\limits_{V} f(x,y,z)\,\mathrm{d}V$
第一型曲线积分（对弧长的曲线积分）	xOy 面曲线 L	$f(x,y)$	$\lim\limits_{d\to 0}\sum\limits_{i=1}^{n} f(\xi_i,\eta_i)\Delta s_i$	$\int_L f(x,y)\,\mathrm{d}s$
	$Oxyz$ 空间曲线 L	$f(x,y,z)$	$\lim\limits_{d\to 0}\sum\limits_{i=1}^{n} f(\xi_i,\eta_i,\zeta_i)\Delta s_i$	$\int_L f(x,y,z)\,\mathrm{d}s$
第一型曲面积分（对面积的曲面积分）	$Oxyz$ 空间曲面 S	$f(x,y,z)$	$\lim\limits_{d\to 0}\sum\limits_{i=1}^{n} f(\xi_i,\eta_i,\zeta_i)\Delta S_i$	$\iint\limits_{S} f(x,y,z)\,\mathrm{d}S$

说明 表9-1所列各积分中，$\mathrm{d}\sigma$、$\mathrm{d}V$、$\mathrm{d}s$ 和 $\mathrm{d}S$ 分别称为其积分的面积微元、体积微元、弧长微元和曲面面积微元；各和式极限中的细度 d 同上一节中的意义.

思考：当 Ω 是 x 轴上的闭区间$[a,b]$时，指出定义9.1中积分形式的具体表达式和积分名称.

9.1.3 积分存在的条件与性质

对多元函数可积性的讨论与定积分的做法一样，将积分域 Ω 的划分记为 Δ，划分所得的 n 个小部分为 $\Delta\Omega_1,\Delta\Omega_2,\cdots,\Delta\Omega_n$，也用它们表示其度量.

$$M_i=\sup\{f(M)\mid M\in\Delta\Omega_i\},$$
$$m_i=\inf\{f(M)\mid M\in\Delta\Omega_i\},$$
$$\omega_i=M_i-m_i,(i=1,2,\cdots,n)$$

分别是 $f(M)$ 在 $\Delta\Omega_i$ 上的上确界、下确界与振幅，定义 $f(M)$ 关于划分 Δ 的**达布（Darboux）大和**与**达布（Darboux）小和**[统称为**达布（Darboux）和**]分别为

$$\overline{S}(\Delta)=\sum_{i=1}^{n}M_i\Delta\Omega_i,\ \underline{S}(\Delta)=\sum_{i=1}^{n}m_i\Delta\Omega_i,$$

其振幅和定义为 $\sum\limits_{i=1}^{n}\omega_i\Delta\Omega_i$，显然有

$$\overline{S}(\Delta)-\underline{S}(\Delta)=\sum_{i=1}^{n}\omega_i\Delta\Omega_i.$$

定理9.1（可积的充要条件） 函数 $f(M)$ 在 Ω 上可积的充分必要条件是，任意给定 $\varepsilon>0$，存在 $\delta>0$，对 Ω 的任意划分 Δ，当 $d=\max\limits_{1\leqslant i\leqslant n}\max\limits_{P,Q\in(\Delta\Omega_i)}d(P,Q)<\delta$ 时，恒有 $\sum\limits_{i=1}^{n}\omega_i\Delta\Omega_i<\varepsilon$.

定理 9.1 的证明从略,可见参考文献[4,5]. 由定理 9.1 容易得到常见的一类可积函数类.

定理 9.2　设 Ω 是 $\mathbb{R}^n$ 中的有界闭集,函数 $f(M)$ 在 Ω 上连续,则函数 $f(M)$ 在 Ω 上可积.

多元函数积分具有和定积分完全相类似的一系列性质,证明过程也与定积分相应性质类似. 下面列举这些性质,假设下面涉及的积分域 Ω 均是紧的且可度量,被积函数在 Ω 上都可积,为了方便,需要时使用 Ω 也表示 Ω 的度量.

1. 线性性质

$$\int_{\Omega}[k_1 f(M) \pm k_2 g(M)]\mathrm{d}\Omega = k_1\int_{\Omega}f(M)\mathrm{d}\Omega \pm k_2\int_{\Omega}g(M)\mathrm{d}\Omega,$$

其中,k_1,k_2 为常数.

2. 对积分域的可加性

设 $\Omega=\Omega_1\cup\Omega_2$,且 Ω_1 与 Ω_2 除边界点外无公共部分,则

$$\int_{\Omega}f(M)\mathrm{d}\Omega = \int_{\Omega_1}f(M)\mathrm{d}\Omega + \int_{\Omega_2}f(M)\mathrm{d}\Omega.$$

3. 积分不等式

(1)(保号性)若 $f(M)\geqslant 0$, $\forall M\in\Omega$,则 $\int_{\Omega}f(M)\mathrm{d}\Omega\geqslant 0$;

(2)(保序性)若 $f(M)\geqslant g(M)$, $\forall M\in\Omega$, 则 $\int_{\Omega}f(M)\mathrm{d}\Omega\geqslant\int_{\Omega}g(M)\mathrm{d}\Omega$;

(3)(估值不等式)若 $l\leqslant f(M)\leqslant L$, $\forall M\in\Omega$, 则 $l\Omega\leqslant\int_{\Omega}f(M)\mathrm{d}\Omega\leqslant L\Omega$;

(4)(绝对值不等式)$\left|\int_{\Omega}f(M)\mathrm{d}\Omega\right|\leqslant\int_{\Omega}|f(M)|\mathrm{d}\Omega$.

4. 积分中值定理

若 Ω 是有界连通闭集,函数 $f(M)$ 在 Ω 上连续,则在 Ω 上至少存在一点 M^*,使得

$$\int_{\Omega}f(M)\mathrm{d}\Omega = f(M^*)\Omega.$$

证　因 $f(M)\in C(\Omega)$,所以函数 $f(M)$ 在 Ω 上存在最大值和最小值,即

$$L=\max_{M\in\Omega}f(M),\ l=\mathop{\mathrm{mim}}_{M\in\Omega}f(M),$$

由估值不等式,

$$l\Omega\leqslant\int_{\Omega}f(M)\mathrm{d}\Omega\leqslant L\Omega,$$

两边用 Ω 去除,得

$$l \leqslant \frac{\int\limits_{\Omega} f(M)\,\mathrm{d}\Omega}{\Omega} \leqslant L.$$

由连续函数介值定理,存在 $M^* \in \Omega$,使得

$$f(M^*) = \frac{\int\limits_{\Omega} f(M)\,\mathrm{d}\Omega}{\Omega}.$$

请读者根据上面的讨论,叙述二重积分、三重积分、第一型曲线积分和曲面积分的相关性质.

例 9.1 估计积分 $I = \iint\limits_{\sigma} \frac{1}{100+\cos^2 x+\cos^2 y}\mathrm{d}\sigma$ 的值,其中,$\sigma = \{(x,y) \mid |x| + |y| \leqslant 10\}$.

解 因为在区域 σ 上,$\frac{1}{102} \leqslant \frac{1}{100+\cos^2 x+\cos^2 y} \leqslant \frac{1}{100}$,区域 σ 的面积 $\sigma = 200$,由估值不等式,得

$$\frac{1}{102}\sigma \leqslant \iint\limits_{\sigma} \frac{1}{100+\cos^2 x+\cos^2 y}\mathrm{d}\sigma \leqslant \frac{1}{100}\sigma,$$

即

$$\frac{100}{51} \leqslant \iint\limits_{\sigma} \frac{1}{100+\cos^2 x+\cos^2 y}\mathrm{d}\sigma \leqslant 2.$$

用定义 9.1 来计算多元函数的积分是非常复杂,甚至不可能的,只有通过寻找积分计算的简便方法,多元函数积分的概念才具有应用价值.从下一节开始将分别讨论重积分、第一类曲线积分、第一类曲面积分的计算和应用等问题.

习题 9.1

1. 按定义计算积分 $\iint\limits_{D} xy\,\mathrm{d}\sigma$,其中,$D = [0,1] \times [0,1]$,并用直线网 $x = \frac{i}{n}, y = \frac{j}{n}\ (i,j = 1,2,\cdots,n-1)$ 将这个正方形分割为许多小正方形,每个小正方形取其右顶点作为其节点.
2. 证明:若函数 $f(x,y)$ 在有界闭区域 D 上可积,则 $f(x,y)$ 在 D 上有界.
3. 设 Ω 是可度量的平面图形或空间立体,f,g 在 Ω 上连续,证明:

   (1) 若在 Ω 上 $f(P) \geqslant 0$,且 $f(P)$ 不恒等于 0,则 $\int\limits_{\Omega} f(P)\,\mathrm{d}\Omega > 0$;

   (2) 若在 Ω 的任何部分区域 $\Omega' \subset \Omega$ 上,有

   $$\int\limits_{\Omega'} f(P)\,\mathrm{d}\Omega = \int\limits_{\Omega'} g(P)\,\mathrm{d}\Omega,$$

   则在 Ω 上有 $f(P) \equiv g(P)$.

4. 若 $|f(x,y)|$ 在 D 上可积，那么 $f(x,y)$ 在 D 上是否可积？考察函数

$$f(x,y)=\begin{cases}1, & 若\ x,y\ 是有理数,\\ -1, & 若\ x\ 和\ y\ 中至少有一个是无理数\end{cases}$$

在 $[0,1]\times[0,1]$ 上是否可积.

5. 证明：若 $f(x,y)$ 在有界闭区域 D 上连续，$g(x,y)$ 在 D 上可积且不变号，则存在一点 $(\xi,\eta)\in D$，使得

$$\iint_D f(x,y)g(x,y)\mathrm{d}\sigma = f(\xi,\eta)\iint_D g(x,y)\mathrm{d}\sigma.$$

6. 证明：若平面曲线 $x=\varphi(t)$，$y=\psi(t)$，$\alpha\leqslant t\leqslant\beta$ 光滑[即 $\varphi(t)$ 和 $\psi(t)$ 在 $[\alpha,\beta]$ 上具有连续的导数]，则此曲线的面积为零.

9.2　二重积分与含参量积分

9.2.1　二重积分的几何意义

设 σ 是 xOy 平面上的有界闭区域，二元函数 $f(x,y)\in C(\sigma)$，且有在 σ 上 $f(x,y)\geqslant 0$，以 σ 为底、σ 的边界曲线为准线、母线平行于 z 轴的柱面为侧面、曲面 $z=f(x,y)$ 为顶的立体称为**曲顶柱体**（见图 9-1）. 如何求曲顶柱体的体积？

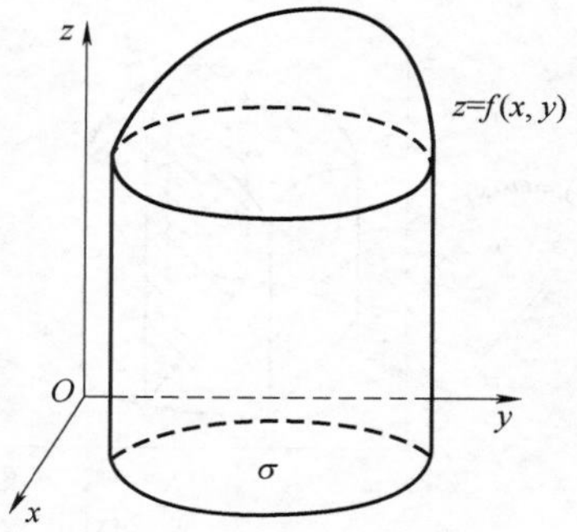

图　9-1

用任意的曲线网将区域 σ 划分成 n 个小区域 $\Delta\sigma_i(i=1,2,\cdots,n)$ 且用 $\Delta\sigma_i$ 表示第 i 个小区域的面积. 以每个小区域 $\Delta\sigma_i$ 的边界曲线为准线，作母线平行于 z 轴的柱面，就将整个曲顶柱体划分成 n 个小曲顶柱体. 设第 i 个小曲顶柱体的体积为 ΔV_i，则 $V=\sum\limits_{i=1}^{n}\Delta V_i$. 因 $f(x,y)\in C(\sigma)$，当 $d=\max\limits_{1\leqslant i\leqslant n}\max\limits_{P,Q\in(\Delta\sigma_i)}d(P,Q)\to 0$ 时，$\forall(\xi_i,\eta_i)\in(\Delta\sigma_i)$，对应的小曲顶柱体体积都可近似地看作高为 $f(\xi_i,\eta_i)$ 的平顶柱体体积，即

$$\Delta V\approx f(\xi_i,\eta_i)\Delta\sigma_i,$$

从而曲顶柱体的体积

$$V=\lim_{d\to 0}\sum_{i=1}^{n}f(\xi_i,\eta_i)\Delta\sigma_i.$$

由二重积分的定义知，上式右端为二重积分 $\iint\limits_{\sigma}f(x,y)\mathrm{d}\sigma$，即曲顶柱体的体积可表示为

$$V=\iint_{\sigma}f(x,y)\mathrm{d}\sigma.$$

这就是二重积分的几何意义.

注 1　当 $f(x,y)\geqslant 0$ 时，$\iint\limits_{\sigma}f(x,y)\mathrm{d}\sigma$ 表示曲顶柱体的体积；当

$f(x,y)\leqslant 0$ 时，$\iint\limits_{\sigma} f(x,y)\,\mathrm{d}\sigma$ 表示曲顶柱体的体积的相反数. 特别地，当 $f(x,y)\equiv 1$ 时，$\iint\limits_{\sigma} 1\mathrm{d}\sigma=\iint\limits_{\sigma}\mathrm{d}\sigma$ 表示积分区域 σ 的面积.

注 2 在直角坐标系中，二重积分 $\iint\limits_{D} f(x,y)\,\mathrm{d}\sigma$ 通常也记作 $\iint\limits_{D} f(x,y)\,\mathrm{d}x\mathrm{d}y$.

9.2.2 直角坐标系下二重积分的计算

二重积分的计算有很多种方法，其要点是把它化为定积分，其中最常见的是在直角坐标系下化为累次积分. 本小节利用二重积分的几何意义，从几何上把二重积分化为累次积分，即两次定积分.

设曲顶柱体（见图 9-1）的顶为 $z=f(x,y)\geqslant 0$，底 σ 为 X 型区域，则有

$$\sigma=\{(x,y)\mid\varphi_1(x)\leqslant y\leqslant\varphi_2(x),a\leqslant x\leqslant b\},$$

其中，$\varphi_1(x)$，$\varphi_2(x)$ 是连续函数；$f(x,y)\in C(\sigma)$.

任取 $x_0\in[a,b]$，过点 $(x_0,0,0)$ 用平行于 yOz 面的平面截曲顶柱体，截面是以区间 $[\varphi_1(x_0),\varphi_2(x_0)]$ 为底、曲线 $\begin{cases}z=f(x,y),\\x=x_0\end{cases}$ 为曲边的曲边梯形（见图 9-2 中的阴影部分），其面积为

$$A(x_0)=\int_{\varphi_1(x_0)}^{\varphi_2(x_0)} f(x_0,y)\,\mathrm{d}y.$$

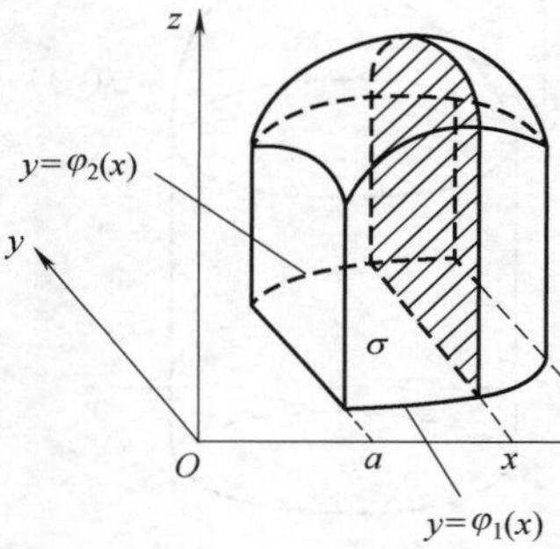

图 9-2

让 x_0 取遍 $[a,b]$ 内一切值，此时截面面积

$$A(x)=\int_{\varphi_1(x)}^{\varphi_2(x)} f(x,y)\,\mathrm{d}y.$$

注意到计算上述积分时，x 应看作是常量，积分变量是 y. 再由定积分中"已知截面面积的立体"的计算法，得曲顶柱体的体积为

$$V=\int_a^b A(x)\,\mathrm{d}x=\int_a^b\left[\int_{\varphi_1(x)}^{\varphi_2(x)} f(x,y)\,\mathrm{d}y\right]\mathrm{d}x.$$

由二重积分的几何意义，$V=\iint\limits_{\sigma} f(x,y)\,\mathrm{d}\sigma$，从而有

$$\iint\limits_{\sigma} f(x,y)\,\mathrm{d}\sigma=\int_a^b\left[\int_{\varphi_1(x)}^{\varphi_2(x)} f(x,y)\,\mathrm{d}y\right]\mathrm{d}x.$$

上式常记作

$$\boxed{\iint\limits_{\sigma} f(x,y)\,\mathrm{d}\sigma=\int_a^b\mathrm{d}x\int_{\varphi_1(x)}^{\varphi_2(x)} f(x,y)\,\mathrm{d}y.}$$

至此，求二重积分就转化成了连续两次定积分的计算：在第一次积分时，先把 x 看作常量，$f(x,y)$ 看作 y 的一元函数，对 y 从区域 σ 的边界点 $\varphi_1(x)$ 到 $\varphi_2(x)$ 作定积分，再以第一次积分的结果 $A(x)$ 为被积函数在 $[a,b]$ 上作定积分. 上式右端的积分称为先对 y 后对 x 的**累次积分或二次积分**.

类似地，设曲顶柱体的顶为 $z=f(x,y)\geqslant 0$，底 σ 为 Y 型区域（见图 9-3）

$$\sigma=\{(x,y)\mid \psi_1(y)\leqslant x\leqslant \psi_2(y),c\leqslant y\leqslant d\},$$

其中，$\psi_1(y)$ 和 $\psi_2(y)$ 是连续函数，有

$$\boxed{\iint\limits_{\sigma} f(x,y)\,\mathrm{d}\sigma=\int_c^d \mathrm{d}y\int_{\psi_1(y)}^{\psi_2(y)} f(x,y)\,\mathrm{d}x.}$$

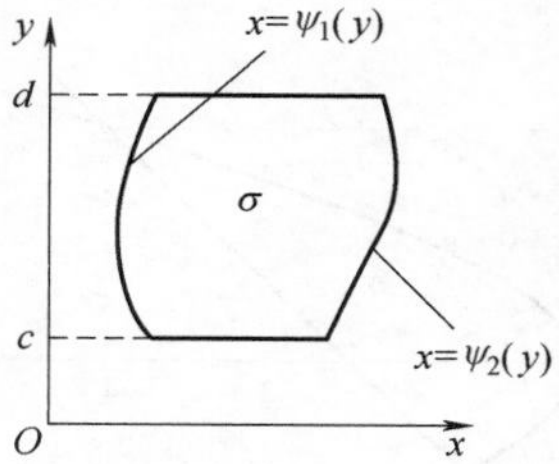

图　9-3

上式右端的积分称为先对 x 后对 y 的**累次积分**或**二次积分**.

如果积分区域 σ 既是 X 型区域又是 Y 型区域，则可得

$$\boxed{\int_a^b \mathrm{d}x\int_{\varphi_1(x)}^{\varphi_2(x)} f(x,y)\,\mathrm{d}y=\int_c^d \mathrm{d}y\int_{\psi_1(y)}^{\psi_2(y)} f(x,y)\,\mathrm{d}x.}$$

如果积分区域 σ 既不是 X 型区域，又不是 Y 型区域（见图 9-4），则可以把 σ 分成若干个无公共内点的 X 型或 Y 型区域，然后利用二重积分由积分区域的可加性得区域 σ 上的二重积分等于这些 X 型或 Y 型区域上二重积分之和.

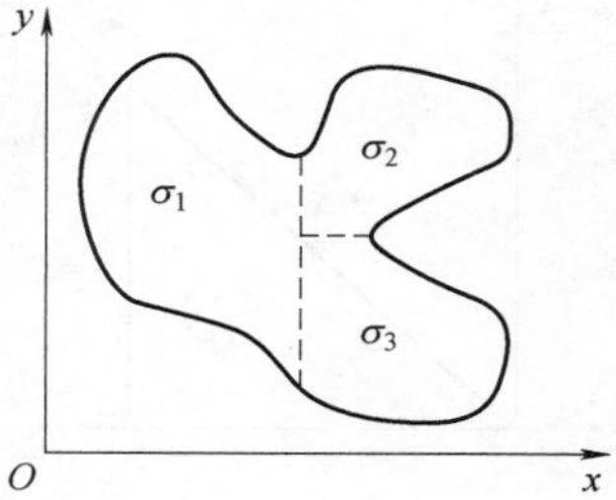

图　9-4

对于图 9-4 的区域，有

$$\iint\limits_{\sigma} f(x,y)\,\mathrm{d}\sigma=\iint\limits_{\sigma_1} f(x,y)\,\mathrm{d}\sigma+\iint\limits_{\sigma_2} f(x,y)\,\mathrm{d}\sigma+\iint\limits_{\sigma_3} f(x,y)\,\mathrm{d}\sigma.$$

当被积函数 $z=f(x,y)$ 在积分区域 σ 上变号时，令

$$f_1(x,y)=\frac{|f(x,y)|-f(x,y)}{2},f_2(x,y)=\frac{f(x,y)+|f(x,y)|}{2},$$

显然，$f_1(x,y)\geqslant 0,f_2(x,y)\geqslant 0,f(x,y)=f_2(x,y)-f_1(x,y)$，

$$\iint\limits_{\sigma} f(x,y)\,\mathrm{d}\sigma=\iint\limits_{\sigma} f_2(x,y)\,\mathrm{d}\sigma-\iint\limits_{\sigma} f_1(x,y)\,\mathrm{d}\sigma.$$

因此，上面讨论的二重积分化为累次积分的方法中关于被积函数非负条件的限制可以去掉.

例 9.2　计算 $\iint\limits_{\sigma}(3x+2y)\,\mathrm{d}\sigma$，其中，$\sigma=[0,1]\times[-1,2]$.

解　由于积分区域 σ 是矩形域，其既是 X 型区域，又是 Y 型区域，化为先 y 后 x 的累次积分，有

$$\begin{aligned}\iint\limits_{\sigma}(3x+2y)\,\mathrm{d}\sigma&=\int_0^1\mathrm{d}x\int_{-1}^2(3x+2y)\,\mathrm{d}y=\int_0^1\left[3xy+y^2\right]_{-1}^2\mathrm{d}x\\&=\int_0^1(9x+3)\,\mathrm{d}x=\frac{15}{2}.\end{aligned}$$

化为先 x 后 y 的累次积分，有

$$\begin{aligned}\iint\limits_{\sigma}(3x+2y)\,\mathrm{d}\sigma&=\int_{-1}^2\mathrm{d}y\int_0^1(3x+2y)\,\mathrm{d}x=\int_{-1}^2\left[\frac{3}{2}x^2+2xy\right]_0^1\mathrm{d}y\\&=\int_{-1}^2\left(\frac{3}{2}+2y\right)\mathrm{d}y=\frac{15}{2}.\end{aligned}$$

例 9.3　设 σ 是由抛物线 $y^2=x$ 及直线 $y=x-2$ 所围成的闭区域，计算 $\iint\limits_{\sigma}xy\,\mathrm{d}\sigma$ 的值.

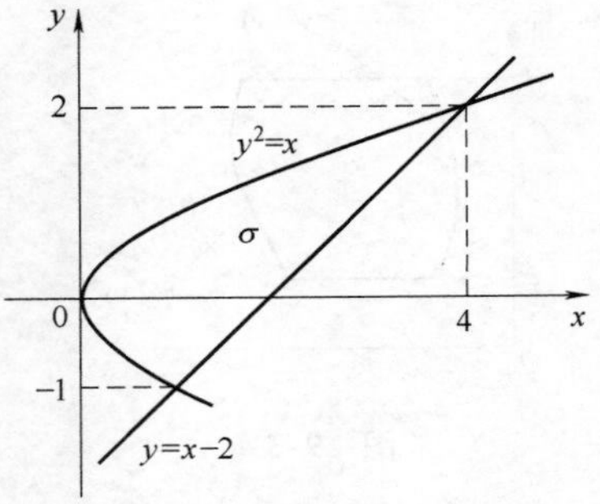

图 9-5

解 画出积分区域 σ 如图 9-5 所示,并求得边界曲线交点为(1, −1)和(4,2),为计算简便,将 σ 视为 Y 型区域,即 $\sigma=\{(x,y)\mid y^2\leqslant x\leqslant y+2,\ -1\leqslant y\leqslant 2\}$,则

$$\begin{aligned}\iint_{\sigma} xy\mathrm{d}\sigma &= \int_{-1}^{2}\mathrm{d}y\int_{y^2}^{y+2}xy\mathrm{d}x\\ &=\int_{-1}^{2}y\left[\frac{1}{2}x^2\right]_{y^2}^{y+2}\mathrm{d}y\\ &=\frac{1}{2}\int_{-1}^{2}\left[y(y+2)^2-y^5\right]\mathrm{d}y\\ &=\frac{45}{8}.\end{aligned}$$

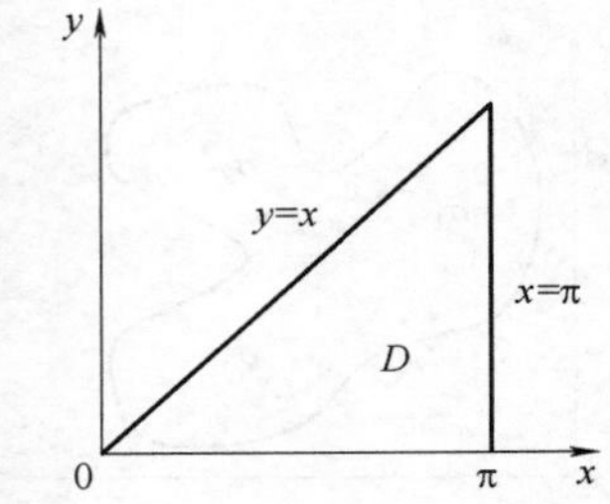

图 9-6

例 9.4 计算 $\iint_D \frac{\sin x}{x}\mathrm{d}x\mathrm{d}y$,其中,$D$ 是由直线 $y=x, x=\pi$ 及 x 轴所围成的闭区域(见图 9-6).

解 $$\begin{aligned}\iint_D \frac{\sin x}{x}\mathrm{d}x\mathrm{d}y &= \int_0^{\pi}\frac{\sin x}{x}\mathrm{d}x\int_0^{x}\mathrm{d}y\\ &=\int_0^{\pi}\sin x\mathrm{d}x = 2.\end{aligned}$$

若先对 x 积分,则有

$$\iint_D \frac{\sin x}{x}\mathrm{d}x\mathrm{d}y = \int_0^{\pi}\mathrm{d}y\int_y^{\pi}\frac{\sin x}{x}\mathrm{d}x.$$

由于 $\frac{\sin x}{x}$ 的原函数不能用初等函数表示,故积分无法进行.

注 本例的被积函数在原点无定义,但改变被积函数个别点的值不会影响积分值,只需将被积函数在(0,0)点补充定义.

例 9.5 计算 $I=\int_{\frac{1}{4}}^{\frac{1}{2}}\mathrm{d}y\int_{\frac{1}{2}}^{\sqrt{y}}\mathrm{e}^{\frac{y}{x}}\mathrm{d}x+\int_{\frac{1}{2}}^{1}\mathrm{d}y\int_{y}^{\sqrt{y}}\mathrm{e}^{\frac{y}{x}}\mathrm{d}x$ 的值.

解 直接求累次积分无法进行,因 $\mathrm{e}^{\frac{y}{x}}$ 关于 x 的原函数不能用初等函数表示,若对 y 积分则没有问题,所以需将累次积分更换积分次序.

积分域由两部分组成:$\sigma=\sigma_1\cup\sigma_2$,其中

$$\sigma_1=\left\{(x,y)\,\middle|\,\frac{1}{2}\leqslant x\leqslant\sqrt{y},\frac{1}{4}\leqslant y\leqslant\frac{1}{2}\right\},$$

$$\sigma_2=\left\{(x,y)\,\middle|\,y\leqslant x\leqslant\sqrt{y},\frac{1}{2}\leqslant y\leqslant 1\right\}.$$

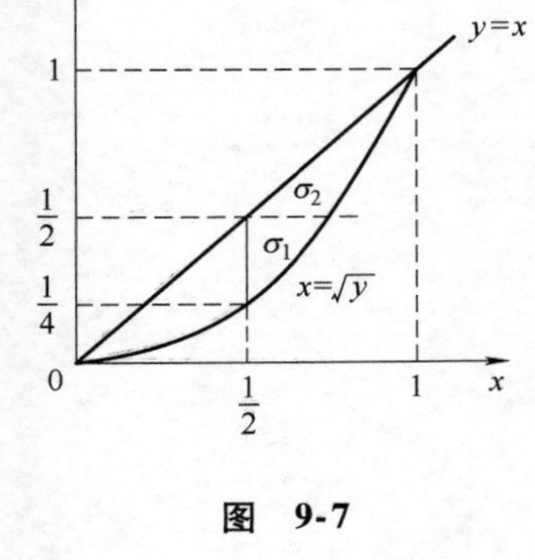

图 9-7

画出积分区域 σ 如图 9-7 所示. 将 σ 视为 X 型区域,即

$$\sigma=\left\{(x,y)\mid x^2\leqslant y\leqslant x,\frac{1}{2}\leqslant x\leqslant 1\right\}.$$

更换累次积分次序,先对 y 积分,则

$$I=\int_{\frac{1}{2}}^{1}\mathrm{d}x\int_{x^2}^{x}\mathrm{e}^{\frac{y}{x}}\mathrm{d}y=\int_{\frac{1}{2}}^{1}x(\mathrm{e}-\mathrm{e}^{x})\mathrm{d}x=\frac{3}{8}\mathrm{e}-\frac{1}{2}\sqrt{\mathrm{e}}.$$

由例 9.3～例 9.5 可知，求二重积分的值时，选取合适的积分次序很重要，若积分次序选取不当，可能会使计算复杂，甚至导致积分积不出.

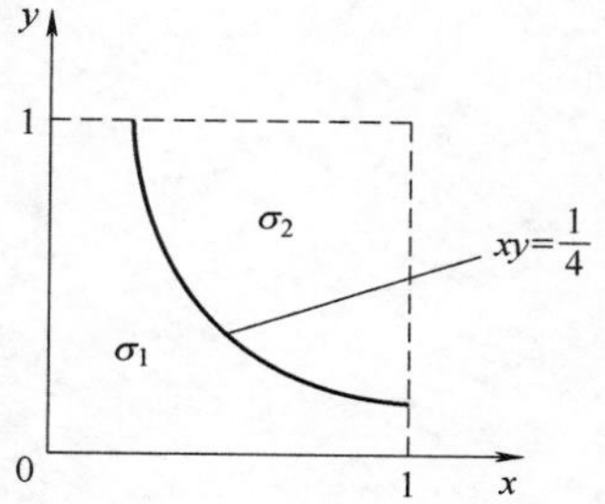

图　9-8

例 9.6　求 $\iint\limits_{\sigma}\left|xy-\frac{1}{4}\right|\mathrm{d}x\mathrm{d}y$，其中，$\sigma=[0,1]\times[0,1]$.

解　因
$$\left|xy-\frac{1}{4}\right|=\begin{cases}\frac{1}{4}-xy, & xy<\frac{1}{4},\\ xy-\frac{1}{4}, & xy\geqslant\frac{1}{4},\end{cases}$$

所以用曲线 $xy=\frac{1}{4}$ 将 σ 分成两部分（见图 9-8），

$$\sigma_1=\left[0,\frac{1}{4}\right]\times[0,1]\cup\left\{(x,y)\left|0\leqslant y\leqslant\frac{1}{4x},\frac{1}{4}\leqslant x\leqslant1\right.\right\},\sigma_2=\left\{(x,y)\left|\frac{1}{4x}\leqslant y\leqslant1,\frac{1}{4}\leqslant x\leqslant1\right.\right\},$$

则

$$\begin{aligned}\iint\limits_{\sigma}\left|xy-\frac{1}{4}\right|\mathrm{d}x\mathrm{d}y&=\iint\limits_{\sigma_1}\left(\frac{1}{4}-xy\right)\mathrm{d}x\mathrm{d}y+\iint\limits_{\sigma_2}\left(xy-\frac{1}{4}\right)\mathrm{d}x\mathrm{d}y\\&=\int_0^{1/4}\mathrm{d}x\int_0^1\left(\frac{1}{4}-xy\right)\mathrm{d}y+\int_{1/4}^1\mathrm{d}x\int_0^{1/(4x)}\left(\frac{1}{4}-xy\right)\mathrm{d}y+\int_{1/4}^1\mathrm{d}x\int_{1/(4x)}^1\left(xy-\frac{1}{4}\right)\mathrm{d}y\\&=\int_0^{1/4}\left(\frac{1}{4}-\frac{x}{2}\right)\mathrm{d}x+\int_{1/4}^1\frac{1}{32x}\mathrm{d}x+\int_{1/4}^1\left(\frac{x}{2}+\frac{1}{32x}-\frac{1}{4}\right)\mathrm{d}x\\&=\frac{3}{32}+\frac{1}{8}\ln 2.\end{aligned}$$

本节一开始，在被积函数连续的条件下，借助二重积分的几何意义——曲顶柱体体积，将二重积分化为了累次积分，下面将连续条件去掉，并给出其严格证明.

定理 9.3　若函数 $f(x,y)$ 在 X 型区域 $\sigma=\{(x,y)\mid y_1(x)\leqslant y\leqslant y_2(x),a\leqslant x\leqslant b\}$ 的二重积分存在，$y_1(x)$，$y_2(x)$ 在 $[a,b]$ 上连续，且对任何 $x\in[a,b]$，有

$$F(x)=\int_{y_1(x)}^{y_2(x)}f(x,y)\mathrm{d}y$$

存在，则 $\int_a^b\left[\int_{y_1(x)}^{y_2(x)}f(x,y)\mathrm{d}y\right]\mathrm{d}x$ 也存在，且

$$\iint\limits_{\sigma}f(x,y)\mathrm{d}\sigma=\int_a^b\left[\int_{y_1(x)}^{y_2(x)}f(x,y)\mathrm{d}y\right]\mathrm{d}x.$$

证　分两步证明.

(1) 设 $\sigma=[a,b]\times[c,d]$，即 $y_1(x)\equiv c$，$y_2(x)\equiv d$ 的情形. 用两组平行于坐标轴的直线将 σ 分成有限个小矩形 $\Delta\sigma_{ij}=[x_{i-1},x_i]\times[y_{j-1},y_j]$，设 M_{ij}，m_{ij} 分别为 $f(x,y)$ 在 $\Delta\sigma_{ij}$ 上的上、下确界，则 $\forall\xi_i\in[x_{i-1},x_i]$，在 $[y_{j-1},y_j]$ 上，有

$$m_{ij}\Delta y_j\leqslant\int_{y_{j-1}}^{y_j}f(\xi_i,y)\mathrm{d}y\leqslant M_{ij}\Delta y_j,$$

两边对 j 求和，注意到

$$\sum_j \int_{y_{j-1}}^{y_j} f(\xi_i, y)\,\mathrm{d}y = \int_c^d f(\xi_i, y)\,\mathrm{d}y = F(\xi_i),$$

及

$$\sum_{i,j} m_{ij}\Delta x_i \Delta y_j \leqslant \sum_i F(\xi_i)\Delta x_i \leqslant \sum_{i,j} M_{ij}\Delta x_i \Delta y_j,$$

上述不等式两边是分割 σ 的大和与小和，由于 f 在 σ 上可积，当 $d \to 0$ 时，大和与小和具有相同的极限 $\iint\limits_{\sigma} f(x,y)\,\mathrm{d}\sigma$，另一方面，由上式知 $F(x)$ 在 $[a,b]$ 上可积，且

$$\int_a^b F(x)\,\mathrm{d}x = \iint\limits_{\sigma} f(x,y)\,\mathrm{d}x\mathrm{d}y,$$

即

$$\iint\limits_{\sigma} f(x,y)\,\mathrm{d}\sigma = \int_a^b \left[\int_c^d f(x,y)\,\mathrm{d}y\right]\mathrm{d}x.$$

(2) 当 $\sigma = \{(x,y) \mid y_1(x) \leqslant y \leqslant y_2(x), a \leqslant x \leqslant b\}$ 为 X 型区域时，令

$$c = \min_{x\in[a,b]} y_1(x), d = \max_{x\in[a,b]} y_2(x),$$

则 σ 含于矩形域 $[a,b]\times[c,d]$，令

$$g(x,y) = \begin{cases} f(x,y), & (x,y)\in\sigma, \\ 0, & (x,y)\in[a,b]\times[c,d]\setminus\sigma, \end{cases}$$

则 $g(x,y)$ 在 $[a,b]\times[c,d]$ 上可积，由步骤(1)及积分性质，得

$$\begin{aligned}\iint\limits_{\sigma} f(x,y)\,\mathrm{d}\sigma &= \iint\limits_{[a,b]\times[c,d]} g(x,y)\,\mathrm{d}\sigma - \iint\limits_{[a,b]\times[c,d]\setminus\sigma} g(x,y)\,\mathrm{d}\sigma \\ &= \iint\limits_{[a,b]\times[c,d]} g(x,y)\,\mathrm{d}\sigma = \int_a^b \left[\int_c^d g(x,y)\,\mathrm{d}y\right]\mathrm{d}x \\ &= \int_a^b \left[\int_c^{y_1(x)} g(x,y)\,\mathrm{d}y + \int_{y_1(x)}^{y_2(x)} f(x,y)\,\mathrm{d}y + \int_{y_2(x)}^{d} g(x,y)\,\mathrm{d}y\right]\mathrm{d}x \\ &= \int_a^b \left[\int_{y_1(x)}^{y_2(x)} f(x,y)\,\mathrm{d}y\right]\mathrm{d}x.\end{aligned}$$

同理，当积分域为 Y 型区域

$$\sigma = \{(x,y) \mid x_1(y) \leqslant y \leqslant x_2(y), c \leqslant y \leqslant d\}$$

时，其中 $x_1(y)$，$x_2(y)$ 在 $[c,d]$ 上连续，其他条件与定理 9.3 类似，则有

$$\iint\limits_{\sigma} f(x,y)\,\mathrm{d}\sigma = \int_c^d \left[\int_{x_1(y)}^{x_2(y)} f(x,y)\,\mathrm{d}x\right]\mathrm{d}y.$$

9.2.3 曲线坐标系下二重积分的计算

与定积分换元法一样，有时为了简化计算，对二重积分也需要进行换元法求值，本小节讨论二重积分的换元法，也就是曲线坐标系下二重积分的计算法，并对常用的极坐标变换方法进行特殊讨论.

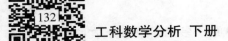

设变换(或称映射)

$$x=x(u,v),y=y(u,v),$$

若满足:

(1) 将 uOv 平面上由分段光滑封闭曲线所围的闭区域 σ' 映射为 xOy 平面上的闭区域 σ;

(2) $x(u,v),y(u,v)\in C^{(1)}(\sigma')$;

(3) 雅可比行列式 $J(u,v)=\dfrac{\partial(x,y)}{\partial(u,v)}\neq 0,\quad (u,v)\in\sigma'$.

则称变换 $\begin{cases}x=x(u,v),\\ y=y(u,v)\end{cases}$ 是正则变换. 显然,正则变换是可逆的,且其逆变换也是正则变换.

在 uOv 平面上用两组坐标线 $u=C_1,v=C_2$(C_1,C_2 为常数)划分区域 σ'(见图 9-9),任取其中一个小矩形,其面积 $\Delta\sigma'=hk$,小矩形的四个顶点为 M_1',M_2',M_3',M_4',通过变换它们映射成了 xOy 平面上的点:

$$M_1(x(u,v),y(u,v)),\quad M_2(x(u+h,v),y(u+h,v)),$$
$$M_3(x(u+h,v+k),y(u+h,v+k)),\quad M_4(x(u,v+k),y(u,v+k)).$$

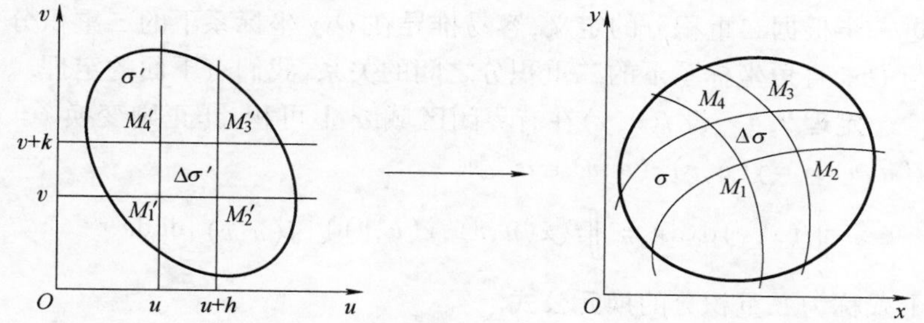

图 9-9

小矩形 $\Delta\sigma'$ 映射成了 xOy 面上的一个曲边四边形 $\Delta\sigma$,令 $\rho=\sqrt{h^2+k^2}$,当 $\rho\to 0$ 时,其面积近似为

$$\Delta\sigma\approx|\overrightarrow{M_1M_2}\times\overrightarrow{M_1M_4}|,$$

其中,

$$\overrightarrow{M_1M_2}=[x(u+h,v)-x(u,v)]\boldsymbol{i}+[y(u+h,v)-y(u,v)]\boldsymbol{j},$$
$$\overrightarrow{M_1M_4}=[x(u,v+k)-x(u,v)]\boldsymbol{i}+[y(u,v+k)-y(u,v)]\boldsymbol{j}.$$

由泰勒公式,有

$$x(u+h,v)-x(u,v)=\left.\frac{\partial x}{\partial u}\right|_{(u,v)}\cdot h+o(\rho),$$
$$x(u,v+k)-x(u,v)=\left.\frac{\partial x}{\partial v}\right|_{(u,v)}\cdot k+o(\rho),$$

同理,得

$$y(u+h,v)-y(u,v)=\left.\frac{\partial y}{\partial u}\right|_{(u,v)}\cdot h+o(\rho),$$

$$y(u,v+k)-y(u,v)=\left.\frac{\partial y}{\partial v}\right|_{(u,v)}\cdot k+o(\rho),$$

则当 h,k 充分小时,有

$$\Delta\sigma\approx\left|\begin{vmatrix}\frac{\partial x}{\partial u}h+o(\rho) & \frac{\partial x}{\partial v}k+o(\rho)\\ \frac{\partial y}{\partial u}h+o(\rho) & \frac{\partial y}{\partial v}k+o(\rho)\end{vmatrix}\right|=\left|\begin{vmatrix}\frac{\partial x}{\partial u} & \frac{\partial x}{\partial v}\\ \frac{\partial y}{\partial u} & \frac{\partial y}{\partial v}\end{vmatrix}\right|\cdot hk+o(\rho)\approx\left|\frac{\partial(x,y)}{\partial(u,v)}\right|\Delta\sigma',$$

因此,面积元素的关系为

$$\mathrm{d}\sigma=\left|\frac{\partial(x,y)}{\partial(u,v)}\right|\mathrm{d}\sigma'=\left|\frac{\partial(x,y)}{\partial(u,v)}\right|\mathrm{d}u\mathrm{d}v.$$

这表明在变换$\begin{cases}x=x(u,v),\\ y=y(u,v),\end{cases}$下,映射前后面积微元 $\mathrm{d}\sigma'$与 $\mathrm{d}\sigma$ 之间存在伸缩关系,且伸缩系数为 $|J(u,v)|$. 于是 xOy 平面上的闭区域 σ 的面积与对应的 uOv 平面上闭区域 σ'的面积关系为

$$\iint\limits_{\sigma}\mathrm{d}x\mathrm{d}y=\iint\limits_{\sigma'}\left|\frac{\partial(x,y)}{\partial(u,v)}\right|\mathrm{d}u\mathrm{d}v.$$

进一步根据二重积分的定义,容易推导在 Oxy 坐标系下的二重积分与 Ouv 直角坐标系下的二重积分之间的关系,我们有下面的定理.

定理 9.4 设 $f(x,y)$ 在有界闭区域 σ 上可积,作正则变换 $x=x(u,v)$, $y=y(u,v)$, $(u,v)\in\sigma'$,则

$$\iint\limits_{\sigma}f(x,y)\mathrm{d}x\mathrm{d}y=\iint\limits_{\sigma'}f(x(u,v),y(u,v))\,|J(u,v)|\,\mathrm{d}u\mathrm{d}v,$$

上式称为二重积分的**换元公式**.

注 如果 $J(u,v)$ 只在 σ'上的个别点或某条线上等于零,则换元公式仍然成立.

例 9.7 求由 $y^2=px$, $y^2=qx$, $x^2=my$ 及 $x^2=ny$ $(0<p<q, 0<m<n)$ 所围成的闭区域 σ 的面积.

解 作变换 $u=\frac{y^2}{x}$, $v=\frac{x^2}{y}$ $\left(\text{即 } x=\frac{u}{v^2}, y=\frac{u}{v}\right)$,它把区域 σ 映成区域 $\sigma'=[p,q]\times[m,n]$(见图 9-10).

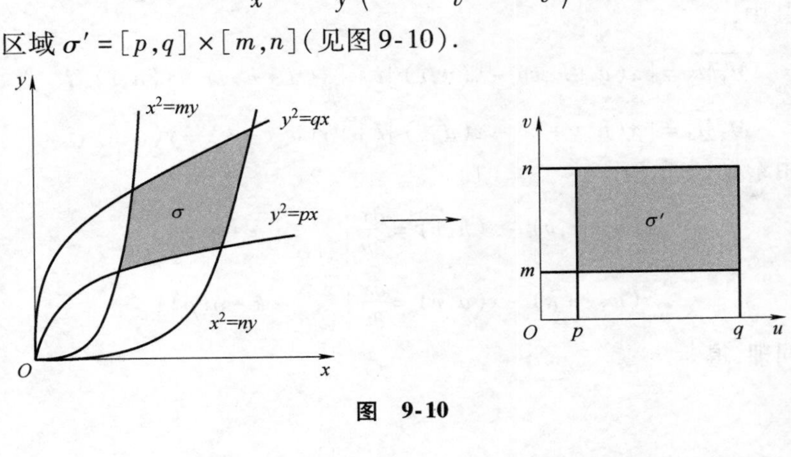

图 9-10

$$J(u,v)=\frac{\partial(x,y)}{\partial(u,v)}=\frac{1}{\dfrac{\partial(u,v)}{\partial(x,y)}}=-\frac{1}{3},\quad \forall(u,v)\in\sigma',$$

由换元公式,所求面积

$$A=\iint\limits_{\sigma'}\left|\frac{\partial(x,y)}{\partial(u,v)}\right|\mathrm{d}u\mathrm{d}v=\frac{1}{3}\iint\limits_{\sigma'}\mathrm{d}u\mathrm{d}v=\frac{1}{3}(q-p)(n-m).$$

例 9.8　计算 $I=\iint\limits_{D}\cos\left(\dfrac{x-y}{x+y}\right)\mathrm{d}x\mathrm{d}y$,其中 D 是由直线 $x+y=1$, $x=0$ 及 $y=0$ 所围成的闭区域.

解　令 $u=x-y,v=x+y$,则 $x=\dfrac{u+v}{2},y=\dfrac{-u+v}{2}$,变换将区域 D 映成区域 D'(见图 9-11),

$$J(u,v)=\frac{\partial(x,y)}{\partial(u,v)}=\begin{vmatrix}\dfrac{1}{2}&\dfrac{1}{2}\\-\dfrac{1}{2}&\dfrac{1}{2}\end{vmatrix}=\frac{1}{2},\quad\forall(u,v)\in D',$$

$$\begin{aligned}I=\iint\limits_{D}\cos\left(\frac{x-y}{x+y}\right)\mathrm{d}x\mathrm{d}y&=\iint\limits_{D'}\cos\frac{u}{v}\cdot|J(u,v)|\mathrm{d}u\mathrm{d}v\\&=\frac{1}{2}\int_0^1\mathrm{d}v\int_{-v}^{v}\cos\frac{u}{v}\mathrm{d}u\\&=\frac{1}{2}\int_0^1 2\sin 1\cdot v\mathrm{d}v=\frac{1}{2}\sin 1.\end{aligned}$$

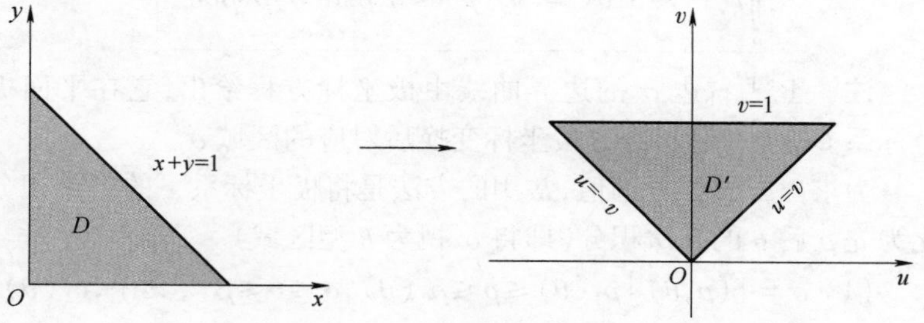

图　9-11

注　当被积函数在有界闭域 σ 上有界,且其不连续点在有限条曲线上时,则二重积分在 σ 上可积.

例 9.9　设 $f(v)\in C[1,2]$,D 是由 $y=x,y=4x,xy=1$ 及 $xy=2$ 所围成的第一象限中的部分闭域,证明:

$$\iint\limits_{D}f(\sqrt{xy})\,\mathrm{d}x\mathrm{d}y=\ln 2\cdot\int_1^2 f(\sqrt{t})\,\mathrm{d}t.$$

证　令 $u=\dfrac{y}{x},v=xy$,则 $x=\sqrt{\dfrac{v}{u}},y=\sqrt{uv}$,变换将区域 D 映成区域 $D'=[1,4]\times[1,2]$,则

$$J(u,v)=\frac{\partial(x,y)}{\partial(u,v)}=\begin{vmatrix}-\frac{1}{2u}\sqrt{\frac{v}{u}} & \frac{1}{2}\sqrt{\frac{1}{uv}}\\ \frac{1}{2}\sqrt{\frac{v}{u}} & \frac{1}{2}\sqrt{\frac{u}{v}}\end{vmatrix}=-\frac{1}{2u},\quad \forall (u,v)\in D'$$

由换元公式

$$\begin{aligned}\iint_D f(\sqrt{xy})\,\mathrm{d}x\mathrm{d}y &= \iint_{D'}\frac{1}{2u}f(\sqrt{v})\,\mathrm{d}u\mathrm{d}v\\ &= \frac{1}{2}\int_1^2 f(\sqrt{v})\,\mathrm{d}v\int_1^4\frac{1}{u}\mathrm{d}u\\ &= \ln 2\cdot\int_1^2 f(\sqrt{v})\,\mathrm{d}v = \ln 2\cdot\int_1^2 f(\sqrt{t})\,\mathrm{d}t.\end{aligned}$$

在二重积分的计算中，若积分区域 σ 的边界曲线用极坐标方程表示比较方便，且被积函数 $f(x,y)$ 用极坐标表示比较简单，则常采用**极坐标变换**：

$$\begin{cases}x=\rho\cos\theta,\\ y=\rho\sin\theta,\end{cases}\quad (0\leqslant\rho<+\infty,0\leqslant\theta\leqslant 2\pi),$$

此时其雅可比行列式为

$$J(\rho,\theta)=\begin{vmatrix}x_\rho & x_\theta\\ y_\rho & y_\theta\end{vmatrix}=\begin{vmatrix}\cos\theta & -\rho\sin\theta\\ \sin\theta & \rho\cos\theta\end{vmatrix}=\rho.$$

而在极坐标变换下的面积微元为 $\mathrm{d}\sigma=\rho\mathrm{d}\rho\mathrm{d}\theta$.

由换元公式及其注，得二重积分在极坐标系下的计算公式：

$$\boxed{\iint_\sigma f(x,y)\,\mathrm{d}x\mathrm{d}y = \iint_\sigma f(\rho\cos\theta,\rho\sin\theta)\rho\mathrm{d}\rho\mathrm{d}\theta.}$$

注 上式右边 σ 的边界曲线由极坐标方程给出，它在平面极坐标系 $O\theta\rho$ 中，是 σ 经过极坐标变换后对应的区域 σ'.

为求出二重积分的值，常用的方法是将极坐标系下的二重积分化为先 ρ 后 θ 的累次积分（即将 σ 视为 θ 型区域）.

(1) $\sigma=\{(\rho,\theta)\mid\rho_1(\theta)\leqslant\rho\leqslant\rho_2(\theta),\alpha\leqslant\theta\leqslant\beta\}$，其中，$\rho_1(\theta)$，$\rho_2(\theta)\in C[\alpha,\beta]$，如图 9-12a 所示.

$$\iint_\sigma f(\rho\cos\theta,\rho\sin\theta)\rho\mathrm{d}\rho\mathrm{d}\theta = \int_\alpha^\beta\mathrm{d}\theta\int_{\rho_1(\theta)}^{\rho_2(\theta)}f(\rho\cos\theta,\rho\sin\theta)\rho\mathrm{d}\rho.$$

(2) $\sigma=\{(\rho,\theta)\mid 0\leqslant\rho\leqslant\rho(\theta),\alpha\leqslant\theta\leqslant\beta\}$，$\rho(\theta)\in C[\alpha,\beta]$，如图 9-12b 所示.

$$\iint_\sigma f(\rho\cos\theta,\rho\sin\theta)\rho\mathrm{d}\rho\mathrm{d}\theta = \int_\alpha^\beta\mathrm{d}\theta\int_0^{\rho(\theta)}f(\rho\cos\theta,\rho\sin\theta)\rho\mathrm{d}\rho.$$

(3) $\sigma=\{(\rho,\theta)\mid 0\leqslant\rho\leqslant\rho(\theta),0\leqslant\theta\leqslant 2\pi\}\rho(\theta)\in C[\alpha,\beta]$，如图 9-12c 所示.

$$\iint_\sigma f(\rho\cos\theta,\rho\sin\theta)\rho\mathrm{d}\rho\mathrm{d}\theta = \int_0^{2\pi}\mathrm{d}\theta\int_0^{\rho(\theta)}f(\rho\cos\theta,\rho\sin\theta)\rho\mathrm{d}\rho.$$

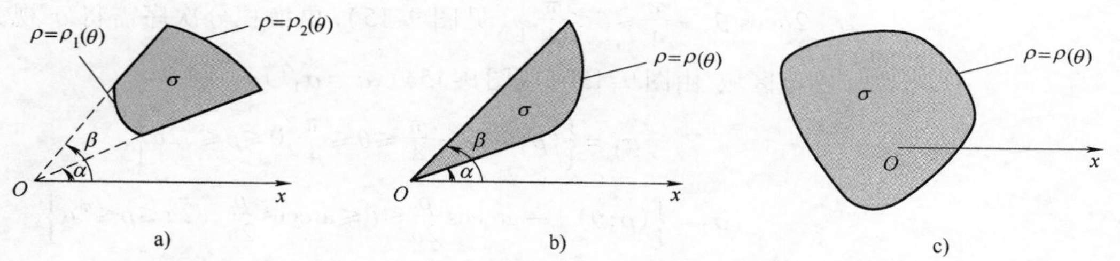

图　9-12

例 9.10　设 σ 是由圆 $x^2+y^2=2y, x^2+y^2=4y$ 及直线 $x-\sqrt{3}y=0$, $y-\sqrt{3}x=0$ 所围成的平面闭域,计算 $\iint\limits_{\sigma}(x^2+y^2)\,\mathrm{d}x\mathrm{d}y$.

解　将 σ 的边界曲线用极坐标方程表示为 $\rho=2\sin\theta, \rho=4\sin\theta, \theta=\dfrac{\pi}{6}, \theta=\dfrac{\pi}{3}$,所围区域 σ 如图 9-13 所示,在极坐标系中,$\sigma=\left\{(\rho,\theta)\mid 2\cos\theta\leqslant\rho\leqslant 4\cos\theta, \dfrac{\pi}{6}\leqslant\theta\leqslant\dfrac{\pi}{3}\right\}$,积分区域为图 9-12a 的情况,则

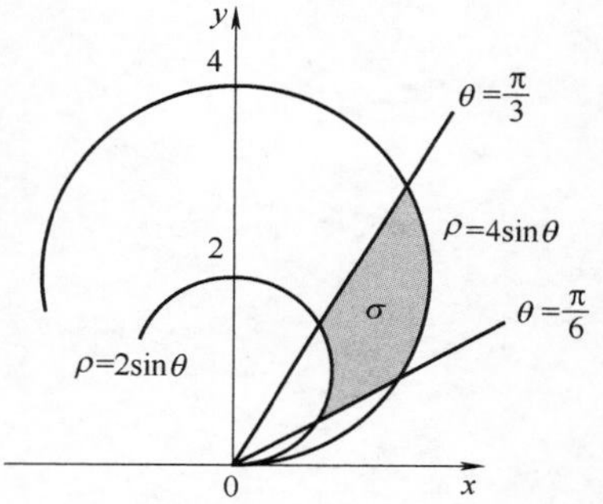

图　9-13

$$\iint\limits_{\sigma}(x^2+y^2)\,\mathrm{d}\sigma=\iint\limits_{\sigma}\rho^2\cdot\rho\mathrm{d}\rho\mathrm{d}\sigma=\int_{\frac{\pi}{6}}^{\frac{\pi}{3}}\mathrm{d}\theta\int_{2\sin\theta}^{4\sin\theta}\rho^3\mathrm{d}\rho$$

$$=60\int_{\frac{\pi}{6}}^{\frac{\pi}{3}}\sin^4\theta\mathrm{d}\theta=15\int_{\frac{\pi}{6}}^{\frac{\pi}{3}}\left(\frac{3}{2}-2\cos 2\theta-\frac{1}{2}\cos 4\theta\right)\mathrm{d}\theta$$

$$=\frac{15}{8}(2\pi+\sqrt{3}).$$

例 9.11　(1) 将累次积分 $\int_0^1\mathrm{d}x\int_{1-x}^{\sqrt{1-x^2}}f(\sqrt{x^2+y^2})\,\mathrm{d}y$ 化为极坐标中先 ρ 后 θ 的累次积分.

(2) 更换 $\int_{-\frac{\pi}{4}}^{\frac{\pi}{4}}\mathrm{d}\theta\int_0^{2a\cos\theta}f(\rho\cos\theta,\rho\sin\theta)\rho\mathrm{d}\rho$ 的积分次序.

解　(1) 所给积分在直角坐标系下的积分域为 $\sigma=\{(x,y)\mid 1-x\leqslant y\leqslant\sqrt{1-x^2}, 0\leqslant x\leqslant 1\}$(见图 9-14),其边界曲线的极坐标方程为

$$y=1-x\Rightarrow\rho=\frac{1}{\sin\theta+\cos\theta}; y=\sqrt{1-x^2}\Rightarrow\rho=1.$$

在极坐标系下的积分域为 $\sigma=\left\{(\rho,\theta)\,\middle|\,\dfrac{1}{\sin\theta+\cos\theta}\leqslant\rho\leqslant 1, 0\leqslant\theta\leqslant\dfrac{\pi}{2}\right\}$,故

$$\int_0^1\mathrm{d}x\int_{1-x}^{\sqrt{1-x^2}}f(\sqrt{x^2+y^2})\,\mathrm{d}y=\int_0^{\frac{\pi}{2}}\mathrm{d}\theta\int_{\frac{1}{\sin\theta+\cos\theta}}^1 f(\rho)\rho\mathrm{d}\rho.$$

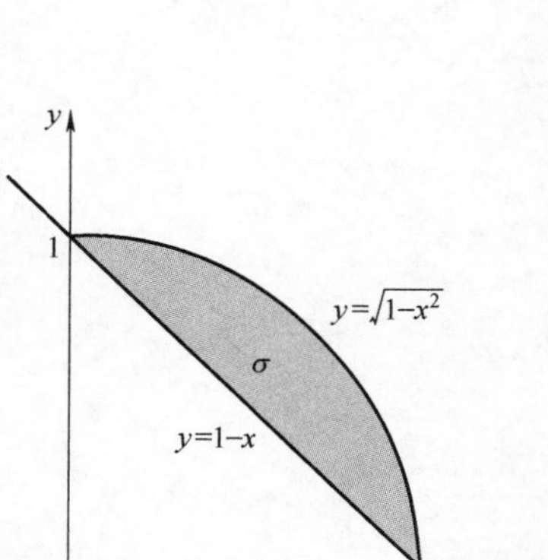

图　9-14

(2) 所给积分在极坐标系下的积分域为 $\sigma=\left\{(\rho,\theta)\,\middle|\,0\leqslant\rho\leqslant\right.$

$2a\cos\theta, -\frac{\pi}{4}\leqslant\theta\leqslant\frac{\pi}{4}\}$(见图 9-15). 更换积分次序需将 σ 视为 ρ 型区域,由图 9-15b(或图 9-15a), $\sigma=\sigma_1\cup\sigma_2$, 其中

$$\sigma_1=\left\{(\rho,\theta)\ \middle|\ -\frac{\pi}{4}\leqslant\theta\leqslant\frac{\pi}{4}, 0\leqslant\rho\leqslant\sqrt{2}a\right\},$$

$$\sigma_2=\left\{(\rho,\theta)\ \middle|\ -\arccos\frac{\rho}{2a}\leqslant\theta\leqslant\arccos\frac{\rho}{2a}, \sqrt{2}a\leqslant\rho\leqslant 2a\right\},$$

故

$$\int_{-\frac{\pi}{4}}^{\frac{\pi}{4}}\mathrm{d}\theta\int_0^{2a\cos\theta}f(\rho\cos\theta,\rho\sin\theta)\rho\mathrm{d}\rho$$

$$=\int_0^{\sqrt{2}a}\rho\mathrm{d}\rho\int_{-\frac{\pi}{4}}^{\frac{\pi}{4}}f(\rho\cos\theta,\rho\sin\theta)\mathrm{d}\theta+\int_{\sqrt{2}a}^{2a}\rho\mathrm{d}\rho\int_{-\arccos\frac{\rho}{2a}}^{\arccos\frac{\rho}{2a}}f(\rho\cos\theta,\rho\sin\theta)\mathrm{d}\theta.$$

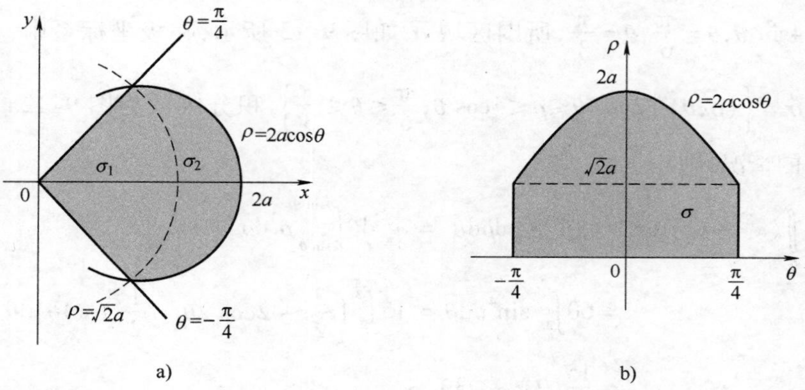

图 9-15

例 9.12 设 $f(u)$ 是连续函数,求 $\iint\limits_{x^2+y^2\leqslant a^2}f(x^2+y^2)\mathrm{d}x\mathrm{d}y$, 并求 $I=\int_0^{+\infty}\mathrm{e}^{-x^2}\mathrm{d}x$.

解 积分区域在极坐标系下表示为 $\sigma=\{(\rho,\theta)\mid 0\leqslant\rho\leqslant a, 0\leqslant\theta\leqslant 2\pi\}$, 由图 9-12c 的情形,则

$$\iint\limits_{x^2+y^2\leqslant a^2}f(x^2+y^2)\mathrm{d}x\mathrm{d}y=\int_0^{2\pi}\mathrm{d}\theta\int_0^a f(\rho^2)\rho\mathrm{d}\rho=2\pi\int_0^a f(\rho^2)\rho\mathrm{d}\rho.$$

特别地,当 $f(x^2+y^2)=\mathrm{e}^{-(x^2+y^2)}$ 时, $\iint\limits_{x^2+y^2\leqslant a^2}\mathrm{e}^{-x^2-y^2}\mathrm{d}x\mathrm{d}y=2\pi\int_0^a\mathrm{e}^{-\rho^2}\rho\mathrm{d}\rho=\pi(1-\mathrm{e}^{-a^2})$.

下面利用这一结果来求反常积分 $I=\int_0^{+\infty}\mathrm{e}^{-x^2}\mathrm{d}x$ 的值. 注意到 $\int_0^{+\infty}\mathrm{e}^{-x^2}\mathrm{d}x=\lim\limits_{a\to+\infty}\int_0^a\mathrm{e}^{-x^2}\mathrm{d}x$, 且

$$\iint\limits_{\substack{0\leqslant x\leqslant a\\0\leqslant y\leqslant a}}\mathrm{e}^{-x^2-y^2}\mathrm{d}x\mathrm{d}y=\int_0^a\mathrm{e}^{-x^2}\mathrm{d}x\int_0^a\mathrm{e}^{-y^2}\mathrm{d}y=\left(\int_0^a\mathrm{e}^{-x^2}\mathrm{d}x\right)^2.$$

令

$$\sigma_1=\{(x,y)\mid x^2+y^2\leqslant a^2,x,y\geqslant 0\},\sigma_2=\{(x,y)\mid x^2+y^2\leqslant 2a^2,x,y\geqslant 0\},$$

$$\tilde{\sigma}=\{(x,y)\mid 0\leqslant x\leqslant a,0\leqslant y\leqslant a\},$$

显然，$\sigma_1\subset\tilde{\sigma}\subset\sigma_2$，又 $\mathrm{e}^{-x^2-y^2}>0$，则

$$\iint_{\sigma_1}\mathrm{e}^{-x^2-y^2}\mathrm{d}x\mathrm{d}y\leqslant\iint_{\tilde{\sigma}}\mathrm{e}^{-x^2-y^2}\mathrm{d}x\mathrm{d}y\leqslant\iint_{\sigma_2}\mathrm{e}^{-x^2-y^2}\mathrm{d}x\mathrm{d}y,$$

即

$$\frac{\pi}{4}(1-\mathrm{e}^{-a^2})\leqslant\left(\int_0^a\mathrm{e}^{-x^2}\mathrm{d}x\right)^2\leqslant\frac{\pi}{4}(1-\mathrm{e}^{-2a^2}),$$

将以上不等式两边取极限，令 $a\to+\infty$，由夹逼性，得

$$\lim_{a\to+\infty}\left(\int_0^a\mathrm{e}^{-x^2}\mathrm{d}x\right)^2=\frac{\pi}{4},$$

所以

$$\int_0^{+\infty}\mathrm{e}^{-x^2}\mathrm{d}x=\frac{\sqrt{\pi}}{2}.$$

这是概率论与数理统计及工程上非常有用的反常积分公式.

例 9.13　试计算椭球体 $\frac{x^2}{a^2}+\frac{y^2}{b^2}+\frac{z^2}{c^2}\leqslant 1$ 的体积 V.

解　由对称性，椭球体的体积 V 是第一卦限部分的 8 倍，它是以

$$\sigma=\left\{(x,y)\left|\frac{x^2}{a^2}+\frac{y^2}{b^2}\leqslant 1,x,y\geqslant 0\right.\right\}$$

为底、高为 $z=c\sqrt{1-\frac{x^2}{a^2}-\frac{y^2}{b^2}}$ 的曲顶柱体的体积，故

$$V=8\iint_{\sigma}c\sqrt{1-\frac{x^2}{a^2}-\frac{y^2}{b^2}}\mathrm{d}x\mathrm{d}y.$$

为求此二重积分，考虑**广义极坐标变换**：

$$\begin{cases}x=a\rho\cos\theta,\\y=b\rho\sin\theta,\end{cases}\quad(0\leqslant\rho<+\infty,0\leqslant\theta\leqslant 2\pi).$$

计算其雅可比行列式

$$J(\rho,\theta)=\begin{vmatrix}x_\rho & x_\theta\\y_\rho & y_\theta\end{vmatrix}=\begin{vmatrix}a\cos\theta & -a\rho\sin\theta\\b\sin\theta & b\rho\cos\theta\end{vmatrix}=ab\rho.$$

椭圆域 σ 通过广义极坐标变换为矩形域

$$\sigma'=\{(\rho,\theta)\mid 0\leqslant\rho\leqslant 1,0\leqslant\theta\leqslant 2\pi\}.$$

由二重积分换元法，所求椭球的体积为

$$V=8\iint_{\sigma}c\sqrt{1-\rho^2}ab\rho\mathrm{d}\rho=8\int_0^{\frac{\pi}{2}}\mathrm{d}\theta\int_0^1 c\sqrt{1-\rho^2}ab\rho\mathrm{d}\rho=\frac{4}{3}\pi abc.$$

特别地，当 $a=b=c$ 时，得到球的体积为 $\frac{4}{3}\pi a^3$.

本例表明，当积分区域为椭圆或椭圆的一部分时，可使用广义极坐标变换.

9.2.4 含参量积分

在许多问题中常常会遇到含参量的积分，即在这些积分中被积函数对其中的一个自变量进行积分后所形成的新函数称为**含参量积分**. 含参量积分包括(正常)积分和反常(广义)积分两种形式，如 $\int_a^b f(x,y)\mathrm{d}x$，是含参量正常积分，而形如 $\int_a^{+\infty} f(x,y)\mathrm{d}x$，$\int_a^b f(x,y)\mathrm{d}x$ (b 为瑕点)的则是含参量反常积分. 本节给出这两种含参量积分的概念，着重讨论它们的分析性质.

1. 含参量(正常)积分

设 $f(x,y)$ 在 $\sigma=[a,b]\times[c,d]$ 上可积，则积分 $\int_c^d f(x,y)\mathrm{d}y$ 确定了一个定义在 $[a,b]$ 上的函数，记作

$$F(x)=\int_c^d f(x,y)\mathrm{d}y,\quad x\in[a,b].$$

一般地，设

$D=\{(x,y)\mid y_1(x)\leqslant y\leqslant y_2(x),a\leqslant x\leqslant b\}$ (X 型区域)，

其中，$y_1(x),y_2(x)\in C[a,b]$；$f(x,y)$ 在 D 上可积，则其积分值为

$$\Phi(x)=\int_{y_1(x)}^{y_2(x)} f(x,y)\mathrm{d}y,\quad x\in[a,b].$$

上式是定义在 $[a,b]$ 上的函数. 则 $F(x)$，$\Phi(x)$ 称为在 $[a,b]$ 上含参变量 x 的(正常) 积分，简称为**含参量积分**.

定理 9.5(含参量积分的连续性)

(1) 设 $f(x,y)\in C(\sigma)$，$\sigma=[a,b]\times[c,d]$，则 $F(x)=\int_c^d f(x,y)\mathrm{d}y$ 在 $[a,b]$ 上连续.

(2) 设 $f(x,y)\in C(D)$，$D=\{(x,y)\mid y_1(x)\leqslant y\leqslant y_2(x),a\leqslant x\leqslant b\}$，其中 $y_1(x),y_2(x)\in C[a,b]$，则 $\Phi(x)=\int_{y_1(x)}^{y_2(x)} f(x,y)\mathrm{d}y$ 在 $[a,b]$ 上连续.

证 (1) 因 $f(x,y)\in C(\sigma)$，所以在矩形域 σ 上一致连续，即 $\forall\varepsilon>0$，$\exists\delta>0$，对任意 (x_1,y_1)，$(x_2,y_2)\in\sigma$，只要 $|x_1-x_2|<\delta$，$|y_1-y_2|<\delta$，就有

$$|f(x_1,y_1)-f(x_2,y_2)|<\frac{\varepsilon}{d-c}.$$

因此，对任意 $x,x+\Delta x\in[a,b]$，当 $|\Delta x|<\delta$ 时，有

$$\begin{aligned}|F(x+\Delta x)-F(x)|&=\left|\int_c^d[f(x+\Delta x,y)-f(x,y)]\mathrm{d}y\right|\\&\leqslant\int_c^d\left|f(x+\Delta x,y)-f(x,y)\right|\mathrm{d}y<\int_c^d\frac{\varepsilon}{d-c}\mathrm{d}x=\varepsilon,\end{aligned}$$

这表明 $F(x)$ 在 $[a,b]$ 上连续.

同理可证,若 $f(x,y)$ 是矩形域 $\sigma=[a,b]\times[c,d]$ 上的连续函数,则含参变量 y 的积分

$$G(y)=\int_a^b f(x,y)\,\mathrm{d}x$$

在 $[c,d]$ 上连续.

(2) 令 $y=y_1(x)+t[y_2(x)-y_1(x)]$,$t\in[0,1]$,则

$$\Phi(x)=\int_0^1 f(x,y_1(x)+t[y_2(x)-y_1(x)])[y_2(x)(x)-y_1(x)(x)]\,\mathrm{d}t.$$

由于被积函数在矩形域 $[a,b]\times[0,1]$ 上连续,由(1)有函数 $\Phi(x)$ 在 $[a,b]$ 上连续,即

$$\lim_{x\to x_0}\int_{y_1(x)}^{y_2(x)} f(x,y)\,\mathrm{d}y=\int_{y_1(x_0)}^{y_2(x_0)} f(x_0,y)\,\mathrm{d}y,\quad \forall x_0\in[a,b].$$

注　若 $f(x,y)$ 在矩形域 $\sigma=[a,b]\times[c,d]$ 上是连续函数,其极限运算与积分运算可交换顺序,即

$$\lim_{x\to x_0}\int_c^d f(x,y)\,\mathrm{d}y=\int_c^d \lim_{x\to x_0} f(x,y)\,\mathrm{d}y,\quad \forall x_0\in[a,b].$$

例 9.14　证明:$G(y)=\int_1^2 \frac{\ln(1+xy)}{x}\mathrm{d}x$ 在 $\left(-\frac{1}{2},+\infty\right)$ 内连续.

证　$\forall y_0\in\left(-\frac{1}{2},+\infty\right)$,取 c,d,使得 $-\frac{1}{2}<c<x_0<d$,记 $\sigma=[1,2]\times[c,d]$,显然,

$$f(x,y)=\frac{\ln(1+xy)}{x}\in C(\sigma),$$

则 $G(y)=\int_1^2 \frac{\ln(1+xy)}{x}\mathrm{d}x$ 在 $[c,d]$ 上连续,故在 y_0 处连续,由 y_0 的任意性得 $G(y)$ 在 $\left(-\frac{1}{2},+\infty\right)$ 内连续.

注　由例 9.14 可知,由于连续性是局部性质,定理 9.5(1)中的条件 f 在 $[a,b]\times[c,d]$ 上连续可改为在 $I\times[c,d]$ 上连续,其中 I 为任意区间.

由定理 9.5 可以得到含参量积分的可积性.

定理 9.6(含参量积分的可积性)　在定理 9.5 的条件下,

(1) $F(x)=\int_c^d f(x,y)\,\mathrm{d}y$,$G(y)=\int_a^b f(x,y)\,\mathrm{d}x$ 分别在 $[a,b]$ 和 $[c,d]$ 上可积,且

$$\boxed{\int_a^b\left[\int_c^d f(x,y)\,\mathrm{d}y\right]\mathrm{d}x=\int_c^d\left[\int_a^b f(x,y)\,\mathrm{d}x\right]\mathrm{d}y.}$$

(2) $\Phi(x)=\int_{y_1(x)}^{y_2(x)} f(x,y)\,\mathrm{d}y$ 在 $[a,b]$ 上可积,且

$$\int_a^b \Phi(x)\,\mathrm{d}x=\int_a^b \mathrm{d}x\int_{y_1(x)}^{y_2(x)} f(x,y)\,\mathrm{d}y.$$

(1) 的结论式在 9.2.2 节已经得到,即累次积分顺序是可交换的.

例 9.15 计算积分 $\int_0^1 \frac{x^b - x^a}{\ln x}dx(0 < a < b)$.

解 根据被积函数的特点注意到

$$\int_a^b x^y dy = \left[\frac{x^y}{\ln x}\right]_a^b = \frac{x^b - x^a}{\ln x},$$

所以

$$\int_0^1 \frac{x^b - x^a}{\ln x}dx = \int_0^1 dx\int_a^b x^y dy.$$

因 $f(x,y) = x^y$ 在 $[0,1] \times [a,b]$ 上连续,由含参量积分的可积性,有

$$\int_0^1 \frac{x^b - x^a}{\ln x}dx = \int_0^1 dx\int_a^b x^y dy = \int_a^b dy\int_0^1 x^y dx$$

$$= \int_a^b \left[\frac{x^{y+1}}{y+1}\right]_0^1 dy = \int_a^b \frac{1}{y+1}dy = \ln\frac{b+1}{a+1}.$$

定理 9.7(含参量积分的可微性) 设 $\sigma = [a,b] \times [c,d]$, $f(x,y), f_x(x,y) \in C(\sigma)$,

(1) $F(x) = \int_c^d f(x,y)dy$ 在 $[a,b]$ 上可微,且

$$\boxed{F'(x) = \frac{d}{dx}\int_c^d f(x,y)dy = \int_c^d \frac{\partial f(x,y)}{\partial x}dy.}$$

(2) 若 $y_1(x), y_2(x)$ 是定义在 $[a,b]$ 上且值域含于 $[c,d]$ 的可微函数,则 $\Phi(x) = \int_{y_1(x)}^{y_2(x)} f(x,y)dy$ 在 $[a,b]$ 上可微,且

$$\boxed{\Phi'(x) = \int_{y_1(x)}^{y_2(x)} f_x(x,y)dy + f(x,y_2(x))y_2'(x) - f(x,y_1(x))y_1'(x).}$$

证 (1) 令 $g(x) = \int_c^d f_x(x,y)dy$, 由定理 9.5, $g(x) \in C[a,b]$, 当 $x \in [a,b]$ 时,有

$$\int_a^x g(x)dx = \int_a^x \left[\int_c^d f_x(x,y)dy\right]dx = \int_c^d \left[\int_a^x \frac{\partial}{\partial x}f(x,y)dx\right]dy$$

$$= \int_c^d [f(x,y) - f(a,y)]dy = F(x) - F(a),$$

两边求导,得 $F'(x) = g(x) = \int_c^d f_x(x,y)dy$.

(2) 把 $\Phi(x)$ 看作是 $\varphi(x,y_1,y_2) = \int_{y_1}^{y_2} f(x,y)dy$ 与 $y_1 = y_1(x)$, $y_2 = y_2(x)$ 构成的复合函数,即

$$\Phi(x) = \varphi(x,y_1(x),y_2(x)).$$

由(1)和变上限积分的求导公式,应用复合函数微分法则,有

$$\Phi'(x)=\frac{\partial\varphi}{\partial x}+\frac{\partial\varphi}{\partial y_1}y_1'(x)+\frac{\partial\varphi}{\partial y_2}y_2'(x)$$

$$=\int_{y_1(x)}^{y_2(x)}f_x(x,y)\mathrm{d}y+f(x,y_2(x))y_2'(x)-f(x,y_1(x))y_1'(x).$$

例 9.16　设$f(x)$在$x=0$的某个邻域内连续，验证当$|x|$充分小时，函数

$$F(x)=\frac{1}{(n-1)!}\int_0^x(x-t)^{n-1}f(t)\mathrm{d}t$$

的n阶导数存在，且$F^{(n)}(x)=f(x)$.

证　因被积函数$\varphi(x,t)=(x-t)^{n-1}f(t)$，且其偏导数$\varphi_x(x,t)$在原点的某个方邻域内连续，由定理9.7(2)可得，

$$F'(x)=\frac{1}{(n-1)!}\int_0^x(n-1)(x-t)^{n-2}f(t)\mathrm{d}t+\frac{1}{(n-1)!}(x-x)^{n-1}f(x)$$

$$=\frac{1}{(n-2)!}\int_0^x(x-t)^{n-2}f(t)\mathrm{d}t,$$

同理，

$$F''(x)=\frac{1}{(n-3)!}\int_0^x(n-1)(x-t)^{n-3}f(t)\mathrm{d}t.$$

如此继续下去，求得$n-1$阶导数为

$$F^{(n-1)}(x)=\int_0^x f(t)\mathrm{d}t,$$

故

$$F^{(n)}(x)=f(x).$$

例 9.17　求积分$I=\int_0^{\frac{\pi}{2}}\ln\frac{1+a\cos x}{1-a\cos x}\cdot\frac{1}{\cos x}\mathrm{d}x(|a|<1)$.

解　令$I(a)=\int_0^{\frac{\pi}{2}}\ln\frac{1+a\cos x}{1-a\cos x}\cdot\frac{1}{\cos x}\mathrm{d}x$，将上式对$a$求导，并应用定理9.7(1)，得

$$I'(a)=\int_0^{\frac{\pi}{2}}\frac{\mathrm{d}}{\mathrm{d}a}\left(\ln\frac{1+a\cos x}{1-a\cos x}\cdot\frac{1}{\cos x}\right)\mathrm{d}x=2\int_0^{\frac{\pi}{2}}\frac{1}{1-a^2\cos^2x}\mathrm{d}x$$

$$=\frac{2}{\sqrt{1-a^2}}\arctan\frac{\tan x}{\sqrt{1-a^2}}\Bigg|_0^{\frac{\pi}{2}}=\frac{\pi}{\sqrt{1-a^2}}.$$

从而

$$\int_0^a I'(a)\mathrm{d}a=\int_0^a\frac{\pi}{\sqrt{1-a^2}}\mathrm{d}a=\pi\arcsin a,$$

又

$$\int_0^a I'(a)\mathrm{d}a=I(a)-I(0)=I(a),$$

故

$$I=I(a)=\pi\arcsin a.$$

2. 含参量反常积分

设$f(x,y)$在无界区域$\sigma=[a,b]\times[c,+\infty)$上有定义，若对

$\forall x\in[a,b]$,反常积分 $\int_c^{+\infty} f(x,y)\mathrm{d}y$ 都收敛,这样确定的函数

$$F(x)=\int_c^{+\infty} f(x,y)\mathrm{d}y,\quad x\in[a,b]$$

称为定义在$[a,b]$上的含参量 x 的无穷限反常积分,简称**含参量反常积分**.

如何判断含参量反常积分的连续性、可微性与可积性?事实上其理论几乎与前面函数项级数的理论相平行,无论基本概念、定理描述还是定理的推导都是如此,请初学的读者抓住这一点.

定义 9.2 对于含参量反常积分 $F(x)=\int_c^{+\infty} f(x,y)\mathrm{d}y$,若

$$\forall\varepsilon>0,\exists N>0,\forall M>N,\quad\forall x\in[a,b],$$

都有

$$\left|\int_c^M f(x,y)\mathrm{d}y-F(x)\right|<\varepsilon,$$

则称含参量反常积分 $\int_c^{+\infty} f(x,y)\mathrm{d}y$ 在$[a,b]$上**一致收敛**[于 $F(x)$].

若令

$$\eta(M)=\sup_{x\in[a,b]}\left|\int_M^{+\infty} f(x,y)\mathrm{d}y\right|$$

由定义 9.2 易知,$\int_c^{+\infty} f(x,y)\mathrm{d}y$ 在$[a,b]$上一致收敛的充要条件是 $\lim\limits_{M\to+\infty}\eta(M)=0$.

定理 9.8(一致收敛的柯西准则) 含参量反常积分 $\int_c^{+\infty} f(x,y)\mathrm{d}y$ 在$[a,b]$上一致收敛的充要条件为

$$\forall\varepsilon>0,\exists N>c,\forall M_1,M_2>N,\forall x\in[a,b]\text{ 都有}\left|\int_{M_1}^{M_2} f(x,y)\mathrm{d}y\right|<\varepsilon.$$

证明留读者练习.

定理 9.9[魏尔斯特拉斯(Weierstrass)判别法] 设有函数 $g(y)$,满足

$$|f(x,y)|\leqslant g(y),(x,y)\in\sigma=[a,b]\times[c,+\infty),$$

若 $\int_c^{+\infty} g(y)\mathrm{d}y$ 收敛,则 $\int_c^{+\infty} f(x,y)\mathrm{d}y$ 在$[a,b]$上一致收敛.

证 由于 $\int_c^{+\infty} g(y)\mathrm{d}y$ 收敛,则 $\forall\varepsilon>0,\exists N>c,\forall M_1,M_2>N$, $\left|\int_{M_1}^{M_2} g(y)\mathrm{d}y\right|<\varepsilon$, 由此及定理的条件, $\forall M_1,M_2>N$ 及 $\forall x\in[a,b]$,有

$$\left|\int_{M_1}^{M_2} f(x,y)\mathrm{d}y\right|\leqslant\left|\int_{M_1}^{M_2} g(y)\mathrm{d}y\right|<\varepsilon,$$

由定理 9.8,$\int_c^{+\infty} f(x,y)\mathrm{d}y$ 在$[a,b]$上一致收敛.

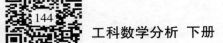

注1　魏尔斯特拉斯判别法也称为 M 判别法.

注2　上面的区间 $[a,b]$ 可以换成开区间或无穷区间,后面凡遇到这种情况也做类似约定,除非特别声明.

例9.18　证明:含参量反常积分 $F(x)=\int_0^{+\infty}\mathrm{e}^{-(a+x^2)y}\sin y\mathrm{d}y$ $(a>0)$ 在 $[0,+\infty)$ 上一致连续.

证　对任意 $x\in[0,+\infty)$,有

$$\left|\mathrm{e}^{-(a+x^2)y}\sin y\right|\leqslant\mathrm{e}^{-ay},y\in[0,+\infty),$$

及反常积分 $\int_0^{+\infty}\mathrm{e}^{-ay}\mathrm{d}y$ 收敛,故由 M 判别法 $\int_0^{+\infty}\mathrm{e}^{-(a+x^2)y}\sin y\mathrm{d}y$ 关于 x 在 $[0,+\infty)$ 上一致连续.

定理9.10(含参量反常积分的连续性和可积性)　设 $f(x,y)$ 在无界区域 $\sigma=[a,b]\times[c,+\infty)$ 上连续,且 $\int_c^{+\infty}f(x,y)\mathrm{d}y$ 在 $[a,b]$ 上一致收敛于 $F(x)$,则 $F(x)$ 在 $[a,b]$ 上连续,且

$$\int_a^b\mathrm{d}x\int_c^{+\infty}f(x,y)\mathrm{d}y=\int_c^{+\infty}\mathrm{d}y\int_a^b f(x,y)\mathrm{d}x.$$

定理9.11(含参量反常积分的可微性)　设

(1) $f(x,y)$, $f_x(x,y)$ 在无界区域 $\sigma=[a,b]\times[c,+\infty)$ 上连续,

(2) $\forall x\in[a,b]$, $\int_c^{+\infty}f(x,y)\mathrm{d}y$ 收敛,

(3) 且 $\int_c^{+\infty}f_x(x,y)\mathrm{d}y$ 在 $[a,b]$ 上一致收敛,

则含参量积分 $F(x)=\int_c^{+\infty}f(x,y)\mathrm{d}y$ 在 $[a,b]$ 上可微,且

$$F'(x)=\frac{\mathrm{d}}{\mathrm{d}x}\int_c^{+\infty}f(x,y)\mathrm{d}y=\int_c^{+\infty}f_x(x,y)\mathrm{d}y.$$

例9.19　设 $b>a,p>0$,计算积分 $\int_0^{+\infty}\mathrm{e}^{-px}\frac{\sin bx-\sin ax}{x}\mathrm{d}x$.

解　由于 $\frac{\sin bx-\sin ax}{x}=\int_a^b\cos xy\mathrm{d}y$,故

$$\int_0^{+\infty}\mathrm{e}^{-px}\frac{\sin bx-\sin ax}{x}\mathrm{d}x=\int_0^{+\infty}\mathrm{d}x\int_a^b\mathrm{e}^{-px}\cos xy\mathrm{d}y.$$

显然,$\mathrm{e}^{-px}\cos xy\in C([0,+\infty)\times[a,b])$. 因为

$$\left|\mathrm{e}^{-px}\cos xy\right|\leqslant\mathrm{e}^{-px},\quad\forall y\in[a,b],$$

又 $\int_0^{+\infty}\mathrm{e}^{-px}\mathrm{d}x$ 收敛,由 M 判别法知,含参量反常积分 $\int_0^{+\infty}\mathrm{e}^{-px}\cos xy\mathrm{d}x$ 在区间 $[a,b]$ 上一致收敛,则积分可交换顺序,因此

$$\int_0^{+\infty}\mathrm{d}x\int_a^b\mathrm{e}^{-px}\cos xy\mathrm{d}y=\int_a^b\mathrm{d}y\int_0^{+\infty}\mathrm{e}^{-px}\cos xy\mathrm{d}x$$

$$=\int_a^b\frac{p}{p^2+y^2}\mathrm{d}y=\arctan\frac{b}{p}-\arctan\frac{a}{p}.$$

设 $f(x,y)$ 在区域 $D=[a,b]\times[c,d)$ 上有定义,若对 x 的某些

值，$y=d$ 为函数的瑕点，则称 $\int_c^d f(x,y)\,\mathrm{d}y$（$d$ 为瑕点）为含参量 x 的无界函数反常积分，或简称为含参量反常积分.

对于在 $[a,b]$ 上的含参量 x 的瑕积分 $\int_c^d f(x,y)\,\mathrm{d}y$（$d$ 为瑕点），可以将其转化为含参量 x 的无穷限反常积分，在此不再赘述，请读者自行参照一致收敛的定义及判定，得出相应的分析性质.

习题 9.2

1. 设 $f(x,y)$ 在区域 D 上连续，试将二重积分 $\iint\limits_D f(x,y)\,\mathrm{d}\sigma$ 化为不同顺序的累次积分：

（1）D 由不等式 $y\leqslant x, y\geqslant a, x\leqslant b(0<a<b)$ 所确定的区域；

（2）D 由不等式 $y\leqslant x, y\geqslant 0, x^2+y^2\leqslant 1$ 所确定的区域；

（3）D 由不等式 $x^2+y^2\leqslant 1$ 与 $x+y\geqslant 1$ 所确定的区域；

（4）$D=\{(x,y)\mid |x|+|y|\leqslant 1\}$.

2. 在下列积分中改变累次积分的顺序：

（1）$\int_0^2 \mathrm{d}x\int_x^{2x} f(x,y)\,\mathrm{d}y$；

（2）$\int_{-1}^1 \mathrm{d}x\int_{-\sqrt{1-x^2}}^{1-x^2} f(x,y)\,\mathrm{d}y$；

（3）$\int_0^{2a} \mathrm{d}x\int_{\sqrt{2ax-x^2}}^{\sqrt{2ax}} f(x,y)\,\mathrm{d}y$；

（4）$\int_0^1 \mathrm{d}x\int_0^{x^2} f(x,y)\,\mathrm{d}y+\int_1^3 \mathrm{d}x\int_0^{\frac{1}{2}(3-x)} f(x,y)\,\mathrm{d}y$.

3. 计算下列二重积分：

（1）$\iint\limits_D (y-2x)\,\mathrm{d}x\mathrm{d}y,\quad D=[3,5]\times[1,2]$；

（2）$\iint\limits_D \cos(x+y)\,\mathrm{d}x\mathrm{d}y,\quad D=\left[0,\frac{\pi}{2}\right]\times[0,\pi]$；

（3）$\iint\limits_D xy\mathrm{e}^{x^2+y^2}\,\mathrm{d}x\mathrm{d}y,\quad D=[a,b]\times[c,d]$；

（4）$\iint\limits_D \frac{x}{1+xy}\,\mathrm{d}x\mathrm{d}y,\quad D=[0,1]\times[0,1]$.

4. 计算下列二重积分：

（1）$\iint\limits_D xy^2\,\mathrm{d}\sigma$，其中 D 是由抛物线 $y^2=2px$ 与直线 $x=\frac{p}{2}(p>0)$ 所围成的区域；

（2）$\iint\limits_D (x^2+y^2)\,\mathrm{d}\sigma$，其中，$D=\{(x,y)\mid 0\leqslant x\leqslant 1, \sqrt{x}\leqslant y\leqslant 2\sqrt{x}\}$；

（3）$\iint\limits_D \frac{\mathrm{d}\sigma}{\sqrt{2a-x}}\ (a>0)$，其中，$D=\{(x,y)\mid 0\leqslant y\leqslant a-$

$\sqrt{2ax-x^2},0\leqslant x\leqslant a\}$;

(4) $\iint\limits_D \sqrt{x}\mathrm{d}\sigma$, 其中 $D=\{(x,y)\mid x^2+y^2\leqslant x\}$;

(5) $\iint\limits_D |x^2+y^2-x|\mathrm{d}x\mathrm{d}y$. 其中 $D:\{(x,y)\mid 0\leqslant y\leqslant 1-x,0\leqslant x\leqslant 1\}$;

(6) $\iint\limits_D (\cos^2 x+\sin^2 y)\mathrm{d}x\mathrm{d}y$, 其中 $D:x^2+y^2\leqslant 1$.

5. (1) 设 $f(x)$ 在 $[a,b]$ 上连续,证明不等式:

$$\left[\int_a^b f(x)\mathrm{d}x\right]^2\leqslant(b-a)\int_a^b f^2(x)\mathrm{d}x,$$

其中等号仅在 $f(x)$ 为常量函数时成立;

(2) 设在区间 $[a,b]$ 上 $f(x)$ 连续且大于0,试用二重积分证明不等式:

$$\int_a^b f(x)\mathrm{d}x\cdot\int_a^b\frac{\mathrm{d}x}{f(x)}\geqslant(b-a)^2.$$

6. 设 y 轴将平面有界区域 D 分成对称的两部分 D_1 和 D_2,证明:

(1) 若 $f(x,y)$ 关于 x 为奇函数,即 $f(-x,y)=-f(x,y)$,则

$$\iint\limits_D f(x,y)\mathrm{d}x\mathrm{d}y=0;$$

(2) 若 $f(x,y)$ 关于 x 为偶函数,即 $f(-x,y)=f(x,y)$,则

$$\iint\limits_D f(x,y)\mathrm{d}x\mathrm{d}y=2\iint\limits_{D_1} f(x,y)\mathrm{d}x\mathrm{d}y=2\iint\limits_{D_2} f(x,y)\mathrm{d}x\mathrm{d}y.$$

7. 对积分 $\iint\limits_D f(x,y)\mathrm{d}x\mathrm{d}y$ 进行极坐标变换并写出变换后不同顺序的累次积分:

(1) D 是由不等式 $a^2\leqslant x^2+y^2\leqslant b^2,y\geqslant 0$ 所确定的区域;

(2) $D=\{(x,y)\mid x^2+y^2\leqslant y,x\geqslant 0\}$;

(3) $D=\{(x,y)\mid 0\leqslant x\leqslant 1,0\leqslant x+y\leqslant 1\}$.

8. 用极坐标计算下列二重积分:

(1) $\iint\limits_D \sin\sqrt{x^2+y^2}\mathrm{d}x\mathrm{d}y,D:\pi^2\leqslant x^2+y^2\leqslant 4\pi^2$;

(2) $\iint\limits_D (x+y)\mathrm{d}x\mathrm{d}y$, D 是圆 $x^2+y^2\leqslant x+y$ 的内部;

(3) $\iint\limits_D (x^2+y^2)\mathrm{d}x\mathrm{d}y$, D 由双纽线 $(x^2+y^2)^2=a^2(x^2-y^2)\ (x\geqslant 0)$ 围成;

(4) $\iint\limits_D x\mathrm{d}x\mathrm{d}y$, D 由阿基米德螺线 $r=\theta$ 和半射线 $\theta=\pi$ 围成;

(5) $\iint\limits_D |xy|\mathrm{d}x\mathrm{d}y$, 其中, D 为圆域: $x^2+y^2\leqslant a^2$;

(6) $\iint\limits_D f'(x^2+y^2)\mathrm{d}x\mathrm{d}y$, 其中, D 为圆域: $x^2+y^2\leqslant R^2$.

9. 在下列积分中引入新变量 u,v 后，将它化为累次积分：

(1) $\int_0^2 \mathrm{d}x\int_{1-x}^{2-x} f(x,y)\mathrm{d}y$，若 $u=x+y, v=x-y$；

(2) $\iint\limits_D f(x,y)\mathrm{d}x\mathrm{d}y$，其中 $D=\{(x,y)\mid x+y\leqslant a, x\geqslant 0, y\geqslant 0\}$，且 $x+y=u, y=uv$.

10. 试通过适当变换计算下列积分：

(1) $\iint\limits_D xy\mathrm{d}x\mathrm{d}y$，$D$ 由 $xy=2, xy=4, y=x, y=2x$ 围成；

(2) $\iint\limits_D (x+y)\sin(x-y)\mathrm{d}x\mathrm{d}y$，$D=\{(x,y)\mid 0\leqslant x+y\leqslant \pi, 0\leqslant x-y\leqslant \pi\}$；

(3) $\iint\limits_D \mathrm{e}^{\frac{y}{x+y}}\mathrm{d}x\mathrm{d}y$，$D=\{(x,y)\mid x+y\leqslant 1, x\geqslant 0, y\geqslant 0\}$.

11. 求由下列曲面所围立体的体积：

(1) V 是由 $z=x^2+y^2$ 和 $z=x+y$ 所围的立体；

(2) V 是由曲面 $z^2=\dfrac{x^2}{4}+\dfrac{y^2}{9}$ 和 $2z=\dfrac{x^2}{4}+\dfrac{y^2}{9}$ 所围的立体.

(3) V 是由 $x^2+y^2+z^2\leqslant r^2, x^2+y^2+z^2\leqslant 2rz$ 所围的立体；

(4) V 是由 $z\geqslant x^2+y^2, y\geqslant x^2, z\leqslant 2$ 所围的立体；

(5) V 是由坐标平面及 $x=2, y=3, x+y+z=4$ 所围的立体.

12. 求由下列曲线所围的平面图形的面积：

(1) $x+y=a, x+y=b, y=\alpha x, y=\beta x\ (a<b, \alpha<\beta)$；

(2) $\left(\dfrac{x^2}{a^2}+\dfrac{y^2}{b^2}\right)^2=x^2+y^2$；

(3) $(x^2+y^2)^2=2a^2(x^2-y^2)\ (x^2+y^2\geqslant a^2)$；

(4) $\left(\dfrac{x^2}{a^2}+\dfrac{y^2}{b^2}\right)^2=\dfrac{xy}{c^2}$.

13. 设 $f(x,y)$ 为连续函数，且 $f(x,y)=f(y,x)$. 证明：

$$\int_0^1 \mathrm{d}x\int_0^x f(x,y)\mathrm{d}y=\int_0^1 \mathrm{d}x\int_0^x f(1-x,1-y)\mathrm{d}y.$$

14. 试通过适当变换把下列二重积分化为单重积分：

(1) $\iint\limits_D f(\sqrt{x^2+y^2})\mathrm{d}x\mathrm{d}y$，其中，$D$ 为圆域：$x^2+y^2\leqslant 1$；

(2) $\iint\limits_D f(\sqrt{x^2+y^2})\mathrm{d}x\mathrm{d}y$，其中，$D=\{(x,y)\mid |y|\leqslant |x|, |x|\leqslant 1\}$；

(3) $\iint\limits_D f(x+y)\mathrm{d}x\mathrm{d}y$，其中，$D=\{(x,y)\mid |x|+|y|\leqslant 1\}$；

(4) $\iint\limits_D f(xy)\mathrm{d}x\mathrm{d}y$，其中，$D=\{(x,y)\mid x\leqslant y\leqslant 4x, 1\leqslant xy\leqslant 2\}$.

15. 设 $f(x)=\begin{cases} x, & 0\leqslant x\leqslant 2, \\ 0, & x<0, x>2, \end{cases}$ 试求二重积分 $\iint\limits_{\mathbb{R}^2}\dfrac{f(x+y)}{f(\sqrt{x^2+y^2})}\mathrm{d}x\mathrm{d}y$.

16. 求 $I=\iint\limits_{x^2+y^2\leqslant 1}|x^2+y^2-x-y|\mathrm{d}x\mathrm{d}y$.

17. 求下列极限：

(1) $\lim\limits_{a\to 0}\int_{-1}^{1}\sqrt{x^2+a^2}\mathrm{d}x$;　　(2) $\lim\limits_{a\to 0}\int_{0}^{2}x^2\cos ax\mathrm{d}x$;

(3) $\lim\limits_{a\to 0}\int_{a}^{1+a}\dfrac{\mathrm{d}x}{1+x^2+a^2}$.

18. 求 $F'(x)$，其中：

(1) $F(x)=\int_{x}^{x^2}\mathrm{e}^{-xy^2}\mathrm{d}y$;　　(2) $F(x)=\int_{\sin x}^{\cos x}\mathrm{e}^{x\sqrt{1-y^2}}\mathrm{d}y$;

(3) $F(x)=\int_{a+x}^{b+x}\dfrac{\sin(xy)}{y}\mathrm{d}y$;　　(4) $\int_{0}^{x}\left[\int_{t^2}^{x^2}f(t,s)\mathrm{d}s\right]\mathrm{d}t$.

19. 应用积分号下求导法求下列积分：

(1) $\int_{0}^{\frac{\pi}{2}}\ln(a^2\sin^2x+b^2\cos^2x)\mathrm{d}x\quad(a^2+b^2\neq 0)$;

(2) $\int_{0}^{\pi}\ln(1-2a\cos x+a^2)\mathrm{d}x$;

(3) $\int_{0}^{\frac{\pi}{2}}\ln(a^2-\sin^2x)\mathrm{d}x\quad(a>1)$.

20. 应用积分交换次序求下列积分：

(1) $\int_{0}^{1}\dfrac{x^b-x^a}{\ln x}\mathrm{d}x\quad(a>0,b>0)$;

(2) $\int_{0}^{1}\sin\left(\ln\dfrac{1}{x}\right)\dfrac{x^b-x^a}{\ln x}\mathrm{d}x\quad(a>0,b>0)$.

21. 设 f 为可微函数，试求下列函数的二阶导数：

(1) $F(x)=\int_{0}^{x}(x+y)f(y)\mathrm{d}y$;

(2) $F(x)=\int_{a}^{b}f(y)|x-y|\mathrm{d}y\quad(a<b)$;

22. 设 $F(x,y)=\int_{\frac{x}{y}}^{xy}(x-yz)f(z)\mathrm{d}z$，其中 $f(z)$ 为可微函数，求 $F_{xy}(x,y)$.

23. 在区间 $1\leqslant x\leqslant 3$ 内用线性函数 $a+bx$ 近似代替 $f(x)=x^2$，试求 a,b 使得积分 $\int_{1}^{3}(a+bx-x^2)^2\mathrm{d}x$ 取最小值.

24. 若 $I=\lim\limits_{t\to+\infty}\iint\limits_{x^2+y^2\leqslant t^2}f(x,y)\mathrm{d}\sigma$ 存在，则称广义积分 $\iint\limits_{\mathbb{R}^2}f(x,y)\mathrm{d}\sigma$ 收敛于 I.

(1) 设 $f(x,y)$ 为 $\mathbb{R}^2$ 上的非负连续函数，若 $\iint\limits_{\mathbb{R}^2}f(x,y)\mathrm{d}\sigma$ 收敛于 I，证明：极限 $\lim\limits_{t\to+\infty}\iint\limits_{-t\leqslant x,y\leqslant t}f(x,y)\mathrm{d}\sigma$ 存在且等于 I;

(2) 设 $\iint\limits_{\mathbb{R}^2} e^{ax^2+2bxy+cy^2}\mathrm{d}\sigma$ 收敛于 I,其中二次型 $ax^2+2bxy+cy^2$ 在正交变换下的标准形为 $\lambda_1 u^2+\lambda_2 v^2$,证明:$\lambda_1,\lambda_2$ 都小于0.

9.3 三重积分

在本章9.1.2节中已定义 $f(x,y,z)$ 在空间有界闭域 V 上的三重积分:

$$\iiint\limits_V f(x,y,z)\,\mathrm{d}V=\lim_{d\to 0}\sum_{i=1}^{n}f(\xi_i,\eta_i,\zeta_i)\Delta V_i,$$

其中,$\mathrm{d}V$ 称为体积微元.

当 $f(x,y,z)\equiv 1$ 时,$\iiint\limits_V V=V$,除此之外 $\iiint\limits_V f(x,y,z)\,\mathrm{d}V$ 没有几何意义,但具有物理背景——非均匀物质分布物体 V 的质量. 由9.1.1节,三重积分具有与定积分对应的有关性质,且有界闭域 V 上的连续函数 $f(x,y,z)$ 必可积. 本节着重讨论三重积分的计算法,总的思路是将三重积分化为定积分和二重积分的累次积分.

9.3.1 直角坐标系下三重积分的计算

用平行于坐标面的平面把有界闭域 V 分割成许多小区域,体积微元 $\mathrm{d}V=\mathrm{d}x\mathrm{d}y\mathrm{d}z$,在直角坐标系下,

$$\iiint\limits_V f(x,y,z)\,\mathrm{d}V=\iiint\limits_V f(x,y,z)\,\mathrm{d}x\mathrm{d}y\mathrm{d}z.$$

设积分域 $V=\{(x,y,z)\mid z_1(x,y)\leqslant z\leqslant z_2(x,y),(x,y)\in\sigma_{xy}\subset\mathbb{R}^2\}$,称为 xy 型区域,其中 $z_1(x,y),z_2(x,y)\in C(\sigma_{xy})$,$\sigma_{xy}$ 是有界闭域 V 在 xOy 平面上的投影闭域(见图9-16). 与定理9.3的推导相类似,对于 xy 型区域化三重积分为累次积分有以下结果.

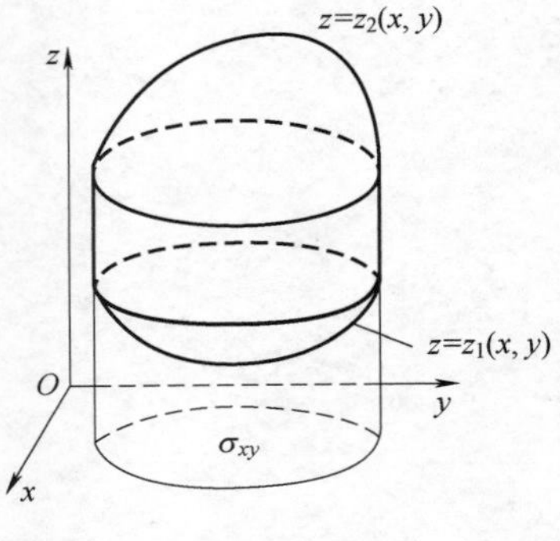

图 9-16

定理9.12 设 $f(x,y,z)$ 在 V 上可积,且 $\forall(x,y)\in\sigma_{xy}$,$F(x,y)=\int_{z_1(x,y)}^{z_2(x,y)}f(x,y,z)\,\mathrm{d}z$ 存在,则 $\iint\limits_{\sigma_{xy}}F(x,y)\,\mathrm{d}\sigma$ 也存在,且

$$\boxed{\iiint\limits_V f(x,y,z)\,\mathrm{d}V=\iint\limits_{\sigma_{xy}}\left[\int_{z_1(x,y)}^{z_2(x,y)}f(x,y,z)\,\mathrm{d}z\right]\mathrm{d}\sigma.}$$

即先对 z 求积分,再在 σ_{xy} 上计算二重积分,这种方法通常称为**先一后二法**或**投影法**.

如果 $\sigma_{xy}=\{(x,y)\mid y_1(x)\leqslant y\leqslant y_2(x),a\leqslant x\leqslant b\}$,则得到三重积分的计算公式

$$\iiint\limits_V f(x,y,z)\,\mathrm{d}V=\int_a^b\mathrm{d}x\int_{y_1(x)}^{y_2(x)}\mathrm{d}y\int_{z_1(x,y)}^{z_2(x,y)}f(x,y,z)\,\mathrm{d}z,$$

即先对 z,再对 y,最后对 x 的**三次积分**.

如果 $\sigma_{xy}=\{(x,y)\mid x_1(y)\leqslant x\leqslant x_2(y),c\leqslant y\leqslant d\}$,则有

$$\iiint_V f(x,y,z)\,\mathrm{d}V==\int_c^d\mathrm{d}y\int_{x_1(y)}^{x_2(y)}\mathrm{d}x\int_{z_1(x,y)}^{z_2(x,y)}f(x,y,z)\,\mathrm{d}z.$$

当

$$V=\{(x,y,z)\mid x_1(y,z)\leqslant x\leqslant x_2(y,z),(y,z)\in\sigma_{yz}\subset\mathbb{R}^2\}$$

为 yz 型域或

$$V=\{(x,y,z)\mid y_1(z,x)\leqslant y\leqslant y_2(z,x),(z,x)\in\sigma_{zx}\subset\mathbb{R}^2\}$$

为 zx 型域时,可将三重积分化为另外两种先一后二积分,进一步可化为其他次序的三次积分,请读者自行练习.

为了计算上的方便,根据积分区域的特点有时也采用如下**先二后一**的顺序计算积分.

如果积分区域 V 在 z 轴上的投影区间为 $[\alpha,\beta]$,将过点 $(0,0,z)$ 且平行于 xOy 面的平面截 V 得到的平面闭区域记作 σ_z,即 $V=\{(x,y,z)\mid\alpha\leqslant z\leqslant\beta,(x,y)\in\sigma_z\}$(见图 9-17),对任何 $z\in[\alpha,\beta]$,若二重积分 $I(z)=\iint_{\sigma_z}f(x,y,z)\,\mathrm{d}x\mathrm{d}y$ 存在,则定积分 $\int_\alpha^\beta I(z)\,\mathrm{d}z$ 也存在,且

$$\iiint_V f(x,y,z)\,\mathrm{d}V=\int_\alpha^\beta\left[\iint_{\sigma_z}f(x,y,z)\,\mathrm{d}x\mathrm{d}y\right]\mathrm{d}z.$$

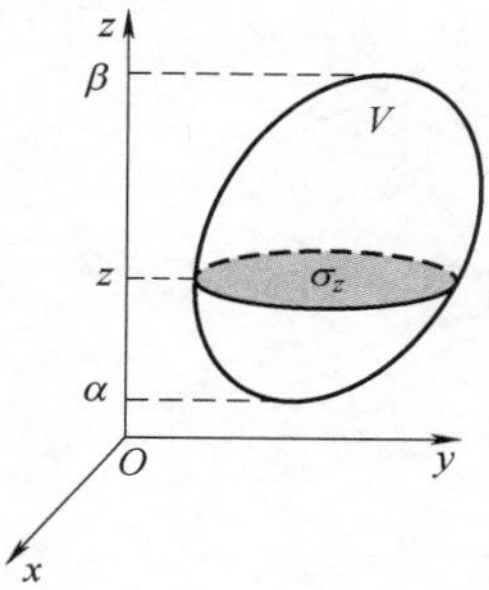

图 9-17

该方法也称为**截面法**. 当 $I(z)=\iint_{\sigma_z}f(x,y,z)\,\mathrm{d}x\mathrm{d}y$ 容易计算时,特别地,当 $f(x,y,z)=F(z)$ 时,截面 σ_z 的面积容易计算,此时若采用先二后一方法会比较方便.

类似地,还有

$$\iiint_V f(x,y,z)\,\mathrm{d}x\mathrm{d}y\mathrm{d}z=\int_c^d\mathrm{d}y\iint_{\sigma_y}f(x,y,z)\,\mathrm{d}z\mathrm{d}x$$

及

$$\iiint_V f(x,y,z)\,\mathrm{d}x\mathrm{d}y\mathrm{d}z=\int_a^b\mathrm{d}x\iint_{\sigma_x}f(x,y,z)\,\mathrm{d}y\mathrm{d}z.$$

例 9.20　计算三重积分 $\iiint_V\frac{1}{(1+x+y+z)^3}\mathrm{d}x\mathrm{d}y\mathrm{d}z$,其中 V 是由三个坐标平面及 $x+y+z=1$ 所围成的闭域.

解　积分域 V 如图 9-18 所示,其在 xOy 面上的投影区域为 σ_{xy},将 V 看作 xy 型区域,则有

$$V=\{(x,y,z)\mid 0\leqslant z\leqslant 1-x-y,(x,y)\in\sigma_{xy}\}$$
$$=\{(x,y,z)\mid 0\leqslant z\leqslant 1-x-y,0\leqslant y\leqslant 1-x,0\leqslant x\leqslant 1\},$$

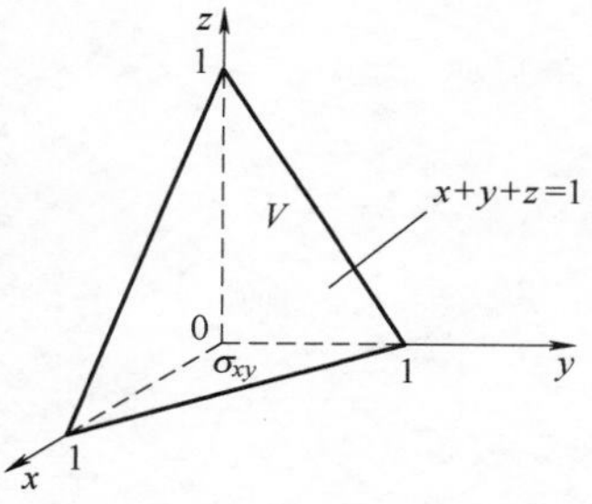

图 9-18

由投影法

$$\iiint\limits_V \frac{1}{(1+x+y+z)^3}\mathrm{d}x\mathrm{d}y\mathrm{d}z$$
$$= \iint\limits_{\sigma_{xy}} \mathrm{d}x\mathrm{d}y\int_0^{1-x-y}\frac{1}{(1+x+y+z)^3}\mathrm{d}z = \frac{1}{2}\iint\limits_{\sigma_{xy}}\left[\frac{1}{(1+x+y)^2}-\frac{1}{4}\right]\mathrm{d}x\mathrm{d}y$$
$$= \frac{1}{2}\int_0^1\mathrm{d}x\int_0^{1-x}\left[\frac{1}{(1+x+y)^2}-\frac{1}{4}\right]\mathrm{d}y = \frac{1}{2}\int_0^1\left[-\frac{1}{1+x+y}-\frac{y}{4}\right]_0^{1-x}\mathrm{d}x$$
$$= \frac{1}{2}\int_0^1\left(\frac{1}{1+x}-\frac{1-x}{4}-\frac{1}{2}\right)\mathrm{d}x = \frac{1}{2}\left(\ln 2-\frac{5}{8}\right).$$

例 9.21 化三重积分 $I=\iiint\limits_\Omega f(x,y,z)\mathrm{d}x\mathrm{d}y\mathrm{d}z$ 为三次积分，其中 Ω:

(1) 是由双曲抛物面 $xy=z$ 及平面 $x+y=1, z=0$ 所围成的闭域；

(2) 是由曲面 $z=x^2+2y^2$ 及 $z=2-x^2$ 所围成的区域.

解 (1) 将 Ω 看作 xy 型区域：$\Omega=\{(x,y,z)\mid 0\leqslant z\leqslant xy,(x,y)\in\sigma_{xy}\}$，其中 $\sigma_{xy}=\{(x,y)\mid 0\leqslant y\leqslant 1-x, 0\leqslant x\leqslant 1\}$，由投影法

$$I=\iiint\limits_\Omega f(x,y,z)\mathrm{d}x\mathrm{d}y\mathrm{d}z=\iint\limits_{\sigma_{xy}}\left[\int_0^{xy}f(x,y,z)\mathrm{d}z\right]\mathrm{d}x\mathrm{d}y$$
$$=\int_0^1\mathrm{d}x\int_0^{1-x}\mathrm{d}y\int_0^{xy}f(x,y,z)\mathrm{d}z.$$

(2) 先求 Ω 在 xOy 面上的投影区域 σ_{xy}.

由 $\begin{cases}z=x^2+2y^2,\\ z=2-x^2,\end{cases}\Rightarrow\begin{cases}x^2+y^2=1,\\ z=0,\end{cases}$ 则

$$\sigma_{xy}=\{(x,y)\mid -\sqrt{1-x^2}\leqslant y\leqslant\sqrt{1-x^2}, -1\leqslant x\leqslant 1\},$$

将 Ω 看作 xy 型区域：$\Omega=\{(x,y,z)\mid 2-x^2\leqslant z\leqslant x^2+2y^2,(x,y)\in\sigma_{xy}\}$，由投影法

$$I=\iiint\limits_\Omega f(x,y,z)\mathrm{d}x\mathrm{d}y\mathrm{d}z=\iint\limits_{\sigma_{xy}}\left[\int_{x^2+2y^2}^{2-x^2}f(x,y,z)\mathrm{d}z\right]\mathrm{d}x\mathrm{d}y$$
$$=\int_{-1}^1\mathrm{d}x\int_{-\sqrt{1-x^2}}^{\sqrt{1-x^2}}\mathrm{d}y\int_{x^2+2y^2}^{2-x^2}f(x,y,z)\mathrm{d}z.$$

例 9.22 计算 $\iiint\limits_V z\mathrm{d}x\mathrm{d}y\mathrm{d}z$，其中 $V=\left\{(x,y,z)\,\middle|\,\frac{x^2}{a^2}+\frac{y^2}{b^2}+\frac{z^2}{c^2}\leqslant 1, z\geqslant 0\right\}$.

解 用平行于 xOy 面的平面截 V 可以得到平面闭区域

$$\sigma_z=\left\{(x,y)\,\middle|\,\frac{x^2}{a^2}+\frac{y^2}{b^2}\leqslant 1-\frac{z^2}{c^2}\right\},$$

积分区域可以表示为

$$V=\{(x,y,z)\mid,(x,y)\in\sigma_z, 0\leqslant x\leqslant c\}.$$

由截面法，

$$\iiint\limits_V z\mathrm{d}x\mathrm{d}y\mathrm{d}z=\int_0^c z\mathrm{d}z\iint\limits_{\sigma_z}\mathrm{d}x\mathrm{d}y=\int_0^c z\cdot\pi ab\left(1-\frac{z^2}{c^2}\right)\mathrm{d}z=\frac{\pi}{4}abc^2.$$

9.3.2 曲面坐标系下三重积分的计算

设变换(或称映射)

$x=x(u,v,w), y=y(u,v,w), z=z(u,v,w), (u,v,w)\in V'$.

若满足:

(1) 将 $Ouvw$ 空间上由分片光滑封闭曲面所围的闭区域 V' 映射为 $Oxyz$ 空间上的闭区域 V;

(2) $x(u,v,w), y(u,v,w), z(u,v,w)\in C^{(1)}(V')$;

(3) 雅可比行列式 $J(u,v,w)=\dfrac{\partial(x,y,z)}{\partial(u,v,w)}\neq 0$, $(u,v,w)\in V'$,

则称变换 $\begin{cases}x=x(u,v,w),\\ y=y(u,v,w),\\ z=z(u,v,w),\end{cases}$ 是**正则变换**. 显然,正则变换是可逆的且其逆变换也是正则变换.

当 $f(x,y,z)$ 在有界闭域 V 上可积时,作正则变换 $\begin{cases}x=x(u,v,w),\\ y=y(u,v,w),\\ z=z(u,v,w),\end{cases}$ 采用与定理9.4完全相同的证法,可以证明如下三重积分的换元公式.

$$\iiint_V f(x,y,z)\,\mathrm{d}x\mathrm{d}y\mathrm{d}z=\iiint_{V'} f(x(u,v,w),y(u,v,w),z(u,v,w))\,|J(u,v,w)|\,\mathrm{d}u\mathrm{d}v\mathrm{d}w.$$

例 9.23 设 $V=\{(x,y,z)\mid 0\leqslant x-y\leqslant 1, 0\leqslant x-z\leqslant 1, 0\leqslant x+y+z\leqslant 1\}$,求

$$\iiint_V (x+y+z)\cos(x+y+z)^2\,\mathrm{d}V.$$

解 作变换 $u=x-y, v=x-z, w=x+y+z$,则

$$V'=\{(u,v,w)\mid 0\leqslant u\leqslant 1, 0\leqslant v\leqslant 1, 0\leqslant w\leqslant 1\},$$

$$\frac{\partial(u,v,w)}{\partial(x,y,z)}=\begin{vmatrix}1 & -1 & 0\\ 1 & 0 & -1\\ 1 & 1 & 1\end{vmatrix}=3.$$

由三重积分换元公式,有

$$\begin{aligned}\iiint_V (x+y+z)\cos(x+y+z)^2\,\mathrm{d}V&=\iiint_{V'} w\cos w^2\left|\frac{\partial(x,y,z)}{\partial(u,v,w)}\right|\mathrm{d}u\mathrm{d}v\mathrm{d}w\\&=\int_0^1\mathrm{d}u\int_0^1\mathrm{d}v\int_0^1 w\cos w^2\cdot\frac{1}{3}\mathrm{d}w=\frac{1}{3}\int_0^1 w\cos w^2\,\mathrm{d}w=\frac{1}{6}\sin 1.\end{aligned}$$

下面特别讨论几个常用的换元公式.

1. 柱面坐标变换

对空间 $Oxyz$ 中的点 $M(x,y,z)\in\mathbb{R}^3$,将 x,y 用极坐标 ρ,θ 代替,称 (ρ,θ,z) 为点 M 的柱面坐标. 两种坐标之间的关系为

$$\begin{cases} x=\rho\cos\theta, \\ y=\rho\sin\theta, \\ z=z, \end{cases} \quad (0\leqslant r<+\infty, 0\leqslant\theta\leqslant 2\pi, -\infty<z<+\infty).$$

这可看作是一个从空间 $O\rho\theta z$ 到 $Oxyz$ 的变换，由于

$$\frac{\partial(x,y,z)}{\partial(\rho,\theta,z)}=\begin{vmatrix} \cos\theta & -\rho\sin\theta & 0 \\ \sin\theta & \rho\cos\theta & 0 \\ 0 & 0 & 1 \end{vmatrix}=\rho,$$

因此，三重积分的柱面坐标换元公式为

$$\boxed{\iiint\limits_{V} f(x,y,z)\,\mathrm{d}x\mathrm{d}y\mathrm{d}z=\iiint\limits_{V'} f(\rho\cos\theta,\rho\sin\theta,z)\rho\mathrm{d}\rho\mathrm{d}\theta\mathrm{d}z.}$$

其中，V' 是 V 在柱面坐标变换下的原像.

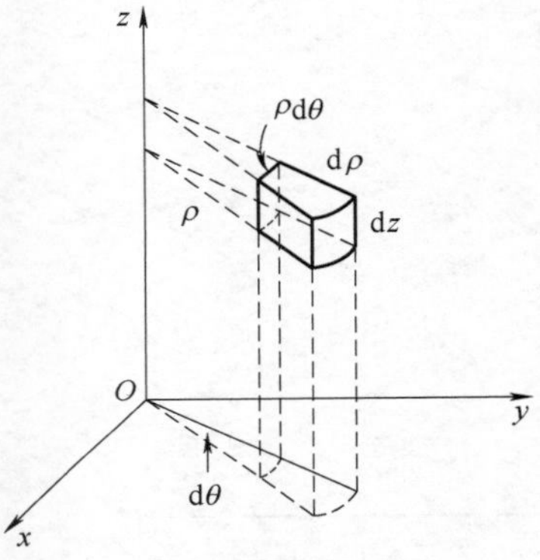

图 9-19

柱面坐标系下的三组坐标面分别为：ρ = 常数，表示以 z 轴为中心轴的圆柱面；θ = 常数，表示过 z 轴的半平面；z = 常数，表示平行于 xOy 面的平面. 用这三组坐标面把 V 分成有限个小闭区域，略去高阶小量，在柱面坐标系下，体积微元(见图 9-19)近似于边长为 $\mathrm{d}\rho$、$\rho\mathrm{d}\theta$、$\mathrm{d}z$ 的小长方体的体积，即 $\mathrm{d}V=\rho\mathrm{d}\rho\mathrm{d}\theta\mathrm{d}z$.

在柱面坐标下计算三重积分时通常先求出 V 在 xOy 面上的投影区域 σ_{xy}，然后把该积分区域看作 xy 型区域

$$V=\{(x,y,z)\mid z_1(x,y)\leqslant z\leqslant z_2(x,y),(x,y)\in\sigma_{xy}\},$$

则三重积分可化为

$$\iiint\limits_{V} f(x,y,z)\,\mathrm{d}x\mathrm{d}y\mathrm{d}z=\iint\limits_{\sigma_{xy}}\mathrm{d}x\mathrm{d}y\int_{z_1(x,y)}^{z_2(x,y)} f(x,y,z)\,\mathrm{d}z,$$

先对 z 积分后，再应用极坐标变换计算二重积分部分.

例 9.24 求 $\iiint\limits_{V}\frac{1}{1+x^2+y^2}\mathrm{d}V$，其中 V 是由抛物面 $x^2+y^2=4z$ 与 $z=2$ 所围的区域.

解 积分区域 V 如图 9-20 所示，V 在 xOy 面上的投影区域为 $\sigma_{xy}: x^2+y^2\leqslant 8$，在柱面坐标变换下积分区域 V 映射为 $V'=\left\{(\rho,\theta,z)\,\middle|\,\frac{\rho^2}{4}\leqslant z\leqslant 2, 0\leqslant\rho\leqslant 2\sqrt{2}, 0\leqslant\theta\leqslant 2\pi\right\}$.

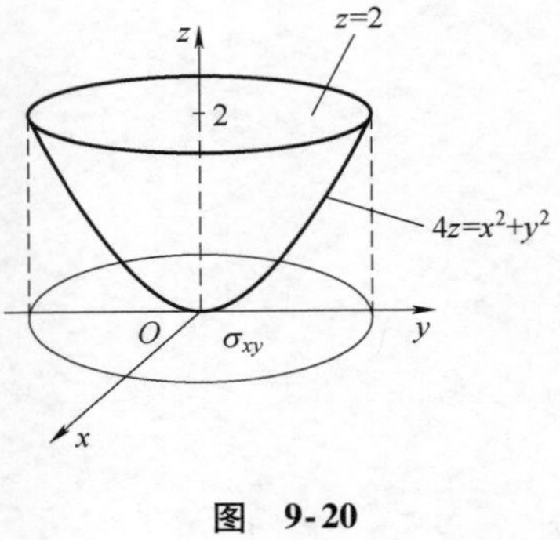

图 9-20

由柱面坐标换元公式，

$$\begin{aligned}\iiint\limits_{V}\frac{1}{1+x^2+y^2}\mathrm{d}V&=\iiint\limits_{V'}\frac{1}{1+\rho^2}\cdot\rho\mathrm{d}\rho\mathrm{d}\theta\mathrm{d}z\\&=\int_0^{2\pi}\mathrm{d}\theta\int_0^{2\sqrt{2}}\frac{\rho}{1+\rho^2}\mathrm{d}\rho\int_{\frac{\rho^2}{4}}^{2}\mathrm{d}z\\&=2\pi\int_0^{2\sqrt{2}}\frac{\rho}{1+\rho^2}\left(2-\frac{\rho^2}{4}\right)\mathrm{d}\rho=\frac{\pi}{2}(9\ln 3-4).\end{aligned}$$

本题也可用截面法计算，请读者自行练习.

2. 球面坐标变换

对空间 $Oxyz$ 中的点 $M(x,y,z)\in\mathbb{R}^3$，令 $|\overrightarrow{OM}|=r$，$(\widehat{\overrightarrow{OM},\boldsymbol{k}})=\varphi$，

则称(r,φ,θ)为点M的球面坐标（见图9-21）. 两种坐标之间的关系是

$$\begin{cases}x=r\sin\varphi\cos\theta,\\ y=r\sin\varphi\sin\theta,\\ z=r\cos\varphi,\end{cases}\quad (0\leqslant r<+\infty,0\leqslant\varphi\leqslant\pi,0\leqslant\theta\leqslant 2\pi).$$

可以将上式看作是一个从空间$Or\varphi\theta$到空间$Oxyz$的变换，由于

$$J(r,\varphi,\theta)=\frac{\partial(x,y,z)}{\partial(r,\varphi,\theta)}=\begin{vmatrix}\sin\varphi\cos\theta & r\cos\varphi\cos\theta & -r\sin\varphi\sin\theta\\ \sin\varphi\sin\theta & r\cos\varphi\sin\theta & r\sin\varphi\cos\theta\\ \cos\varphi & -r\sin\varphi & 0\end{vmatrix}=r^2\sin\varphi\geqslant 0,$$

因此，三重积分在球面坐标变换下的公式为

$$\boxed{\iiint_V f(x,y,z)\mathrm{d}x\mathrm{d}y\mathrm{d}z=\iiint_{V'}f(r\sin\varphi\cos\theta,r\sin\varphi\sin\theta,r\cos\varphi)r^2\sin\varphi\mathrm{d}r\mathrm{d}\varphi\mathrm{d}\theta.}$$

其中，V'是V在球面坐标变换下的原象.

球面坐标系下的三组坐标面分别为：$r=$常数，表示以原点为球心的球面；$\varphi=$常数，表示以原点为顶点，z轴为中心轴的圆锥面；$\theta=$常数，表示过z轴的半平面. 用这三组坐标面把V分成有限个小区域，略去高阶小量，在球面坐标系下体积微元（见图9-22）近似于边长为$r\mathrm{d}\varphi$、$r\sin\varphi\mathrm{d}\theta$、$\mathrm{d}r$的小长方体的体积，即$\mathrm{d}V=r^2\sin\varphi\mathrm{d}r\mathrm{d}\varphi\mathrm{d}\theta$. 在球面坐标系下，区域

$$V'=\{(r,\varphi,\theta)\mid r_1(\varphi,\theta)\leqslant r\leqslant r_2(\varphi,\theta),\varphi_1(\theta)\leqslant\varphi\leqslant\varphi_2(\theta),\theta_1\leqslant\theta\leqslant\theta_2\}.$$

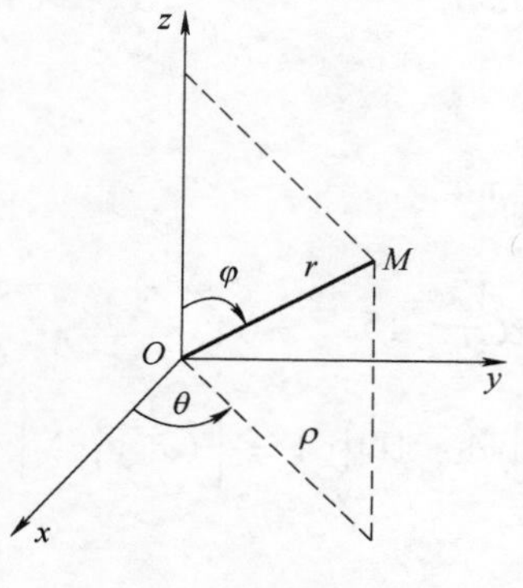

图　9-21

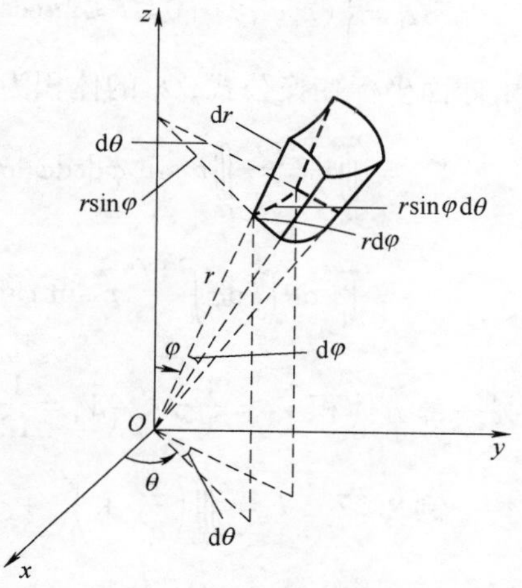

图　9-22

可化为累次积分

$$\iiint_V f(x,y,z)\mathrm{d}x\mathrm{d}y\mathrm{d}z$$

$$=\int_{\theta_1}^{\theta_2}\mathrm{d}\theta\int_{\varphi_1(\theta)}^{\varphi_2(\theta)}\mathrm{d}\varphi\int_{r_1(\varphi,\theta)}^{r_2(\varphi,\theta)}f(r\sin\varphi\cos\theta,r\sin\varphi\sin\theta,r\cos\varphi)r^2\sin\varphi\mathrm{d}r.$$

一般地，当积分域边界曲面用球面坐标表示更简单时，在球面

坐标系下被积函数的变量可分离,常采用球面坐标变换来计算三重积分.

例 9.25 计算 $\iiint\limits_{\Omega} z\mathrm{d}x\mathrm{d}y\mathrm{d}z$, 其中 Ω 是由上半球面 $z=\sqrt{1-x^2-y^2}$ 与 xOy 面所围成的闭区域.

解 在球面坐标下, $z=\sqrt{1-x^2-y^2}$ 表示为 $r=1$,

$$\Omega_1'=\left\{(r,\varphi,\theta)\mid 0\leqslant r\leqslant 1, 0\leqslant\varphi\leqslant\frac{\pi}{2}, 0\leqslant\theta\leqslant 2\pi\right\}$$

由球面坐标变换公式,有

$$\iiint\limits_{\Omega} z\mathrm{d}x\mathrm{d}y\mathrm{d}z = \iiint\limits_{\Omega_1'} r\cos\varphi\cdot r^2\sin\varphi\mathrm{d}r\mathrm{d}\varphi\mathrm{d}\theta$$

$$=\int_0^{2\pi}\mathrm{d}\theta\int_0^{\frac{\pi}{2}}\sin\varphi\cos\varphi\mathrm{d}\varphi\int_0^1 r^3\mathrm{d}r=\frac{\pi}{4}.$$

例 9.26 圆锥面 $\sqrt{3}z=\sqrt{x^2+y^2}$ 将球体 $x^2+y^2+z^2=2az\,(a>0)$ 分成了两部分,求两部分的体积之比.

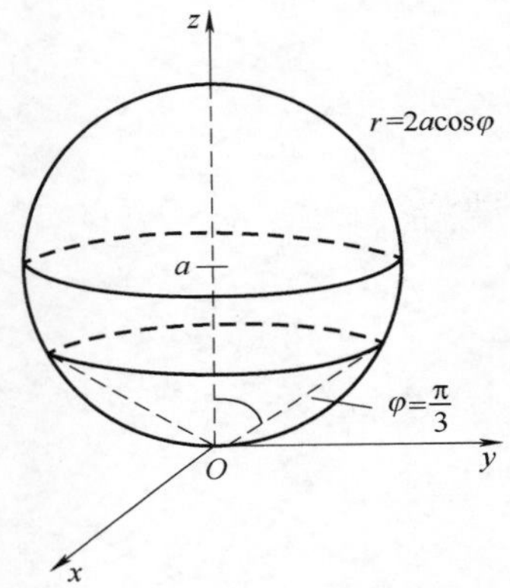

图 9-23

解 在球坐标下, $\sqrt{3}z=\sqrt{x^2+y^2}$ 及 $x^2+y^2+z^2=2az$ 分别表示为 $\varphi=\dfrac{\pi}{3}$ 及 $r=2a\cos\varphi$(见图 9-23),记包含 z 轴的部分为 Ω_1,则 Ω_1 在球面坐标变换下的原象为

$$\Omega_1'=\left\{(r,\varphi,\theta)\mid 0\leqslant r\leqslant 2a\cos\varphi, 0\leqslant\varphi\leqslant\frac{\pi}{3}, 0\leqslant\theta\leqslant 2\pi\right\}.$$

由球面坐标变换公式, Ω_1 的体积为

$$V_1=\iiint\limits_{\Omega_1}\mathrm{d}V=\iiint\limits_{\Omega_1'} r^2\sin\varphi\mathrm{d}r\mathrm{d}\varphi\mathrm{d}\theta$$

$$=\int_0^{2\pi}\mathrm{d}\theta\int_0^{\frac{\pi}{3}}\mathrm{d}\varphi\int_0^{2a\cos\varphi} r^2\sin\varphi\mathrm{d}r=\frac{5}{4}\pi a^3,$$

另一部分体积 $V_2=\dfrac{4}{3}\pi a^3-V_1=\dfrac{1}{12}\pi a^3$,故 $\dfrac{V_1}{V_2}=15$.

例 9.27 $I=\iiint\limits_{V}\left(\dfrac{x^2}{a^2}+\dfrac{y^2}{b^2}+\dfrac{z^2}{c^2}\right)\mathrm{d}x\mathrm{d}y\mathrm{d}z$, 其中 $V=\left\{(x,y,z)\,\middle|\,\dfrac{x^2}{a^2}+\dfrac{y^2}{b^2}+\dfrac{z^2}{c^2}\leqslant 1\right\}$.

解 (方法一)作广义球坐标变换:

$$\begin{cases}x=ar\sin\varphi\cos\theta,\\ y=br\sin\varphi\sin\theta, \quad (0\leqslant r<+\infty, 0\leqslant\varphi\leqslant\pi, 0\leqslant\theta\leqslant 2\pi),\\ z=cr\cos\varphi,\end{cases}$$

则 V 的原象为 $V'=\{(r,\varphi,\theta)\mid 0\leqslant r\leqslant 1, 0\leqslant\varphi\leqslant\pi, 0\leqslant\theta\leqslant 2\pi\}$,且 $J(r,\varphi,\theta)=abcr^2\sin\varphi$,有

$$I = \iiint_V \left(\frac{x^2}{a^2}+\frac{y^2}{b^2}+\frac{z^2}{c^2}\right)\mathrm{d}x\mathrm{d}y\mathrm{d}z = \iiint_{V'} r^2 \cdot abcr^2 \sin\varphi \mathrm{d}r\mathrm{d}\varphi\mathrm{d}\theta$$

$$= abc\int_0^{2\pi}\mathrm{d}\theta\int_0^{\pi}\sin\varphi\mathrm{d}\varphi\int_0^1 r^4\mathrm{d}r = \frac{4}{5}\pi abc.$$

（方法二）由积分性质，有

$$\iiint_V \left(\frac{x^2}{a^2}+\frac{y^2}{b^2}+\frac{z^2}{c^2}\right)\mathrm{d}x\mathrm{d}y\mathrm{d}z = \iiint_V \frac{x^2}{a^2}\mathrm{d}x\mathrm{d}y\mathrm{d}z + \iiint_V \frac{y^2}{b^2}\mathrm{d}x\mathrm{d}y\mathrm{d}z + \iiint_V \frac{z^2}{c^2}\mathrm{d}x\mathrm{d}y\mathrm{d}z.$$

用平行于 yOz 面的平面截 V 得到的平面闭区域为

$$\sigma_x = \left\{(y,z)\ \middle|\ \frac{y^2}{b^2}+\frac{z^2}{c^2}\leqslant 1-\frac{x^2}{a^2}\right\},$$

积分区域可以表示为

$$V = \{(x,y,z)\mid ,(x,y)\in\sigma_x,\ -a\leqslant x\leqslant a\},$$

由截面法，得

$$\iiint_V \frac{x^2}{a^2}\mathrm{d}x\mathrm{d}y\mathrm{d}z = \int_{-a}^{a}\frac{x^2}{a^2}\mathrm{d}x\iint_{\sigma_x}\mathrm{d}y\mathrm{d}z$$

$$= \int_{-a}^{a}\frac{x^2}{a^2}\cdot\pi bc\left(1-\frac{x^2}{a^2}\right)\mathrm{d}x = \frac{4}{15}\pi abc.$$

同理，可得

$$\iiint_V \frac{y^2}{b^2}\mathrm{d}x\mathrm{d}y\mathrm{d}z = \frac{4}{15}\pi abc, \iiint_V \frac{z^2}{c^2}\mathrm{d}x\mathrm{d}y\mathrm{d}z = \frac{4}{15}\pi abc,$$

所以

$$I = \iiint_V \left(\frac{x^2}{a^2}+\frac{y^2}{b^2}+\frac{z^2}{c^2}\right)\mathrm{d}x\mathrm{d}y\mathrm{d}z = \frac{4}{5}\pi abc.$$

习题 9.3

1. 计算下列三重积分：

（1）$\iiint_V (x+y+z)\mathrm{d}x\mathrm{d}y\mathrm{d}z, V: x^2+y^2+z^2\leqslant a^2$；

（2）$\iiint_V z\mathrm{d}x\mathrm{d}y\mathrm{d}z$，$V$ 由曲面 $z=x^2+y^2, z=1, z=2$ 围成；

（3）$\iiint_V (1+x^4)\mathrm{d}x\mathrm{d}y\mathrm{d}z$，$V$ 由曲面 $x^2=z^2+y^2, x=2, x=4$ 围成；

（4）$\iiint_V x^3yz\mathrm{d}x\mathrm{d}y\mathrm{d}z$，$V$ 是由曲面 $x^2+y^2+z^2=1, x=0, y=0, z=0$ 围成的位于第一卦限的有界区域；

（5）$\iiint_V xy^2z^3\mathrm{d}x\mathrm{d}y\mathrm{d}z$，$V$ 由曲面 $z=xy, y=x, z=0, x=1$ 围成；

（6）$\iiint_V y\cos(x+z)\mathrm{d}x\mathrm{d}y\mathrm{d}z$，$V$ 是由 $y=\sqrt{x}, y=0, z=0$ 及 $x+z=\dfrac{\pi}{2}$ 围成的区域.

2. 用柱坐标变换计算下列三重积分：

(1) $\iiint\limits_V (x^2+y^2)^2 \mathrm{d}x\mathrm{d}y\mathrm{d}z$，$V$ 由曲面 $z=x^2+y^2$，$z=4$，$z=16$ 围成；

(2) $\iiint\limits_V (\sqrt{x^2+y^2})^3 \mathrm{d}x\mathrm{d}y\mathrm{d}z$，$V$ 由曲面 $x^2+y^2=9$，$x^2+y^2=16$，$z^2=x^2+y^2$，$z\geqslant 0$ 围成.

3. 用球坐标变换计算下列三重积分：

(1) $\iiint\limits_V (x+y+z)\mathrm{d}x\mathrm{d}y\mathrm{d}z$，$V$：$x^2+y^2+z^2\leqslant R^2$；

(2) $\iiint\limits_V (\sqrt{x^2+y^2+z^2})^5 \mathrm{d}x\mathrm{d}y\mathrm{d}z$，$V$ 由 $x^2+y^2+z^2=2z$ 围成；

(3) $\iiint\limits_V x^2 \mathrm{d}x\mathrm{d}y\mathrm{d}z$，$V$ 由 $x^2+y^2=z^2$，$x^2+y^2+z^2=8$ 围成；

(4) $\iiint\limits_V \sqrt{1-x^2-y^2-z^2}\mathrm{d}x\mathrm{d}y\mathrm{d}z$，$V$ 由 $x^2+y^2=z^2$，$x^2+y^2+z^2=1$ 围成.

4. (1) $\iiint\limits_V \mathrm{e}^{\sqrt{\frac{x^2}{a^2}+\frac{y^2}{b^2}+\frac{z^2}{c^2}}}\mathrm{d}x\mathrm{d}y\mathrm{d}z$，$V$ 由 $\frac{x^2}{a^2}+\frac{y^2}{b^2}+\frac{z^2}{c^2}=1$ 围成；

(2) $\int_0^1 \mathrm{d}x\int_0^{\sqrt{1-x^2}}\mathrm{d}y\int_{\sqrt{x^2+y^2}}^{\sqrt{2-x^2-y^2}} z^2\mathrm{d}z$.

5. 计算 $I=\iiint\limits_\Omega (x^2+y^2)\mathrm{d}x\mathrm{d}y\mathrm{d}z$，其中，$\Omega$ 是曲线 $y^2=2z$，$x=0$ 绕 Oz 轴旋转一周而成的曲面与两平面 $z=2$，$z=8$ 所围的立体.

6. 利用适当的坐标变换计算下列各曲面所围成的体积：

(1) $z=x^2+y^2$，$z=2(x^2+y^2)$，$y=x$，$y=x^2$；

(2) $\left(\frac{x}{a}+\frac{y}{b}\right)^2+\left(\frac{z}{c}\right)^2=1\,(x\geqslant 0, y\geqslant 0, z\geqslant 0, a>0, b>0, c>0)$.

(3) $x^2+y^2=cz$，$x^2-y^2=\pm a^2$，$xy=\pm b^2$ 和 $z=0$.

7. 求下列物体 Ω 的质量 M：

(1) Ω 为球体 $x^2+y^2+z^2\leqslant 2x$，其上各点的密度等于该点到坐标原点的距离；

(2) Ω 所在的空间区域为 $x^2+y^2+2z^2\leqslant x+y+2z$，密度函数为 $x^2+y^2+z^2$.

8. 计算三重积分 $\iiint\limits_\Omega (x^2+y^2)\mathrm{d}v$，其中，$\Omega$ 是由曲线 $\begin{cases} y^2=2z, \\ x=0, \end{cases}$ 绕 z 轴旋转一周所成曲面与平面 $z=2$，$z=8$ 围成的闭区域.

9. 将曲线 $\begin{cases} x^2=2z, \\ y=0, \end{cases}$ 绕 z 轴旋转一周生成的曲面与 $z=1$，$z=2$ 所围成的立体区域记为 Ω. 求

$$\iiint\limits_\Omega \frac{1}{x^2+y^2+z^2}\mathrm{d}x\mathrm{d}y\mathrm{d}z.$$

10. 设 $\Omega=\{(x,y,z)\mid x^2+y^2+z^2\leqslant a^2\}$，计算 $\iiint\limits_{\Omega}(lx^2+my^2+nz^2)\mathrm{d}V$（其中，$l$、$m$、$n$ 为常数）.

11. 设函数 $f(x)$ 连续且恒大于零，$F(t)=\dfrac{\iiint\limits_{\Omega(t)}f(x^2+y^2+z^2)\mathrm{d}V}{\iint\limits_{D(t)}f(x^2+y^2)\mathrm{d}\sigma}$，

$G(t)=\dfrac{\iint\limits_{D(t)}f(x^2+y^2)\mathrm{d}\sigma}{\int_{-t}^{t}f(x^2)\mathrm{d}x}$，其中，$\Omega(t)=\{(x,y,z)\mid x^2+y^2+z^2\leqslant t^2\}$，

$D(t)=\{(x,y)\mid x^2+y^2\leqslant t^2\}$.

（1）讨论 $F(t)$ 在区间 $(0,+\infty)$ 内的单调性；

（2）证明：当 $t>0$ 时，$F(t)>\dfrac{2}{\pi}G(t)$.

12. 设 $f(x)$ 是连续函数，$t>0$，区域 Ω 是由抛物面 $z=x^2+y^2$ 和球面 $x^2+y^2+z^2=t^2$ 围起来的上半部分，定义三重积分 $F(t)=\iiint\limits_{\Omega}f(x^2+y^2+z^2)\mathrm{d}V$，求 $F(t)$ 的导数 $F'(t)$.

13. 设 $f(u)$ 在 $u=0$ 处可导，$f(0)=0$，D：$x^2+y^2+z^2\leqslant 2tz$，求

$$\lim_{t\to0+}\frac{1}{t^5}\iiint\limits_{D}f(x^2+y^2+z^2)\mathrm{d}V.$$

14. 求证：$\dfrac{3}{2}\pi<\iiint\limits_{\Omega}\sqrt[3]{x+2y-2z+5}\mathrm{d}V<3\pi$，其中，

Ω 为 $x^2+y^2+z^2\leqslant 1$.

15. 设函数 $f(x,y,z)$ 在区域 $\Omega=\{(x,y,z)\mid x^2+y^2+z^2\leqslant 1\}$ 上具有连续的二阶偏导数，且满足 $\dfrac{\partial^2 f}{\partial x^2}+\dfrac{\partial^2 f}{\partial y^2}+\dfrac{\partial^2 f}{\partial z^2}=\sqrt{x^2+y^2+z^2}$，计算

$I=\iiint\limits_{\Omega}\left(x\dfrac{\partial f}{\partial x}+y\dfrac{\partial f}{\partial y}+z\dfrac{\partial f}{\partial z}\right)\mathrm{d}x\mathrm{d}y\mathrm{d}z.$

9.4 第一型曲线与曲面积分

9.4.1 第一型曲线积分

在 9.1.2 节已定义平面或空间曲线段 L 上的第一型曲线积分（对弧长的曲线积分）：

$$\int_L f(x,y)\mathrm{d}s=\lim_{d\to0}\sum_{i=1}^{n}f(\xi_i,\eta_i)\Delta s_i$$

或

$$\int_L f(x,y,z)\mathrm{d}s=\lim_{d\to0}\sum_{i=1}^{n}f(\xi_i,\eta_i,\zeta_i)\Delta s_i,$$

其中，ds 称为弧长微元；L 称为积分曲线（弧）.

第一型曲线积分具有与定积分相对应的有关性质和可积性，当 $f(M)\equiv 1$ 时，$\int_L \mathrm{d}s = s$（曲线段 L 的弧长），其物理背景是均匀物质分布曲线杆的质量；平面第一型曲线积分 $\int_L f(x,y)\mathrm{d}s$ 的几何意义是以 L 为准线、母线平行于 z 轴的柱面上介于 L 与 $z=f(x,y)\ [(x,y)\in L]$ 之间部分的面积（见图 9-24），其中 $f(x,y)$ 是定义在 L 上的非负连续函数.

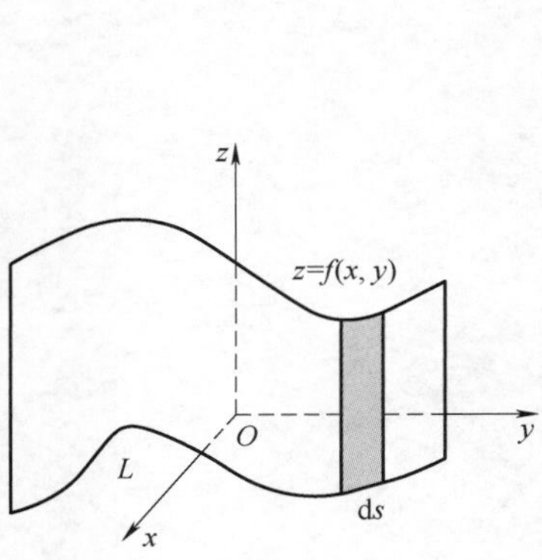

图 9-24

定理 9.13 设平面曲线 L 的参数方程为 $\begin{cases} x=\varphi(t), \\ y=\psi(t), \end{cases} \alpha\leqslant t\leqslant\beta$，其中，$\varphi(t)$ 和 $\psi(t)$ 在 $[\alpha,\beta]$ 上均有连续的一阶导数，且 $\varphi'^2(t)+\psi'^2(t)\neq 0$，则对于定义在曲线 L 上的连续函数 $f(x,y)$，有

$$\int_C f(x,y)\mathrm{d}s = \int_\alpha^\beta f(\varphi(t),\psi(t))\sqrt{\varphi'^2(t)+\psi'^2(t)}\,\mathrm{d}t.$$

证 将曲线 L 任意分成 n 个小弧段 $\widehat{M_{i-1}M_i}\ (i=1,2,\cdots,n;M_0=A,M_n=B)$，点 $M(x,y)$ 是曲线 L 上的任意一点，取弧长 $\widehat{AM}=s$ 为曲线 L 的参数，则点 A 对应 $s=0$，点 B 对应 $s=l$（l 为 $\widehat{AB}$ 的全长），点 M_i 对应 $s=s_i$，并令弧 $\widehat{M_{i-1}M_i}$ 上的一点 (ξ_i,η_i) 对应 $s=\tau_i$，则当 $d=\max\{\Delta s_1,\Delta s_2,\cdots,\Delta s_n\}\to 0$ 时，有

$$\begin{aligned}\int_L f(x,y)\mathrm{d}s &= \lim_{d\to 0}\sum_{i=1}^n f(\xi_i,\eta_i)\Delta s_i \\ &= \lim_{d\to 0}\sum_{i=1}^n f(x(\tau_i),y(\tau_i))\Delta s_i = \int_0^L f(x(s),y(s))\mathrm{d}s.\end{aligned}$$

令 $s=s(t)=\int_\alpha^t \sqrt{\varphi'^2(t)+\psi'^2(t)}\,\mathrm{d}t$，其弧微分为 $\mathrm{d}s=\sqrt{\varphi'^2(t)+\psi'^2(t)}\,\mathrm{d}t$，由定积分换元法即得结论.

注 1 因为弧微分 $\mathrm{d}s>0$，所以定理 9.13 结论中定积分的下限 α 一定小于上限 β.

注 2 定理 9.13 给出了第一类曲线积分的一般计算公式，包括以下几种情形.

（1）当曲线 $L:y=y(x)\in C^{(1)}[a,b]$ 时，

$$\int_L f(x,y)\mathrm{d}s = \int_a^b f(x,y(x))\sqrt{1+y'^2(x)}\,\mathrm{d}x;$$

（2）当曲线 $C:x=x(y)\in C^{(1)}[c,d]$ 时，

$$\int_L f(x,y)\mathrm{d}s = \int_c^d f(x(y),y)\sqrt{1+x'^2(y)}\,\mathrm{d}y;$$

（3）曲线 $C:\rho=\rho(\theta)\in C^{(1)}[\alpha,\beta]$ 时，

$$\int_L f(x,y)\mathrm{d}s = \int_\alpha^\beta f(\rho(\theta)\cos\theta,\rho(\theta)\sin\theta)\sqrt{\rho^2(\theta)+\rho'^2(\theta)}\,\mathrm{d}\theta.$$

（4）仿照定理 9.13，空间曲线

$$L:\begin{cases}x=\varphi(t),\\ y=\psi(t), \quad \alpha\leqslant t\leqslant\beta\\ z=\omega(t),\end{cases}$$

上的第一型曲线积分的计算公式为

$$\int_{\Gamma}f(x,y,z)\mathrm{d}s=\int_{\alpha}^{\beta}f(\varphi(t),\psi(t),\omega(t))\sqrt{\varphi'^2(t)+\psi'^2(t)+\omega'^2(t)}\,\mathrm{d}t.$$

思考：若积分弧段 L 表示为两个曲面的交线，即 $\begin{cases}F(x,y,z)=0,\\ G(x,y,z)=0,\end{cases}$ 则应如何计算第一类曲线积分 $\int_{\Gamma}f(x,y,z)\mathrm{d}s$？

例 9.28　计算曲线积分 $\int_C(x+y)\mathrm{d}s$.

（1）C 是 $O(0,0)$ 与 $A(1,0)$ 之间的直线段；

（2）C 是 $A(1,0)$ 与 $B(1,1)$ 之间的直线段；

（3）C 是 $y=x^3$ 上点 $O(0,0)$ 与 $B(1,1)$ 之间的一段弧（见图 9-25）.

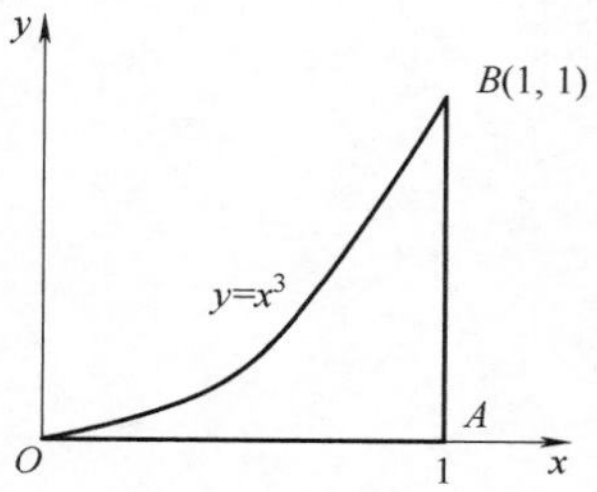

图　9-25

解　（1）将 C 的方程写为 $y=y(x)\equiv0(0\leqslant x\leqslant1)$，那么 $\mathrm{d}s=\mathrm{d}x$，从而由定理 9.13 的注 2(1)，有

$$\int_C(x+y)\mathrm{d}s=\int_0^1x\mathrm{d}x=\frac{1}{2};$$

（2）将 C 的方程写为 $x=x(y)\equiv1(0\leqslant y\leqslant1)$，那么 $\mathrm{d}s=\mathrm{d}y$，由定理 9.13 的注 2(2)，有

$$\int_C(x+y)\mathrm{d}s=\int_0^1(1+y)\mathrm{d}y=\frac{3}{2};$$

（3）因为 $y'=3x^2$，$\mathrm{d}s=\sqrt{1+9x^4}\,\mathrm{d}x$，所以由定理 9.13 的注 2(1)，有

$$\int_C(x+y)\mathrm{d}s=\int_0^1(x+x^3)\sqrt{1+9x^4}\mathrm{d}x=\frac{47}{108}\sqrt{10}-\frac{1}{54}+\frac{1}{12}\ln(3+\sqrt{10}).$$

例 9.29　计算曲线积分 $\int_C|x|\mathrm{d}s$，其中 C 是双纽线 $(x^2+y^2)^2=a^2(x^2-y^2)(a>0)$.

解　将双纽线 C 表示为极坐标方程 $\rho^2=a^2\cos2\theta$，那么

$$\mathrm{d}s=\sqrt{\rho^2(\theta)+\rho'^2(\theta)}\mathrm{d}\theta=\frac{a^2}{\rho}\mathrm{d}\theta.$$

设 C 在第一象限的部分为 C_1，则由对称性，有

$$\int_C|x|\mathrm{d}s=4\int_{C_1}x\mathrm{d}s=4\int_0^{\frac{\pi}{4}}r\cos\theta\sqrt{\rho^2(\theta)+\rho'^2(\theta)}\mathrm{d}\theta$$

$$=4\int_0^{\frac{\pi}{4}}a^2\cos\theta\mathrm{d}\theta=2\sqrt{2}a^2.$$

例 9.30　计算 $\int_L(x^2+y^2+z^2)\mathrm{d}s$，其中 $L:\begin{cases}x^2+y^2+z^2=\dfrac{9}{2},\\ x+z=1.\end{cases}$

解 将曲线$\begin{cases}\dfrac{1}{2}\left(x-\dfrac{1}{2}\right)^2+\dfrac{1}{4}y^2=1,\\ x+z=1,\end{cases}$化为参数方程,可得

$$L:\begin{cases}x=\sqrt{2}\cos\theta+\dfrac{1}{2},\\ y=2\sin\theta, \qquad\qquad 0\leqslant t\leqslant 2\pi,\\ z=\dfrac{1}{2}-\sqrt{2}\cos\theta,\end{cases}$$

于是

$$ds=\sqrt{(-\sqrt{2}\sin\theta)^2+(2\cos\theta)^2+(\sqrt{2}\sin\theta)^2}d\theta=2d\theta,$$

由定理 9.13 的注 2 中的(4),有

$$\int_L(x^2+y^2+z^2)ds=\frac{9}{2}\int_0^{2\pi}2d\theta=18\pi.$$

9.4.2 第一型曲面积分

由 9.1.2 节定义 9.1 及表 9-1,第一型曲面积分是一种特殊的和式极限,

$$\iint_S f(x,y,z)dS=\lim_{d\to 0}\sum_{i=1}^{n}f(\xi_i,\eta_i,\zeta_i)\Delta S_i,$$

其中,dS 称为(曲面)面积微元;S 称为积分曲面(片).

当$f(x,y,z)\equiv 1$ 时,$\iint_S dS=S$(曲面 S 的面积),下面先讨论曲面面积的计算公式,再以此为基础推导第一型面积积分的计算公式,其总的思想是转化成二重积分的计算.

1. 曲面的面积

设曲面 Σ 由参数方程

$$\boldsymbol{r}=\boldsymbol{r}(u,v)=(x(u,v),y(u,v),z(u,v)),\quad (u,v)\in D_{uv}$$

表示,它可看作 uOv 平面上由分段光滑封闭曲线所围的闭区域 D_{uv} 到 $\mathbb{R}^3$ 中曲面 Σ 的变换(映射),设其为正则变换,即 $x(u,v),y(u,v),z(u,v),\in C^{(1)}(D_{uv})$,且 $J_1^2+J_2^2+J_3^2\neq 0$,其中 $J_1=\dfrac{\partial(y,z)}{\partial(u,v)},J_2=\dfrac{\partial(z,x)}{\partial(u,v)},J_3=\dfrac{\partial(x,y)}{\partial(u,v)}$. 与 9.2.3 节定理 9.4 所给换元公式的推导方法完全相同,可以证明曲面 Σ 的面积微元

$$dS=|\boldsymbol{r}_u\times\boldsymbol{r}_v|dudv=\sqrt{J_1^2+J_2^2+J_3^2}dudv,$$

从而得到曲面 Σ 的面积计算公式

$$S=\iint_{D_{uv}}\sqrt{J_1^2+J_2^2+J_3^2}dudv.$$

设曲面 Σ 的方程为 $z=z(x,y),(x,y)\in D_{xy}$. $z(x,y)$ 在 xOy 面上的有界闭区域 D_{xy} 上有一阶连续偏导数,将曲面方程写成参数式

$$\boldsymbol{r}=\boldsymbol{r}(x,y)=(x,y,z(x,y)),\quad (x,y)\in D_{xy},$$

$$|\boldsymbol{r}_x\times\boldsymbol{r}_y|=|(1,0,z_x)\times(0,1,z_y)|=\sqrt{1+z_x^2+z_y^2},$$

由曲面面积计算公式,曲面 Σ 的面积为

$$\boxed{S=\iint\limits_{D_{xy}}\sqrt{1+z_x^2(x,y)+z_y^2(x,y)}\,\mathrm{d}\sigma.}$$

事实上,将区域 D_{xy} 任意划分为 n 个小区域,任取其中一个小区域 $\mathrm{d}\sigma$(其面积也记作 $\mathrm{d}\sigma$),以 $\mathrm{d}\sigma$ 的边界曲线为准线作母线平行于 z 轴的柱面,此柱面在曲面 Σ 上截出相应的一块 $\Delta\Sigma$,在 $\Delta\Sigma$ 上任取一点 $M(x,y,z)$,过点 M 作曲面的切平面 π,其法向量(指向朝上) $\boldsymbol{n}=\{-z_x(x,y),-z_y(x,y),1\}$,切平面 π 被相应的柱面截下的面积为 $\mathrm{d}S$(见图 9-26),即面积微元为

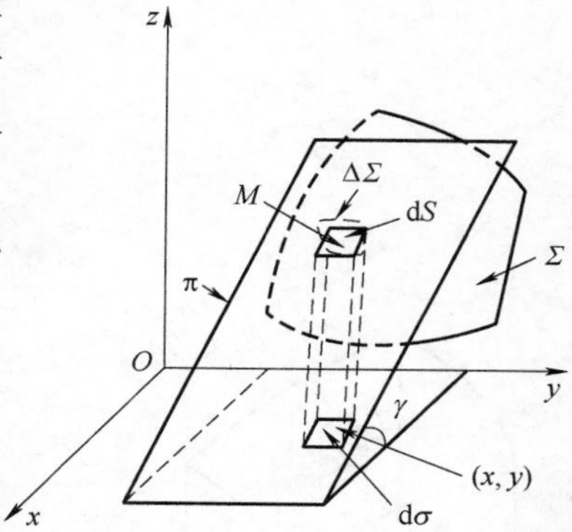

图 9-26

$$\mathrm{d}S=\cos\gamma\mathrm{d}\sigma=\sqrt{1+z_x^2+z_y^2}\mathrm{d}\sigma,$$

其中,$\cos\gamma=\dfrac{1}{\sqrt{1+z_x^2+z_y^2}}$.

若曲面 Σ 用 $x=x(y,z)$ 或 $y=y(z,x)$ 表示,可分别把曲面投影到 yOz 面或 zOx 面(投影区域分别记作 D_{yz} 或 D_{zx}),则曲面 Σ 的面积为

$$S=\iint\limits_{D_{yz}}\sqrt{1+x_y^2+x_z^2}\mathrm{d}y\mathrm{d}z$$

或

$$S=\iint\limits_{D_{zx}}\sqrt{1+y_z^2+y_x^2}\mathrm{d}z\mathrm{d}x.$$

若光滑曲面方程为隐式 $F(x,y,z)=0$ 且 $F_z\neq0$,则

$$\frac{\partial z}{\partial x}=-\frac{F_x}{F_z},\frac{\partial z}{\partial y}=-\frac{F_y}{F_z},(x,y)\in D_{xy},$$

则曲面 Σ 的面积为

$$S=\iint\limits_{D_{xy}}\frac{\sqrt{F_x^2+F_y^2+F_z^2}}{|F_z|}\mathrm{d}\sigma.$$

例 9.31 求圆环面:

$\boldsymbol{r}=\boldsymbol{r}(\varphi,\theta)=((b+a\sin\theta)\cos\varphi,(b+a\sin\theta)\sin\varphi,a\cos\theta)$,
$(\varphi,\theta)\in D_{\varphi\theta}=[0,2\pi]\times[0,2\pi]$ 的面积,其中,$a>0,b>0(b>a)$.

解 $\boldsymbol{r}_\varphi=(-(b+a\sin\theta)\sin\varphi,(b+a\sin\theta)\cos\varphi,0)$,

$\boldsymbol{r}_\theta=(a\cos\theta\cos\varphi,a\cos\theta\sin\varphi,-a\sin\theta)$,

$|\boldsymbol{r}_\varphi\times\boldsymbol{r}_\theta|=a(b+a\sin\theta)$,

$$S=\iint\limits_{D_{\varphi\theta}}a(b+a\sin\theta)\mathrm{d}\varphi\mathrm{d}\theta=\int_0^{2\pi}\mathrm{d}\varphi\int_0^{2\pi}a(b+a\sin\theta)\mathrm{d}\theta=4\pi^2ab.$$

例 9.32 计算双曲抛物面 $z=xy$ 被柱面 $x^2+y^2=a^2$ 所截出的面积.

解 显然,所截出部分曲面在 xOy 面上的投影区域为 $D_{xy}:x^2+$

$y^2 \leqslant a^2$，则

$$S = \iint\limits_{D_{xy}} \sqrt{1 + x^2 + y^2}\,\mathrm{d}x\mathrm{d}y = \int_0^{2\pi}\mathrm{d}\theta\int_0^a \sqrt{1+\rho^2}\rho\,\mathrm{d}\rho = \frac{2}{3}\pi[(1+a^2)^{3/2} - 1)].$$

2. 第一型曲面积分的计算

定理 9.14 设光滑曲面 Σ 由方程

$$\Sigma: z = z(x,y),(x,y)\in D_{xy}$$

表示，D_{xy} 为曲面 Σ 在 xOy 面上的投影区域，函数 $f(x,y,z)$ 在曲面 Σ 上连续，则

$$\iint\limits_{\Sigma} f(x,y,z)\,\mathrm{d}S = \iint\limits_{D_{xy}} f(x,y,z(x,y))\sqrt{1+z_x^2(x,y)+z_y^2(x,y)}\,\mathrm{d}x\mathrm{d}y.$$

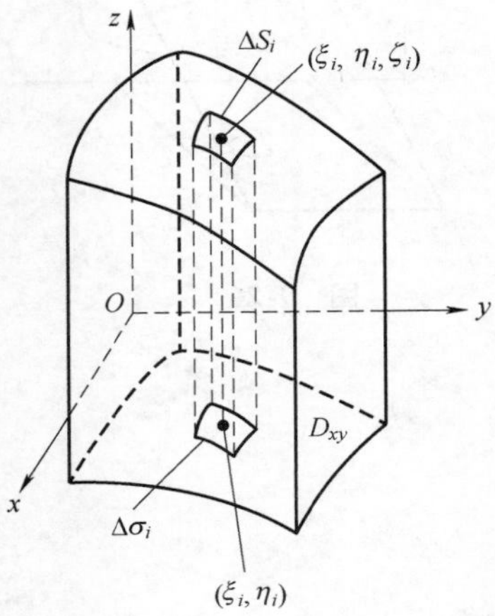

图 9-27

证 由第一型曲面积分定义，有

$$\iint\limits_{\Sigma} f(x,y,z)\,\mathrm{d}S = \lim_{\lambda\to 0}\sum_{i=1}^n f(\xi_i,\eta_i,\zeta_i)\Delta S_i,$$

用 ΔD_i 表示 Σ 上第 i 块曲面片 ΔS_i 在 xOy 面上的投影区域（见图 9-27），$\Delta\sigma_i$ 表示其面积，则

$$\Delta S_i = \iint\limits_{\Delta D_i} \sqrt{1+z_x^2(x,y)+z_y^2(x,y)}\,\mathrm{d}x\mathrm{d}y.$$

由二重积分的中值定理，存在 $(\overline{\xi}_i,\overline{\eta}_i)\in\Delta D_i$，使得

$$\Delta S_i = \sqrt{1+z_x^2(\overline{\xi}_i,\overline{\eta}_i)+z_y^2(\overline{\xi}_i,\overline{\eta}_i)}\,\Delta\sigma_i.$$

注意到 $(\xi_i,\eta_i,\zeta_i)\in\Delta S_i$，所以 $\zeta_i = z(\xi_i,\eta_i)$. 因为函数 $f(x,y,z(x,y))$ 及 $\sqrt{1+z_x^2(x,y)+z_y^2(x,y)}$ 都在闭区域 D_{xy} 上连续，从而

$$\iint\limits_{\Sigma} f(x,y,z)\,\mathrm{d}S = \lim_{\lambda\to 0}\sum_{i=1}^n f(\xi_i,\eta_i,z(\xi_i,\eta_i))\sqrt{1+z_x^2(\overline{\xi}_i,\overline{\eta}_i)+z_y^2(\overline{\xi}_i,\overline{\eta}_i)}\,\Delta\sigma_i$$

$$= \lim_{\lambda\to 0}\sum_{i=1}^n f(\xi_i,\eta_i,z(\xi_i,\eta_i))\sqrt{1+z_x^2(\xi_i,\eta_i)+z_y^2(\xi_i,\eta_i)}\,\Delta\sigma_i.$$

此极限在定理 9.14 的条件下是存在的，它等于二重积分

$$\iint\limits_{D_{xy}} f(x,y,z(x,y))\sqrt{1+z_x^2(x,y)+z_y^2(x,y)}\,\mathrm{d}x\mathrm{d}y,$$

这就证明了定理 9.14.

当曲面 Σ 用方程 $y = y(x,z),(x,z)\in D_{zx}$ 或 $x = x(y,z),(y,z)\in D_{yz}$ 表示时，读者不难推得与定理 9.14 类似的计算公式.

若积分曲面 Σ 由参数方程

$$\boldsymbol{r} = \boldsymbol{r}(u,v) = (x(u,v),y(u,v),z(u,v)),(u,v)\in D_{uv}$$

表示，且 Σ 是正则的，同样可证明

$$\iint\limits_{\Sigma} f(x,y,z)\,\mathrm{d}S = \iint\limits_{D_{uv}} f(x(u,v),y(u,v),z(u,v))\sqrt{J_1^2+J_2^2+J_3^2}\,\mathrm{d}u\mathrm{d}v.$$

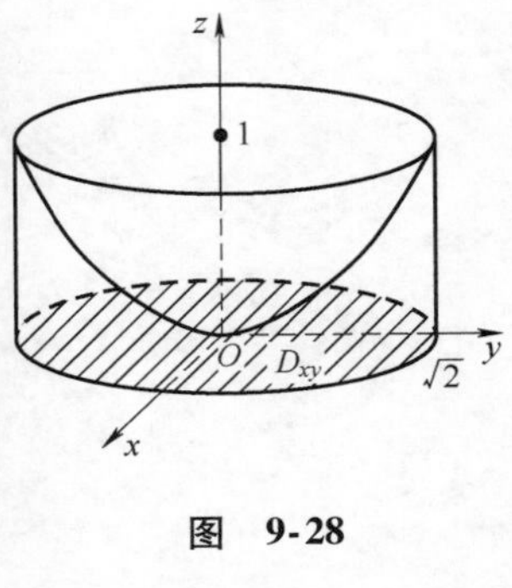

图 9-28

例 9.33 计算 $\iint\limits_{\Sigma}|xyz|\,\mathrm{d}S$，其中 Σ 是旋转抛物面 $z = \frac{1}{2}(x^2 + y^2)$ 的 $z\leqslant 1$ 的部分（见图 9-28）.

解　由于旋转抛物面关于 z 轴对称，被积函数关于自变量 x 和 y 是偶函数，由对称性，有

$$\iint_{\Sigma}|xyz|\mathrm{d}S = 4\iint_{\Sigma_1}xyz\mathrm{d}S,$$

其中，Σ_1 为 Σ 在第一卦限部分的曲面. Σ_1 在 xOy 面上的投影区域为

$$D_{xy}=\{(x,y)\mid x^2+y^2\leqslant 2,x\geqslant 0,y\geqslant 0\}.$$

因为 $\sqrt{1+z_x^2+z_y^2}=\sqrt{1+x^2+y^2}$，所以

$$\begin{aligned}\iint_{\Sigma}|xyz|\mathrm{d}S &= 4\iint_{\Sigma_1}xyz\mathrm{d}S\\ &= 2\iint_{D_{xy}}xy(x^2+y^2)\sqrt{1+x^2+y^2}\mathrm{d}x\mathrm{d}y\text{（利用极坐标计算）}\\ &= 2\int_0^{\frac{\pi}{2}}\mathrm{d}\theta\int_0^{\sqrt{2}}r^2\cos\theta\sin\theta\cdot r^2\sqrt{1+r^2}r\mathrm{d}r\\ &= \int_0^{\frac{\pi}{2}}\sin 2\theta\mathrm{d}\theta\int_0^{\sqrt{2}}r^5\sqrt{1+r^2}\mathrm{d}r\\ &= \int_0^{\sqrt{2}}r^5\sqrt{1+r^2}\mathrm{d}r=\frac{44}{35}\sqrt{3}-\frac{8}{105}.\text{（令 }\sqrt{1+r^2}=t\text{）}\end{aligned}$$

思考：若将例 9.33 中的积分曲面 Σ 改为旋转抛物面 $z=\frac{1}{2}(x^2+y^2)$ 与平面 $z=1$ 所围立体的整个表面，则 $\oint\!\!\!\oint_{\Sigma}|xyz|\mathrm{d}S=?$

例 9.34　介于平面 $z=0$，$z=H$ 之间的圆柱面 Σ：$x^2+y^2=a^2$ 上每一点的面密度 ρ 等于该点到原点距离平方的倒数，求此圆柱面 Σ 的质量（见图 9-29）.

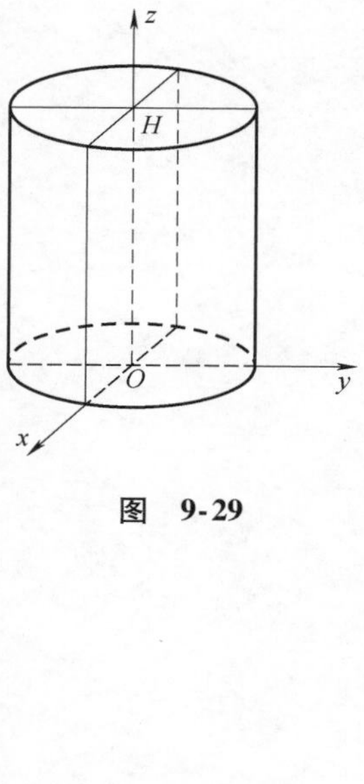

图　9-29

解　依题意所求圆柱面 Σ 的质量为

$$m=\iint_{\Sigma}\frac{\mathrm{d}S}{x^2+y^2+z^2}=\iint_{\Sigma}\frac{\mathrm{d}S}{a^2+z^2}=2\iint_{\Sigma_1}\frac{\mathrm{d}S}{a^2+z^2},$$

其中，Σ_1：$x=\sqrt{a^2-y^2}$，即 Σ 在 $x\geqslant 0$ 的部分. Σ_1 在 yOz 面上的投影区域为

$$D_{yz}=\{(y,z)\mid -a\leqslant y\leqslant a,0\leqslant z\leqslant H\}.$$

又由于 $\sqrt{1+x_y^2+x_z^2}=\dfrac{a}{\sqrt{a^2-y^2}}$，所以

$$\begin{aligned}m&=\iint_{\Sigma}\frac{\mathrm{d}S}{x^2+y^2+z^2}=2\iint_{D_{yz}}\frac{1}{a^2+z^2}\frac{a}{\sqrt{a^2-y^2}}\mathrm{d}y\mathrm{d}z\\ &=2\int_0^H\frac{1}{a^2+z^2}\mathrm{d}z\int_{-a}^{a}\frac{a}{\sqrt{a^2-y^2}}\mathrm{d}y=2\pi\arctan\frac{H}{a}.\end{aligned}$$

思考：在例 9.34 中将曲面积分化为二重积分计算时，为什么要将圆柱面 Σ 作 yOz 面上的投影，能否作 xOy 面上的投影？zOx 面呢？

习题 9.4

1. 计算下列第一型曲线积分：

(1) $\int_L (x^2+y^2)\mathrm{d}s$，其中，$L$ 是以 $(0,0)$，$(2,0)$，$(0,1)$ 为顶点的三角形；

(2) $\int_L \sqrt{x^2+y^2}\mathrm{d}s$，其中，$L$ 是圆周 $x^2+y^2=ax$；

(3) $\int_L xyz\mathrm{d}s$，其中，L 为螺线 $x=a\cos t, y=a\sin t, z=bt(0<a<b)$，$0\leqslant t\leqslant 2\pi$；

(4) $\int_L (x^2+y^2+z^2)\mathrm{d}s$，其中，$L$ 与(3)相同；

(5) $\int_L (x^{\frac{4}{3}}+y^{\frac{4}{3}})\mathrm{d}s$，其中，$L$ 为内摆线 $x^{\frac{2}{3}}+y^{\frac{2}{3}}=a^{\frac{2}{3}}$；

(6) $\int_L y^2\mathrm{d}s$，其中，L 为摆线的一拱 $x=a(t-\sin t), y=a(1-\cos t)$，$0\leqslant t\leqslant 2\pi$；

(7) $\int_L (xy+yz+zx)\mathrm{d}s$，其中，$L$ 为球面 $x^2+y^2+z^2=a^2$ 与平面 $x+y+z=0$ 的交线；

(8) $\int_L xy\mathrm{d}s$，其中，L 同(7)；

(9) $\int_L xyz\mathrm{d}s$，其中，L 是曲线 $x=t, y=\frac{2}{3}\sqrt{2t^3}, z=\frac{1}{2}t^2(0\leqslant t\leqslant 1)$；

(10) $\int_L \sqrt{2y^2+z^2}\mathrm{d}s$，其中，$L$ 是 $x^2+y^2+z^2=a^2$ 与 $x=y$ 相交的圆周.

2. 计算下列第一型曲面积分：

(1) $\iint\limits_S (x^2+y^2)\mathrm{d}S$，其中，$S$ 是立体 $\sqrt{x^2+y^2}\leqslant z\leqslant 1$ 的边界曲面；

(2) $\iint\limits_S \frac{\mathrm{d}S}{x^2+y^2}$，其中，$S$ 为柱面 $x^2+y^2=R^2$ 被平面 $z=0$ 和 $z=H$ 所截取的部分；

(3) $\iint\limits_S |x^3y^2z|\mathrm{d}S$，其中，$S$ 为曲面 $z^2=x^2+y^2$ 被 $z=1$ 截下的部分；

(4) $\iint\limits_S z^2\mathrm{d}S$，其中，$S$ 为螺旋面的一部分：

$$x=u\cos v, y=u\sin v, z=v \quad (0\leqslant u\leqslant a, 0\leqslant v\leqslant 2\pi)；$$

(5) $\iint\limits_S (x^2+y^2)\mathrm{d}S$，$S$ 是球面 $x^2+y^2+z^2=R^2$.

3. 若曲线以极坐标给出：$\rho=\rho(\theta)(\theta_1\leqslant\theta\leqslant\theta_2)$，试给出计算 $\int_L f(x,y)\mathrm{d}s$

的公式,并用此公式计算下列曲线积分:

(1) $\int_L \mathrm{e}^{\sqrt{x^2+y^2}}\mathrm{d}s$,其中,$L$ 是曲线 $\rho=a\left(0\leqslant\theta\leqslant\dfrac{\pi}{4}\right)$;

(2) $\int_L x\mathrm{d}s$,其中,L 是对数螺线 $\rho=a\mathrm{e}^{k\theta}(k>0)$ 在圆 $r=a$ 内的部分.

4. 求曲线 $x=a,y=at,z=\dfrac{1}{2}at^2(0\leqslant t\leqslant 1,a>0)$ 的质量,设其线密度为 $\rho=\sqrt{\dfrac{2z}{a}}$.

5. 设曲线 L 的方程为

$$x=\mathrm{e}^t\cos t,y=\mathrm{e}^t\sin t,z=\mathrm{e}^t\quad(0\leqslant t\leqslant t_0),$$

它在每一点的密度与该点的矢径平方成反比,且在点(1,0,1)处为 1,求它的质量.

6. 求抛物面壳 $z=\dfrac{1}{2}(x^2+y^2),0\leqslant z\leqslant 1$ 的质量. 设此壳的密度为 $\rho=z$.

7. 设 Σ 为球面 $x^2+y^2+z^2=2z$,计算曲面积分

$$\iint_\Sigma(x^4+y^4+z^4-x^3-y^3-z^3+x^2+y^2+z^2-x-y-z)\mathrm{d}S.$$

8. 设函数 $f(x)$ 连续,a,b,c 为常数,Σ 是单位球面 $x^2+y^2+z^2=1$. 记第一型曲面积分 $I=\iint_\Sigma f(ax+by+cz)\mathrm{d}S$. 求证:

$$I=2\pi\int_{-1}^{1}f(\sqrt{a^2+b^2+c^2}u)\mathrm{d}u.$$

9.5 多元函数积分的应用

9.1 节已引入了多元(数量值)函数积分的概念,9.2 节 ~ 9.4 节分别给出了二重积分、三重积分及第一型曲线曲面积分的计算法. 不难发现这四类积分具有以下共同点:

(1) 物理背景相同,都是求物质非均匀分布物体的质量问题;

(2) 与定积分有类似的可积性和性质(线性性质、对区域的可加性、不等式性质、中值定理、对称性等);

(3) $\int_\Omega f(M)\mathrm{d}\Omega$ 的度量微元 $\mathrm{d}\Omega$(重积分定义中的面积、体积微元、第一型曲线与曲面积分中的弧长与面积微元)总是非负的,这类积分也可以视为无方向的积分,计算过程中累次积分定限时都是从小到大;

(4) 物理应用问题类似:求质量、质心、引力和转动惯量等(下面将会看到).

对于在几何方面的应用，作为这些积分的几何意义，已解决平面区域的面积、曲顶柱体体积、立体体积、曲线弧长、曲面面积求法，本节讨论多元函数积分的物理应用.

因与定积分应用的微元法相类似，这里仅列出关于多元函数积分应用的两点说明.

(1) 能用多元函数积分解决实际问题的特点：所求量是分布在可度量的几何形体上的整体量，具有对部分量的可加性；

(2) 用多元函数积分解决问题的方法：微元分析法（元素法），即写出所求量的微元，再由多元函数积分的定义（主要是四类积分）建立其积分表达式.

9.5.1 物体的质心

由静力学知识，空间 $\mathbb{R}^3$ 中质量为 m_i，位于点 $M_i(x_i,y_i,z_i)$ $(i=1,2,\cdots,n)$ 处的 n 个质点所成质点系的质心坐标为

$$\overline{x}=\frac{\sum_{i=1}^{n}x_im_i}{m},\overline{y}=\frac{\sum_{i=1}^{n}y_im_i}{m},\overline{z}=\frac{\sum_{i=1}^{n}z_im_i}{m},$$

其中，$m=\sum_{i=1}^{n}m_i$.

设有一物体是有界的可度量几何形体 Ω，其上分布着质量，已知密度函数

$$\mu(M)=\mu(x,y,z)\in C(\Omega),$$

则采用 9.1.1 节中介绍的求质量的方法：**分割，近似，求和，取极限**的步骤，得到其质心坐标公式：

$$\overline{x}=\frac{\int_{\Omega}x\mu(M)\mathrm{d}\Omega}{m},\overline{y}=\frac{\int_{\Omega}y\mu(M)\mathrm{d}\Omega}{m},\overline{z}=\frac{\int_{\Omega}z\mu(M)\mathrm{d}\Omega}{m},$$

其中，$m=\int_{\Omega}\mu(M)\mathrm{d}\Omega$.

当密度函数 $\mu=\mu(M)\equiv$ 常数时，得到形心坐标公式：

$$\overline{x}=\frac{\int_{\Omega}x\mathrm{d}\Omega}{\Omega},\overline{y}=\frac{\int_{\Omega}y\mathrm{d}\Omega}{\Omega},\overline{z}=\frac{\int_{\Omega}z\mathrm{d}\Omega}{\Omega},$$

其中，$\Omega=\int_{\Omega}\mathrm{d}\Omega$.

注 1 当几何体 $\Omega\subset\mathbb{R}^2(\mathbb{R}^1)$ 中时，$\mu(M)=\mu(x,y)\,[\mu(M)=\mu(x)]$，则其质心（形心）公式中 $\overline{z}=0\,(\overline{y}=\overline{z}=0)$.

注 2 当几何形体 Ω 分别是直线段 $[a,b]$、平面区域 σ、空间区域 V、空间（平面）曲线段 L 或曲面片 S 时，可具体写出相应的五种积分形式下的质心、形心坐标公式，具体表达式请读者自行完成.

例 9.35 求位于两圆 $x^2+y^2=ay$，$x^2+y^2=by\,(0<a<b)$ 之间

均匀薄片 σ 的形心.

解　薄片 σ 如图9-30所示，两圆的极坐标方程分别为 $\rho=a\sin\theta,\rho=b\sin\theta(0\leqslant\theta\leqslant\pi)$

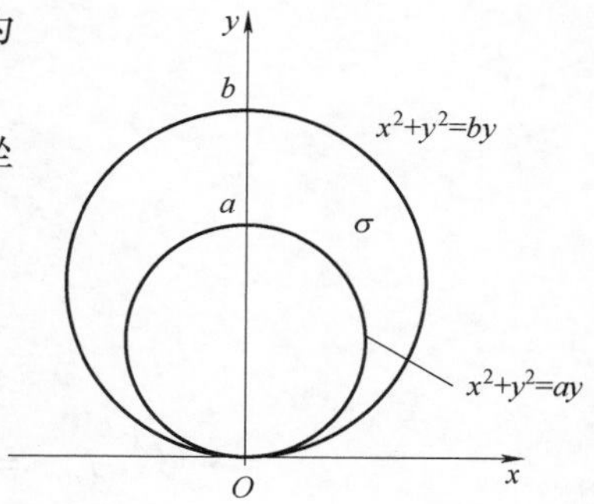

图　9-30

因薄片 σ 关于 y 轴对称，质量分布均匀，所以 $\bar{x}=0$，由形心坐标公式

$$\begin{aligned}\bar{y}&=\frac{1}{\sigma}\iint_{\sigma}y\mathrm{d}x\mathrm{d}y=\frac{1}{\frac{\pi}{4}(b^2-a^2)}\int_0^{\pi}\mathrm{d}\theta\int_{a\sin\theta}^{b\sin\theta}\rho\sin\theta\cdot\rho\mathrm{d}\rho,\\&=\frac{4}{3}\frac{b^2+ba+a^2}{\pi(b+a)}\int_0^{\pi}\sin^4\theta\mathrm{d}\theta\\&=\frac{8}{3}\frac{b^2+ba+a^2}{\pi(b+a)}\frac{3}{4}\cdot\frac{1}{2}\cdot\frac{\pi}{2}\\&=\frac{b^2+ba+a^2}{2(b+a)}.\end{aligned}$$

例 9.36　设球体 $x^2+y^2+z^2\leqslant z$ 上任一点处的体密度等于该点到原点的距离的平方，求此球体的质心.

解　记 $V=\left\{(x,y,z)\,\middle|\,x^2+y^2+\left(z-\frac{1}{2}\right)^2\leqslant\frac{1}{4}\right\}$，按题意，$\mu=k(x^2+y^2+z^2)(k>0)$，
由对称性知，$\bar{x}=0,\bar{y}=0$，由质心坐标公式，有

$$\bar{z}=\frac{\iiint\limits_V z\mu\mathrm{d}V}{\iiint\limits_V\mu\mathrm{d}V}=\frac{\iiint\limits_V kz(x^2+y^2+z^2)\mathrm{d}V}{\iiint\limits_V k(x^2+y^2+z^2)\mathrm{d}V}.$$

因

$$\iiint\limits_V(x^2+y^2+z^2)\mathrm{d}V=\int_0^{2\pi}\mathrm{d}\theta\int_0^{\frac{\pi}{2}}\mathrm{d}\varphi\int_0^{\cos\varphi}\rho^4\sin\varphi\mathrm{d}\rho=\frac{\pi}{15},$$

$$\iiint\limits_V z(x^2+y^2+z^2)\mathrm{d}V=\int_0^{2\pi}\mathrm{d}\theta\int_0^{\frac{\pi}{2}}\mathrm{d}\varphi\int_0^{\cos\varphi}\rho\cos\varphi\cdot\rho^4\sin\varphi\mathrm{d}\rho=\frac{\pi}{24},$$

所以 $\bar{z}=\frac{5}{8}$，所求质心坐标为 $\left(0,0,\frac{5}{8}\right)$.

9.5.2　物体的转动惯量

我们知道，质点系绕轴的转动惯量等于各质点的转动惯量之和，由此可知连续几何形体绕轴的转动惯量可用积分计算.

设物体是有界可度量几何形体 Ω，其密度函数为 $\mu(M)=\mu(x,y,z)\in C(\Omega)$，该物体对 x 轴的转动惯量微元可看作位于点 $M(x,y,z)$ 处的质量微元 $\mathrm{d}m=\mu(M)\mathrm{d}\Omega$ 绕 x 轴的转动惯量，即

$$\mathrm{d}J_x=(y^2+z^2)\cdot\mu(M)\mathrm{d}\Omega,$$

所以物体 Ω 对 z 轴的转动惯量为

$$J_x=\int_{\Omega}(y^2+z^2)\cdot\mu(M)\mathrm{d}\Omega.$$

类似地，对 y 轴、z 轴及原点的转动惯量分别为

$$J_x = \int_{\Omega}(y^2+z^2)\cdot\mu(M)\,\mathrm{d}\Omega,$$

$$J_y = \int_{\Omega}(x^2+z^2)\cdot\mu(M)\,\mathrm{d}\Omega,$$

$$J_O = \int_{\Omega}(x^2+y^2+z^2)\cdot\mu(M)\,\mathrm{d}\Omega.$$

对 xOy 面、yOz 面、zOx 面的转动惯量分别为

$$J_{xOy} = \int_{\Omega}z^2\cdot\mu(M)\,\mathrm{d}\Omega, J_{yOz} = \int_{\Omega}x^2\cdot\mu(M)\,\mathrm{d}\Omega, J_{zOx} = \int_{\Omega}y^2\cdot\mu(M)\,\mathrm{d}\Omega.$$

注 当连续体 $\Omega\subset\mathbb{R}^2$ 中时，$\mu(M)=\mu(x,y)$，对 x 轴、y 轴及原点的转动惯量分别为

$$J_x = \int_{\Omega}y^2\cdot\mu(M)\,\mathrm{d}\Omega, J_y = \int_{\Omega}x^2\cdot\mu(M)\,\mathrm{d}\Omega, J_O = \int_{\Omega}(x^2+y^2)\cdot\mu(M)\,\mathrm{d}\Omega.$$

例 9.37 证明：由连续曲线 $y=f(x)(\geqslant 0)$，直线 $x=a,x=b$，$y=0$ 所围曲边梯形绕 x 轴旋转一周得到的旋转体 V，当体密度 $\mu(x,y,z)=1$ 时，其对 x 轴的转动惯量为

$$J_x = \frac{\pi}{2}\int_a^b f^4(x)\,\mathrm{d}x.$$

证 旋转体 $V=\{(x,y,z)\mid y^2+z^2\leqslant f^2(x),a\leqslant x\leqslant b\}$，用平行于 yOz 面的平面截 V 得到的平面闭区域为 $\sigma_x=\{(y,z)\mid y^2+z^2\leqslant f^2(x)\}$，积分区域可以表示为

$$V=\{(x,y,z)\mid (y,z)\in\sigma_x,\quad a\leqslant x\leqslant b\},$$

于是

$$J_x = \iiint_V (y^2+z^2)\,\mathrm{d}V = \int_a^b \mathrm{d}x\iint_{\sigma_x}(y^2+z^2)\,\mathrm{d}y\mathrm{d}z \quad（利用极坐标计算）$$

$$= \int_a^b \mathrm{d}x\int_0^{2\pi}\mathrm{d}\theta\int_0^{f(x)}\rho^3\,\mathrm{d}\rho = \frac{\pi}{2}\int_a^b f^4(x)\,\mathrm{d}x.$$

例 9.38 设 $\widehat{AB}$ 是圆柱螺旋线 $x=a\cos t,y=a\sin t,z=bt$ 上对应 $t=0$ 到 $t=2\pi$ 的一段弧，假设螺旋线质量均匀分布，其线密度 $\rho(x,y,z)\equiv\rho$（常数），求其绕 z 轴旋转的转动惯量和形心坐标.

解 曲线弧 $\widehat{AB}$ 绕 z 轴的转动惯量为

$$J_z = \int_{\widehat{AB}}(x^2+y^2)\rho\,\mathrm{d}s = \rho\int_0^{2\pi}a^2\sqrt{a^2+b^2}\,\mathrm{d}t = 2\pi a^2\rho\sqrt{a^2+b^2},$$

曲线弧 $\widehat{AB}$ 的质量为

$$m = \int_{\widehat{AB}}\rho\,\mathrm{d}s = 2\pi\rho\sqrt{a^2+b^2},$$

曲线弧 $\widehat{AB}$ 的形心坐标为

$$\overline{x}=\frac{1}{m}\int_{\widehat{AB}}x\rho\mathrm{d}s=\frac{a\rho}{m}\sqrt{a^2+b^2}\int_0^{2\pi}\cos t\mathrm{d}t=0,$$

$$\overline{y}=\frac{1}{m}\int_{\widehat{AB}}y\rho\mathrm{d}s=\frac{a\rho}{m}\sqrt{a^2+b^2}\int_0^{2\pi}\sin t\mathrm{d}t=0,$$

$$\overline{z}=\frac{1}{m}\int_{\widehat{AB}}z\rho\mathrm{d}s=\frac{b\rho}{m}\sqrt{a^2+b^2}\int_0^{2\pi}t\mathrm{d}t=\frac{2\pi^2b\rho\sqrt{a^2+b^2}}{m}=b\pi,$$

故曲线弧$\widehat{AB}$的形心坐标为$(0,0,b\pi)$.

例 9.39　已知面密度为常数 μ_0 的均匀上半球面 $S:z=\sqrt{R^2-x^2-y^2}\,(R>0)$,求其形心坐标及绕 z 轴的转动惯量.

解　由于球面 S 关于 yOz 面和 zOx 面对称,并且质量分布是均匀的,所以

$$\overline{x}=0,\overline{y}=0,$$

$$\overline{z}=\frac{\iint\limits_S z\mathrm{d}S}{\iint\limits_S \mathrm{d}S}=\frac{1}{2\pi R^2}\iint\limits_S z\mathrm{d}S,$$

曲面 S 在 xOy 面上的投影区域为 $\sigma_{xy}=\{(x,y)\mid x^2+y^2\leqslant R^2\}$,

$\mathrm{d}S=\dfrac{R}{\sqrt{R^2-x^2-y^2}}\mathrm{d}x\mathrm{d}y$,则

$$\iint\limits_S z\mathrm{d}S=\iint\limits_{\sigma_{xy}}\sqrt{R^2-x^2-y^2}\frac{R}{\sqrt{R^2-x^2-y^2}}\mathrm{d}x\mathrm{d}y=\pi R^3,$$

从而

$$\overline{z}=\frac{\pi R^3}{2\pi R^2}=\frac{R}{2},$$

故所求形心坐标为$\left(0,0,\dfrac{R}{2}\right)$.

上半球面 S 绕 z 轴的转动惯量为

$$J_z=\iint\limits_S(x^2+y^2)\mu_0\mathrm{d}S=\mu_0\iint\limits_{\sigma_{xy}}(x^2+y^2)\frac{R}{\sqrt{R^2-x^2-y^2}}\mathrm{d}x\mathrm{d}y\quad\text{(利用极坐标计算)}$$

$$=\mu_0\int_0^{2\pi}\mathrm{d}\theta\int_0^R\frac{R\rho^3}{\sqrt{R^2-\rho^2}}\mathrm{d}\rho\quad(\text{令}\ \rho=R\sin t)$$

$$=2\pi\mu_0R^4\int_0^{\frac{\pi}{2}}\sin^3t\mathrm{d}t=\frac{4}{3}\pi\mu_0R^4.$$

9.5.3　质点和物体间的引力

设物体是有界可度量几何形体 Ω,其密度函数 $\mu(M)=\mu(x,y,z)\in C(\Omega)$,若 Ω 外有一质量为 m_0 的质点 A 位于点(a,b,c)处,求物体 Ω 对质点 A 的引力.

用微元法求物体 Ω 对质点 A 的引力. Ω 中位于点 $M(x,y,z)$处

的质量微元 $\mathrm{d}m=\mu(M)\mathrm{d}\Omega$ 对质点 A 的引力微元为

$$\mathrm{d}\boldsymbol{F}=G\frac{m_0\cdot\mathrm{d}m}{r^2}\boldsymbol{n}_0=Gm_0\frac{\mu(M)\mathrm{d}\Omega}{r^2}\boldsymbol{n}_0,$$

其中,G 为引力常量;A 与 $\mathrm{d}\Omega$ 间的距离为

$$r=\sqrt{(x-a)^2+(y-b)^2+(z-c)^2},\boldsymbol{n}_0=\frac{\overrightarrow{AM}}{r}=\left(\frac{x-a}{r},\frac{y-b}{r},\frac{z-c}{r}\right).$$

物体 Ω 对质点 A 的引力在三个坐标轴上的投影坐标分别为

$$F_x=Gm_0\int_\Omega\frac{x-a}{r^3}\cdot\mu(M)\mathrm{d}\Omega,F_y=Gm_0\int_\Omega\frac{y-a}{r^3}\cdot\mu(M)\mathrm{d}\Omega,F_z=Gm_0\int_\Omega\frac{z-a}{r^3}\cdot\mu(M)\mathrm{d}\Omega,$$

故 $\boldsymbol{F}=(F_x,F_y,F_z)$.

注 当连续体 $\Omega\subset\mathbb{R}^2$ 时,物体 Ω 对质点 A 的引力公式只需将上述公式中的 $\mu(M)$ 换为 $\mu(x,y)$,并置 $z=0$ 即可.

例 9.40 求均匀圆形薄片 $\sigma_{xy}:x^2+y^2\leqslant R^2$ 对位于 z 轴上的点 $A(0,0,a)(a>0)$ 处的单位质点的引力.

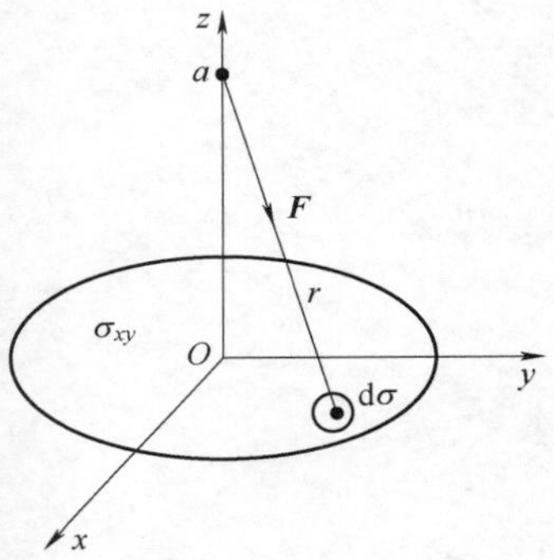

图 9-31

解 如图 9-31 所示,设面密度 $\mu(M)=\mu_0$,点 $M(x,y)$ 处的质量微元 $\mathrm{d}m=\mu_0\mathrm{d}\sigma$ 对点 A 的引力微元为

$$\mathrm{d}\boldsymbol{F}=G\frac{\mathrm{d}m}{r^2}\boldsymbol{n}_0=G\frac{\mu_0\mathrm{d}\sigma}{x^2+y^2+(0-a)^2}\frac{(x,y,-a)}{\sqrt{x^2+y^2+a^2}}.$$

由于 σ_{xy} 关于 x,y 轴对称,所以 $F_x=F_y=0$,而

$$F_z=-a\mu_0G\iint\limits_{\sigma_{xy}}\frac{1}{(x^2+y^2+a^2)^{\frac{3}{2}}}\mathrm{d}\sigma\quad(\text{用极坐标计算})$$

$$=-aG\mu_0\int_0^{2\pi}\mathrm{d}\theta\int_0^R\frac{1}{(\rho^2+a^2)^{\frac{3}{2}}}\rho\mathrm{d}\rho=2\pi Ga\mu_0\left(\frac{1}{\sqrt{R^2+a^2}}-\frac{1}{a}\right).$$

故所求引力为 $\boldsymbol{F}=\left(0,0,2\pi Ga\mu_0\left(\frac{1}{\sqrt{R^2+a^2}}-\frac{1}{a}\right)\right)$.

习题 9.5

1. 求下列均匀密度的平面薄板的质心:

(1) 半椭圆 $\frac{x^2}{a^2}+\frac{y^2}{b^2}\leqslant1,y\geqslant0$;

(2) 以 $ay=x^2,x+y=2a(a>0)$ 为界的薄板.

2. 求下列密度均匀的物体的质心:

(1) 由坐标面及平面 $x+2y-z=1$ 围成的四面体;

(2) $z^2=x^2+y^2(z\geqslant0)$ 和平面 $z=h$ 围成的立体;

3. 求下列密度均匀的平面薄板的转动惯量:

(1) 边长为 a 和 b,且夹角为 φ 的平行四边形,关于底边 b 的转动惯量;

(2) $y=x^2, y=1$ 所围平面图形关于直线 $y=-1$ 的转动惯量.

4. 求由下列曲面为界的均匀体的转动惯量:

(1) $z=x^2+y^2, x+y=\pm 1, x-y=\pm 1, z=0$ 关于 z 轴的转动惯量;

(2) 圆筒 $a^2 \leqslant x^2+y^2 \leqslant b^2, -h \leqslant z \leqslant h$ 关于 x 轴和 z 轴的转动惯量.

5. 求均匀薄片 $x^2+y^2 \leqslant R^2, z=0$ 对 z 轴上一点 $(0,0,c)$ $(c>0)$ 处单位质点的引力.

6. 求摆线 $\begin{cases} x=a(t-\sin t), \\ y=a(1-\cos t), \end{cases}$ $(0 \leqslant t \leqslant \pi)$ 的重心,设其质量分布是均匀的.

7. 求均匀曲面 $x^2+y^2+z^2=a^2, x \geqslant 0, y \geqslant 0, z \geqslant 0$ 的重心.

8. 求螺线的一支 $L: x=a\cos t, y=a\sin t, z=\dfrac{h}{2\pi}t(0 \leqslant t \leqslant 2\pi)$ 对 x 轴的转动惯量 $I=\int_L (y^2+z^2)\,\mathrm{d}s$. 设此螺线的线密度是均匀的.

9. 设有一质量分布不均匀的半圆弧 $x=r\cos\theta, y=r\sin\theta(0 \leqslant \theta \leqslant \pi)$,其线密度 $\rho=a\theta$ (a 为常数),求它对原点 $(0,0)$ 处质量为 m 的质点的引力.

10. 计算球面三角形 $x^2+y^2+z^2=a^2, x>0, y>0, z>0$ 的围线的重心坐标. 设线密度 $\rho=1$.

11. 求均匀球壳 $x^2+y^2+z^2=a^2 (z \geqslant 0)$ 对 z 轴的转动惯量.

12. 求均匀球面 $z=\sqrt{a^2-x^2-y^2}$ $(x \geqslant 0, y \geqslant 0, x+y \leqslant a)$ 的重心坐标.

13. 设 l 是过原点、方向为 (α,β,γ) (其中 $\alpha^2+\beta^2+\gamma^2=1$) 的直线,均匀椭球 $\dfrac{x^2}{a^2}+\dfrac{y^2}{b^2}+\dfrac{z^2}{c^2} \leqslant 1$ (其中 $0<c<b<a$, 密度为 1) 绕 l 旋转.

(1) 求其转动惯量;

(2) 求其转动惯量关于方向 (α,β,γ) 的最大值和最小值.

14. 设 D 为椭圆形 $\dfrac{x^2}{a^2}+\dfrac{y^2}{b^2} \leqslant 1 (a>b>0)$、面密度为 ρ 的均质薄板, l 为通过椭圆焦点 $(-c,0)$ (其中 $c^2=a^2-b^2$) 且垂直于薄板的旋转轴.

(1) 求薄板 D 绕 l 旋转的转动惯量 J;

(2) 对于固定的转动惯量,讨论椭圆薄板的面积是否有最大值和最小值.

15. 曲面 $\Sigma: Z^2=x^2+y^2, 1 \leqslant Z \leqslant 2$, 密度为 ρ,求在原点处质量为 1 的质点和 Σ 之间的引力(引力常量为 G)

9.6 向量值函数的积分

本节开始讨论多元向量值函数的积分,它包括第二型曲线与曲面积分,这类积分与第一型曲线与曲面积分的本质差别在于积分曲线与曲面具有方向性,被积表达式涉及向量的内积,可见这类积分更复杂.

以下总约定曲线都是光滑或分段光滑的(指由有限条光滑曲线段组成的连续曲线弧),曲面是光滑或分片光滑的(指由有限个光滑曲面片组成的曲面).

9.6.1 有向曲线、有向曲面与场的概念

第二型曲线与曲面积分概念的产生也是实际问题的需要,特别是研究各种物理场的需要,这类问题还要指明曲线曲面的方向,因此,首先引入有向曲线、有向曲面和场的概念.

有向曲线:规定了方向的曲线.

若曲线 L 的端点为 A 和 B,通常指出其起点和终点来表明曲线的方向(见图 9-32),同一条曲线可以有两个相反的指向,起点是 A、终点是 B 的记为 $L=\widehat{AB}$,则 L^- 表示与 L 方向相反的曲线.

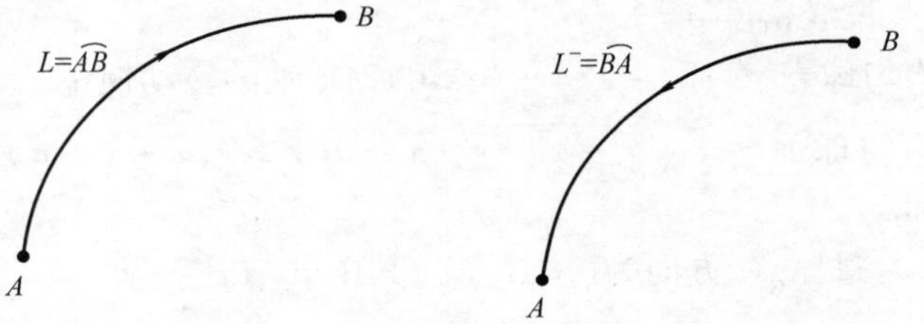

图 9-32

与曲线相类似,注意到曲面的同一条法线也有两个相反的指向(见图 9-33、图 9-34),通过指定法线的指向来规定曲面的方向.

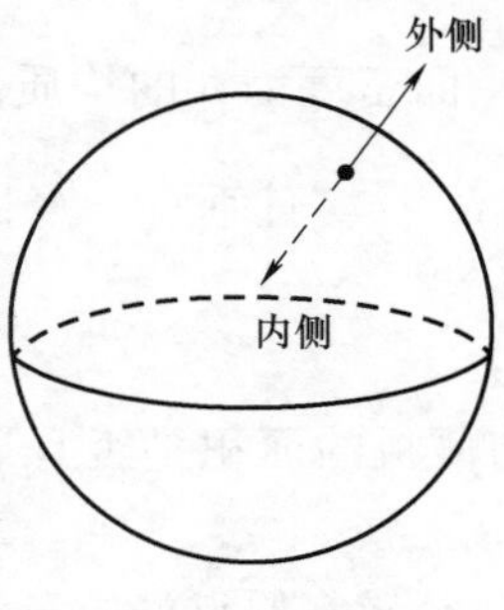

图 9-33

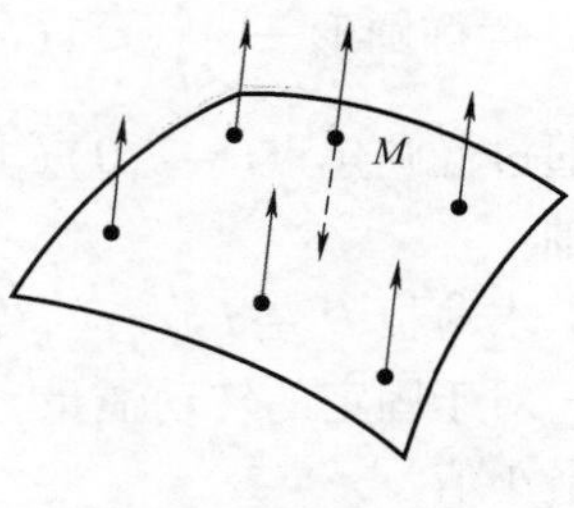

图 9-34

若指定曲面上一点 M 处的法线指向后,将其沿曲面上任意不经过边界的闭曲线连续地移动,回到点 M 处,法线仍取原来的指

向，则称该曲面为**双侧曲面**(见图 9-34)；若回到点 M 处，法线与原指向相反，则称该曲面为**单侧曲面**(见图 9-35). 由于单侧曲面的指向是无法唯一确定的，所以在以下的讨论中总约定曲面是双侧曲面.

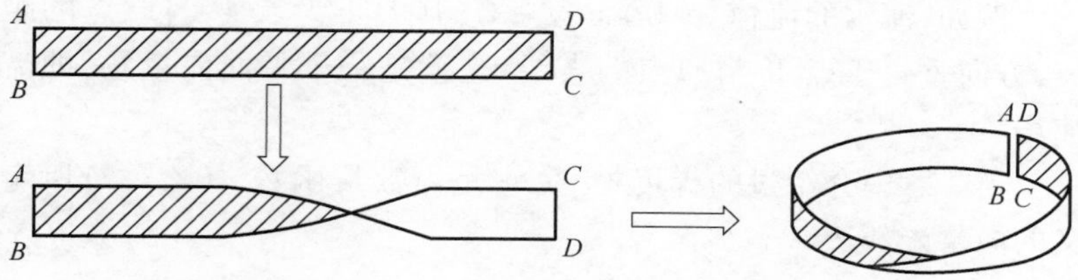

图 9-35

为了明确法向量的指向，用法向量的方向余弦的符号来对双侧曲面的侧做如表 9-2 所示的规定.

表　9-2

方向余弦	方向余弦的符号	侧的规定
$\cos\gamma$	$>0(<0)$	**上侧(下侧)**
$\cos\alpha$	$>0(<0)$	**前侧(后侧)**
$\cos\beta$	$>0(<0)$	**右侧(左侧)**
封闭曲面法向量	指向外部(内部)	**外侧(内侧)**

特别地，对封闭曲面，将法向量指向外部的一侧称为**外侧**；指向内部的一侧称为**内侧**(见图 9-33). 通常将上侧、前侧、右侧、外侧记作 Σ(或 Σ^+)，而其余的则记作 Σ^-.

例如，球面 $\Sigma: x^2+y^2+z^2=R^2$ 上法线的单位向量为 $(\cos\alpha, \cos\beta, \cos\gamma)=\pm\frac{1}{R}(x,y,z)$，当取"+"时，即指定了球面的外侧，当取"−"时，即指定了球面的内侧.

对于曲面 $\Sigma: z=f(x,y)$，请读者自行写出 Σ 取上侧时对应的法向量.

有向曲面：指定了侧的曲面.

在物理学中场的概念是某一区域 Ω 上分布着的某种物理量，场又分为数量场和向量场. 物理学中存在着各种各样的场，如温度场、电位场等是数量场，而引力场、电场、流速场等则是向量场，当场中分布的物理量与时间无关时，称为**定常场**或**稳定场**，否则称为**非定常场**或**时变场**. 这里只涉及定常场，数学上表现为定义在平面或空间区域 Ω 上的数量函数或向量函数.

场的概念：若对区域 Ω 中的每一点 M 都有一个数量(或向量) $u(M)$ [或 $\boldsymbol{F}(M)$] 与之对应，则称在 Ω 上确定了一个**数量场**(或**向量场**)，即.

$$u(M)=\begin{cases}u(x,y), & (x,y)\in\sigma\subset\mathbb{R}^2\text{——平面数量场},\\ u(x,y,z), & (x,y,z)\in V\subset\mathbb{R}^3\text{——空间数量场}.\end{cases}$$

$$\boldsymbol{F}(M)=\begin{cases}\boldsymbol{F}(x,y)=(P(x,y),Q(x,y)), & (x,y)\in\sigma\text{——平面向量场},\\ \boldsymbol{F}(x,y,z)=(P(x,y,z),Q(x,y,z),R(x,y,z)), & (x,y,z)\in V\text{——空间向量场}.\end{cases}$$

例如,河水的流速 $v(M)=y\boldsymbol{i}-x\boldsymbol{j}$,其大小为点 M 与原点的距离,方向垂直于点 M 与原点的直线,这就是一个平面向量场,即流速场.

第 8 章中介绍过的梯度概念,它是由数量函数 $u(x,y,z)$ 所定义的向量函数

$$\mathbf{grad}\,u(x,y,z)=\left(\frac{\partial u}{\partial x},\frac{\partial u}{\partial y},\frac{\partial u}{\partial z}\right),$$

它给出了一个向量场,称为**梯度场**,而 $u(x,y,z)$ 给出了一个数量场.

易见梯度向量正是数量场 $u(x,y,z)$ 的等值面 $u(x,y,z)=c$(其中 c 为常数)的一个法线向量,所以 $\mathbf{grad}\,u(x,y,z)$ 的方向与等值面正交.

定义 9.3 已知一个平面(或空间)向量场 $\boldsymbol{F}(M),M\in\Omega$,若存在一个可微函数 $u(M),M\in\Omega$,使得

$$\boldsymbol{F}(M)=\mathbf{grad}\,u(M),$$

则称该向量场是一个**有势场**,正因为有势场是数量 $u(M)$ 的梯度场,所以 $u(M)$ 称为向量场 $\boldsymbol{F}(M)$ 的一个**势函数**.

例如,位于坐标原点电荷量为 q 的点电荷,其对周围空间上任一点 $M(x,y,z)$ 处产生的电场强度为

$$\boldsymbol{E}(M)=\frac{kq}{r^3}\boldsymbol{r}\quad(k\text{ 为常数}),$$

其中,$\boldsymbol{r}=x\boldsymbol{i}+y\boldsymbol{j}+z\boldsymbol{k}$;$r=|\boldsymbol{r}|=\sqrt{x^2+y^2+z^2}$. 容易验证 $u(M)=-\dfrac{kq}{\sqrt{x^2+y^2+z^2}}$ 是上述电场 $\boldsymbol{E}(M)=\dfrac{kq}{r^3}\boldsymbol{r}(\boldsymbol{r}\neq\boldsymbol{0})$ 的一个势函数.

定义 9.4 设三元函数 $P(M),Q(M),R(M)$ 具有连续的一阶偏导数,则称

$$\left(\frac{\partial P}{\partial x}+\frac{\partial Q}{\partial y}+\frac{\partial R}{\partial z}\right)\bigg|_M$$

为空间向量场 $\boldsymbol{F}(M)=P(M)\boldsymbol{i}+Q(M)\boldsymbol{j}+R(M)\boldsymbol{k}$ 在点 $M(x,y,z)$ 处的**散度**,记作 $\operatorname{div}\boldsymbol{F}$. 向量

$$\left(\frac{\partial R}{\partial y}-\frac{\partial Q}{\partial z}\right)\boldsymbol{i}+\left(\frac{\partial P}{\partial z}-\frac{\partial R}{\partial x}\right)\boldsymbol{j}+\left(\frac{\partial Q}{\partial x}-\frac{\partial P}{\partial y}\right)\boldsymbol{k}$$

称为空间向量场 $\boldsymbol{F}(M)$ 在点 $M(x,y,z)$ 处的**旋度**,记作 $\mathbf{rot}\,\boldsymbol{F}$.

为了便于记忆,引入哈密顿(Hamilton)算子:$\nabla=\dfrac{\partial}{\partial \boldsymbol{x}}\boldsymbol{i}+\dfrac{\partial}{\partial \boldsymbol{y}}\boldsymbol{j}+\dfrac{\partial}{\partial z}\boldsymbol{k}$,

形式上，可将向量场的散度和旋度写为

$$\operatorname{div}\boldsymbol{F}=\nabla\cdot\boldsymbol{F}=\frac{\partial P}{\partial x}+\frac{\partial Q}{\partial y}+\frac{\partial R}{\partial z}.$$

$$\mathbf{rot}\,\boldsymbol{F}=\nabla\times\boldsymbol{F}=\begin{vmatrix}\boldsymbol{i}&\boldsymbol{j}&\boldsymbol{k}\\ \dfrac{\partial}{\partial x}&\dfrac{\partial}{\partial y}&\dfrac{\partial}{\partial z}\\ P&Q&R\end{vmatrix}=\left(\frac{\partial R}{\partial y}-\frac{\partial Q}{\partial z}\right)\boldsymbol{i}+\left(\frac{\partial P}{\partial z}-\frac{\partial R}{\partial x}\right)\boldsymbol{j}+\left(\frac{\partial Q}{\partial x}-\frac{\partial P}{\partial y}\right)\boldsymbol{k},$$

其中，$\frac{\partial}{\partial x}$ 与 P 的“积”应理解为 $\frac{\partial P}{\partial x}$ 其余同理. 在 9.7 节中将给出散度和旋度的物理意义.

9.6.2 第二型曲线积分

下面的问题在物理学中会经常遇到.

设一质点在场力 $\boldsymbol{F}(M)$ 的作用下，从点 A 沿光滑曲线 L 运动到点 B，求场力 $\boldsymbol{F}(M)$ 对质点所做的功 W.

若力 $\boldsymbol{F}(M)$ 在每一点都相同，即为一个常向量，而曲线 L 是有向线线段 $\overline{AB}$，那么力 $\boldsymbol{F}$ 对质点所做的功就是

$$W=\boldsymbol{F}\cdot\overrightarrow{AB}=\boldsymbol{F}\cdot\boldsymbol{t}^0 s.$$

其中，$s=|\overrightarrow{AB}|$；$\boldsymbol{t}^0=\overrightarrow{AB}/|\overrightarrow{AB}|$.

现在 $\boldsymbol{F}(M)$ 不是常力，L 也不是线段，为了求变力沿曲线运动所做的功，仍采用“分割，近似，求和，取极限”的四个步骤来解这个问题.

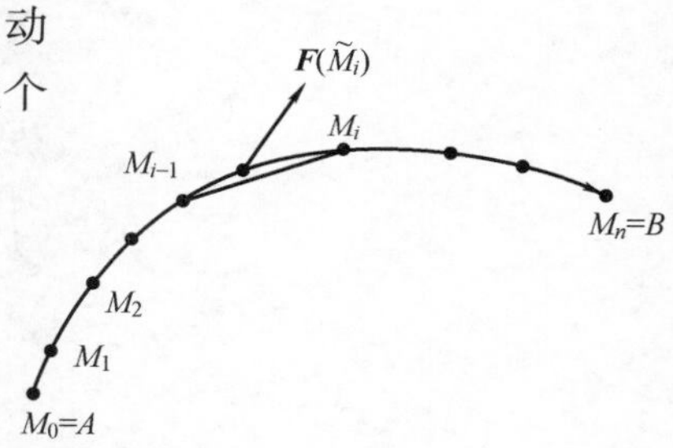

图　9-36

（1）**分割**：将曲线弧 $L=\widehat{AB}$ 任意分成 n 个小弧段，

$$\widehat{M_0M_1},\widehat{M_1M_2},\cdots,\widehat{M_{n-1}M_n},$$

其长度记作 $\Delta s_1,\Delta s_2,\cdots,\Delta s_n$（见图 9-36）.

（2）**近似**：任取一点 $\widetilde{M}_i\in\widehat{M_{i-1}M_i}$，设在该点处与曲线 L 方向一致的单位切向量为 $\boldsymbol{t}^0(\widetilde{M}_i)$.

当分点无限加密时，由于 $\widehat{M_{i-1}M_i}$ 很短，可近似看作有向线段 $\boldsymbol{t}^0(\widetilde{M}_i)\Delta s_i$，而变力 $\boldsymbol{F}(M)$ 可近似地看作常力 $\boldsymbol{F}(\widetilde{M}_i)$，则场力 $\boldsymbol{F}(M)$ 在小弧段 $\widehat{M_{i-1}M_i}$ 上所做的功为

$$\Delta W_i\approx\boldsymbol{F}(\widetilde{M}_i)\cdot\boldsymbol{t}^0(\widetilde{M}_i)\Delta s_i.$$

（3）**求和**：

$$W=\sum_{i=1}^{n}\Delta W_i\approx\sum_{i=1}^{n}\boldsymbol{F}(\widetilde{M}_i)\cdot\boldsymbol{t}^0(\widetilde{M}_i)\Delta s_i.$$

（4）**取极限**：令 $d=\max\{\Delta s_1,\Delta s_2,\cdots,\Delta s_n\}$，则场力 $\boldsymbol{F}(M)$ 沿曲线 $L=\widehat{AB}$ 所做的功为

$$W=\lim_{d\to 0}\sum_{i=1}^{n}\boldsymbol{F}(\widetilde{M}_i)\cdot\boldsymbol{t}^0(\widetilde{M}_i)\Delta s_i.$$

当 $L=\widehat{AB}$ 是空间 $Oxyz$ 中的有向曲线时，曲线上点的坐标为 $M_i(x_i,y_i,z_i)$，$\widetilde{M}_i(\xi_i,\eta_i,\zeta_i)$，则

$$\boldsymbol{F}(M)=\boldsymbol{F}(x,y,z)=(P(x,y,z),Q(x,y,z),R(x,y,z))$$

[以下简记为 $\boldsymbol{F}(M)=(P,Q,R)$].

$$\boldsymbol{t}^0(M)=\boldsymbol{t}^0(x,y,z)=(\cos\alpha,\cos\beta,\cos\gamma)$$

是点 $M(x,y,z)$ 处与曲线 $L=\widehat{AB}$ 方向一致的单位切向量[方向角 α，β，γ 是点 $M(x,y,z)$ 的函数]，场力 $\boldsymbol{F}(M)$ 沿曲线 $L=\widehat{AB}$ 所做的功为

$$\begin{aligned}W&=\lim_{d\to 0}\sum_{i=1}^{n}[P(\xi_i,\eta_i,\zeta_i)\cos\alpha_i+Q(\xi_i,\eta_i,\zeta_i)\cos\beta_i+R(\xi_i,\eta_i,\zeta_i)\cos\gamma_i]\Delta s_i\\&=\int_L(P\cos\alpha+Q\cos\beta+R\cos\gamma)\,\mathrm{d}s=\int_L\boldsymbol{F}(M)\cdot\boldsymbol{t}^0(M)\,\mathrm{d}s.\end{aligned}$$

场力做功问题显然与曲线的方向有关，由物理学知，当方向由 A 到 B 改为由 B 到 A 时，上述场力所做功的绝对值相等，但符号相反.

抽去场力做功的物理背景，即得第二型曲线积分的定义.

定义 9.5 设 $L=\widehat{AB}$ 是空间 $Oxyz$ 中一条有向光滑曲线，$\boldsymbol{F}(M)$ 是定义在曲线 L 上的一个向量函数，$\boldsymbol{t}^0(M)=(\cos\alpha,\cos\beta,\cos\gamma)$ 是点 $M(x,y,z)$ 处与曲线 $L=\widehat{AB}$ 方向一致的单位切向量，若 $\int_L\boldsymbol{F}(M)\cdot\boldsymbol{t}^0(M)\,\mathrm{d}s$ 存在，则称其为向量函数 $\boldsymbol{F}(M)$ 沿曲线 L 从点 A 到点 B 的**第二型曲线积分**，简记为 $\int_L\boldsymbol{F}\cdot\boldsymbol{t}^0\mathrm{d}s$，即

$$\int_L\boldsymbol{F}\cdot\boldsymbol{t}^0\mathrm{d}s=\int_L(P\cos\alpha+Q\cos\beta+R\cos\gamma)\,\mathrm{d}s,$$

此时也称向量值函数 $\boldsymbol{F}(M)$ 在曲线 L 上可积.

注 1 从形式上看，定义 9.5 给出的是一个第一型曲线积分，但两类曲线积分的概念和应用背景是不同的. 第二型曲线积分与曲线的方向有关，这可以由切向量 $\boldsymbol{t}^0(M)$ 反映；而第一型曲线积分与曲线方向无关，且由数量值函数引入.

注 2 若记 $\mathrm{d}\boldsymbol{r}=\boldsymbol{t}^0\mathrm{d}s=(\cos\alpha,\cos\beta,\cos\gamma)\,\mathrm{d}s$（称为**有向弧长元**，或**有向曲线元**），用 $\mathrm{d}x$、$\mathrm{d}y$、$\mathrm{d}z$ 分别表示弧长微元向量 $\mathrm{d}\boldsymbol{r}$ 在三坐标轴上的投影，即 $\mathrm{d}\boldsymbol{r}=\boldsymbol{t}^0\mathrm{d}s=(\mathrm{d}x,\mathrm{d}y,\mathrm{d}z)$，则定义 9.5 中的表达式可以表示为

$$\int_L\boldsymbol{F}\cdot\mathrm{d}\boldsymbol{r}=\int_L P\mathrm{d}x+Q\mathrm{d}y+R\mathrm{d}z.$$

这是第二型曲线积分常用的坐标形式，所以第二型曲线积分也称为**对坐标的曲线积分**.

注 3　特别地，当 $\boldsymbol{F}(x,y,z)=(P(x,y,z),0,0)$ 或 $\boldsymbol{t}^0=\boldsymbol{i}$ 时，$\int_L \boldsymbol{F}\cdot \mathrm{d}\boldsymbol{r}=\int_L P(x,y,z)\,\mathrm{d}x$ 成为单独的积分；同样，也会出现单独的积分 $\int_L Q(x,y,z)\,\mathrm{d}y$，$\int_L R(x,y,z)\,\mathrm{d}z$.

注 4　从本节开始部分关于做功的讨论，场力沿有向曲线弧 L 所做的功可表示为

$$W=\int_L \boldsymbol{F}\cdot \mathrm{d}\boldsymbol{r}=\int_L P\mathrm{d}x+Q\mathrm{d}y+R\mathrm{d}z,$$

或

$$W=\int_L \boldsymbol{F}\cdot \boldsymbol{t}^0\mathrm{d}s=\int_L (P\cos\alpha+Q\cos\beta+R\cos\gamma)\,\mathrm{d}s.$$

当 $L=\overset{\frown}{AB}$ 是平面 xOy 上的有向曲线时，只要将定义 9.5 中所涉及的点和向量去掉 z 坐标即可得沿平面有向光滑曲线 L 的第二型曲线积分的定义：

$$\int_L \boldsymbol{F}\cdot \mathrm{d}\boldsymbol{r}=\int_L P(x,y)\,\mathrm{d}x+Q(x,y)\,\mathrm{d}y,$$

或

$$\int_L \boldsymbol{F}\cdot \boldsymbol{t}^0\mathrm{d}s=\int_L [P(x,y)\cos\alpha+Q(x,y)\sin\alpha]\,\mathrm{d}s,$$

其中，$\mathrm{d}\boldsymbol{r}=\boldsymbol{t}^0\mathrm{d}s=(\mathrm{d}x,\mathrm{d}y)$，$\boldsymbol{t}^0=(\cos\alpha,\sin\alpha)$ 为点 $M(x,y)$ 处与曲线 $L=\overset{\frown}{AB}$ 方向一致的单位切向量.

定理 9.15　若向量函数 $\boldsymbol{F}(M)$ 在有向光滑曲线（或分段光滑曲线）L 上连续，则 $\boldsymbol{F}(M)$ 在 L 上可积.

第二型曲线积分的主要性质包括如下几条：

(1) 若 $\int_L \boldsymbol{F}_i\cdot \mathrm{d}\boldsymbol{r}(i=1,2)$ 存在，则 $\int_L (k_1\boldsymbol{F}_1+k_2\boldsymbol{F}_2)\cdot \mathrm{d}\boldsymbol{r}$ 存在，且

$$\int_L (k_1\boldsymbol{F}_1+k_2\boldsymbol{F}_2)\cdot \mathrm{d}\boldsymbol{r}=k_1\int_L \boldsymbol{F}_1\cdot \mathrm{d}\boldsymbol{r}+k_2\int_L \boldsymbol{F}_2\cdot \mathrm{d}\boldsymbol{r}.$$

(2) 若有向曲线 L 是由有向曲线 L_1 与 L_2 首尾相连而成，$\int_{L_1} \boldsymbol{F}\cdot \mathrm{d}\boldsymbol{r}$ 和 $\int_{L_2} \boldsymbol{F}\cdot \mathrm{d}\boldsymbol{r}$ 存在，则 $\int_L \boldsymbol{F}\cdot \mathrm{d}\boldsymbol{r}$ 存在，且

$$\int_L \boldsymbol{F}\cdot \mathrm{d}\boldsymbol{r}=\int_{L_1} \boldsymbol{F}\cdot \mathrm{d}\boldsymbol{r}+\int_{L_2} \boldsymbol{F}\cdot \mathrm{d}\boldsymbol{r}.$$

(3) 设 L^- 是有向曲线 L 的反向曲线，则

$$\int_{L^-} \boldsymbol{F}\cdot \mathrm{d}\boldsymbol{r}=-\int_L \boldsymbol{F}\cdot \mathrm{d}\boldsymbol{r}.$$

以上可积性与性质由定义 9.5 及第一型曲线积分的可积性和相关性质容易证明.

例 9.41　设向量函数 $\boldsymbol{F}(x,y,z)=P(x,y,z)\boldsymbol{i}+Q(x,y,z)\boldsymbol{j}+R(x,y,z)\boldsymbol{k}$ 在有向曲线弧 Γ 上连续，$M=\max\limits_{\Gamma}\sqrt{P^2+Q^2+R^2}$，曲线段 Γ 的长度为 s，证明：

$$\left|\int_\Gamma P\mathrm{d}x + Q\mathrm{d}y + R\mathrm{d}z\right| \leqslant Ms.$$

证 由第二型曲线积分的定义,有

$$\left|\int_\Gamma P\mathrm{d}x + Q\mathrm{d}y + R\mathrm{d}z\right| = \left|\int_\Gamma (P\cos\alpha + Q\cos\beta + R\cos\gamma)\mathrm{d}s\right| = \left|\int_\Gamma \boldsymbol{F}\cdot\boldsymbol{t}^0\mathrm{d}s\right|$$

$$\leqslant \int_\Gamma |\boldsymbol{F}\cdot\boldsymbol{t}^0|\mathrm{d}s \leqslant \int_\Gamma |\boldsymbol{F}||\boldsymbol{t}^0|\mathrm{d}s = \int_\Gamma |\boldsymbol{F}|\mathrm{d}s = \int_\Gamma \sqrt{P^2+Q^2+R^2}\mathrm{d}s \leqslant Ms.$$

由第一型曲线积分的计算方法容易推得第二型曲线积分的计算方法.

定理 9.16 设曲线的参数方程为 $L:\begin{cases}x=\varphi(t),\\ y=\psi(t),\\ z=\omega(t),\end{cases}$ 当参数 t 单调地(递增或递减)从 α 变到 β 时,点 M 从点 A 沿曲线 L 运动到点 B, $(\varphi'(t),\psi'(t),\omega'(t))\in C[\alpha,\beta]$(或 $C[\beta,\alpha]$), $(\varphi'(t),\psi'(t),\omega'(t))\neq\mathbf{0}$,且 $\boldsymbol{F}(x,y,z)=(P(x,y,z),Q(x,y,z),R(x,y,z))\in C(L)$,则

$$\begin{aligned}\int_L \boldsymbol{F}\cdot\mathrm{d}\boldsymbol{r} &= \int_L P(x,y,z)\mathrm{d}x + Q(x,y,z)\mathrm{d}y + R(x,y,z)\mathrm{d}z\\ &= \int_\alpha^\beta [P(\varphi(t),\psi(t),\omega(t))\varphi'(t) + Q(\varphi(t),\psi(t),\omega(t))\psi'(t) +\\ &\quad R(\varphi(t),\psi(t),\omega(t))\omega'(t)]\mathrm{d}t.\end{aligned}$$

证 不妨设 $\alpha<\beta$,参数增加的方向为曲线的方向,则与曲线同方向的单位切向量为

$$\boldsymbol{t}^0 = \frac{1}{\sqrt{\varphi'^2(t)+\psi'^2(t)+\omega'^2(t)}}(\varphi'(t),\psi'(t),\omega'(t)),$$

又

$$\mathrm{d}s = \sqrt{\varphi'^2(t)+\psi'^2(t)+\omega'^2(t)}\mathrm{d}t,$$

则

$$\mathrm{d}\boldsymbol{r} = \boldsymbol{t}^0\mathrm{d}s = (\varphi'(t),\psi'(t),\omega'(t))\mathrm{d}t = (\mathrm{d}x,\mathrm{d}y,\mathrm{d}z).$$

于是,由第一型曲线积分的计算公式,有

$$\begin{aligned}\int_C \boldsymbol{F}\cdot\boldsymbol{t}^0\mathrm{d}s &= \int_\alpha^\beta [\boldsymbol{F}(\varphi(t),\psi(t),\omega(t))\cdot(\varphi'(t),\psi'(t),\omega'(t))]\mathrm{d}t\\ &= \int_\alpha^\beta [P(\varphi(t),\psi(t),\omega(t))\varphi'(t) + Q(\varphi(t),\psi(t),\omega(t))\psi'(t) +\\ &\quad R(\varphi(t),\psi(t),\omega(t))\omega'(t)]\mathrm{d}t.\end{aligned}$$

类似地,对平面有向光滑曲线 $L:\begin{cases}x=\varphi(t),\\ y=\psi(t),\end{cases}$ 有

$$\int_L P(x,y)\mathrm{d}x + Q(x,y)\mathrm{d}y = \int_\alpha^\beta [P(\varphi(t),\psi(t))\varphi'(t) + Q(\varphi(t),\psi(t))\psi'(t)]\mathrm{d}t,$$

其中,积分下限 α 对应曲线 L 的起点;积分上限 β 对应曲线 L 的终点.

例 9.42　计算 $\int_C (x^2+y)\mathrm{d}x+(x-y^2)\mathrm{d}y$，其中，$C$（见图 9-37）为

（1）从 $O(0,0)$ 沿抛物线 $y=x^2$ 到 $B(1,1)$ 的一段弧；

（2）从 $O(0,0)$ 沿抛物线 $x=y^2$ 到 $B(1,1)$ 的一段弧；

（3）有向折线 OAB.

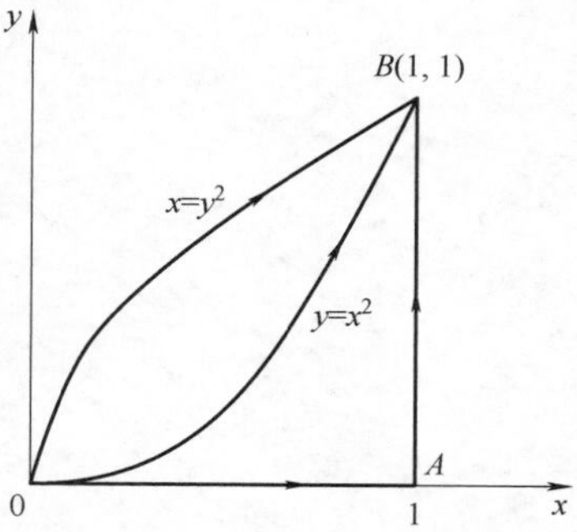

图　9-37

解　（1）取 x 为参数，起点 O 对应 $x=0$，终点 B 对应 $x=1$，$\overset{\frown}{OB}$：$y=x^2$，$\mathrm{d}y=2x\mathrm{d}x$，化为定积分，有

$$\int_C (x^2+y)\mathrm{d}x+(x-y^2)\mathrm{d}y=\int_0^1[2x^2+(x-x^4)2x]\mathrm{d}x=1;$$

（2）取 y 为参数，起点 O 对应 $y=0$，终点 B 对应 $y=1$，$\overset{\frown}{OB}$：$x=y^2$，$\mathrm{d}x=2y\mathrm{d}y$，化为定积分，有

$$\int_C (x^2+y)\mathrm{d}x+(x-y^2)\mathrm{d}y=\int_0^1(y^4+y)2y\mathrm{d}y=1;$$

（3）有向折线 $OAB=\overline{OA}+\overline{AB}$，$\overline{OA}$：$y=0$，$\mathrm{d}y=0$；$\overline{AB}$：$x=1$，$\mathrm{d}x=0$，所以

$$\begin{aligned}\int_{OAB}(x^2+y)\mathrm{d}x+(x-y^2)\mathrm{d}y&=\int_{\overline{OA}}(x^2+y)\mathrm{d}x+(x-y^2)\mathrm{d}y+\int_{\overline{AB}}(x^2+y)\mathrm{d}x+(x-y^2)\mathrm{d}y\\&=\int_0^1x^2\mathrm{d}x+\int_0^1(1-y^2)\mathrm{d}y=1.\end{aligned}$$

思考：

（1）例 9.42 中，若 C 为闭曲线 $OABO$，则 $\oint_{OABO}(x^2+y)\mathrm{d}x+(x-y^2)\mathrm{d}y=?$

（2）若积分路径为 $\overline{AB}$：$y=k$（k 为常数），$A(a,k)$，$B(b,k)$，则

$$\int_C P(x,y)\mathrm{d}x=?\quad\int_C Q(x,y)\mathrm{d}y=?$$

例 9.43　计算 $\oint_C \dfrac{x\mathrm{d}y-y\mathrm{d}x}{x^2+(y-1)^2}$，其中 C 为顺时针方向的圆周 $x^2+(y-1)^2=4$.

解　圆周的参数方程为

$$\begin{cases}x=2\cos t,\\y=1+2\sin t,\end{cases}$$

则

$$\begin{aligned}\oint_C\frac{x\mathrm{d}y-y\mathrm{d}x}{x^2+(y-1)^2}&=\frac{1}{4}\oint_C x\mathrm{d}y-y\mathrm{d}x\\&=\frac{1}{4}\int_{2\pi}^0[2\cos t(2\cos t)-(1+2\sin t)(-2\sin t)]\mathrm{d}t\\&=-2\pi.\end{aligned}$$

例 9.44 计算$I=\oint_L \boldsymbol{F}\cdot \mathrm{d}\boldsymbol{r}$, 其中,$\boldsymbol{F}=(z,x,y)$,$L$:$\begin{cases}x^2+y^2+z^2=a^2,\\ x+y+z=0,\end{cases}$沿 x 轴正向往负向看去,L 是沿逆时针方向.

解 将曲线 L 参数化

$$x=\frac{a}{\sqrt{6}}\cos t+\frac{a}{\sqrt{2}}\sin t, y=-\frac{2a}{\sqrt{6}}\cos t, z=\frac{a}{\sqrt{6}}\cos t-\frac{a}{\sqrt{2}}\sin t,$$

由题设曲线 L 的起点对应参数 $t=0$, 终点对应参数 $t=2\pi$, 从而

$$I=\oint_L \boldsymbol{F}\cdot \mathrm{d}\boldsymbol{r}=\oint_L z\mathrm{d}x+x\mathrm{d}y+y\mathrm{d}z$$

$$\int_L y\mathrm{d}z=\int_0^{2\pi}\left(-\frac{2a}{\sqrt{6}}\cos t\right)\left(-\frac{a}{\sqrt{6}}\sin t-\frac{a}{\sqrt{2}}\cos t\right)\mathrm{d}t=\frac{\sqrt{3}}{3}a^2\pi.$$

由对称性.

$$I=\int_L z\mathrm{d}x+x\mathrm{d}y+y\mathrm{d}z=\sqrt{3}a^2\pi.$$

例 9.45 设在坐标原点处有一带电量为 q 的正电荷,当单位正电荷从点 $A(2,0,1)$ 沿直线运动到点 $B(1,1,1)$ 时,求电场力 $\boldsymbol{F}$ 对它所做的功 W.

解 原点处带电量为 q 的正电荷,它对周围空间上任一点 $M(x,y,z)$ 处的单位正电荷的作用力为

$$\boldsymbol{F}(M)=\frac{kq}{r^3}\boldsymbol{r}(k\text{ 为常数}), \boldsymbol{r}=x\boldsymbol{i}+y\boldsymbol{j}+z\boldsymbol{k}, r=|\boldsymbol{r}|=\sqrt{x^2+y^2+z^2}.$$

直线$\overline{AB}$的方程为

$$\frac{x-1}{1}=\frac{y-1}{-1}=\frac{z-1}{0},$$

化为参数方程 $x=1+t, y=1-t, z=1$, 点 A、B 对应的参数分别为 $t=1$、$t=0$.

所求电场力 $\boldsymbol{F}$ 对单位正电荷所做的功为

$$W=\int_{\overline{AB}}\boldsymbol{F}\cdot \mathrm{d}\boldsymbol{r}=kq\int_{\overline{AB}}\frac{1}{(x^2+y^2+z^2)^{\frac{3}{2}}}(x\mathrm{d}x+y\mathrm{d}y+z\mathrm{d}z)=kq\int_1^0\frac{2t}{(3+2t^2)^{\frac{3}{2}}}\mathrm{d}t$$

$$=kq\left(\frac{1}{\sqrt{5}}-\frac{1}{\sqrt{3}}\right).$$

9.6.3 第二型曲面积分

先考察一个流体从曲面一侧流向另一侧的流量问题. 设稳定流动(流体的速度与时间无关)的不可压缩流体(流体的密度为 $\rho=1$)的速度场为

$$\boldsymbol{v}(M)=(P(M),Q(M),R(M)),$$

求单位时间内流过曲面 $\boldsymbol{\Sigma}$ 指定侧的流体总量,即流量 Q,其中 $\boldsymbol{v}(M)$

在 Σ 上连续(见图 9-38).

若 Σ 是面积为 S 的平面,其单位法向量为

$$\boldsymbol{n}^0=(\cos\alpha,\cos\beta,\cos\gamma),$$

且流体在平面上各点的速度是常向量 $\boldsymbol{v}(M)=\boldsymbol{v}$,由图 9-39 知,流量

$$Q=S|\boldsymbol{v}(M)|\cos\theta=\boldsymbol{v}(M)\cdot\boldsymbol{n}^0(M)S.$$

对一般的有向曲面 Σ(见图 9-40),流体在 Σ 上各点的速度 $\boldsymbol{v}(M)$ 是变化的,可采用"分割、近似、求和、取极限的步骤来求流量 Q.

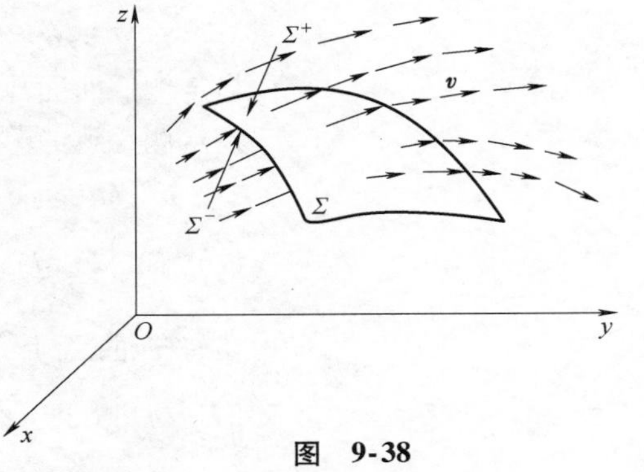

图　9-38

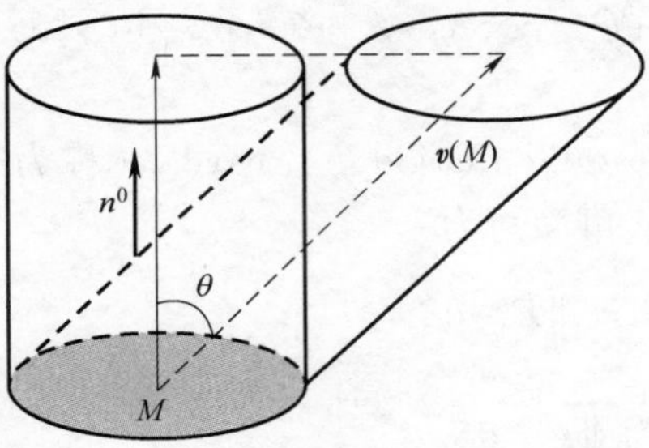

图　9-39

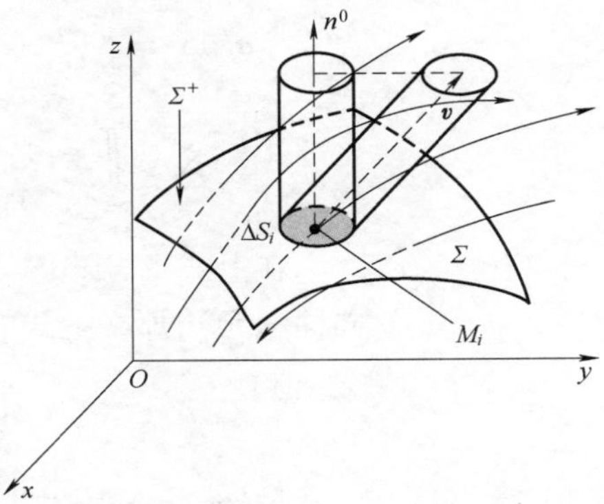

图　9-40

(1) **分割**:把曲面 Σ 任意分成 n 小块,小块与面积都记作

$$\Delta S_1,\Delta S_2,\cdots,\Delta S_n.$$

(2) **近似**:任取一点 $M_i(\xi_i,\eta_i,\zeta_i)\in\Delta S_i$,该点处曲面 Σ 的单位法向量为

$$\boldsymbol{n}^0(M_i)=\cos\alpha_i\boldsymbol{i}+\cos\beta_i\boldsymbol{j}+\cos\gamma_i\boldsymbol{k},$$

当无限细分时,ΔS_i 可看作平面,$\boldsymbol{v}(M_i)$ 在 ΔS_i 上近似于常向量,则流体流过小块曲面片 ΔS_i 的流量为

$$\Delta Q_i\approx\boldsymbol{v}(M_i)\cdot\boldsymbol{n}^0(M_i)\Delta S_i.$$

(3) **求和**:通过曲面 Σ 流向指定侧的流量可近似表示为

$$Q=\sum_{i=1}^{n}\Delta Q_i\approx\sum_{i=1}^{n}\boldsymbol{v}(M_i)\cdot\boldsymbol{n}^0(M_i)\Delta S_i.$$

(4) **取极限**:当 $d=\max\{\Delta S_1,\Delta S_2,\cdots,\Delta S_n\}\to 0$ 时,有

$$Q=\lim_{d\to 0}\sum_{i=1}^{n}\boldsymbol{v}(M_i)\cdot\boldsymbol{n}^0(M_i)\Delta S_i=\iint_{\Sigma}\boldsymbol{v}(M)\cdot\boldsymbol{n}^0(M)\,\mathrm{d}S.$$

与第二型曲线积分相类似,这是一个被积函数为 $\boldsymbol{v}(M)\cdot\boldsymbol{n}^0(M)$ 的、在曲面 Σ 上的第一型曲面积分,但两者存在本质不相同,因为这样的积分是定义在有向曲面上,并且被积表达式含有向量函数.

一般地,在物理学中,称积分 $\iint\limits_{\Sigma}\boldsymbol{F}(M)\cdot\boldsymbol{n}^0(M)\,\mathrm{d}S$ 为向量场

$\boldsymbol{F}(M)$通过有向曲面Σ的**通量**. 于是引入

定义 9.6 设$\boldsymbol{F}(M)=P(M)\boldsymbol{i}+Q(M)\boldsymbol{j}+R(M)\boldsymbol{k}$是定义在指定侧的曲面片$\Sigma$上的一个向量函数,在曲面$\Sigma$上的点$M$处与指定侧一致的单位法向量为

$\boldsymbol{n}^0(M)=\cos\alpha\boldsymbol{i}+\cos\beta\boldsymbol{j}+\cos\gamma\boldsymbol{k}$(方向角$\alpha,\beta,\gamma$是$x,y,z$的函数),若$\iint\limits_{\Sigma}\boldsymbol{F}(M)\cdot\boldsymbol{n}^0(M)\mathrm{d}S$存在,则称该积分为向量函数$\boldsymbol{F}(M)$在有向曲面片$\Sigma$上沿指定侧的**第二型曲面积分**,简记作$\iint\limits_{\Sigma}\boldsymbol{F}\cdot\boldsymbol{n}^0\mathrm{d}S$,即

$$\begin{aligned}\iint\limits_{\Sigma}\boldsymbol{F}\cdot\boldsymbol{n}^0\mathrm{d}S&=\iint\limits_{\Sigma}(P,Q,R)\cdot\boldsymbol{n}^0\mathrm{d}S\\&=\iint\limits_{\Sigma}[P(x,y,z)\cos\alpha+Q(x,y,z)\cos\beta+R(x,y,z)\cos\gamma]\mathrm{d}S.\end{aligned}$$

在上式中,令$\mathrm{d}\boldsymbol{S}=\boldsymbol{n}^0\mathrm{d}S=\cos\alpha\mathrm{d}S\boldsymbol{i}+\cos\beta\mathrm{d}S\boldsymbol{j}+\cos\gamma\mathrm{d}S\boldsymbol{k}$(称为**有向面积元**),那么上式的向量形式可简写为

$$\iint\limits_{\Sigma}\boldsymbol{F}\cdot\boldsymbol{n}^0\mathrm{d}S=\iint\limits_{\Sigma}\boldsymbol{F}\cdot\mathrm{d}\boldsymbol{S}.$$

另外,若Σ是闭曲面,则记为$\oiint\limits_{\Sigma}\boldsymbol{F}\cdot\mathrm{d}\boldsymbol{S}$.

有向面积元$\mathrm{d}\boldsymbol{S}$在坐标面yOz, zOx, xOy上的投影分别用$\mathrm{d}y\wedge\mathrm{d}z,\mathrm{d}z\wedge\mathrm{d}x,\mathrm{d}x\wedge\mathrm{d}y$表示,定义为

$$\mathrm{d}y\wedge\mathrm{d}z=\cos\alpha\mathrm{d}S,\mathrm{d}z\wedge\mathrm{d}x=\cos\beta\mathrm{d}S,\mathrm{d}x\wedge\mathrm{d}y=\cos\gamma\mathrm{d}S,$$

那么

$$\mathrm{d}\boldsymbol{S}=\boldsymbol{n}^0\mathrm{d}S=\mathrm{d}y\wedge\mathrm{d}z\boldsymbol{i}+\mathrm{d}z\wedge\mathrm{d}x\boldsymbol{j}+\mathrm{d}x\wedge\mathrm{d}y\boldsymbol{k}.$$

由此,就有第二型曲面积分最常用的形式

$$\iint\limits_{\Sigma}\boldsymbol{F}\cdot\mathrm{d}\boldsymbol{S}=\iint\limits_{\Sigma}P(x,y,z)\mathrm{d}y\wedge\mathrm{d}z+Q(x,y,z)\mathrm{d}z\wedge\mathrm{d}x+R(x,y,z)\mathrm{d}x\wedge\mathrm{d}y.$$

由于有向曲面片Σ上点M处的法向量的方向余弦可正可负,所以指定侧面积元$\mathrm{d}\boldsymbol{S}$的投影也可正可负.(特别注意它们与二重积分中的面积元素是不同的!)上式称为第二型曲面积分的**坐标形式**,并称

$$\iint\limits_{\Sigma}R(x,y,z)\mathrm{d}x\wedge\mathrm{d}y=\iint\limits_{\Sigma}R(x,y,z)\cos\gamma\mathrm{d}S,$$

$$\iint\limits_{\Sigma}P(x,y,z)\mathrm{d}y\wedge\mathrm{d}z=\iint\limits_{\Sigma}P(x,y,z)\cos\alpha\mathrm{d}S,$$

$$\iint\limits_{\Sigma}Q(x,y,z)\mathrm{d}z\wedge\mathrm{d}x=\iint\limits_{\Sigma}Q(x,y,z)\cos\beta\mathrm{d}S$$

分别为函数$R(x,y,z)$,$P(x,y,z)$和$Q(x,y,z)$在指定侧的曲面Σ上**对坐标**x、y,y、z和z、x的**曲面积分**.

思考：设曲面$\Sigma: z=1-x^2-y^2(z\geqslant 0)$，取上侧，求$\Sigma$上任一点处与指定侧相一致的法向量的方向余弦，考察指定的侧面积元$d\boldsymbol{S}$在三个坐标面上的投影的符号.

注　第二型曲面积分与曲面Σ的侧有关，即

$$\iint\limits_{\Sigma^+}\boldsymbol{F}\cdot d\boldsymbol{S}=-\iint\limits_{\Sigma^-}\boldsymbol{F}\cdot d\boldsymbol{S}.$$

而第一型曲面积分与曲面Σ的方向无关. 第二型曲面积分除了具有方向性外，还具有线性性质和对积分域的可加性等，这些性质由第一型曲面积分的性质容易推出，但要注意曲面的方向.

设光滑曲面$\Sigma: z=z(x,y),(x,y)\in D_{xy}$，取上侧（下侧），与曲面$\Sigma$指定侧相一致的法向量的方向余弦满足关系

$$\cos\alpha dS:\cos\beta dS:\cos\gamma dS=(-z_x):(-z_y):1(\text{或 } z_x:z_y:-1),$$

又$\cos\gamma dS=dx\wedge dy>0(<0)$，由第一型曲面积分的计算方法，定义位于取上侧（下侧）的曲面Σ上的连续向量函数

$$\boldsymbol{F}(M)=(P(M),Q(M),R(M)),M(x,y,z)\in\Sigma$$

的第二型曲面积分可化为二重积分，即

$$\begin{aligned}\iint\limits_{\Sigma}\boldsymbol{F}\cdot d\boldsymbol{S}&=\iint\limits_{\Sigma}[P(x,y,z)\cos\alpha+Q(x,y,z)\cos\beta+R(x,y,z)\cos\gamma]dS\\&=\pm\iint\limits_{D_{xy}}[P(x,y,z(x,y))(-z_x)+Q(x,y,z(x,y))(-z_y)+R(x,y,z(x,y))\cdot 1]dxdy.\end{aligned}$$

若光滑有向曲面Σ由方程$y=y(z,x),(z,x)\in D_{zx}$或$x=x(y,z)$，$(y,z)\in D_{yz}$表示，类似地可将$\iint\limits_{\Sigma}\boldsymbol{F}\cdot d\boldsymbol{S}$转化为投影区域$D_{zx}$或$D_{yz}$上的二重积分，请读者自行练习.

例 9.46　计算曲面积分$\iint\limits_{\Sigma}xyzdx\wedge dy$，其中$\Sigma$是球面$x^2+y^2+z^2=1$外侧在第一和第五卦限的部分（见图 9-41）.

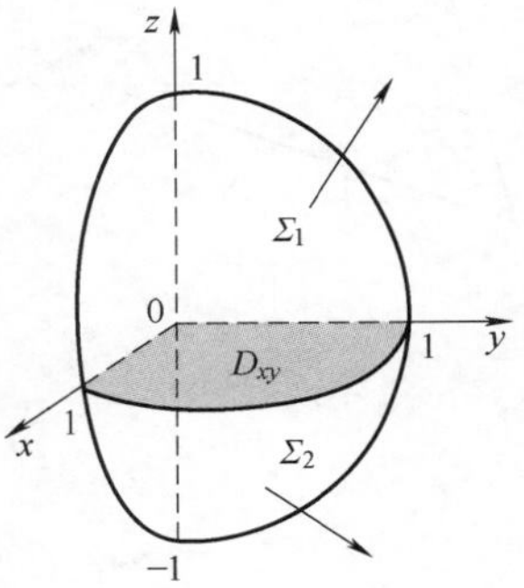

图　9-41

解　依题意，可将Σ分为球面在第一和第五卦限的两部分，其方程分别为

$$\Sigma_1: z=\sqrt{1-x^2-y^2}, \text{取上侧},$$

$$\Sigma_2: z=-\sqrt{1-x^2-y^2}, \text{取下侧},$$

它们的投影区域均是

$$D_{xy}=\{(x,y)\mid x^2+y^2\leqslant 1,x\geqslant 0,y\geqslant 0\},$$

并注意到向量函数$\boldsymbol{F}(x,y,z)=(0,0,xyz)$，有

$$\begin{aligned}\iint\limits_{\Sigma}xyzdx\wedge dy&=\iint\limits_{\Sigma_1}xyzdx\wedge dy+\iint\limits_{\Sigma_2}xyzdx\wedge dy\\&=\iint\limits_{D_{xy}}xy\sqrt{1-x^2-y^2}dxdy-\iint\limits_{D_{xy}}xy(-\sqrt{1-x^2-y^2})dxdy\\&=2\iint\limits_{D_{xy}}xy\sqrt{1-x^2-y^2}dxdy\end{aligned}$$

$$= 2\int_0^{\frac{\pi}{2}} \mathrm{d}\theta \int_0^1 (r\cos\theta)(r\sin\theta)\sqrt{1-r^2}\, r\mathrm{d}r = \frac{2}{15}.$$

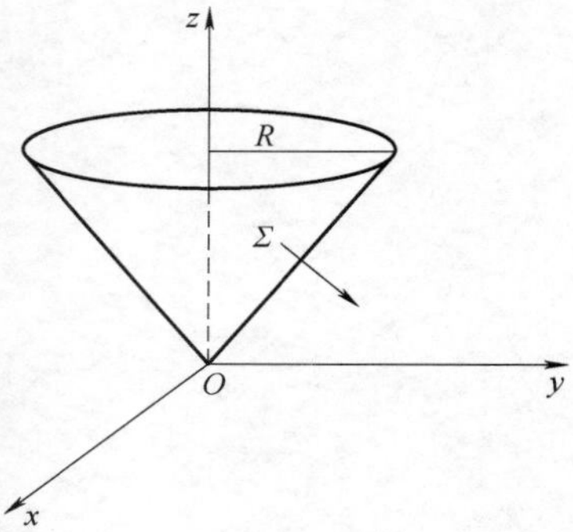

图 9-42

例 9.47 计算曲面积分 $\iint\limits_{\Sigma} \boldsymbol{F} \cdot \mathrm{d}\boldsymbol{S}$，其中，$\boldsymbol{F}=(x^2,y^2,z^2)$，$\Sigma: x^2+y^2=z^2(0\leqslant z\leqslant R)$，取下侧(见图 9-42).

解 曲面 Σ 在 xOy 面上的投影区域为

$$D_{xy}=\{(x,y)\mid x^2+y^2\leqslant R^2\},$$

又 Σ 的方程可写成 $z=\sqrt{x^2+y^2}$，所以

$$z_x=\frac{x}{\sqrt{x^2+y^2}}, z_y=\frac{y}{\sqrt{x^2+y^2}},$$

将第二型曲面积分化为投影区域 D_{xy} 上的二重积分，可得

$$\iint\limits_{\Sigma} \boldsymbol{F}\cdot \mathrm{d}\boldsymbol{S} = \iint\limits_{\Sigma} x^2\mathrm{d}y\mathrm{d}z + y^2\mathrm{d}z\mathrm{d}x + z^2\mathrm{d}x\mathrm{d}y$$

$$= -\iint\limits_{D_{xy}}\left[x^2\left(-\frac{x}{\sqrt{x^2+y^2}}\right)+y^2\left(-\frac{y}{\sqrt{x^2+y^2}}\right)+(x^2+y^2)\cdot 1\right]\mathrm{d}x\mathrm{d}y$$

$$= -\iint\limits_{D_{xy}}(x^2+y^2)\mathrm{d}x\mathrm{d}y \quad \text{(利用二重积分的对称性)}$$

$$= -\int_0^{2\pi}\mathrm{d}\theta\int_0^R r^2 r\mathrm{d}r = -\frac{1}{2}\pi R^4.$$

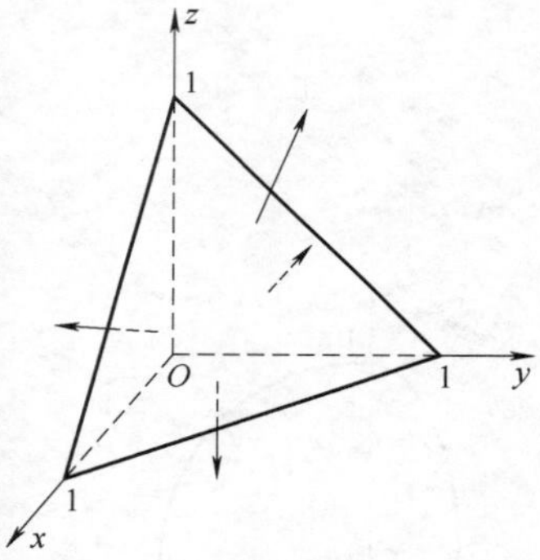

图 9-43

例 9.48 已知流体速度场 $\boldsymbol{v}(x,y,z)=(xy,yz,zx)$，$\Sigma$ 为平面 $x+y+z=1$ 与三个坐标面所围成的四面体的表面，求单位时间内由曲面的内部流向其外部的流量(见图 9-43).

解 曲面 Σ 可分成以下四个部分.

$\Sigma_1^-: x=0$ 为后侧，$\Sigma_2^-: y=0$ 为左侧，$\Sigma_3^-: z=0$ 为下侧，$\Sigma_4^+: z=1-x-y$ 为上侧，其在 xOy 面上的投影区域为

$$D_{xy}=\{(x,y)\mid x+y\leqslant 1, x\geqslant 0, y\geqslant 0\},$$

所求流量

$$Q=\oiint\limits_{\Sigma^+}\boldsymbol{v}\cdot\mathrm{d}\boldsymbol{S}=\left(\iint\limits_{\Sigma_1^-}+\iint\limits_{\Sigma_2^-}+\iint\limits_{\Sigma_3^-}+\iint\limits_{\Sigma_4^+}\right)\boldsymbol{v}\cdot\mathrm{d}\boldsymbol{S}$$

$$=\left(\iint\limits_{\Sigma_1^-}+\iint\limits_{\Sigma_2^-}+\iint\limits_{\Sigma_3^-}+\iint\limits_{\Sigma_4^+}\right)xy\mathrm{d}y\wedge\mathrm{d}z+yz\mathrm{d}z\wedge\mathrm{d}x+zx\mathrm{d}x\wedge\mathrm{d}y,$$

由于指定后侧的 Σ_1^- 的单位法向量为 $(-1,0,0)$，于是

$$\mathrm{d}z\wedge\mathrm{d}x=\cos\beta\mathrm{d}S=0, \mathrm{d}x\wedge\mathrm{d}y=\cos\gamma\mathrm{d}S=0,$$

所以 $\iint\limits_{\Sigma_1^-} yz\mathrm{d}z\wedge\mathrm{d}x+zx\mathrm{d}x\wedge\mathrm{d}y=0$，又在 Σ_1^- 上 $x\equiv 0$，所以 $\iint\limits_{\Sigma_1^-} xy\mathrm{d}y\wedge\mathrm{d}z=0$，故

$$\iint\limits_{\Sigma_1^-}\boldsymbol{v}\cdot\mathrm{d}\boldsymbol{S}=0.$$

同理

$$\iint_{\Sigma_2^-}\boldsymbol{v}\cdot \mathrm{d}\boldsymbol{S}=0,\iint_{\Sigma_3^-}\boldsymbol{v}\cdot \mathrm{d}\boldsymbol{S}=0.$$

对于 $\boldsymbol{\Sigma}_4^+$，$z_x=-1$，$z_y=-1$，有

$$\begin{aligned}\iint_{\Sigma_4^+}\boldsymbol{v}\cdot \mathrm{d}\boldsymbol{S}&=\iint_{D_{xy}}[xy\cdot 1+y(1-x-y)\cdot 1+(1-x-y)x\cdot 1]\mathrm{d}x\mathrm{d}y\\&=\iint_{D_{xy}}[(x+y)-(x^2+y^2)-xy]\mathrm{d}x\mathrm{d}y\\&=2\iint_{D_{xy}}(x-x^2)\mathrm{d}x\mathrm{d}y-\iint_{D_{xy}}xy\mathrm{d}x\mathrm{d}y\\&=2\int_0^1(x-x^2)\mathrm{d}x\int_0^{1-x}\mathrm{d}y-\int_0^1 x\mathrm{d}x\int_0^{1-x}y\mathrm{d}y=\frac{1}{8},\end{aligned}$$

综上，得

$$Q=\oiint_{\Sigma^+}\boldsymbol{v}\cdot \mathrm{d}\boldsymbol{S}=\frac{1}{8}.$$

习题 9.6

1. 计算下列第二型曲线积分：

(1) $\int_L(2a-y)\mathrm{d}x+\mathrm{d}y$，其中，$L$ 为摆线 $x=a(t-\sin t)$，$y=a(1-\cos t)$，$(0\leqslant t\leqslant 2\pi)$沿 t 增加的方向；

(2) $\int_L x\mathrm{d}x+y\mathrm{d}y+z\mathrm{d}z$，其中，$L$ 为从(1,1,1)到(2,3,4)的直线段；

(3) $\int_L(x^2-2xy)\mathrm{d}x+(y^2-2xy)\mathrm{d}y$，$L$ 为 $y=x^2$ 从(1,1)到(−1,1)；

(4) $\int_L y\mathrm{d}x-x\mathrm{d}y+(x^2+y^2)\mathrm{d}z$，$L$ 为曲线 $x=\mathrm{e}^t$，$y=\mathrm{e}^{-t}$，$z=at$，从(1,1,0)到(e,e^{-1},a)；

(5) $\int_L(x^2+y^2)\mathrm{d}x+(x^2-y^2)\mathrm{d}y$，$L$ 是以 $A(1,0)$，$B(2,0)$，$C(2,1)$，$D(1,1)$为顶点的正方形沿逆时针方向.

2. 计算曲线积分

$$\int_L(y^2-z^2)\mathrm{d}x+(z^2-x^2)\mathrm{d}y+(x^2-y^2)\mathrm{d}z.$$

(1) L 为球面三角形 $x^2+y^2+z^2=1$，$x\geqslant 0$，$y\geqslant 0$，$z\geqslant 0$ 的边界线，从球的外侧看去，L 的方向为逆时针方向；

(2) L 是球面 $x^2+y^2+z^2=a^2$ 和柱面 $x^2+y^2=ax(a>0)$的交线位于 xOy 平面上方的部分，从 x 轴上的点$(b,0,0)(b>a)$看去，L 是顺时针方向.

3. 求闭曲线 L 上的第二型曲线积分 $\oint_L\dfrac{y\mathrm{d}x-x\mathrm{d}y}{x^2+y^2}$，

(1) L 为圆 $x^2+y^2=a^2$,逆时针方向;

(2) L 为椭圆 $\frac{x^2}{a^2}+\frac{y^2}{b^2}=1$,顺时针方向;

(3) L 是以 $(-1,-1)$,$(1,-1)$,$(0,1)$ 为顶点的三角形,顺时针方向.

4. 求力场 F 对运动的单位质点所做的功,此质点沿曲线 L 从 A 点运动到 B 点:

(1) $F=(x-2xy^2,y-2x^2y)$,L 为平面曲线 $y=x^2$,$A(0,0)$,$B(1,1)$;

(2) $F=(x+y,xy)$,L 为平面曲线 $y=1-|1-x|$,$A(0,0)$,$B(2,0)$;

(3) $F=(x-y,y-z,z-x)$,L 的矢量形式为 $\boldsymbol{r}(t)=t\boldsymbol{i}+t^2\boldsymbol{j}+t^3\boldsymbol{k}$,$A(0,0,0)$,$B(1,1,1)$;

(4) $F=(y^2,z^2,x^2)$,L 的参数式为 $x=\alpha\cos t$,$y=\beta\sin t$,$z=\gamma t$(α,β,γ 为正数),$A(\alpha,0,0)$,$B(\alpha,0,2\pi\gamma)$.

5. 计算下列第二型曲面积分:

(1) $\iint\limits_S y(x-z)\mathrm{d}y\mathrm{d}z+x^2\mathrm{d}z\mathrm{d}x+(y^2+xz)\mathrm{d}x\mathrm{d}y$,其中,$S$ 是由 $x=y=z=0$,$x=y=z=a$ 这 6 个平面所围的正立方体的外侧;

(2) $\iint\limits_S (x+y)\mathrm{d}y\mathrm{d}z+(y+z)\mathrm{d}z\mathrm{d}x+(z+x)\mathrm{d}x\mathrm{d}y$,其中,$S$ 是以原点为中心、边长为 2 的正立方体表面的外侧;

(3) $\iint\limits_S yz\mathrm{d}z\mathrm{d}x$,$S$ 为 $\frac{x^2}{a^2}+\frac{y^2}{b^2}+\frac{z^2}{c^2}=1$ 的上半部分的上侧;

(4) $\iint\limits_S z\mathrm{d}x\mathrm{d}y+x\mathrm{d}y\mathrm{d}z+y\mathrm{d}z\mathrm{d}x$,$S$ 为柱面 $x^2+y^2=1$ 被平面 $z=0$ 及 $z=3$ 所截部分的外侧;

(5) $\iint\limits_S xy\mathrm{d}y\mathrm{d}z+yz\mathrm{d}z\mathrm{d}x+xz\mathrm{d}x\mathrm{d}y$,$S$ 是由平面 $x=y=z=0$ 和 $x+y+z=1$ 所围的四面体表面的外侧;

(6) $\iint\limits_S x^3\mathrm{d}y\mathrm{d}z+y^3\mathrm{d}z\mathrm{d}x+z^3\mathrm{d}x\mathrm{d}y$,$S$ 为球面 $x^2+y^2+z^2=a^2$ 的外侧;

(7) $\iint\limits_S x^2\mathrm{d}y\mathrm{d}z+y^2\mathrm{d}z\mathrm{d}x+z^2\mathrm{d}x\mathrm{d}y$,$S$ 是球面 $(x-a)^2+(y-b)^2+(z-c)^2=R^2$ 的外侧.

6. 设某流体的流速为 $v=(k,y,0)$,求单位时间内从球面 $x^2+y^2+z^2=4$ 的内部流过球面的流量.

7. 设流体的流速为 $v=(xy^5,0,z^5x^x)$,求穿过柱面 $x^2+y^2=a^2$ $(-h\leqslant z\leqslant h)$ 外侧的流量.

8. 设 Γ:$x^2+y^2=4$,将对弧长的曲线积分 $\int_\Gamma \frac{x^2+y(y-1)}{x^2+(y-1)^2}\mathrm{d}s$ 化为对坐标的曲线积分,并求积分值.

9.7 各种积分的联系与场论初步

9.7.1 格林公式

本节将介绍著名的格林公式，它揭示了平面区域上的二重积分与沿该区域边界上的第二型曲线积分之间的关系.

设 D 为一个平面有界区域，若 D 内任一闭曲线所围成的区域都包含在 D 中，则称 D 为一个**平面单连通域**，否则称 D 为一个**平面复连通域**（见图 9-44），直观上，平面单连通域是无"洞"区域，而平面复连通域则是有"洞"区域.

设 C 是平面有界区域 D 的边界，它是由有限条光滑曲线组成的闭曲线，其正向规定为：一个人沿这个方向前进时，区域 D 永远在他的左边（见图 9-44），通常用 C^+ 表示边界 C 的正方向.

定理 9.17　设函数 $P(x,y),Q(x,y)$ 在平面有界闭区域 D 上具有连续的一阶偏导数，C^+ 是 D 的正向分段光滑边界（曲线），则有**格林公式**：

$$\oint_{C^+} P(x,y)\,\mathrm{d}x + Q(x,y)\,\mathrm{d}y = \iint_D \left(\frac{\partial Q}{\partial x} - \frac{\partial P}{\partial y}\right)\mathrm{d}x\mathrm{d}y$$

证　如图 9-45 所示，若 D 是一个平面单连通域，且 D 既为 X 型区域：

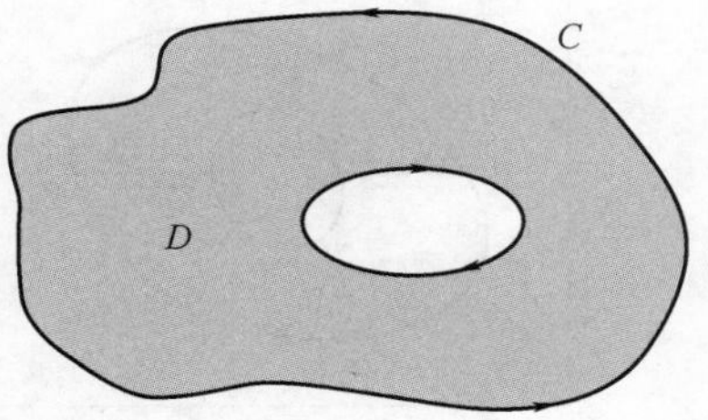

图　9-44

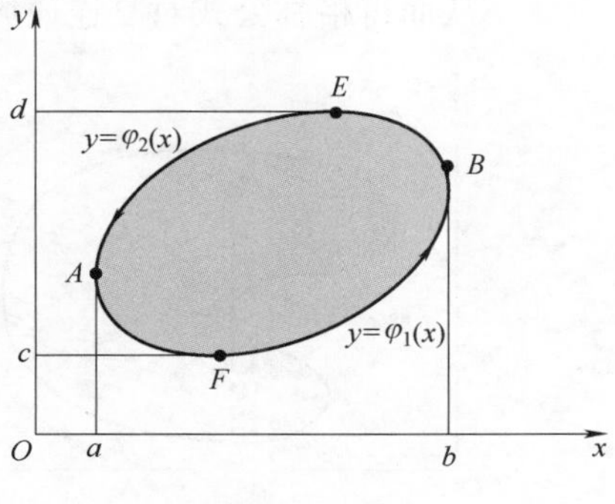

图　9-45

$$D=\{(x,y)\mid \varphi_1(x)\leqslant y\leqslant \varphi_2(x),a\leqslant x\leqslant b\},$$

又为 Y 型区域：

$$D=\{(x,y)\mid \psi_1(y)\leqslant x\leqslant \psi_2(y),c\leqslant y\leqslant d\}.$$

由曲线积分的性质及计算公式，有

$$\begin{aligned}\oint_{C^+} P(x,y)\,\mathrm{d}x &= \left(\int_{\widehat{AFB}} + \int_{\widehat{BEA}}\right)P(x,y)\,\mathrm{d}x\\ &= \int_a^b P(x,\varphi_1(x))\,\mathrm{d}x + \int_b^a P(x,\varphi_2(x))\,\mathrm{d}x\\ &= -\int_a^b [P(x,\varphi_2(x)) - P(x,\varphi_1(x))]\,\mathrm{d}x.\end{aligned}$$

又由二重积分的计算公式,有

$$\iint\limits_D \frac{\partial P}{\partial y}\mathrm{d}x\mathrm{d}y = \int_a^b \mathrm{d}x\int_{\varphi_1(x)}^{\varphi_2(x)} \frac{\partial P}{\partial y}\mathrm{d}y$$
$$= \int_a^b [P(x,\varphi_2(x)) - P(x,\varphi_1(x))]\mathrm{d}x,$$

所以

$$\oint\limits_{C^+} P(x,y)\mathrm{d}x = -\iint\limits_D \frac{\partial P}{\partial y}\mathrm{d}x\mathrm{d}y.$$

同理可证

$$\oint\limits_{C^+} Q(x,y)\mathrm{d}y = \iint\limits_D \frac{\partial Q}{\partial x}\mathrm{d}x\mathrm{d}y.$$

两式相加得格林公式:

$$\oint\limits_{C^+} P\mathrm{d}x + Q\mathrm{d}y = \iint\limits_D \left(\frac{\partial Q}{\partial x} - \frac{\partial P}{\partial y}\right)\mathrm{d}x\mathrm{d}y.$$

若 D 不满足以上条件,可作一些辅助线将 D 分成有限个小区域,使每个小区域既是 X 型区域又是 Y 型区域(见图 9-46),应用格林公式到每个小区域上,把所得结果加起来,注意到每条辅助线上曲线积分来回各一次,恰好互相抵消,所以格林公式仍成立.

若 D 是一个平面复连通域,可作一些辅助线将 D 分成有限个单连通域,应用上述已证结果,仍得格林公式. 如图 9-47 所示,作辅助线$\overline{AB}$、$\overline{EF}$,把 D 分成了两个单连通域 D_1 和 D_2,在 D_1、D_2 上应用格林公式后再相加,曲线积分在$\overline{AB}$、$\overline{EF}$来回各一次,其值正负抵消,从而得格林公式对复连通域仍成立.

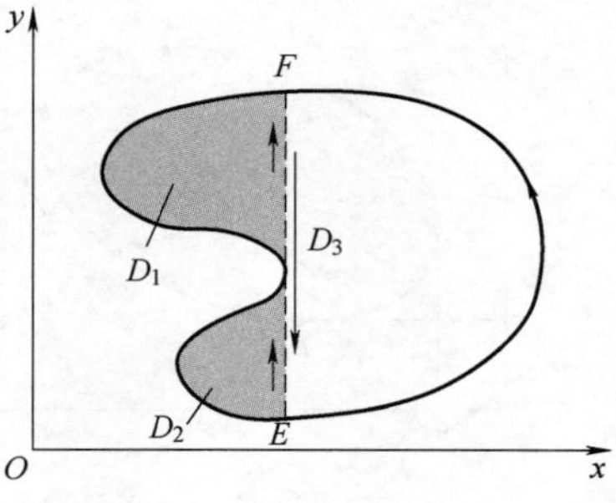

图 9-46

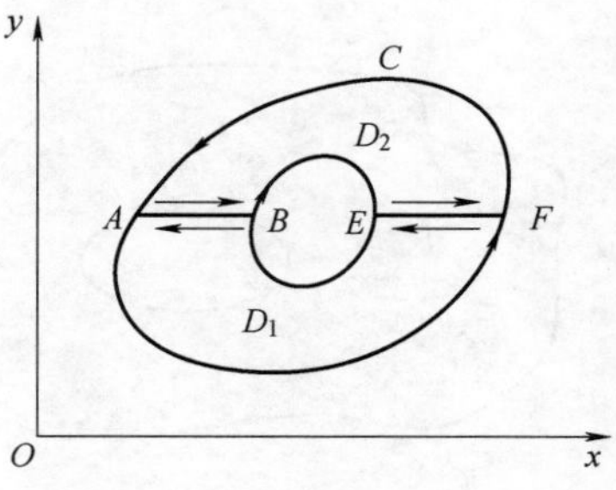

图 9-47

特别地,当 $P=-y,Q=x$ 时,得

$$\oint\limits_{C^+} x\mathrm{d}y - y\mathrm{d}x = 2\iint\limits_D \mathrm{d}x\mathrm{d}y,$$

从而得到用第二型曲线积分计算平面区域 D 的面积公式

$$A = \frac{1}{2}\oint\limits_{C^+} x\mathrm{d}y - y\mathrm{d}x,$$

请读者自行验证 A 也可表示为

$$A = -\oint\limits_{C^+} y\mathrm{d}x = \oint\limits_{C^+} x\mathrm{d}y.$$

例如，椭圆 $C:\begin{cases}x=a\cos\theta,\\ y=b\sin\theta,\end{cases}0\leqslant\theta\leqslant 2\pi$ 的面积为

$$A=\frac{1}{2}\oint_{C^+}x\mathrm{d}y-y\mathrm{d}x=\frac{1}{2}\int_0^{2\pi}ab\mathrm{d}\theta=\pi ab.$$

注　在使用格林公式时，必须牢记：

(1) 积分路径 C 是**封闭的**，

(2) 积分路径 C 取**正方向**；

(3) 函数 $P(x,y)$ 和 $Q(x,y)$ 在 D 上必须**具有连续的一阶偏导数**.

例 9.49　计算 $\oint_C(2y-x^3)\mathrm{d}x+(4x+y^2)\mathrm{d}y$，$C$ 是 $(x-1)^2+(y+2)^2=16$，取逆时针方向.

解　由格林公式，$P=2y-x^3$，$Q=4x+y^2$，有

$$\oint_C(2y-x^3)\mathrm{d}x+(4x+y^2)\mathrm{d}y=\iint_D\left(\frac{\partial Q}{\partial x}-\frac{\partial P}{\partial y}\right)\mathrm{d}x\mathrm{d}y$$
$$=2\iint_D\mathrm{d}x\mathrm{d}y=2\cdot\pi\cdot 4^2=32\pi.$$

例 9.50　设 L 是以 $A(1,0)$，$B(0,1)$，$C(-1,0)$，$D(0,-1)$ 为顶点的正方形边界线，按逆时针方向，证明 $\oint_L\frac{\mathrm{d}x+\mathrm{d}y}{|x|+|y|}=0$.

证　L 包围原点，函数 P,Q 不满足格林公式的条件，因此不能直接用，必须先化简再用！

L 的表达式为 $|x|+|y|=1$，所以

$$\oint_L\frac{\mathrm{d}x+\mathrm{d}y}{|x|+|y|}=\oint_L\mathrm{d}x+\mathrm{d}y,$$

再由格林公式，得

$$\oint_L\frac{\mathrm{d}x+\mathrm{d}y}{|x|+|y|}=0$$

例 9.51　计算 $\int_C(x^2-y)\mathrm{d}x+(x^2+y^2)\mathrm{d}y$，$C$ 是 $y=1-|1-x|$ 对应 x 由 0 到 2 的一段.

解　积分路径 C 的图形如图 9-48 所示，因为 C 是开曲线，为了使用格林公式，添加辅助有向线段 $\overline{BO}$，使它与 C 所围成的区域为 D，则

$$\int_C(x^2-y)\mathrm{d}x+(x^2+y^2)\mathrm{d}y$$
$$=\left(\oint_{C+\overline{BO}}-\int_{\overline{BO}}\right)(x^2-y)\mathrm{d}x+(x^2+y^2)\mathrm{d}y\quad(C+\overline{BO}\text{ 是反方向})$$
$$=-\iint_D(2x+1)\mathrm{d}x\mathrm{d}y+\int_{\overline{OB}}x^2\mathrm{d}x\quad(\overline{BO}\text{ 的方程为 }y=0)$$
$$=-\int_0^1\mathrm{d}y\int_y^{2-y}(2x+1)\mathrm{d}x+\int_0^2x^2\mathrm{d}x$$
$$=-3+\frac{8}{3}=-\frac{1}{3}.$$

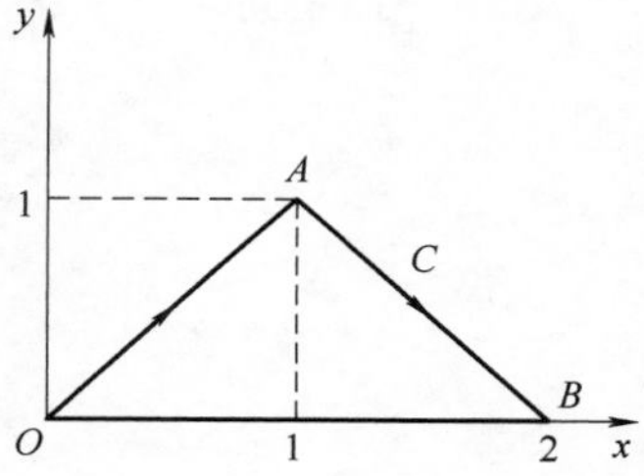

图　9-48

例 9.52 计算 $\oint_C \frac{y\mathrm{d}x - x\mathrm{d}y}{x^2+y^2}$,其中 C 取逆时针方向,是以下三种路径:

(1) 不包围原点的闭曲线;

(2) 圆周 $x^2+y^2=a^2$;

(3) 包围原点的闭曲线.

解 注意到 $P=\frac{y}{x^2+y^2}, Q=-\frac{x}{x^2+y^2}$,在原点不连续,但

$$\frac{\partial P}{\partial y} = \frac{x^2-y^2}{(x^2+y^2)^2} = \frac{\partial Q}{\partial x}, \quad (x,y)\neq(0,0).$$

(1) 设 C 所围成的区域为 D,函数 P 和 Q 在 D 上具有连续的一阶偏导数,由格林公式,有

$$\oint_C \frac{y\mathrm{d}x - x\mathrm{d}y}{x^2+y^2} = \iint_D 0\mathrm{d}x\mathrm{d}y = 0.$$

(2) C 取逆时针方向的圆周 $x^2+y^2=a^2$,则

$$\oint_C \frac{y\mathrm{d}x - x\mathrm{d}y}{x^2+y^2} = \frac{1}{a^2}\oint_C y\mathrm{d}x - x\mathrm{d}y,$$

由格林公式,有

$$\oint_C \frac{y\mathrm{d}x - x\mathrm{d}y}{x^2+y^2} = -\frac{2}{a^2}\iint_D \mathrm{d}x\mathrm{d}y = -2\pi.$$

此小题也可直接化为定积分计算.

(3) 因为 C 包围原点,函数 P 和 Q 在原点不连续,所以作顺时针方向的小圆周

$$C_1: x^2+y^2=\varepsilon^2,$$

使其包围在 C 中(见图 9-49),用 D 表示 C 与 C_1 所围的区域,在复连通域 D 上应用格林公式,有

$$\oint_{C+C_1} \frac{y\mathrm{d}x - x\mathrm{d}y}{x^2+y^2} = 0,$$

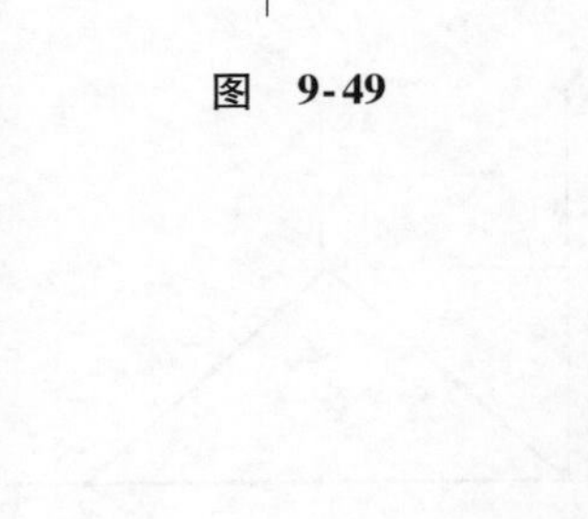

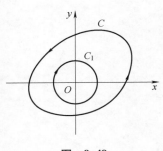

图 9-49

从而由本题第(2)问,有

$$\oint_C \frac{y\mathrm{d}x - x\mathrm{d}y}{x^2+y^2} = -\oint_{C_1} \frac{y\mathrm{d}x - x\mathrm{d}y}{x^2+y^2} = \oint_{C_1^+} \frac{y\mathrm{d}x - x\mathrm{d}y}{x^2+y^2} = -2\pi,$$

综上得

$$\oint_C \frac{y\mathrm{d}x - x\mathrm{d}y}{x^2+y^2} = \begin{cases} 0, & C \text{ 是不包围原点的任意闭曲线}, \\ -2\pi, & C \text{ 是包围原点的任意闭曲线}. \end{cases}$$

请读者特别注意上例的求解方法与结论.

9.7.2 平面曲线积分的路径无关性

应用格林公式讨论平面曲线积分与路径无关的条件及原函数的概念和求法,并且引入场论中的几个概念. 设 A,B 是平面区域 G

中的任意两点,若对从点 A 到点 B 的任意两条曲线 L_1 和 L_2(见图 9-50),有

$$\int_{L_1} P\mathrm{d}x + Q\mathrm{d}y = \int_{L_2} P\mathrm{d}x + Q\mathrm{d}y,$$

则称曲线积分 $\int_C P\mathrm{d}x + Q\mathrm{d}y$ 在 G 内**与路径无关**,否则**与路径有关**.

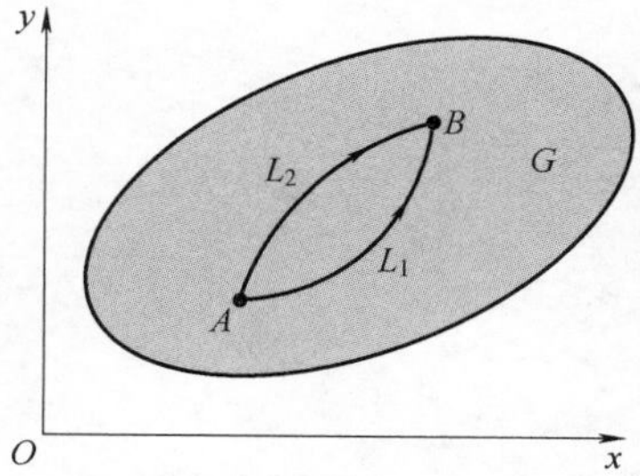

图　9-50

沿 G 中任意曲线 $\overset{\frown}{AB}$,当曲线积分

$$\int_{\overset{\frown}{AB}} P\mathrm{d}x + Q\mathrm{d}y$$

只与起点 A 及终点 B 有关,而与积分路径无关时,记作

$$\int_{\overset{\frown}{AB}} P\mathrm{d}x + Q\mathrm{d}y = \int_A^B P\mathrm{d}x + Q\mathrm{d}y.$$

现在的问题是,在什么条件下,第二型平面曲线积分与路径无关? 下面的定理回答了这个问题.

定理 9.18　设函数 $P(x,y)$ 和 $Q(x,y)$ 在单连通域 G 内具有一阶连续偏导数,则下列条件等价:

(1) 在 G 内每一点都有 $\dfrac{\partial P}{\partial y} = \dfrac{\partial Q}{\partial x}$;

(2) 沿 G 内任意分段光滑闭曲线 C,有 $\oint_C P\mathrm{d}x + Q\mathrm{d}y = 0$;

(3) 对 G 内任意曲线 $\overset{\frown}{AB}$, 有 $\int_{\overset{\frown}{AB}} P\mathrm{d}x + Q\mathrm{d}y = \int_A^B P\mathrm{d}x + Q\mathrm{d}y$;

(4) 在 G 内, $P\mathrm{d}x + Q\mathrm{d}y$ 是某二元函数 $u(x,y)$ 的全微分, 即 $\mathrm{d}u = P\mathrm{d}x + Q\mathrm{d}y$.

证　(1)⇒(2): 设 C 为 G 内任意分段光滑闭曲线, D 表示 C 所围区域, 由格林公式, 有

$$\oint_C P\mathrm{d}x + Q\mathrm{d}y = \pm \iint_D \left(\frac{\partial Q}{\partial x} - \frac{\partial P}{\partial y}\right)\mathrm{d}x\mathrm{d}y = 0.$$

(2)⇒(3): 设 L_1 和 L_2 为 G 内任意两条以点 A 为起点、点 B 为终点的分段光滑曲线(见图 9-50), 由(2), 有

$$\oint_{L_1 + L_2^-} P\mathrm{d}x + Q\mathrm{d}y = 0 \quad (L_2^- \text{ 表示 } L_2 \text{ 的反向曲线}),$$

即

$$\int_{L_1} P\mathrm{d}x + Q\mathrm{d}y + \int_{L_2^-} P\mathrm{d}x + Q\mathrm{d}y = \int_{L_1} P\mathrm{d}x + Q\mathrm{d}y - \int_{L_2} P\mathrm{d}x + Q\mathrm{d}y = 0,$$

故

$$\int_{L_1} P\mathrm{d}x + Q\mathrm{d}y = \int_{L_2} P\mathrm{d}x + Q\mathrm{d}y,$$

即

$$\int_{\overset{\frown}{AB}} P\mathrm{d}x + Q\mathrm{d}y = \int_A^B P\mathrm{d}x + Q\mathrm{d}y.$$

(3)⇒(4): 在 G 内取一固定点 $M_0(x_0,y_0)$, $M(x,y)$ 为 G 内任意点, 由(3), 有

$$\int_{\widehat{M_0M}} P\mathrm{d}x + Q\mathrm{d}y = \int_{M_0}^{M} P\mathrm{d}x + Q\mathrm{d}y,$$

显然,曲线积分 $\int_{\widehat{M_0M}} P\mathrm{d}x + Q\mathrm{d}y$ 仅仅与终点 $M(x,y)$ 有关,即它是点 $M(x,y)$ 的函数,令

$$u(x,y) = \int_{(x_0,y_0)}^{(x,y)} P(x,y)\mathrm{d}x + Q(x,y)\mathrm{d}y.$$

在点 $M(x,y)$ 附近取一点 $N(x+\Delta x,y)$(见图 9-51),则

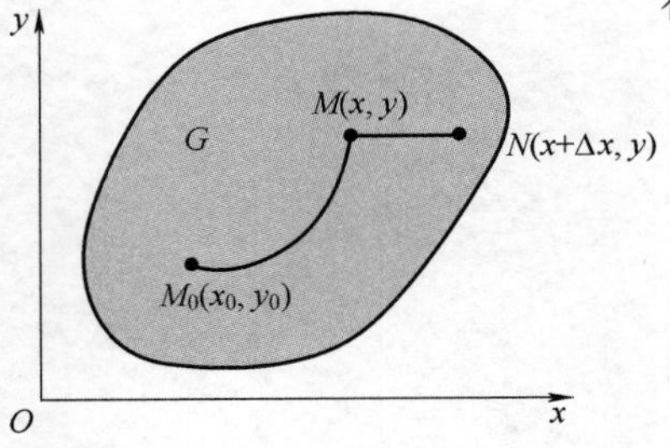

图 9-51

$$\begin{aligned}\Delta_x u &= u(x+\Delta x,y) - u(x,y)\\ &= \int_{\widehat{M_0M}+\overline{MN}} P\mathrm{d}x + Q\mathrm{d}y - \int_{\widehat{M_0M}} P\mathrm{d}x + Q\mathrm{d}y\\ &= \int_{\overline{MN}} P\mathrm{d}x + Q\mathrm{d}y\\ &= \int_{(x,y)}^{(x+\Delta x,y)} P\mathrm{d}x + Q\mathrm{d}y\\ &= \int_{x}^{x+\Delta x} P(x,y)\mathrm{d}x \quad (\text{在直线}\overline{MN}\text{上}, y\equiv\text{常数}, \mathrm{d}y=0)\\ &= P(x+\theta\Delta x,y)\Delta x, 0\leqslant\theta\leqslant 1, \quad (\text{积分中值定理})\end{aligned}$$

从而由 $P(x,y)$ 的连续性,有

$$\frac{\partial u}{\partial x} = \lim_{\Delta x\to 0}\frac{\Delta_x u}{\Delta x} = \lim_{\Delta x\to 0} P(x+\theta\Delta x,y) = P(x,y),$$

同理可证

$$\frac{\partial u}{\partial y} = Q(x,y),$$

因此

$$\mathrm{d}u(x,y) = \frac{\partial u}{\partial x}\mathrm{d}x + \frac{\partial u}{\partial y}\mathrm{d}y = P(x,y)\mathrm{d}x + Q(x,y)\mathrm{d}y.$$

(4)⇒(1):设存在函数 $u(x,y)$ 使得 $\mathrm{d}u(x,y) = P(x,y)\mathrm{d}x + Q(x,y)\mathrm{d}y$,即

$$\frac{\partial u}{\partial x} = P(x,y), \frac{\partial u}{\partial y} = Q(x,y),$$

则

$$\frac{\partial P}{\partial y} = \frac{\partial^2 u}{\partial x\partial y}, \frac{\partial Q}{\partial x} = \frac{\partial^2 u}{\partial y\partial x}.$$

由于 P,Q 在 G 内具有连续的一阶偏导数,从而

$$\frac{\partial^2 u}{\partial x\partial y} = \frac{\partial^2 u}{\partial y\partial x},$$

所以 $\frac{\partial P}{\partial y} = \frac{\partial Q}{\partial x}$ 在 G 内每一点都成立.

注 应用定理 9.18 中的条件(1)验证曲线积分与路径无关最方便. 若在某单连通域 G 内处处有 $\frac{\partial P}{\partial y} = \frac{\partial Q}{\partial x}$ 成立,则计算曲线积分时,可选择方便的积分路径.

例 9.53　设 C 是 $y=\sin\frac{\pi x}{2}$ 上从原点 $O(0,0)$ 到点 $B(1,1)$ 的曲线弧，求曲线积分

$$\int_{\overset{\frown}{OB}}(x^2+2xy)\mathrm{d}x+(x^2+y^4)\mathrm{d}y.$$

解　令 $P=x^2+2xy, Q=x^2+y^4$，则 $\frac{\partial P}{\partial y}=2x=\frac{\partial Q}{\partial x}$，又 $\frac{\partial P}{\partial y},\frac{\partial Q}{\partial x}$ 在全平面上连续，所以该曲线积分与路径无关.

取点 $A(1,0)$，选择沿折线路径 $\overline{OA}$ 与 $\overline{AB}$ 计算该积分，有

$$\begin{aligned}\int_{\overset{\frown}{OB}}(x^2+2xy)\mathrm{d}x+(x^2+y^4)\mathrm{d}y &= \left(\int_{\overline{OA}}+\int_{\overline{AB}}\right)(x^2+2xy)\mathrm{d}x+(x^2+y^4)\mathrm{d}y\\ &= \int_0^1 x^2\mathrm{d}x+\int_0^1(1+y^4)\mathrm{d}y=\frac{23}{15}.\end{aligned}$$

定义 9.7　如果函数 $u(x,y)$ 满足

$$\mathrm{d}u(x,y)=P(x,y)\mathrm{d}x+Q(x,y)\mathrm{d}y,$$

则称函数 $u(x,y)$ 为 $P(x,y)\mathrm{d}x+Q(x,y)\mathrm{d}y$ 的**原函数**.

当曲线积分与路径无关时，由定理 9.18 知，

$$u(x,y)=\int_{M_0(x_0,y_0)}^{M(x,y)}P(x,y)\mathrm{d}x+Q(x,y)\mathrm{d}y$$

为 $P(x,y)\mathrm{d}x+Q(x,y)\mathrm{d}y$ 的**原函数**，并且

$$\begin{aligned}\int_{\overset{\frown}{AB}}P\mathrm{d}x+Q\mathrm{d}y &= \left(\int_A^{M_0}+\int_{M_0}^B\right)P\mathrm{d}x+Q\mathrm{d}y\\ &= \left(-\int_{M_0}^A+\int_{M_0}^B\right)P\mathrm{d}x+Q\mathrm{d}y=u(B)-u(A)=u(M)\Big|_A^B.\end{aligned}$$

容易看到上式类似于定积分中的牛顿-莱布尼茨公式，它为某些曲线积分提供了简单的计算方法.

若 $P(x,y)\mathrm{d}x+Q(x,y)\mathrm{d}y$ 存在原函数，请读者思考，原函数是否唯一？请与第 4 章中原函数的概念和相关结论做比较.

可以利用原函数重新解例 9.53，先求被积表达式的原函数. 由分项组合，得

$$\begin{aligned}(x^2+2xy)\mathrm{d}x+(x^2+y^4)\mathrm{d}y &= (x^2\mathrm{d}x+y^4\mathrm{d}y)+(2xy\mathrm{d}x+x^2\mathrm{d}y)\\ &= \mathrm{d}\left(\frac{x^3}{3}+\frac{y^5}{5}\right)+\mathrm{d}(x^2y)=\mathrm{d}\left(\frac{x^3}{3}+\frac{y^5}{5}+x^2y\right),\end{aligned}$$

则原函数为

$$u(x,y)=\frac{x^3}{3}+\frac{y^5}{5}+x^2y,$$

所以

$$\int_{\overset{\frown}{OB}}(x^2+2xy)\mathrm{d}x+(x^2+y^4)\mathrm{d}y=u(1,1)-u(0,0)=\frac{23}{15}.$$

当被积表达式比较复杂时，由分项组合求原函数并不容易，下面给出通过计算曲线积分来求原函数的方法.

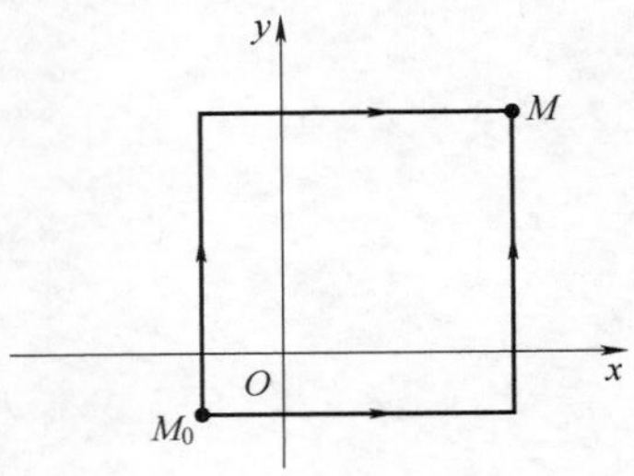

图 9-52

在区域 G 内取一固定点 $M_0(x_0,y_0)$ 及动点 $M(x,y)$，并取折线路径（见图 9-52），则原函数为

$$u(x,y)=\int_{(x_0,y_0)}^{(x,y)}P(x,y)\,\mathrm{d}x+Q(x,y)\,\mathrm{d}y$$
$$=\int_{x_0}^{x}P(x,y_0)\,\mathrm{d}x+\int_{y_0}^{y}Q(x,y)\,\mathrm{d}y,$$

或

$$u(x,y)=\int_{y_0}^{y}Q(x_0,y)\,\mathrm{d}y+\int_{x_0}^{x}P(x,y)\,\mathrm{d}x.$$

例 9.54 验证 $\dfrac{y\mathrm{d}x-x\mathrm{d}y}{x^2+y^2}$ 在右半平面（$x>0$）内是某个函数的全微分，并求此函数.

解 由例 9.52 及定理 9.18 容易验证在右半平面（$x>0$）内存在函数 $u(x,y)$，使得

$$\mathrm{d}u(x,y)=\frac{y\mathrm{d}x-x\mathrm{d}y}{x^2+y^2}.$$

取点 $M_0(1,0)$，由上述公式得

$$u(x,y)=\int_{(1,0)}^{(x,y)}\frac{y\mathrm{d}x-x\mathrm{d}y}{x^2+y^2}=\int_1^x\frac{0\cdot\mathrm{d}x-x\cdot 0}{x^2+0^2}+\int_0^y\frac{y\cdot 0-x\mathrm{d}y}{x^2+y^2}$$
$$=\left[-\arctan\frac{y}{x}\right]_0^y=-\arctan\frac{y}{x}\quad(x>0).$$

特别提醒读者注意，定理 9.18 对复连通域可能不成立. 由例 9.52 可知，虽然函数 $P(x,y)$，$Q(x,y)$ 在复连通域 $G=\mathbb{R}^2\setminus(0,0)$ 内具有一阶连续偏导数，且 $\dfrac{\partial P}{\partial y}=\dfrac{\partial Q}{\partial x}$，但对任一包围原点的闭曲线 C，取逆时针方向，有 $\oint_C P\mathrm{d}x+Q\mathrm{d}y=-2\pi\neq 0$. 这说明在复连通域内曲线积分沿闭曲线 C 的值不一定为零！

9.7.3 高斯公式

高斯公式揭示了空间区域上的三重积分与这个区域的边界曲面上的第二型曲面积分之间的关系.

定理 9.19 设空间闭区域 Ω 的边界曲面是分片光滑的闭曲面，用 Σ^+ 表示 Ω 的取外法线方向的边界曲面，向量函数 $\boldsymbol{F}(x,y,z)=P(x,y,z)\boldsymbol{i}+Q(x,y,z)\boldsymbol{j}+R(x,y,z)\boldsymbol{k}$ 在 Ω 上有连续的一阶偏导数，则

$$\iiint_\Omega \operatorname{div}\boldsymbol{F}\,\mathrm{d}V=\oiint_{\Sigma^+}\boldsymbol{F}\cdot\mathrm{d}\boldsymbol{S}=\oiint_{\Sigma^+}\boldsymbol{F}\cdot\boldsymbol{n}^0\,\mathrm{d}S,$$

或

$$\iiint_\Omega\left(\frac{\partial P}{\partial x}+\frac{\partial Q}{\partial y}+\frac{\partial R}{\partial z}\right)\mathrm{d}V=\oiint_{\Sigma^+}P(x,y,z)\,\mathrm{d}y\wedge\mathrm{d}z+Q(x,y,z)\,\mathrm{d}z\wedge\mathrm{d}x+R(x,y,z)\,\mathrm{d}x\wedge\mathrm{d}y$$
$$=\oiint_{\Sigma^+}[P(x,y,z)\cos\alpha+Q(x,y,z)\cos\beta+R(x,y,z)\cos\gamma]\,\mathrm{d}S,$$

其中,$\boldsymbol{n}^0=(\cos\alpha,\cos\beta,\cos\gamma)$是曲面$\Sigma^+$在点$(x,y,z)$处的外侧单位法向量.

上述公式都称为**高斯公式**,前者是高斯公式散度形式,高斯公式可看成是三维格林公式.

证　(1) 设平行于三个坐标轴的直线与曲面Σ^+的交点至多只有两个. 此时,$\Sigma^+=\Sigma_1\cup\Sigma_2\cup\Sigma_3$(见图 9-53),其中,$\Sigma_1: z=z_1(x,y)$,$(x,y)\in D_{xy}$,取下侧;$\Sigma_2: z=z_2(x,y)$,$(x,y)\in D_{xy}$,取上侧;$\Sigma_3$是以$D_{xy}$的边界为准线,母线平行于$z$轴的柱面夹在$\Sigma_1$和$\Sigma_2$之间的部分,取外侧,$D_{xy}$是$\Omega$在$xOy$面的上的投影区域. 由曲面积分的计算方法,有

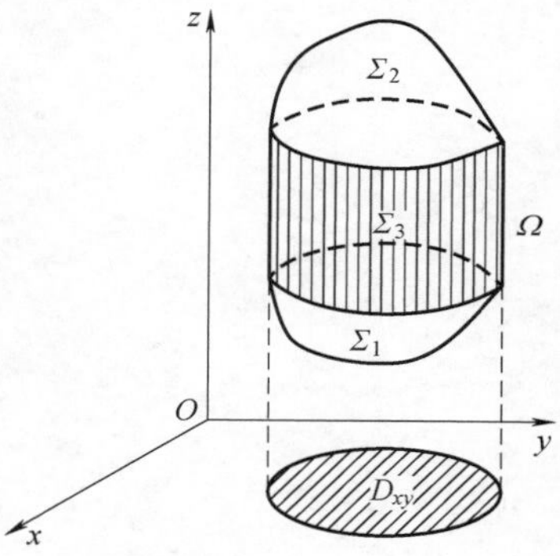

图　9-53

$$\oint\!\!\!\oint_{\Sigma^+}R\cos\gamma\mathrm{d}S=\oint\!\!\!\oint_{\Sigma^+}R\mathrm{d}x\wedge\mathrm{d}y$$
$$=\left(\iint_{\Sigma_1}+\iint_{\Sigma_2}+\iint_{\Sigma_3}\right)R\mathrm{d}x\mathrm{d}y$$
$$=\iint_{D_{xy}}R(x,y,z_2(x,y))\mathrm{d}x\wedge\mathrm{d}y-\iint_{D_{xy}}R(x,y,z_1(x,y))\mathrm{d}x\wedge\mathrm{d}y,(\text{在 }\Sigma_3\text{ 上},\cos\gamma=0)$$

另一方面,由三重积分的计算方法,有

$$\iiint_{\Omega}\frac{\partial R}{\partial z}\mathrm{d}V=\iint_{D_{xy}}\mathrm{d}x\mathrm{d}y\int_{z_1(x,y)}^{z_2(x,y)}\frac{\partial R}{\partial z}\mathrm{d}z=\iint_{D_{xy}}[R(x,y,z_2(x,y))-R(x,y,z_1(x,y))]\mathrm{d}x\mathrm{d}y,$$

从而

$$\iiint_{\Omega}\frac{\partial R}{\partial z}\mathrm{d}V=\oint\!\!\!\oint_{\Sigma^+}R\cos\gamma\mathrm{d}S=\oint\!\!\!\oint_{\Sigma^+}R\mathrm{d}x\wedge\mathrm{d}y.$$

同理可证

$$\iiint_{\Omega}\frac{\partial Q}{\partial y}\mathrm{d}V=\oint\!\!\!\oint_{\Sigma^+}Q\cos\beta\mathrm{d}S=\oint\!\!\!\oint_{\Sigma^+}Q\mathrm{d}z\wedge\mathrm{d}x,$$
$$\iiint_{\Omega}\frac{\partial P}{\partial y}\mathrm{d}V=\oint\!\!\!\oint_{\Sigma^+}P\cos\alpha\mathrm{d}S=\oint\!\!\!\oint_{\Sigma^+}P\mathrm{d}y\wedge\mathrm{d}z.$$

将以上三式相加即得高斯公式.

(2) 对于一般区域Ω,可以利用辅助面把Ω分成有限个满足上述假设的小区域,在每个小区域上应用高斯公式,再把它们加起来,注意到在辅助面上的曲面积分总是在正负两侧来回一次,相互抵消,因此,高斯公式成立.

特别地,应用高斯公式可将空间闭区域Ω的体积表示为其边界曲面上的第二型曲面积分,即

$$V(\Omega)=\frac{1}{3}\oint\!\!\!\oint_{\Sigma+}x\mathrm{d}y\wedge\mathrm{d}z+y\mathrm{d}z\wedge\mathrm{d}x+z\mathrm{d}x\wedge\mathrm{d}y$$

注　应用高斯公式时,先要验证其条件:Σ为闭曲面;取外侧;并且P,Q,R在Ω上有连续的一阶偏导数.

例 9.55　计算曲面积分

$$\iint_{\Sigma}[(x^3z+x)\cos\alpha-x^2yz\cos\beta-x^2z^2\cos\gamma]\mathrm{d}S,$$

其中，Σ 为曲面 $z=2-x^2-y^2$ 介于平面 $z=1$ 与 $z=2$ 之间的部分，取上侧.

解 曲面 Σ 不是封闭的，必须先补一个面形成闭曲面才能应用高斯公式.

作辅助面 $\Sigma_1: z=1,(x,y)\in D_{xy}=\{(x,y)\mid x^2+y^2\leqslant 1\}$，取下侧，则

$$\begin{aligned}&\iint_{\Sigma}[(x^3z+x)\cos\alpha-x^2yz\cos\beta-x^2z^2\cos\gamma]\mathrm{d}S\\&=\left(\oiint_{\Sigma+\Sigma_1}-\iint_{\Sigma_1}\right)[(x^3z+x)\cos\alpha-x^2yz\cos\beta-x^2z^2\cos\gamma]\mathrm{d}S\\&=\iiint_{\Omega}\mathrm{d}x\mathrm{d}y\mathrm{d}z+\iint_{D_{xy}}(-x^2)\mathrm{d}x\mathrm{d}y\\&=\int_0^{2\pi}\mathrm{d}\theta\int_0^1 r\mathrm{d}r\int_1^{2-r^2}\mathrm{d}z-\int_0^{2\pi}\cos^2\theta\mathrm{d}\theta\int_0^1 r^3\mathrm{d}r\\&=\frac{\pi}{4}.\end{aligned}$$

例 9.56 计算 $\oiint_{\Sigma^+}\boldsymbol{F}\cdot\mathrm{d}\boldsymbol{S}$，其中 $\boldsymbol{F}=\frac{1}{r^3}(x,y,z)$，$r=\sqrt{x^2+y^2+z^2}$，$\Sigma^+$ 是包围原点的任意光滑封闭曲面，取外侧.

解 令 $P=\frac{x}{r^3},Q=\frac{y}{r^3},R=\frac{z}{r^3}$，则

$$\frac{\partial P}{\partial x}=\frac{r^2-3x^2}{r^5},\frac{\partial Q}{\partial y}=\frac{r^2-3y^2}{r^5},\frac{\partial R}{\partial z}=\frac{r^2-3z^2}{r^5},$$

所以

$$\operatorname{div}\boldsymbol{F}=\frac{\partial P}{\partial x}+\frac{\partial Q}{\partial y}+\frac{\partial R}{\partial z}=0,(x,y,z)\neq(0,0,0).$$

作辅助球面 $\Sigma_1^-: x^2+y^2+z^2=\varepsilon^2$，取内侧，使该球面完全包围在 Σ^+ 中，设 Ω 是由 $\Sigma^+\cup\Sigma_1^-$ 所围区域，Ω_1 是球面所围区域，则由高斯公式，有

$$\oiint_{\Sigma^+\cup\Sigma_1^-}\boldsymbol{F}\cdot\mathrm{d}\boldsymbol{S}=\iiint_{\Omega}\operatorname{div}\boldsymbol{F}\mathrm{d}v=0,$$

所以

$$\begin{aligned}\oiint_{\Sigma^+}\boldsymbol{F}\cdot\mathrm{d}\boldsymbol{S}&=\left(\oiint_{\Sigma^+\cup\Sigma_1^-}-\oiint_{\Sigma_1^-}\right)\boldsymbol{F}\cdot\mathrm{d}\boldsymbol{S}=\oiint_{\Sigma_1^+}\boldsymbol{F}\cdot\mathrm{d}\boldsymbol{S}\\&=\iint_{\Sigma_1^+}\frac{1}{r^3}(x\mathrm{d}y\wedge\mathrm{d}z+y\mathrm{d}z\wedge\mathrm{d}x+z\mathrm{d}x\wedge\mathrm{d}y)\\&=\frac{1}{\varepsilon^3}\iint_{\Sigma_1^+}x\mathrm{d}y\wedge\mathrm{d}z+y\mathrm{d}z\wedge\mathrm{d}x+z\mathrm{d}x\wedge\mathrm{d}y\\&=\frac{1}{\varepsilon^3}\iiint_{\Omega_1}3\mathrm{d}v=\frac{3}{\varepsilon^3}\cdot\frac{4}{3}\pi\varepsilon^3=4\pi.\text{（应用高斯公式）}\end{aligned}$$

请读者与例 9.52 进行比较.

9.7.4 斯托克斯公式

斯托克斯(Stokes)公式建立了第二型曲面积分与沿曲面边界的第二类空间曲线积分的联系.

定理 9.20　设光滑曲面 Σ 的边界 Γ 是分段光滑曲线,Σ 的侧与 Γ 的方向符合右手规则,向量函数 $\boldsymbol{F}(x,y,z)=P(x,y,z)\boldsymbol{i}+Q(x,y,z)\boldsymbol{j}+R(x,y,z)\boldsymbol{k}$ 在包含曲面 Σ 的一个空间区域内具有连续的一阶偏导数,则

$$\iint\limits_{\Sigma}\mathrm{rot}\,\boldsymbol{F}\cdot\mathrm{d}\boldsymbol{S}=\oint_{\Gamma}\boldsymbol{F}\cdot\mathrm{d}\boldsymbol{r},$$

或

$$\iint\limits_{\Sigma}\left[\left(\frac{\partial R}{\partial y}-\frac{\partial Q}{\partial z}\right)\cos\alpha+\left(\frac{\partial P}{\partial z}-\frac{\partial R}{\partial x}\right)\cos\beta+\left(\frac{\partial Q}{\partial x}-\frac{\partial P}{\partial y}\right)\cos\gamma\right]\mathrm{d}S$$
$$=\oint_{\Gamma}P(x,y,z)\mathrm{d}x+Q(x,y,z)\mathrm{d}y+R(x,y,z)\mathrm{d}z,$$

其中,$\boldsymbol{n}^0=(\cos\alpha,\cos\beta,\cos\gamma)$是与曲面 Σ 的侧一致的单位法向量;$\mathrm{d}\boldsymbol{r}=(\mathrm{d}x,\mathrm{d}y,\mathrm{d}z)$是与 Γ 方向一致的切向量.

上述公式都称为**斯托克斯公式**,前者是斯托克斯公式的旋度形式,它把空间第二型曲线积分化为第二型曲面积分.

证　(1) 设平行于 z 轴的直线与曲面 Σ 只交于一点,Σ 的方程为

$$z=f(x,y),(x,y)\in D_{xy}.$$

不妨设 Σ 取上侧,D_{xy}为 Σ 在 xOy 面上的投影区域,其边界 C 是 Σ 的边界 Γ 在 xOy 面上的投影曲线,其方向与 Γ 的方向一致(见图 9-54).

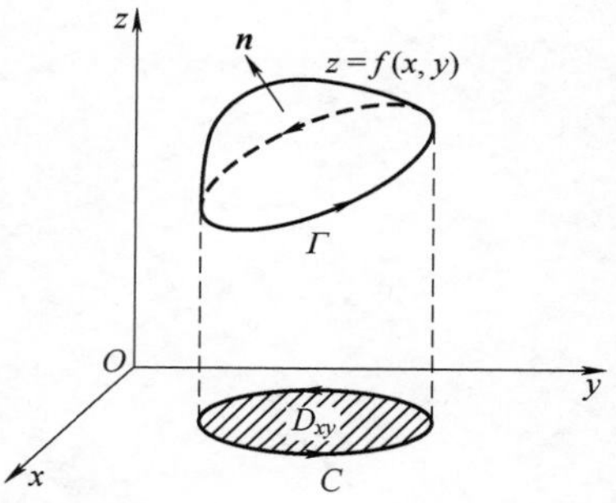

图　9-54

因为

$$\iint\limits_{\Sigma}\frac{\partial P}{\partial z}\mathrm{d}z\wedge\mathrm{d}x-\frac{\partial P}{\partial y}\mathrm{d}x\wedge\mathrm{d}y=\iint\limits_{\Sigma}\left(\frac{\partial P}{\partial z}\cos\beta-\frac{\partial P}{\partial y}\cos\gamma\right)\mathrm{d}S$$

注意到

$$\frac{\cos\alpha}{-f_x}=\frac{\cos\beta}{-f_y}=\frac{\cos\gamma}{1},$$

有

$$\cos\beta=-f_y\cos\gamma,$$

将上式代入前面提到的等式,得

$$\iint\limits_{\Sigma}\frac{\partial P}{\partial z}\mathrm{d}z\wedge\mathrm{d}x-\frac{\partial P}{\partial y}\mathrm{d}x\wedge\mathrm{d}y$$
$$=-\iint\limits_{\Sigma}\left(\frac{\partial P}{\partial y}+\frac{\partial P}{\partial z}f_y\right)\cos\gamma\mathrm{d}S$$
$$=-\iint\limits_{\Sigma}\left(\frac{\partial P}{\partial y}+\frac{\partial P}{\partial z}f_y\right)\mathrm{d}x\wedge\mathrm{d}y=-\iint\limits_{D_{xy}}\frac{\partial}{\partial y}P(x,y,f(x,y))\mathrm{d}x\mathrm{d}y,$$

又由曲线积分的概念和格林公式,有

$$\oint_{\Gamma} P(x,y,z)\,\mathrm{d}x = \oint_{C} P(x,y,f(x,y))\,\mathrm{d}x$$

$$= -\iint_{D_{xy}} \frac{\partial}{\partial y}P(x,y,f(x,y))\,\mathrm{d}x\mathrm{d}y,$$

所以

$$\iint_{\Sigma}\left(\frac{\partial P}{\partial z}\mathrm{d}z \wedge \mathrm{d}x - \frac{\partial P}{\partial y}\mathrm{d}x \wedge \mathrm{d}y\right) = \oint_{\Gamma} P(x,y,z)\,\mathrm{d}x.$$

(2) 若平行于 z 轴的直线与曲面 Σ 的交点多于一个,可作辅助曲线把 Σ 分成与 z 轴只交于一点的有限个曲面片,在每个曲面片上应用斯托克斯公式,然后相加,注意到沿辅助曲线上方向相反的两个曲线积分相加正好抵消,从而(1)的结论对这一类曲面 Σ 也成立.

同理可证

$$\iint_{\Sigma} \frac{\partial Q}{\partial x}\mathrm{d}x \wedge \mathrm{d}y - \frac{\partial Q}{\partial z}\mathrm{d}y \wedge \mathrm{d}z = \oint_{\Gamma} Q(x,y,z)\,\mathrm{d}y,$$

$$\iint_{\Sigma} \frac{\partial R}{\partial y}\mathrm{d}y \wedge \mathrm{d}z - \frac{\partial R}{\partial x}\mathrm{d}z \wedge \mathrm{d}x = \oint_{\Gamma} R(x,y,z)\,\mathrm{d}z.$$

将以上三个结论相加,即得斯托克斯公式.

为了便于记忆,将斯托克斯公式写成

$$\iint_{\Sigma}\begin{vmatrix} \mathrm{d}y \wedge \mathrm{d}z & \mathrm{d}z \wedge \mathrm{d}x & \mathrm{d}x \wedge \mathrm{d}y \\ \dfrac{\partial}{\partial x} & \dfrac{\partial}{\partial y} & \dfrac{\partial}{\partial z} \\ P & Q & R \end{vmatrix} = \oint_{\Gamma} P\mathrm{d}x + Q\mathrm{d}y + R\mathrm{d}z,$$

或

$$\iint_{\Sigma}\begin{vmatrix} \cos\alpha & \cos\beta & \cos\gamma \\ \dfrac{\partial}{\partial x} & \dfrac{\partial}{\partial y} & \dfrac{\partial}{\partial z} \\ P & Q & R \end{vmatrix}\mathrm{d}S = \oint_{\Gamma} P\mathrm{d}x + Q\mathrm{d}y + R\mathrm{d}z,$$

其中,$\boldsymbol{n}^0 = (\cos\alpha,\cos\beta,\cos\gamma)$是曲面 Σ 在点(x,y,z)处与曲面侧一致的单位法向量.

将上式左边的三阶行列式按第一行展开,并注意到$\dfrac{\partial}{\partial y}$与 R 的"积"表示$\dfrac{\partial R}{\partial y}$,其余的与此相类似,即得定理 9.20 的结论.

当曲面 Σ 是 xOy 面上的平面区域时,斯托克斯公式与格林公式有什么联系?请读者自行思考.

例 9.57 计算 $I = \oint_{\Gamma}(z-y)\mathrm{d}x + (x-z)\mathrm{d}y + (x-y)\mathrm{d}z$, 其中 $\Gamma:\begin{cases} x^2+y^2=1, \\ x-y+z=2, \end{cases}$ 从 z 轴正向往负向看为顺时针方向(见图 9-55).

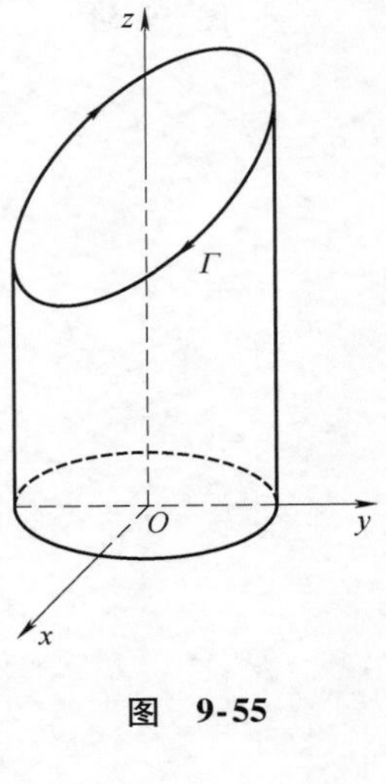

图 9-55

解　(方法一)用斯托克斯公式.

取$\Sigma: x-y+z=2$以Γ为边界所围有限部分的下侧,它在xOy面上的投影区域为$D_{xy}=\{(x,y)\mid x^2+y^2\leqslant 1\}$,则

$$I=\iint_{\Sigma}\begin{vmatrix} dy\wedge dz & dz\wedge dx & dx\wedge dy \\ \dfrac{\partial}{\partial x} & \dfrac{\partial}{\partial y} & \dfrac{\partial}{\partial z} \\ z-y & x-z & x-y \end{vmatrix}=2\iint_{\Sigma}dx\wedge dy$$

$$=-2\iint_{D}dxdy=-2\pi.$$

(方法二)用格林公式.

记Γ在xOy面上的投影曲线为$C: x^2+y^2=1$,取顺时针方向,

将空间曲线积分化为平面曲线积分

$$I=\oint_C[(2-x+y)-y]dx+[x-(2-x+y)]dy+(x-y)d(2-x+y)$$

$$=\oint_C(2-2x+y)dx+(3x-2y-2)dy$$

$$=-\iint_{x^2+y^2\leqslant 1}(3-1)dxdy=-2\pi.\quad(\text{由格林公式})$$

(方法三)直接化为定积分计算.

将曲线参数化,得到

$$x=\cos t, y=\sin t, z=2-\cos t+\sin t,$$

由题设曲线L的起点对应参数$t=2\pi$,终点对应参数$t=0$,从而

$$I=\int_{2\pi}^{0}[(2-\cos t)(-\sin t)+(2\cos t-2-\sin t)\cos t+(\cos t-\sin t)(\sin t+\cos t)]dt=-2\pi.$$

例9.58　计算$\oint_{\Gamma}\boldsymbol{F}\cdot d\boldsymbol{r}$,其中$\boldsymbol{F}=(z,2x-y,x+y)$,$\Gamma$:依次以点$A(1,0,0)$,$B(0,1,0)$,$C(0,0,2)$为顶点的三角形$\Sigma_{\triangle}$的周界.

解　用斯托克斯公式.由Γ的方向,取$\Sigma_{\triangle}$为上侧,其单位法向量为$\boldsymbol{n}^0=\left(\dfrac{2}{3},\dfrac{2}{3},\dfrac{1}{3}\right)$,$\Sigma_{\triangle}$的方程为

$$2x+2y+z=2,$$

由斯托克斯公式,有

$$\oint_{\Gamma}\boldsymbol{F}\cdot d\boldsymbol{r}=\iint_{\Sigma_{\triangle}}\text{rot }\boldsymbol{F}\cdot d\boldsymbol{S}=\iint_{\Sigma_{\triangle}}\begin{vmatrix} \boldsymbol{i} & \boldsymbol{j} & \boldsymbol{k} \\ \dfrac{\partial}{\partial x} & \dfrac{\partial}{\partial y} & \dfrac{\partial}{\partial z} \\ z & 2x-y & x+y \end{vmatrix}\cdot\left(\frac{2}{3}\boldsymbol{i}+\frac{2}{3}\boldsymbol{j}+\frac{1}{3}k\right)dS$$

$$=\iint_{\Sigma_{\triangle}}(\boldsymbol{i}+2\boldsymbol{k})\cdot\left(\frac{2}{3}\boldsymbol{i}+\frac{2}{3}\boldsymbol{j}+\frac{1}{3}\boldsymbol{k}\right)dS$$

$$=\frac{4}{3}\iint_{\Sigma_{\triangle}}dS=\frac{4}{3}\cdot\frac{1}{2}\cdot\sqrt{2}\cdot\frac{3}{2}\sqrt{2}=2.$$

类似于平面第二型曲线积分,由斯托克斯公式可推导出空间第

二型曲线积分与路径无关的条件.

定理 9.21 设 G 是空间一维单连通域[⊖],向量函数 $\boldsymbol{F}(M)=(P(M),Q(M),R(M))$ 在 G 内有连续的一阶偏导数,则下列四个条件是等价的:

(1) 在 G 内每一点都有 $\mathrm{rot}\,\boldsymbol{F}(M)=\boldsymbol{0}$,即

$$\frac{\partial R}{\partial y}=\frac{\partial Q}{\partial z},\frac{\partial P}{\partial z}=\frac{\partial R}{\partial x},\frac{\partial Q}{\partial x}=\frac{\partial P}{\partial y};$$

(2) 沿 G 内任一分段光滑闭曲线 L,有 $\oint_L P\mathrm{d}x+Q\mathrm{d}y+R\mathrm{d}z=0$;

(3) 对 G 内任一分段光滑曲线 L,$\int_L P\mathrm{d}x+Q\mathrm{d}y+R\mathrm{d}z$ 与路径无关;

(4) 在 G 内 $P\mathrm{d}x+Q\mathrm{d}y+R\mathrm{d}z$ 是某个三元函数 u 的全微分,即

$$\mathrm{d}u=P\mathrm{d}x+Q\mathrm{d}y+R\mathrm{d}z.$$

定理 9.21 的证明与定理 9.18 类似,这里证明从略.

例 9.59 已知 a,b 为常数,验证曲线积分 $\int_\Gamma \frac{a}{z}\mathrm{d}x+\frac{b}{z}\mathrm{d}y-\left(\frac{ax+by}{z^2}\right)\mathrm{d}z$ 在上半空间 $z>0$ 内与路径无关,并求被积表达式的原函数.

解 令 $P=\frac{a}{z},Q=\frac{b}{z},R=-\left(\frac{ax+by}{z^2}\right),\boldsymbol{F}=(P,Q,R)$,因为

$$\mathrm{rot}\,\boldsymbol{F}=\begin{vmatrix}\boldsymbol{i} & \boldsymbol{j} & \boldsymbol{k}\\ \frac{\partial}{\partial x} & \frac{\partial}{\partial y} & \frac{\partial}{\partial z}\\ \frac{a}{z} & \frac{b}{z} & -\left(\frac{ax+by}{z^2}\right)\end{vmatrix}=0,\quad (z>0),$$

所以曲线积分在上半空间 $z>0$ 内与路径无关,

由此,取积分路径如图 9-56 所示,则

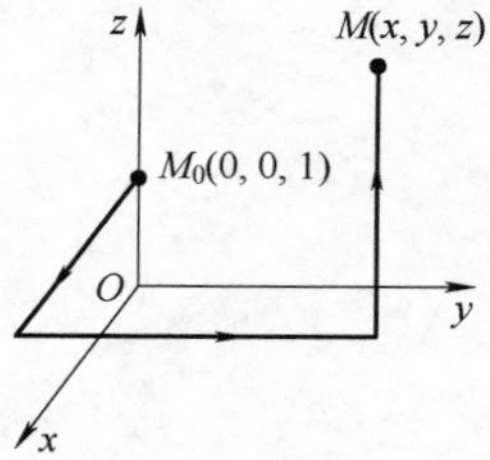

图 9-56

$$\begin{aligned}u(x,y,z)&=\int_{(0,0,1)}^{(x,y,z)}\frac{a}{z}\mathrm{d}x+\frac{b}{z}\mathrm{d}y-\left(\frac{ax+by}{z^2}\right)\mathrm{d}z+c_1\\&=\int_0^x a\mathrm{d}x+\int_0^y b\mathrm{d}y-\int_1^z\frac{ax+by}{z^2}\mathrm{d}z+c_1\\&=ax+by+(ax+by)\left(\frac{1}{z}-1\right)+c_1=\frac{ax+by}{z}+c.\end{aligned}$$

9.7.5 几种重要的向量场

本节先给出散度和旋度的物理意义,再介绍几种重要的向量场.

1. 通量与散度

由 9.6.3 节已经知道向量场 $\boldsymbol{F}(x,y,z)=P(x,y,z)\boldsymbol{i}+Q(x,y,$

⊖ 如果由空间区域 G 内任一闭曲线总可以张成一片完全属于 G 的曲面,则称 G 为空间一维单连通域.

$z)\boldsymbol{j}+R(x,y,z)\boldsymbol{k}$ 通过场中的某有向曲面 Σ 的通量即为第二型曲面积分 $\iint\limits_{\Sigma}\boldsymbol{F}\cdot \mathrm{d}\boldsymbol{S}$，特别地，若 $\boldsymbol{E}(x,y,z)$ 为电场，则 $\iint\limits_{\Sigma}\boldsymbol{E}\cdot \mathrm{d}\boldsymbol{S}$ 即为电通量；若 $\boldsymbol{v}(x,y,z)$ 为速度场，则 $\iint\limits_{\Sigma}\boldsymbol{v}\cdot \mathrm{d}\boldsymbol{S}$ 即为流量.

设 $\boldsymbol{n}^0=(\cos\alpha,\cos\beta,\cos\gamma)$ 是曲面 Σ 在点 (x,y,z) 处的外侧单位法向量，取有向面积元 $\mathrm{d}\boldsymbol{S}=\boldsymbol{n}^0\mathrm{d}S$，则高斯公式可写成**散度形式**

$$\iiint\limits_{\Omega}\operatorname{div}\boldsymbol{F}\mathrm{d}V=\oint\!\!\!\oint\limits_{\Sigma^+}\boldsymbol{F}\cdot \mathrm{d}\boldsymbol{S}.$$

若 Σ^+ 为取外侧的闭曲面，则单位时间内流体通过闭曲面 Σ^+ 的流量为

$$Q=\oint\!\!\!\oint\limits_{\Sigma^+}\boldsymbol{v}\cdot \mathrm{d}\boldsymbol{S}=\oint\!\!\!\oint\limits_{\Sigma^+}\boldsymbol{v}\cdot\boldsymbol{n}^0\mathrm{d}S.$$

当 $Q>0$ 时，表明流出 Σ 的流体多于流入的，此时，Σ^+ 内一定有“源”；当 $Q<0$ 时，表明流出 Σ 的流体少于流入的，此时，Σ^+ 内有“汇”；当 $Q=0$ 时，表明流出 Σ 的流体与流入的相抵消. 由此可见，Q 是流出 Σ 的流量与流入 Σ 的流量的差，表示流体从 Σ 包围的区域 Ω 内部向外发散出的总流量.

为刻画场内任意点 M 处的特性，令包围点 M 的区域 Ω 以任意方式收缩至点 M，记作 $\Omega\to M$，设 Ω 的体积为 V，考虑通量对体积的变化率.

设 P,Q,R 具有连续的一阶偏导数，由高斯公式，区域 Ω 内部向外发散出的总流量也可以表示为

$$Q=\iiint\limits_{\Omega}\operatorname{div}\boldsymbol{v}\mathrm{d}v.$$

用 Ω 的体积 V 去除上式的两边，令 $\Omega\to M$，得

$$\begin{aligned}\lim_{\Omega\to M}\frac{Q}{V}&=\lim_{\Omega\to M}\frac{1}{V}\iiint\limits_{\Omega}\operatorname{div}\boldsymbol{v}\mathrm{d}v\\&=\operatorname{div}\boldsymbol{v}\big|_{(\xi,\eta,\zeta)},(\xi,\eta,\zeta)\in\Omega\quad(\text{由积分中值定理})\\&=\operatorname{div}\boldsymbol{v}\big|_M=\left(\frac{\partial P}{\partial x}+\frac{\partial Q}{\partial y}+\frac{\partial R}{\partial z}\right)\bigg|_M.\end{aligned}$$

右边恰好是向量场 $\boldsymbol{v}(M)$ 的散度，它反映了该流速场中的流体在点 M 处的发散量. 当 $\operatorname{div}\boldsymbol{v}|_M>0$ 时，称点 M 为源（或泉）；当 $\operatorname{div}\boldsymbol{v}|_M<0$ 时，称点 M 为汇（或洞）；当 $\operatorname{div}\boldsymbol{v}|_M=0$ 时，点 M 既非源也非汇，散度 $\operatorname{div}\boldsymbol{v}|_M$ 为正、为负、为零分别表明在点 M 有流体涌出、吸入、没有任何变化. 由此，散度绝对值的大小反映了源（或汇）的强度.

例 9.60　求向量场 $\boldsymbol{F}=x(1+x^2z)\boldsymbol{i}+y(1-x^2z)\boldsymbol{j}+z(1-x^2z)\boldsymbol{k}$ 在点 $M(1,2,-1)$ 处的散度.

解　令 $P=x(1+x^2z)$，$Q=y(1-x^2z)$，$R=z(1-x^2z)$，有

$$\operatorname{div}\boldsymbol{F}\big|_M = \nabla\cdot\boldsymbol{F}\big|_M = \left(\frac{\partial P}{\partial x}+\frac{\partial Q}{\partial y}+\frac{\partial R}{\partial z}\right)\bigg|_M$$
$$=[(1+3x^2z)+(1-x^2z)+(1-2x^2z)]_M=3.$$

例 9.61 设 $u(x,y,z)$，$v(x,y,z)$ 在闭区域 Ω 上具有一阶和二阶连续偏导数，证明格林第一公式

$$\iiint_{\Omega}u\Delta v\mathrm{d}x\mathrm{d}y\mathrm{d}z = \oiint_{\Sigma^+}u\frac{\partial v}{\partial n}\mathrm{d}S-\iiint_{\Omega}\nabla u\cdot\nabla v\mathrm{d}x\mathrm{d}y\mathrm{d}z,$$

其中，Σ^+ 是空间闭区域 Ω 的整个边界曲面的外侧；$\dfrac{\partial v}{\partial n}$ 为 $v(x,y,z)$ 沿曲面 Σ^+ 的外法线方向的方向导数；符号 $\Delta=\dfrac{\partial^2}{\partial x^2}+\dfrac{\partial^2}{\partial y^2}+\dfrac{\partial^2}{\partial z^2}$ 称为拉普拉斯(Laplace)算子.

证 设外法线单位向量为 $\boldsymbol{n}^0=(\cos\alpha,\cos\beta,\cos\gamma)$，则

$$\frac{\partial v}{\partial n}=\nabla v\cdot\boldsymbol{n}^0=v_x\cos\alpha+v_y\cos\beta+v_z\cos\gamma,$$

又

$$\nabla u\cdot\nabla v=\mathbf{grad}\ u\cdot\mathbf{grad}\ v=u_xv_x+u_yv_y+u_zv_z,$$

从而

$$\oiint_{\Sigma^+}u\frac{\partial v}{\partial n}\mathrm{d}S=\oiint_{\Sigma^+}u(v_x\cos\alpha+v_y\cos\beta+v_z\cos\gamma)\mathrm{d}S$$
$$=\iiint_{\Omega}\left[\frac{\partial(uv_x)}{\partial x}+\frac{\partial(uv_y)}{\partial y}+\frac{\partial(uv_z)}{\partial z}\right]\mathrm{d}v\quad(\text{应用高斯公式})$$
$$=\iiint_{\Omega}[u(v_{xx}+v_{yy}+v_{zz})+(u_xv_x+u_yv_y+u_zv_z)]\mathrm{d}v$$
$$=\iiint_{\Omega}u\Delta v\mathrm{d}x\mathrm{d}y\mathrm{d}z+\iiint_{\Omega}\nabla u\cdot\nabla v\mathrm{d}v,$$

移项即得格林第一公式.

2. 环流量与旋度

设 $P(M)$，$Q(M)$，$R(M)$ 在空间区域 Ω 上的每一点 $M(x,y,z)$ 处都连续，向量场 $\boldsymbol{F}(x,y,z)=P(x,y,z)\boldsymbol{i}+Q(x,y,z)\boldsymbol{j}+R(x,y,z)\boldsymbol{k}$ 沿场中一条分段有向光滑闭曲线 Γ 的第二型曲线积分 $\oint_{\Gamma}\boldsymbol{F}\cdot\mathrm{d}\boldsymbol{r}$ 称为向量场 $\boldsymbol{F}$ 沿 Γ 的**环流量**.

有了环流量的概念，斯托克斯公式可表示成旋度形式：

$$\iint_{\Sigma}\mathbf{rot}\ \boldsymbol{F}\cdot\boldsymbol{n}^0\mathrm{d}S=\oint_{\Gamma}\boldsymbol{F}\cdot\mathrm{d}\boldsymbol{r},$$

其中，$\mathrm{d}\boldsymbol{r}=\boldsymbol{t}^0\mathrm{d}s=(\mathrm{d}x,\mathrm{d}y,\mathrm{d}z)$；$\boldsymbol{t}^0$ 是与曲线 Γ 方向一致的单位切向量；$\boldsymbol{n}^0=(\cos\alpha,\cos\beta,\cos\gamma)$ 是曲面 Σ 在点 (x,y,z) 处与 Γ 方向符合手规则的单位法向量.

下面以速度场 $\boldsymbol{v}(x,y,z)$ 为例给出环流量和旋度的物理意义.

环流量可刻画流体的旋转性质. 如在速度场 $\boldsymbol{v}(x,y,z)$ 中，取第

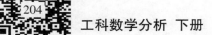

二型曲线积分 $I=\oint_\Gamma \boldsymbol{v}\cdot \mathrm{d}\boldsymbol{r}$,当 $I>0$ 时,表明在闭曲线 Γ 上有流体流动,也就是流体形成旋涡,即环流量 $I\neq 0$ 反映了闭曲线 Γ 所包围的区域中有“涡”.

为刻画场内每一点 M 处的旋转情况,需要考虑环流量对面积的变化率. 过点 M 作一微小曲面 S,其面积也用 S 表示,S 的边界是光滑闭曲线 Γ,取 Γ 的方向与曲面 S 的单位法向量 $\boldsymbol{n}^0$ 符合右手规则.

设 $P(M),Q(M),R(M)$ 具有连续的一阶偏导数,由斯托克斯公式,环流量可表示为

$$I=\iint_S \mathbf{rot}\ \boldsymbol{v}\cdot \boldsymbol{n}^0 \mathrm{d}S.$$

用面积 S 去除上式两边,并令 $S\to M$,得

$$\begin{aligned}\lim_{S\to M}\frac{I}{S}&=\lim_{S\to M}\frac{1}{S}\iint_S \mathbf{rot}\ \boldsymbol{v}\cdot \boldsymbol{n}^0\mathrm{d}S\\&=\mathbf{rot}\ \boldsymbol{v}\cdot \boldsymbol{n}^0\big|_{(\xi,\eta,\zeta)},(\xi,\eta,\zeta)\in S\quad(\text{由积分中值定理})\\&=\mathbf{rot}\ \boldsymbol{v}\cdot \boldsymbol{n}^0\big|_M=\left[\left(\frac{\partial R}{\partial y}-\frac{\partial Q}{\partial z}\right)\cos\alpha+\left(\frac{\partial P}{\partial z}-\frac{\partial R}{\partial x}\right)\cos\beta+\left(\frac{\partial Q}{\partial x}-\frac{\partial P}{\partial y}\right)\cos\gamma\right]\Bigg|_M.\end{aligned}$$

右边恰好是向量场 $\boldsymbol{v}$ 的旋度在单位法向量 $\boldsymbol{n}^0$ 上的投影. 上述极限值称为向量场 $\boldsymbol{v}$ 在点 M 处沿 $\boldsymbol{n}^0=(\cos\alpha,\cos\beta,\cos\gamma)$ 的**环量面密度**(或**旋量**),环量面密度是一个和方向有关的概念,它能反映速度场 $\boldsymbol{v}(x,y,z)$ 中的流体在点 M 处的“旋”的性质,其大小表示旋转的强度. 类似于方向导数与梯度的关系,旋度是一个向量,其方向是使得环量面密度取最大值的方向,其模是最大的环量面密度.

例 9.62　求向量场 $\boldsymbol{F}=x(1+x^2z)\boldsymbol{i}+y(1-x^2z)\boldsymbol{j}+z(1-x^2z)\boldsymbol{k}$ 在点 $M(1,2,-1)$ 的旋度及在该点沿着方向 $\boldsymbol{n}=(1,2,2)$ 的环量面密度.

解　由旋度的定义,有

$$\begin{aligned}\mathbf{rot}\ \boldsymbol{F}\big|_M=\nabla\times\boldsymbol{F}\big|_M&=\begin{vmatrix}\boldsymbol{i}&\boldsymbol{j}&\boldsymbol{k}\\\dfrac{\partial}{\partial x}&\dfrac{\partial}{\partial y}&\dfrac{\partial}{\partial z}\\x(1+x^2z)&y(1-x^2z)&z(1-x^2z)\end{vmatrix}_M\\&=[x^2y\boldsymbol{i}+(x^3+2xz^2)\boldsymbol{j}-2xyz\boldsymbol{k}]_M\\&=2\boldsymbol{i}+3\boldsymbol{j}+4\boldsymbol{k}.\end{aligned}$$

因为 $\boldsymbol{n}^0=\frac{1}{3}(1,2,2)$,所以 $\boldsymbol{F}(x,y,z)$ 沿着方向 $\boldsymbol{n}=(1,2,2)$ 的环量面密度为

$$\lim_{S\to M}\frac{I=\oint_\Gamma \boldsymbol{F}\cdot\mathrm{d}\boldsymbol{r}}{S}=\mathbf{rot}\ \boldsymbol{F}\cdot\boldsymbol{n}^0\big|_M=(2,3,4)\cdot\left(\frac{1}{3},\frac{2}{3},\frac{2}{3}\right)=\frac{16}{3}.$$

3. 几种重要的向量场

(1) **无源场**:若向量场 $\boldsymbol{F}(M)$ 在区域 Ω 中处处有 $\operatorname{div}\boldsymbol{F}(M)=0$,则称 $\boldsymbol{F}(M)$ 为**无源场**.

定理 9.22 设 G 是二维单连通域(如果空间区域 G 内任一闭曲面所围成的区域全属于 G,则称其为空间二维单连通域),向量函数 $\boldsymbol{F}(M)=(P(M),Q(M),R(M))$ 在 G 内具有连续一阶偏导数,则在 G 内 $\boldsymbol{F}(M)$ 是无源场的充分必要条件是

$$\oiint_S \boldsymbol{F}\cdot \mathrm{d}\boldsymbol{S}=0,$$

或

$$\oiint_S P\mathrm{d}y\wedge\mathrm{d}z+Q\mathrm{d}z\wedge\mathrm{d}x+R\mathrm{d}x\wedge\mathrm{d}y=0,$$

其中,S 为 G 内任一不自交闭曲面.

(2) **无旋场**:若向量场 $\boldsymbol{F}(M)$ 在区域 Ω 中处处有 $\mathbf{rot}\,\boldsymbol{F}(M)=\mathbf{0}$,则称 $\boldsymbol{F}(M)$ 为**无旋场**.

(3) **保守场**:若向量场 $\boldsymbol{F}(M)$ 在平面或空间区域 Ω 内,沿任意有向曲线 $L=\overset{\frown}{AB}$ 的第二型曲线积分 $\int_L \boldsymbol{F}\cdot\mathrm{d}\boldsymbol{r}$ 只与起点 A 和终点 B 的位置有关,而与从 A 到 B 的路径无关,则称向量场 $\boldsymbol{F}(M)$,$M\in\Omega$ 为**保守场**.

(4) **有势场**:若向量场 $\boldsymbol{F}(M)$ 在平面或空间区域 Ω 内,存在势函数(或位函数)$u(M)$,使得

$$\boldsymbol{F}(M)=\mathbf{grad}\,u(M),$$

则称向量场 $\boldsymbol{F}(M)$ 为**有势场**.

由定理 9.21,有

定理 9.23 设 G 是空间一维单连通域,向量场 $\boldsymbol{F}(M)=(P(M),Q(M),R(M))$ 在 G 内有连续的一阶偏导数,则下列四个条件是等价的:

① 向量场 $\boldsymbol{F}(M)$ 在 G 内是无旋场;

② 向量场 $\boldsymbol{F}(M)$ 沿场中一条分段有向光滑闭曲线 Γ 的**环流量** $\oint_\Gamma \boldsymbol{F}\cdot\mathrm{d}\boldsymbol{r}=0$;

③ 向量场 $\boldsymbol{F}(M)$ 在 G 内是保守场;

④ 向量场 $\boldsymbol{F}(M)$ 在 G 内是有势场,即在 G 内存在数量函数 $u(M)$,使得 $\boldsymbol{F}(M)=\nabla u(M)$.

(5) **调和场**:若向量场 $\boldsymbol{F}(M)$ 在区域 Ω 中处处有 $\operatorname{div}\boldsymbol{F}(M)=0$,$\mathbf{rot}\,\boldsymbol{F}(M)=\mathbf{0}$,则称向量场 $\boldsymbol{F}(M)$ 为**调和场**,它是物理学中另一类重要的向量场.

容易验证调和场的势函数必定满足拉普拉斯方程:

$$\Delta u=\frac{\partial^2 u}{\partial x^2}+\frac{\partial^2 u}{\partial y^2}+\frac{\partial^2 u}{\partial z^2}=0.$$

习题 9.7

1. 应用格林公式计算下列积分：

(1) $\oint_L xy^2\mathrm{d}y - x^2y\mathrm{d}x$，其中，$L$ 为椭圆 $\frac{x^2}{a^2}+\frac{y^2}{b^2}=1$，取正向；

(2) $\oint_L (x+y)^2\mathrm{d}x-(x^2+y^2)\mathrm{d}y$，$L$ 是顶点为 $A(1,1)$，$B(3,2)$，$C(2,5)$ 的三角形边界，取正向；

(3) $\oint_L (x^2+y^3)\mathrm{d}x-(x^3-y^2)\mathrm{d}y$，$L$ 为 $x^2+y^2=1$，取正向；

(4) $\oint_L \mathrm{e}^y\sin x\mathrm{d}x+\mathrm{e}^{-x}\sin y\mathrm{d}y$，$L$ 为矩形 $a\leqslant x\leqslant b, c\leqslant y\leqslant d$ 的边界，取正向.

2. 利用格林公式计算下列曲线所围图形的面积：

(1) 双纽线：$r^2=a^2\cos 2\theta$；

(2) 笛卡儿叶形线：$x^3+y^3=3axy(a>0)$.

3. 证明：若 L 为平面上的封闭曲线，l 为任意方向向量，则 $\oint_L \cos(l,n)\ \mathrm{d}s=0$，其中 n 为曲线 L 的外法线方向.

4. 求积分值 $I=\oint_L[x\cos(n,x)+y\cos(n,y)]\mathrm{d}s$，其中 L 为包围有界区域的封闭曲线，n 为 L 的外法线方向.

5. 验证下列积分与路径无关，并求它们的值：

(1) $\int_{(0,0)}^{(1,1)}(x-y)(\mathrm{d}x-\mathrm{d}y)$；

(2) $\int_{(2,1)}^{(1,2)}\frac{y\mathrm{d}x-x\mathrm{d}y}{x^2}$ 沿右半平面的路径；

(3) $\int_{(1,2,3)}^{(6,1,1)} yz\mathrm{d}x+xz\mathrm{d}y+xy\mathrm{d}z$；

(4) $\int_{(1,1,1)}^{(2,3,-4)} x\mathrm{d}x+y^2\mathrm{d}y-z^3\mathrm{d}z$；

(5) $\int_{(x_1,y_1,z_1)}^{(x_2,y_2,z_2)}\frac{x\mathrm{d}x+y\mathrm{d}y+z\mathrm{d}z}{\sqrt{x^2+y^2+z^2}}$，其中，$(x_1,y_1,z_1)$，$(x_2,y_2,z_2)$ 在球面 $x^2+y^2+z^2=a^2$ 上.

6. 求下列全微分的原函数：

(1) $(x^2+2xy-y^2)\mathrm{d}x+(x^2-2xy-y^2)\mathrm{d}y$；

(2) $(2x\cos y-y^2\sin x)\mathrm{d}x+(2y\cos x-x^2\sin y)\mathrm{d}y$；

(3) $(\mathrm{e}^x\sin y+2xy^2)\mathrm{d}x+(\mathrm{e}^x\cos y+2x^2y)\mathrm{d}y$.

7. 函数 $F(x,y)$ 应满足什么条件才能使微分式 $F(x,y)(x\mathrm{d}x+y\mathrm{d}y)$ 是全微分.

8. 求 $I=\oint_L\frac{x\mathrm{d}x+y\mathrm{d}y}{x^2+y^2}$，其中，$L$ 是不经过原点的简单闭曲线，取正向.

设 L 围成的区域为 D.

(1) D 不包含原点；　　(2) D 包含原点在其内部.

9. 计算积分 $I=\int_L \frac{(x+y)\mathrm{d}x-(x-y)\mathrm{d}y}{x^2+y^2}$,其中,$L$ 是从点 $A(-1,0)$ 到 $B(1,0)$ 的一条不通过原点的光滑曲线,它的方程是 $y=f(x)$ $(-1\leqslant x\leqslant 1)$.

10. 计算积分 $I=\int_L x\ln(x^2+y^2-1)\mathrm{d}x+y\ln(x^2+y^2-1)\mathrm{d}y$,其中,$L$ 是被积函数的定义域内从点 $(2,0)$ 至 $(0,2)$ 的逐段光滑曲线.

11. 设函数 $f(u)$ 具有一阶连续导数,证明对任何光滑封闭曲线 L,有 $\oint_L f(xy)(y\mathrm{d}x+x\mathrm{d}y)=0.$

12. 设函数 $u(x,y)$ 在由封闭的光滑曲线 L 所围的区域 D 上具有二阶连续偏导数,证明:

$$\iint_D\left(\frac{\partial^2 u}{\partial x^2}+\frac{\partial^2 u}{\partial y^2}\right)\mathrm{d}\sigma=\oint_L\frac{\partial u}{\partial n}\mathrm{d}s,$$

其中,$\frac{\partial u}{\partial n}$是 $u(x,y)$ 沿 L 外法线方向 n 的方向导数.

13. 已知平面区域 $D=\{(x,y)\mid 0\leqslant x\leqslant\pi,0\leqslant y\leqslant\pi\}$,$L$ 为 D 的正向边界,试证:

(1) $\oint_L x\mathrm{e}^{\sin y}\mathrm{d}y-y\mathrm{e}^{-\sin x}\mathrm{d}x=\oint_L x\mathrm{e}^{-\sin y}\mathrm{d}y-y\mathrm{e}^{\sin x}\mathrm{d}x$;

(2) $\oint_L x\mathrm{e}^{\sin y}\mathrm{d}y-y\mathrm{e}^{-\sin x}\mathrm{d}x\geqslant\frac{5}{2}\pi^2$.

14. 设函数 $\varphi(x)$ 具有连续的导数,在围绕原点的任意光滑的简单闭曲线上,曲线积分 $\oint_C\frac{2xy\mathrm{d}x+\varphi(x)\mathrm{d}y}{x^4+y^2}$ 的值为常数.

(1) 设 L 为正向闭曲线 $(x-2)^2+y^2=1$. 证明:

$$\oint_C\frac{2xy\mathrm{d}x+\varphi(x)\mathrm{d}y}{x^4+y^2}=0;$$

(2) 求函数 $\varphi(x)$;

(3) 设 C 是围绕原点的光滑的简单闭曲线,求 $\oint_C\frac{2xy\mathrm{d}x+\varphi(x)\mathrm{d}y}{x^4+y^2}$.

15. 设 $I_a(r)=\oint_C\frac{y\mathrm{d}x-x\mathrm{d}y}{(x^2+y^2)^a}$,其中 a 为常数,曲线 C:$x^2+xy+y^2=r^2$,取正向. 求极限 $\lim\limits_{r\to+\infty}I_a(r)$.

16. 求 $I=\oint_L[x\cos(n,x)+y\cos(n,y)]\mathrm{d}s$, L 为包围有界区域 D 的光滑闭曲线,n 为 L 的外法线方向.

17. 利用高斯公式求下列积分.

(1) $\iint_S x^2\mathrm{d}y\mathrm{d}z+y^2\mathrm{d}z\mathrm{d}x+z^2\mathrm{d}x\mathrm{d}y$,其中:

① S 为立方体 $0\leqslant x,y,z\leqslant a$ 边界曲面的外侧；② S 为锥面 $x^2+y^2=z^2(0\leqslant z\leqslant h)$ 的下侧.

(2) $\iint\limits_S x^3\mathrm{d}y\mathrm{d}z+y^3\mathrm{d}z\mathrm{d}x+z^3\mathrm{d}x\mathrm{d}y$，其中 S 是单位球面的外侧.

(3) 设 S 是上半球面 $z=\sqrt{a^2-x^2-y^2}$ 的上侧，求：

① $\iint\limits_S x\mathrm{d}y\mathrm{d}z+y\mathrm{d}z\mathrm{d}x+z\mathrm{d}x\mathrm{d}y$；② $\iint\limits_S xz^2\mathrm{d}y\mathrm{d}z+(x^2y-z^2)\mathrm{d}z\mathrm{d}x+(2xy+y^2z)\mathrm{d}x\mathrm{d}y$.

(4) $\iint\limits_\Sigma \dfrac{ax\mathrm{d}y\mathrm{d}z+(z+a)^2\mathrm{d}x\mathrm{d}y}{\sqrt{x^2+y^2+z^2}}$，其中，$\boldsymbol{\Sigma}:z=-\sqrt{a^2-y^2-x^2}$，取上侧，$a>0$.

18. 计算下列曲面积分：

(1) $\iint\limits_S(x^2-y^2)\mathrm{d}y\mathrm{d}z+(y^2-z^2)\mathrm{d}z\mathrm{d}x+2z(y-x)\mathrm{d}x\mathrm{d}y$，其中 S 是 $\dfrac{x^2}{a^2}+\dfrac{y^2}{b^2}+\dfrac{z^2}{c^2}=1(z\geqslant0)$ 的下侧；

(2) $\iint\limits_S(x+\cos y)\mathrm{d}y\mathrm{d}z+(y+\cos z)\mathrm{d}z\mathrm{d}x+(z+\cos x)\mathrm{d}x\mathrm{d}y$，其中 S 是立体 Ω 的边界面，而立体 Ω 由 $x+y+z=1$ 和三个坐标面围成；

(3) $\iint\limits_S\boldsymbol{F}\cdot\boldsymbol{n}\mathrm{d}S$，其中 $\boldsymbol{F}=x^3\boldsymbol{i}+y^3\boldsymbol{j}+z^3\boldsymbol{k}$，$\boldsymbol{n}$ 是 S 的外法线方向的方向向量，其中 S 为 $x^2+y^2+z^2=a^2(z\geqslant0)$，取上侧；

(4) $\iint\limits_S\left(\dfrac{x^3}{a^2}+yz\right)\mathrm{d}y\mathrm{d}z+\left(\dfrac{y^3}{b^2}+z^3x^2\right)\mathrm{d}z\mathrm{d}x+\left(\dfrac{z^3}{c^2}+x^3y^3\right)\mathrm{d}x\mathrm{d}y$，其中 S 是 $\dfrac{x^2}{a^2}+\dfrac{y^2}{b^2}+\dfrac{z^2}{c^2}=1(x\geqslant0)$ 的后侧.

19. 设 P,Q,R 有连续偏导数，且对任意光滑闭曲面 S，有 $\oiint\limits_S P\mathrm{d}y\mathrm{d}z+Q\mathrm{d}z\mathrm{d}x+R\mathrm{d}x\mathrm{d}y=0$. 证明：

$$\frac{\partial P}{\partial x}+\frac{\partial Q}{\partial y}+\frac{\partial R}{\partial z}=0.$$

20. 设 $f(x)$ 连续可导，$P=Q=R=f((x^2+y^2)z)$，$0\leqslant z\leqslant1$，有向曲面 Σ_t 是圆柱体 $x^2+y^2\leqslant t^2$ 的表面，方向朝外. 记第二型曲面积分 $I_t=\iint\limits_{\Sigma_t}P\mathrm{d}y\mathrm{d}z+Q\mathrm{d}z\mathrm{d}x+R\mathrm{d}x\mathrm{d}y$，求极限 $\lim\limits_{t\to0^+}\dfrac{I_t}{t^4}$.

21. 用斯托克斯公式计算下列积分.

(1) $\oint_L x^2y^3\mathrm{d}x+\mathrm{d}y+z\mathrm{d}z$，其中：

① L 为圆周 $x^2+y^2=a^2,z=0$，方向是逆时针；

② L 为 $y^2+z^2=1$ 与 $x=y$ 所交的椭圆，从 x 轴正向往负向看去，方向是逆时针.

(2) $\oint_L (y-z)\mathrm{d}x+(z-x)\mathrm{d}y+(x-y)\mathrm{d}z$,$L$ 是依次经过$(a,0,0)$、$(0,a,0)$、$(0,0,a)$、$(a,0,0)$的三角形.

(3) $\oint_L (y^2+z^2)\mathrm{d}x+(x^2+z^2)\mathrm{d}y+(x^2+y^2)\mathrm{d}z$,其中:

① L 为 $x+y+z=1$ 与三个坐标轴的交线,其方向与所围平面区域上侧符合右手法则;

② L 是曲线 $x^2+y^2+z^2=2Rx, x^2+y^2=2rx(0<r<R, z>0)$,它的方向与所围曲面的上侧符合右手法则.

22. 设 Γ 为曲线 $x^2+y^2+z^2=1, x+z=1(x,y,z\geqslant 0)$ 上从点 $A(1,0,0)$ 到点 $B(0,0,1)$ 的一段,求曲线积分 $I=\int_\Gamma y\mathrm{d}x+z\mathrm{d}y+x\mathrm{d}z$.

23. 计算下列向量场 $\boldsymbol{F}$ 的散度和旋度:

(1) $\boldsymbol{F}=(y^2+z^2, z^2+x^2, x^2+y^2)$;(2) $\boldsymbol{F}=(x^2yz, xy^2z, xyz^2)$;

(3) $\boldsymbol{F}=\left(\dfrac{x}{yz},\dfrac{y}{zx},\dfrac{z}{xy}\right)$.

24. 设 $P=x^2+5\lambda y+3yz, Q=5x+3\lambda xz-2, R=(\lambda+2)xy-4z$.

(1) 计算 $\int_L P\mathrm{d}x+Q\mathrm{d}y+R\mathrm{d}z$,其中,$L$ 是螺旋线 $x=a\cos t$, $y=a\sin t, z=ct(0\leqslant t\leqslant 2\pi)$;

(2) 设 $\boldsymbol{F}=(P,Q,R)$,求 $\mathbf{rot}\,\boldsymbol{F}$;

25. 设 φ 为可微函数,$\boldsymbol{r}=(x,y,z)$, $\rho=|\boldsymbol{r}|$,求 $\mathbf{grad}\,\varphi(\rho)$, $\mathrm{div}\,(\varphi(\rho)\boldsymbol{r})$, $\mathbf{rot}\,(\varphi(\rho)\boldsymbol{r})$.

26. 求向量场 $\boldsymbol{F}=(-y,x,z)$ 沿曲线 L 的环流量:

(1) L 为 xOy 平面上的圆周 $x^2+y^2=1, z=0$,取逆时针方向;

(2) L 为 xOy 平面上的圆周 $(x-2)^2+y^2=R^2, z=0$,取逆时针方向;

(3) L 为 xOy 平面上任一逐段光滑的简单闭曲线,它围成的平面区域 D 的面积为 S,并证明 $\boldsymbol{F}$ 沿 L 的环流量为 $2S$.

27. 求向量场 $\boldsymbol{F}=\mathbf{grad}\left(\arctan\dfrac{y}{x}\right)$ 沿曲线 L 的环流量:

(1) L 不环绕 z 轴; (2) L 环绕 z 轴一圈; (3) L 环绕 z 轴 n 圈.

28. 设向量场 $\boldsymbol{F}=(P,Q,R)$ 在除原点$(0,0,0)$外的点处有连续的偏导数,在球面 $x^2+y^2+z^2=t^2$ 上 $\boldsymbol{F}$ 的长度保持一固定值,$\boldsymbol{F}$ 的方向与矢径 $\boldsymbol{r}=(x,y,z)$ 相同,而且 F 的散度恒为零,证明此向量场为 $\boldsymbol{F}=\dfrac{k}{\rho^3}\boldsymbol{r}$($k$ 是常数).

29. 设有一数量场 $u=u(x,y,z)$,除原点$(0,0,0)$外的点处有连续偏导数,其等值面是以原点为中心的球面. 又数量场的梯度场的散度为零,证明此数量场与$\dfrac{c_1}{\rho}$$\left(\rho=\sqrt{x^2+y^2+z^2}\right)$ 仅差一个常数,其中 c_1 为某固定常数.

第 10 章 微分方程初步

本章将研究常微分方程(组)的基本理论、初等解法及应用,同时介绍偏微分方程的初步知识.

10.1 基本概念与初等积分法

数学史上引出微分方程最著名例子,是 15 世纪文艺复兴时期的意大利艺术家达·芬奇(da Vinci,1452—1519)提出的"恶狼扑兔"问题:

一只兔子正在洞穴正南面 60yd(1yd = 0.914m)的地方觅食,一只饿狼此刻在兔子正东 100yd 的地方游荡.兔子猛然瞟见了饿狼贪婪的目光,于是立刻向自己的洞穴奔去.恶狼眼看即将到口的美食就要跑掉,瞬间以两倍于兔子的速度紧跟着兔子追去.于是,狼与兔之间,展开了一场生与死的追逐.问:兔子能否在被恶狼追到前回到洞穴?

奈皮尔(John Napier,1550—1617)在 16 世纪创立对数理论时,讨论过微分方程的近似解,但是微分方程研究的开端始于伽利略(G. Galileo,1564—1642).17 世纪,欧洲的建筑师们在建筑教堂和房屋时,需要考虑垂直梁和水平梁在外力作用下的变形,以及当外力撤销时梁的恢复程度,也就是梁的弹性问题.伽利略从数学角度对梁的性态进行了研究,并将研究成果记录在《关于两门新科学的对话》一书中.

从 17 世纪末开始,摆的运动、弹性理论、天体力学、质点动力学等实际问题的研究引出了一系列常微分方程,这些问题在当时的数学家之间引起热烈讨论,许多结论出现在数学家们彼此的通信中.其中,莱布尼茨(Leibniz,1646—1716)、雅各布·伯努利(Jakob Bernoulli,1654—1705)、约翰·伯努利(Johann Bernoulli,1667—1748)等人通过研究等时曲线、悬链线、等角轨线等问题,对微分方程的提出和求解做出了重要贡献.

可以说,1740 年之前人们就已经得到了一阶常微分方程的全部初等解法,具体过程如下:

变量可分离方程、齐次方程——1691 年,由莱布尼茨解决,1694 年,由约翰·伯努利整理完善;

一阶线性方程——1694 年,由莱布尼茨使用常数变易法得到其积分解;

伯努利方程——1695 年,由雅各布 · 伯努利提出,并在 1696 年通过分离变量法解决,同一年,莱布尼茨利用变量代换法将其化为线性方程求解;

全微分方程、恰当方程——1734 ~ 1735 年,由欧拉(L. Euler, 1707—1783)提出,并提炼出积分因子法,1739—1740 年,由克莱罗(A. Clairaut,1713—1765)独立引入积分因子的概念;

克莱罗方程——1734 年,由克莱罗提出并解决,并和欧拉同时对奇解进行全面的研究(奇解的完整理论产生于 19 世纪).

二阶微分方程的研究始于 1728 年,由于力学问题的推动,欧拉把一类二阶微分方程用变量替换成一阶微分方程组. 此后,欧拉完整地解决了常系数齐次线性方程的求解问题和非齐次的 n 阶线性常微分方程的求解问题. 拉格朗日(J. Lagrange,1736—1813)在 1762 年至 1765 年间又对变系数齐次线性微分方程进行了研究.

19 世纪,柯西(A. Cauchy,1789—1857)、刘维尔(J. Liouville, 1809—1882)、魏尔斯特拉斯(K. Weierstrass,1815—1879)和皮卡(E. Picard,1865—1941)等人对初值问题的存在唯一性理论做了一系列研究,建立了解的存在性的优势函数、逐次逼近等证明方法.

19 世纪末,法国数学家庞加莱(H. Poincare,1854—1912)依赖几何拓扑直观对定性理论进行了研究,俄国数学家李雅普诺夫(Liapunov,1857—1918)应用十分严密的分析法又进行了研究,他们奠定了微分方程定性理论的基础.

20 世纪,微分方程进入了广泛而又深入发展的阶段. 随着大量边缘学科的产生和发展,出现了不少新型的微分方程(组),微分方程在无线电、飞机飞行、导弹飞行、化学反应等方面得到了广泛的应用,从而进一步促进了这一学科的发展,使之不断完善,对它的研究也从定性上升到定量阶段. 像动力系统、泛函微分方程、奇异摄动方程以及复域上的定性理论等等都是在传统微分方程的基础上发展起来的新分支.

本节将介绍微分方程的基本概念与初等积分法,并在附录中列出了有关一阶初值问题解的存在与唯一性的基本结论.

10.1.1 微分方程的基本概念

含有一个因变量及其对一个或多个自变量导数(偏导数)的方程,称为**微分方程**. 可以说,微分方程是表达自然科学(物理、化学、生物、天文等)一般规律最自然的方式. 这是由于在任何自然过程中,有关变量及其变化率之间,通过制约该过程的某些基本科学原理彼此互相联系,这种联系的数学表示,往往就是一个或多个微分方程.

例如，根据牛顿第二定律，质量为 m 的物体，其加速度 a 正比于作用在其上的合力 F，即 $F=ma$. 若一质量为 m 的物体在只有重力作用下从静止开始自由下落，记 y 为物体下落的距离，则

$$F=m\frac{d^2y}{dt^2}=mg\Rightarrow\frac{d^2y}{dt^2}=g\quad[\text{满足 } y(0)=y'(0)=0].$$

若物体下落除重力作用外，还受到正比于其速度的空气阻力（大小为 $k\frac{dy}{dt}$）的作用，则

$$F=m\frac{d^2y}{dt^2}=mg-k\frac{dy}{dt}\Rightarrow\frac{d^2y}{dt^2}+\frac{k}{m}\frac{dy}{dt}=g\quad[\text{满足 } y(0)=y'(0)=0].$$

上述即为微分方程，它反映了物体下落过程的运动规律.

微分方程可以从以下若干角度进行分类：

1. 常微分方程与偏微分方程

只含一个自变量（即因变量为一元函数）的微分方程称为常微分方程，否则称为偏微分方程；本章除最后一节外，只研究常微分方程，一般情况下，常微分方程简称为微分方程.

2. 一阶微分方程与高阶微分方程

微分方程所含因变量导数或微分的最高阶数 n，称为微分方程的**阶**，$n=1$ 时称为一阶微分方程，$n>1$ 时称为高阶微分方程；n 阶微分方程的一般形式为

$$F\left(x,y,\frac{dy}{dx},\cdots,\frac{d^{(n-1)}y}{dx^{(n-1)}},\frac{d^ny}{dx^n}\right)=0,$$

为简便起见，要求上式可以解出$\frac{d^ny}{dx^n}$，即表示为

$$\frac{d^ny}{dx^n}=f\left(x,y,\frac{dy}{dx},\cdots,\frac{d^{n-1}y}{dx^{n-1}}\right)\text{或 } y^{(n)}=f(x,y,y',\cdots,y^{(n-1)}).$$

3. 线性微分方程与非线性微分方程

若微分方程只含因变量或其导数（微分）的一次式（不考虑自变量的形式），则称为**线性微分方程**，否则称为**非线性微分方程**.

例 10.1　判断下述微分方程的类型：

(1) $\frac{dy}{dx}+\frac{y}{x}=x^3$；　(2) $\frac{d^2y}{dx^2}-5\frac{dy}{dx}+6y=\sin x$；

(3) $(1-x^2)\frac{d^2y}{dx^2}-2x\frac{dy}{dx}+2y=0$；　(4) $\frac{\partial^2u}{\partial x^2}+\frac{\partial^2u}{\partial y^2}+\frac{\partial^2u}{\partial z^2}=0$.

解　(1) 是一个一阶线性（常）微分方程；

(2) 是一个二阶线性（常）微分方程；

(3) 是一个二阶非线性（常）微分方程；

(4) 是一个二阶线性偏微分方程.

下面给出 n 阶（常）微分方程 $F(x,y,y',\cdots,y^{(n)})=0$ 解的概念.

定义 10.1(解、通解与特解) 设函数 $y=\varphi(x)$ 在区间 I 上连续,并且有直到 n 阶的导数,若将 $y=\varphi(x)$ 及其各阶导数代入方程 $F(x,y,y',\cdots,y^{(n)})=0$ 中对 $x\in I$ 恒成立,则称 $y=\varphi(x)$ 为方程在区间 I 上的一个**解**.

若上述 n 阶方程的解包含 n 个**独立的**任意常数,表示为 $y=\varphi(x,C_1,\cdots,C_n)$,且满足

$$\frac{D[\varphi,\varphi',\cdots,\varphi^{(n-1)}]}{D[C_1,C_2,\cdots,C_n]}\triangleq\begin{vmatrix}\dfrac{\partial\varphi}{\partial C_1} & \dfrac{\partial\varphi}{\partial C_2} & \cdots & \dfrac{\partial\varphi}{\partial C_n}\\ \dfrac{\partial\varphi'}{\partial C_1} & \dfrac{\partial\varphi'}{\partial C_2} & \cdots & \dfrac{\partial\varphi'}{\partial C_n}\\ \vdots & \vdots & & \vdots\\ \dfrac{\partial\varphi^{(n-1)}}{\partial C_1} & \dfrac{\partial\varphi^{(n-1)}}{\partial C_2} & \cdots & \dfrac{\partial\varphi^{(n-1)}}{\partial C_n}\end{vmatrix}\neq 0,$$

此时称 $y=\varphi(x,C_1,\cdots,C_n)$ 为 n 阶方程 $F(x,y,y',\cdots,y^{(n)})=0$ 的**通解**.

若上述 n 阶方程的解不包含任意常数,则称其为方程的**特解**.

由定义 10.1 可知,确定了通解中独立的任意常数后,通解就成为特解. 一般通过下述条件(称为**初值条件**)来确定 n 阶方程通解中的任意常数:

$$y(x_0)=y_0,y'(x_0)=y_0',\cdots,y^{(n-1)}(x_0)=y_0^{(n-1)}.$$

将上面的初值条件与 n 阶方程联立,得

$$\begin{cases}F(x,y,y',\cdots,y^{(n)})=0,\\ y(x_0)=y_0,y'(x_0)=y_0',\cdots,y^{(n-1)}(x_0)=y_0^{(n-1)}.\end{cases}$$

上式称为 n 阶微分方程的**初值问题**,也称为**柯西问题**.

例 10.2 验证 $y=C_1\mathrm{e}^x\cos x+C_2\mathrm{e}^x\sin x$ 是二阶微分方程 $y''-2y'+2y=0$ 的通解,并求初值问题 $\begin{cases}y''-2y'+2y=0,\\ y(0)=y'(0)=1,\end{cases}$ 的解.

解 由 $y=C_1\mathrm{e}^x\cos x+C_2\mathrm{e}^x\sin x$,可得

$$y'=(C_1+C_2)\mathrm{e}^x\cos x+(C_2-C_1)\mathrm{e}^x\sin x,y''=2C_2\mathrm{e}^x\cos x-2C_1\mathrm{e}^x\sin x.$$

于是有

$$\begin{aligned}&y''-2y'+2y\\ =&2C_2\mathrm{e}^x\cos x-2C_1\mathrm{e}^x\sin x-2[(C_1+C_2)\mathrm{e}^x\cos x+(C_2-C_1)\mathrm{e}^x\sin x]+\\ &2[C_1\mathrm{e}^x\cos x+C_2\mathrm{e}^x\sin x]\\ =&0.\end{aligned}$$

又由于

$$\frac{D[y,y']}{D[C_1,C_2]}=\begin{vmatrix}\dfrac{\partial y}{\partial C_1} & \dfrac{\partial y}{\partial C_2}\\ \dfrac{\partial y'}{\partial C_1} & \dfrac{\partial y'}{\partial C_2}\end{vmatrix}=\begin{vmatrix}\mathrm{e}^x\cos x & \mathrm{e}^x\sin x\\ \mathrm{e}^x(\cos x-\sin x) & \mathrm{e}^x(\cos x+\sin x)\end{vmatrix}=\mathrm{e}^{2x}\neq 0,$$

故 $y=C_1\mathrm{e}^x\cos x+C_2\mathrm{e}^x\sin x$ 是二阶微分方程 $y''-2y'+2y=0$ 的通解.

由 $y(0)=y'(0)=1$，可得 $C_1=1,C_2=0$，故初值问题的解为 $y=\mathrm{e}^x\cos x$.

为了给出微分方程解的集合解释，下面考虑一阶微分方程 $\frac{\mathrm{d}y}{\mathrm{d}x}=f(x,y)$，其中，$f(x,y)$ 为平面区域 D 上的连续函数.

若 $y=\varphi(x)(x\in I)$ 是上述方程的解，称其曲线 Γ 为**积分曲线**. 任取一点 $P_0=(x_0,y_0)\in\Gamma$，则 $y_0=\varphi(x_0)$ 并且 $y_0'=f(x_0,\varphi(x_0))$，于是 Γ 在 P_0 点的切线方程为

$$y=y_0+f(x_0,y_0)(x-x_0).$$

因此，即使不知道曲线 Γ 的方程，也可以得到 Γ 在任意点处的切线方程.

在区域 D 的任意点 $P(x,y)$，可以作以 $f(x,y)$ 为斜率的短小直线段 $l(P)$，以表明积分曲线在该点的切线方向，称 $l(P)$ 为微分方程 $\frac{\mathrm{d}y}{\mathrm{d}x}=f(x,y)$ 在 $P(x,y)$ 点的**线素**，区域 D 上的全体线素称为微分方程的**线素场**或**方向场**. 这样，求解初值问题 $\begin{cases}y'=f(x,y),\\ y(x_0)=y_0,\end{cases}$ 就是求经过 (x_0,y_0) 且与线素场吻合的一条光滑曲线. 因此，只要线素取得足够细密，就可以由线素场发现积分曲线的草图，从而近似描绘出初值问题的积分曲线. 这种方法在无法求出微分方程精确解（解析解）时，可以使得问题获得近似解决，并得到解的某些性质.

图 10-1 画出了微分方程 $\frac{\mathrm{d}y}{\mathrm{d}x}=x-y^2$ 的线素场，可以发现其解曲线的大致图像.

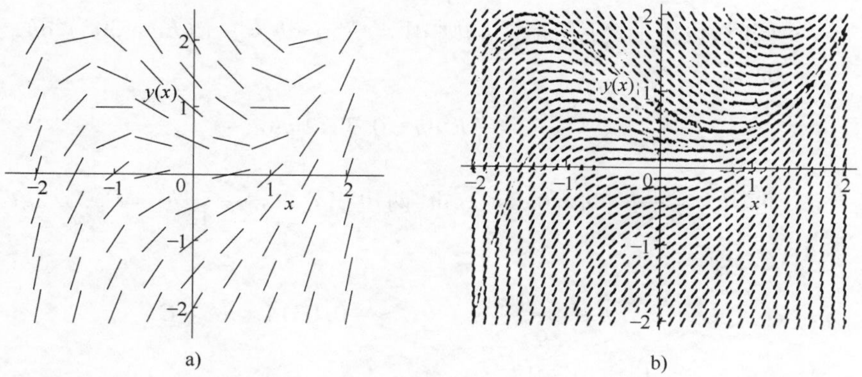

a)　　b)

图　10-1

10.1.2 初等积分法——变量分离与一阶线性方程

初等积分法，是指通过初等函数及有限次积分的表达式求解微

分方程的方法，大体产生于1690年至1740之间. 莱布尼茨、牛顿、伯努利兄弟、欧拉等人，发现了若干方法和技巧，建立了初等积分法的核心内容.

从本节开始，将分类讨论初等积分法，10.1.2～10.1.4节讨论一阶方程的解法，10.1.5节讨论高阶方程的降阶法.

考虑一阶微分方程$\frac{dy}{dx}=f(x,y)$，若函数$f(x,y)=g(x)\cdot h(y)$，即可以表示为x的函数与y的函数的乘积，则称此微分方程为**变量分离的方程**. 可通过如下过程得到其隐式通解：

$$\frac{dy}{dx}=g(x)\cdot h(y)\Rightarrow\frac{dy}{h(y)}=g(x)dx\Rightarrow\int\frac{dy}{h(y)}=\int g(x)dx+C.$$

例10.3 求微分方程$x(y^2-1)dx+y(x^2-1)dy=0$的通解.

解 方程化为$\frac{x}{x^2-1}dx+\frac{y}{y^2-1}dy=0$，两边积分可得

$$\ln|x^2-1|+\ln|y^2-1|=C_1.$$

令$C=\pm e^{C_1}$，可得通解表达式为$(x^2-1)(y^2-1)=C$.

注 当$C=0$时，$y=\pm1$或$x=\pm1$也是原方程的解，因此通解中的C可为任意常数.

例10.4 水从容器的底部孔流出，根据水力学定律，单位时间内流出体积为$0.6\sqrt{2gh}\cdot S$，其中，g为重力加速度；h为底部孔距离水面的深度；S为孔的面积. 现有一盛满水的圆锥形漏斗，高为10cm，顶角$\alpha=60°$，漏斗下面有面积为0.5cm^2的孔. 试求水流出的规律.

解 设$h=h(t)$为t时刻底部孔距离水面的深度，在dt时间内，流出的水的体积为

$$dV=0.6\sqrt{2gh}\cdot S\cdot dt=0.3\sqrt{2gh}dt.$$

同时，设水面高度下降dh，则$dV=-\pi r^2dh=-\pi(h\tan 30°)^2dh$，于是有

$$-\frac{\pi}{3}h^2dh=0.3\sqrt{2gh}dt.$$

可化为$-\frac{\pi}{3}h^{\frac{3}{2}}dh=0.3\sqrt{2g}dt$，两边积分可得$-\frac{2\pi}{15}h^{\frac{5}{2}}=0.3\sqrt{2g}t+C_1$，即

$$t=-\frac{4\pi}{9\sqrt{2g}}h^{\frac{5}{2}}+C\approx-0.0314\cdot h^{\frac{5}{2}}+C.$$

根据$t=0$时，$h=10$，可得$t\approx0.0314\cdot(10^{\frac{5}{2}}-h^{\frac{5}{2}})$. 令$h=0$可得容器中水流尽时间为$t\approx10$s.

例10.5 拖拉机后面通过长为a的不可拉伸的钢绳拖拉着一个重物，拖拉机的初始位置在坐标原点，重物的初始位置在点$A(0,a)$. 求拖拉机沿x轴正向前进时，重物运动的轨迹曲线（曳物

线问题).

解　物体沿曲线的运动方向为曲线的切线方向,如图 10-2 所示,当拖拉机前进到 x 轴上的 P 点时,重物运动到 $Q(x,y)$ 点处,记 N 为 Q 在 x 轴上的投影,则有

$$PQ=a,QN=y,PN=\sqrt{a^2-y^2}.$$

由于 PQ 为所求曲线的切线,故 $\frac{dy}{dx}=-\frac{QN}{PN}=-\frac{y}{\sqrt{a^2-y^2}}$,分离变量可得

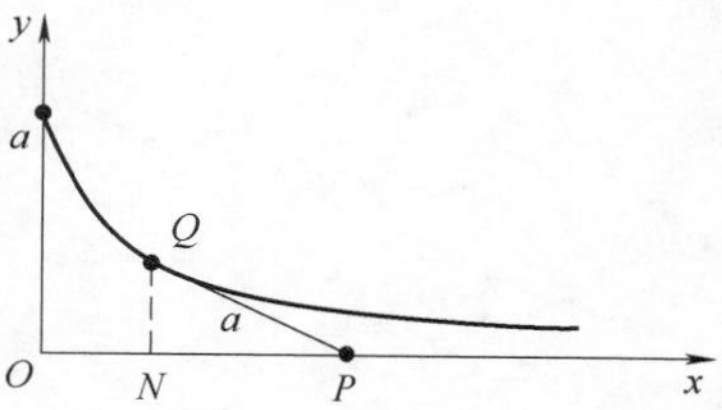

图　10-2

$$\frac{\sqrt{a^2-y^2}dy}{y}=-dx.$$

两边积分,可求出隐式通解为

$$\sqrt{a^2-y^2}-a\ln\frac{a+\sqrt{a^2-y^2}}{y}=-x+C.$$

根据 $x=0,y=a$ 可得 $C=0$,因此,轨迹曲线(曳物线)方程为

$$x=a\ln\frac{a+\sqrt{a^2-y^2}}{y}-\sqrt{a^2-y^2}.$$

下面考虑**一阶线性微分方程**,其一般形式为

$$\frac{dy}{dx}+p(x)y=q(x).$$

其中 $p(x)$,$q(x)$ 连续. 若 $q(x)\equiv 0$,方程变为 $\frac{dy}{dx}+p(x)y=0$,称为**一阶齐次线性微分方程**,否则称为**一阶非齐次线性微分方程**.

容易发现,一阶齐次线性微分方程是变量分离的方程,化为 $\frac{dy}{y}=-p(x)dx$ 后两边积分可得其通解为 $y=Ce^{\int -p(x)dx}$.

那么如何求解非齐次方程呢?设 $y=C(x)e^{\int -p(x)dx}$,代入非齐次方程后可得

$$\frac{dC(x)}{dx}e^{\int -p(x)dx}-C(x)p(x)e^{\int -p(x)dx}+C(x)p(x)e^{\int -p(x)dx}=q(x),$$

即 $dC(x)=e^{\int p(x)dx}q(x)dx$,于是 $C(x)=\int e^{\int p(x)dx}q(x)dx+C$,因此非齐次方程的通解为

$$y=e^{\int -p(x)dx}\left[\int e^{\int p(x)dx}q(x)dx+C\right].$$

上述通过将齐次方程通解中的常数变易为待定函数,进而求出非齐次方程通解的方法,一般称为**常数变易法**.

注 1　非齐次方程的通解可以写为两项之和: $y=Ce^{\int -p(x)dx}+e^{\int -p(x)dx}\cdot\int e^{\int p(x)dx}q(x)dx$,前者为齐次方程的通解,后者为非齐次方

程的一个特解.

注2 对于一阶线性微分方程,满足以下几条解的性质:(请读者自行证明)

(1) 齐次方程的解或者恒为零,或者恒不为零;

(2) 线性方程的解在使得 $p(x)$,$q(x)$连续的区间上都存在;

(3) 同一个齐次方程解的任意线性组合,仍为该齐次方程的解;

(4) 同一个非齐次方程两个解的差,为相应齐次方程的解.

例 10.6 求微分方程 $x\dfrac{\mathrm{d}y}{\mathrm{d}x}+2y=\sin x$ 满足 $y(\pi)=\dfrac{1}{\pi}$的特解.

解 上述微分方程化为$\dfrac{\mathrm{d}y}{\mathrm{d}x}+\dfrac{2}{x}y=\dfrac{\sin x}{x}$,其通解为

$$y=\mathrm{e}^{\int-\frac{2}{x}\mathrm{d}x}\left(\int\mathrm{e}^{\int\frac{2}{x}\mathrm{d}x}\frac{\sin x}{x}\mathrm{d}x+C\right)=\frac{1}{x^2}(\sin x-x\cos x+C).$$

代入 $y(\pi)=\dfrac{1}{\pi}$可得 $C=0$,故所求特解为 $y=\dfrac{1}{x^2}(\sin x-x\cos x)$.

例 10.7 设微分方程 $\dfrac{\mathrm{d}y}{\mathrm{d}x}+ay=f(x)$,其中,$a>0$ 为常数,$f(x)$是以 2π 为周期的连续函数,求此微分方程的 2π 周期解.

解 上述微分方程的通解为

$$y=\mathrm{e}^{\int-a\mathrm{d}x}\left[\int\mathrm{e}^{\int a\mathrm{d}x}f(x)\mathrm{d}x+C\right]=C\mathrm{e}^{-ax}+\int_0^x\mathrm{e}^{-a(x-s)}f(s)\mathrm{d}s.$$

下面证明若 $y(x)$是所给微分方程的解,满足 $y(0)=y(2\pi)$,则 $y(x)$以 2π 为周期.

首先,注意 $f(x)$以 2π 为周期,则 $y(x+2\pi)$也是所给微分方程的解,因此根据注 2(3),有

$$\varphi(x)=y(x)-y(x+2\pi)$$

为齐次方程$\dfrac{\mathrm{d}y}{\mathrm{d}x}+ay=0$ 的解,且 $\varphi(0)=0$. 再根据注 2(1)可知,$\varphi(0)\equiv0$,故 $y(x)\equiv y(x+2\pi)$,即 $y(x)$以 2π 为周期.

将 $y(0)=y(2\pi)$结合通解可得

$$C=C\mathrm{e}^{-2\pi a}+\int_0^{2\pi}\mathrm{e}^{-a(2\pi-s)}f(s)\mathrm{d}s=C\mathrm{e}^{-2\pi a}+\int_{-2\pi}^0\mathrm{e}^{at}f(t)\mathrm{d}t\ (t=s-2\pi),$$

则 $C=\dfrac{1}{\mathrm{e}^{2\pi a}-1}\displaystyle\int_{-2\pi}^0\mathrm{e}^{a(2\pi+t)}f(t)\mathrm{d}t$. 因此,所求微分方程的 2π 周期解为

$$y=\frac{1}{\mathrm{e}^{2\pi a}-1}\int_{-2\pi}^0\mathrm{e}^{a(2\pi-x+t)}f(t)\mathrm{d}t+\int_0^x\mathrm{e}^{-a(x-s)}f(s)\mathrm{d}s.$$

注意到$\displaystyle\int_{-2\pi}^0\mathrm{e}^{a(2\pi-x+t)}f(t)\mathrm{d}t=\int_0^{2\pi}\mathrm{e}^{-a(x-s)}f(s)\mathrm{d}s$以及$\mathrm{e}^{2\pi a}\displaystyle\int_0^x\mathrm{e}^{-a(x-s)}f(s)\mathrm{d}s=\int_{2\pi}^{2\pi+x}\mathrm{e}^{-a(x-s)}f(s)\mathrm{d}s$,故

$$y=\frac{1}{e^{2\pi a}-1}\left[\int_0^{2\pi}e^{-a(x-s)}f(s)ds+e^{2\pi a}\int_0^{x}e^{-a(x-s)}f(s)ds-\int_0^{x}e^{-a(x-s)}f(s)ds\right]$$
$$=\frac{1}{e^{2\pi a}-1}\left[\int_0^{2\pi}e^{-a(x-s)}f(s)ds+\int_{2\pi}^{2\pi+x}e^{-a(x-s)}f(s)ds-\int_0^{x}e^{-a(x-s)}f(s)ds\right]$$
$$=\frac{1}{e^{2\pi a}-1}\int_x^{2\pi+x}e^{-a(x-s)}f(s)ds.$$

10.1.3 初等积分法——初等变换

17 世纪末,莱布尼茨等人利用变量替换法将若干不能直接求解的方程化为可分离变量或一阶线性方程,其中最著名的是齐次方程和伯努利方程.本节从这两种基本方程出发,进而利用初等变换求解其他类型的一阶微分方程.

若存在 n,对任意实数 t,函数 $f(x,y)$ 满足恒等式 $f(tx,ty)=t^nf(x,y)$,则称 $f(x,y)$ 为 n 次**齐次函数**;若一阶微分方程 $\frac{dy}{dx}=f(x,y)$ 中的 $f(x,y)$ 为 0 次齐次函数,称此方程为**齐次方程**.

注 1　若令 $u=\frac{y}{x}$,即 $y=xu$,当 $f(x,y)$ 为 0 次齐次函数时,

$$f(x,y)=f(x,xu)=f(1,u)\triangleq\varphi(u)=\varphi\left(\frac{y}{x}\right).$$

因此,齐次方程可以表示为 $\frac{dy}{dx}=f\left(\frac{y}{x}\right)$.

注 2　对于齐次方程,做变换 $u=\frac{y}{x}$,则 $y=xu$,$\frac{dy}{dx}=x\frac{du}{dx}+u$,于是方程化为

$$x\frac{du}{dx}=f(u)-u,$$

这成为一个可分离变量微分方程,其隐式通解为

$$\int\frac{du}{f(u)-u}=\int\frac{dx}{x}+C_1=\ln|Cx|.$$

注 3　对于形如 $\frac{dy}{dx}=f(ax+by+c)$(其中,a,b,c 为常数,$b\neq0$)的一阶微分方程,令 $u=ax+by+c$,则方程化为 $\frac{du}{dx}=bf(u)+a$,仍为可分离变量微分方程.

注 4　对于形如 $\frac{dy}{dx}=\frac{1}{x^2}f(xy)$ 的一阶微分方程,令 $u=xy$,则方程化为 $x\frac{du}{dx}=u+f(u)$,也是可分离变量微分方程.

注 5　对于形如 $\frac{dy}{dx}=f\left(\frac{ax+by+c}{mx+ny+l}\right)$ 的一阶微分方程,有以下几种情形:

(1) 若 $an-bm\neq 0$，当 $c=l=0$ 时，即为齐次方程 $\frac{\mathrm{d}y}{\mathrm{d}x}=f\left(\frac{ax+by}{mx+ny}\right)$；否则令 $\begin{cases}x=\xi+\alpha,\\ y=\eta+\beta,\end{cases}$ 其中，α,β 为方程组 $\begin{cases}a\alpha+b\beta+c=0,\\ m\alpha+n\beta+l=0,\end{cases}$ 的唯一解，亦可化为齐次方程 $\frac{\mathrm{d}y}{\mathrm{d}x}=f\left(\frac{a\xi+b\eta}{m\xi+n\eta}\right)$.

(2) 若 $an-bm=0$，当 $a=b=0$ 时，即为方程 $\frac{\mathrm{d}y}{\mathrm{d}x}=f\left(\frac{c}{mx+ny+l}\right)$，由注 3 可解；否则，令 $\lambda=\frac{m}{a}=\frac{n}{b}$，则方程可化为 $\frac{\mathrm{d}y}{\mathrm{d}x}=f\left(\frac{ax+by+c}{\lambda(ax+by)+l}\right)$，亦是如同注 3 的方程.

例 10.8 求下列微分方程的通解：

(1) $\frac{\mathrm{d}y}{\mathrm{d}x}=\frac{x-y}{x+y}$； (2) $\frac{\mathrm{d}y}{\mathrm{d}x}=\cos(x-y)$；

(3) $x^2\frac{\mathrm{d}y}{\mathrm{d}x}=x^2y^2+xy+1$.

解 (1) 令 $u=\frac{y}{x}$，则方程化为 $x\frac{\mathrm{d}u}{\mathrm{d}x}=\frac{1-2u-u^2}{1+u}$，分离变量可得 $\frac{1+u}{1-2u-u^2}\mathrm{d}u=\frac{\mathrm{d}x}{x}$，两边同时积分，有 $-\frac{1}{2}\ln|1-2u-u^2|=\ln x+C_1$，化简后代入 $u=\frac{y}{x}$ 可得隐式通解为 $x^2-2xy-y^2=C$.

(2) 令 $u=x-y$，则方程化为 $1-\frac{\mathrm{d}u}{\mathrm{d}x}=\cos u$，分离变量可得 $\frac{\mathrm{d}u}{1-\cos u}=\mathrm{d}x$，两边同时积分，有 $-\cot\frac{u}{2}=x+C$，代入 $u=x-y$ 可得隐式通解为 $\cot\frac{y-x}{2}=x+C$.

(3) 令 $u=xy$，则方程化为 $x\frac{\mathrm{d}u}{\mathrm{d}x}=u^2+2u+1$，分离变量可得 $\frac{\mathrm{d}u}{(u+1)^2}=\frac{\mathrm{d}x}{x}$，两边同时积分，有 $-\frac{1}{u+1}=\ln x+C$，代入 $u=xy$ 可得通解为 $y=-\frac{1}{x}-\frac{1}{Cx+x\ln|x|}$.

形如 $\frac{\mathrm{d}y}{\mathrm{d}x}+p(x)y=q(x)y^n$（其中 $n\neq 0,1$）的微分方程称为**伯努利方程**，它是在 1695 年由雅各布 · 伯努利提出的，随后，莱布尼茨利用变量代换法将其化为一阶线性方程求解.

令 $u=y^{1-n}$，则 $\frac{\mathrm{d}u}{\mathrm{d}x}=(1-n)y^{-n}\frac{\mathrm{d}y}{\mathrm{d}x}$，于是在伯努利方程两边同时乘以 $(1-n)y^{-n}$ 后，化为

$$\frac{\mathrm{d}u}{\mathrm{d}x}+(1-n)p(x)u=(1-n)q(x),$$

即成为关于函数 $u=u(x)$ 的一阶线性微分方程.

例 10.9　求微分方程 $y'=x^3y^3-xy$ 的通解.

解　该方程为 $n=3$ 的伯努利方程,令 $u=y^{-2}$,则方程化为

$$\frac{du}{dx}-2xu=-2x^3.$$

利用一阶线性方程的通解公式,

$$u=e^{\int 2x dx}\left(-2\int e^{\int -2x dx}x^3 dx+C\right)=Ce^{x^2}+x^2+1.$$

因此,所求方程的特解为 $y=(Ce^{x^2}+x^2+1)^{-\frac{1}{2}}$.

伯努利方程是一种很容易化为线性方程的非线性方程,人们自然会问,是不是其他类型的非线性方程也可以化为线性方程?

在非线性方程中,最先考虑的是二次方程,形如

$$\frac{dy}{dx}=p(x)y^2+q(x)y+r(x),$$

该方程也称为**里卡蒂**(Jacopo Riccati,1676—1754)方程. 很不幸的是,一般而言,里卡蒂方程不能用初等积分法求解.

注 1　若里卡蒂方程中 $r(x)\equiv 0$,则成为伯努利方程($n=2$).

注 2　若已知里卡蒂方程的一个特解 $y=y_1(x)$,做变换 $y=u+y_1(x)$,代入方程可得

$$\begin{aligned}\frac{du}{dx}+\frac{dy_1}{dx}&=p(x)(u+y_1)^2+q(x)(u+y_1)+r(x)\\&=p(x)u^2+[2y_1p(x)+q(x)]u+[p(x)y_1^2+q(x)y_1+r(x)],\end{aligned}$$

再根据 y_1 是方程的解,即 $\frac{dy_1}{dx}=p(x)y_1^2+q(x)y_1+r(x)$,可得

$$\frac{du}{dx}=p(x)u^2+[2y_1p(x)+q(x)]u,$$

即成为关于函数 $u=u(x)$ 的伯努利方程($n=2$).

注 3　对于如下形式的里卡蒂方程

$$\frac{dy}{dx}+ay^2=bx^m\ (a\neq 0),$$

其可用初等积分法求解的充要条件是 $m=0,-2,\frac{-4k}{2k+1},\frac{-4k}{2k-1}$ $(k=1,2,\cdots)$.

早在 1725 年,丹尼尔·伯努利(Daniel Bernoulli,1700—1782,约翰·伯努利之子)就证明了该条件的充分性(通过初等变换化为可分离变量微分方程,例如 $m=-2$ 可令 $u=xy$),1841 年,法国数学家刘维尔(J. Liouville,1809—1882)证明了该条件的必要性.

这是一个令人吃惊的结论,因为一些形式非常简单的方程(如里卡蒂方程 $\frac{dy}{dx}=x^2+y^2$)却无法用初等积分法求解! 这就迫使人们

放弃了将主要注意力放在微分方程的(初等积分法)求解上,转而考虑其他更一般的问题,例如:从理论上研究微分方程的解是否存在、唯一? 如何利用微分方程本身的特点推断解的属性(周期性、有界性、稳定性等)? 在什么条件下微分方程的解可以表示为幂级数? 如何得到微分方程的近似解? 等等.

注 4 对于二阶齐次线性微分方程$\frac{d^2y}{dx^2}+p(x)\frac{dy}{dx}+q(x)y=0$,令$y=e^{\int u dx}$,则$\frac{dy}{dx}=e^{\int u dx}\cdot u$,$\frac{d^2y}{dx^2}=e^{\int u dx}\cdot u^2+e^{\int u dx}\cdot\frac{du}{dx}$,于是上述二阶齐次线性方程可以化为如下的里卡蒂方程:

$$\frac{du}{dx}+u^2+p(x)u+q(x)=0.$$

由此可以了解里卡蒂方程的重要意义.

10.1.4 初等积分法——恰当方程与积分因子

考虑微分方程

$$P(x,y)dx+Q(x,y)dy=0,$$

若存在一个可微函数$f(x,y)$使得$df(x,y)=P(x,y)dy+Q(x,y)dx$,即$P(x,y)=\frac{df}{dx}$,$Q(x,y)=\frac{df}{dy}$,则称此微分方程为**全微分方程**,或**恰当方程**,其通解显然为$f(x,y)=C$.

注 1 若$P(x,y)$,$Q(x,y)$在某矩形区域内连续可微,则上述方程为恰当方程的充要条件是

$$\frac{\partial P(x,y)}{\partial y}=\frac{\partial Q(x,y)}{\partial x}.$$

此时,该方程的通解为$\int_{x_0}^{x}P(x,y)dx+\int_{y_0}^{y}Q(x_0,y)dy=C$或$\int_{x_0}^{x}P(x,y_0)dx+\int_{y_0}^{y}Q(x,y)dy=C$.

注 2 求恰当方程的解,除了利用注 1 中的积分方法之外,也可以使用“分组凑全微分”的方法.

例 10.10 求微分方程$(2x\sin y+3x^2y)dx+(x^3+x^2\cos y+y^2)dy=0$的通解.

解 由于$\frac{\partial(2x\sin y+3x^2y)}{\partial y}=2x\cos y+3x^2=\frac{\partial(x^3+x^2\cos y+y^2)}{\partial x}$,因此方程为全微分方程.

使用分组凑全微分的方法,注意到

$$2x\sin y dx+x^2\cos y dy=d(x^2\sin y),3x^2y dx+x^3 dy=d(x^3y),y^2dy=\frac{1}{3}dy^3,$$

因此

$$(2x\sin y+3x^2y)dx+(x^3+x^2\cos y+y^2)dy=d\left(x^2\sin y+x^3y+\frac{1}{3}y^3\right).$$

所求方程的通解为 $x^2\sin y+x^3y+\frac{1}{3}y^3=C$.

将 10.1.2 节中的一阶线性方程表示为

$$dy+[p(x)y-q(x)]dx=0,$$

两边同时乘以 $e^{\int p(x)dx}$,即成为一个恰当方程:(请读者验证并写出通解)

$$e^{\int p(x)dx}dy+e^{\int p(x)dx}[p(x)y-q(x)]dx=0.$$

一阶线性方程的这种解法,称为**积分因子法**,函数 $e^{\int p(x)dx}$ 称为**积分因子**.

一般来说,对于微分方程 $M(x,y)dx+N(x,y)dy=0$,若存在 $\mu(x,y)$,使得

$$\mu(x,y)M(x,y)dx+\mu(x,y)N(x,y)dy=0$$

成为恰当方程,则称 $\mu(x,y)$ 为原方程的**积分因子**.

问题是,对于给定的微分方程,是否存在积分因子?如果存在,如何求积分因子?有以下几种情形.

(ⅰ) $\mu(x,y)$ 为方程 $M(x,y)dx+N(x,y)dy=0$ 的积分因子的充要条件是

$$N\frac{\partial\mu}{\partial x}-M\frac{\partial\mu}{\partial y}=\left(\frac{\partial M}{\partial y}-\frac{\partial N}{\partial x}\right)\mu.$$

(ⅱ) 方程 $M(x,y)dx+N(x,y)dy=0$ 存在只与 x 有关的积分因子 $\mu(x)$ 的充要条件是

$$\frac{\frac{\partial M}{\partial y}-\frac{\partial N}{\partial x}}{N}=\psi(x),$$

即等号左边为 x 的函数,此时积分因子 $\mu(x)=e^{\int\psi(x)dx}$.

(ⅲ) 同理,方程 $M(x,y)dx+N(x,y)dy=0$ 存在只与 y 有关的积分因子 $\mu(y)$ 的充要条件是

$$\frac{\frac{\partial M}{\partial y}-\frac{\partial N}{\partial x}}{-M}=\psi(y),$$

即等号左边为 y 的函数,此时积分因子 $\mu(y)=e^{\int\psi(y)dy}$.

例 10.11　求微分方程 $(3x^2+y)dx+(2x^2y-x)dy=0$ 的通解.

解　由于 $M(x)=3x^2+y,N(x)=2x^2y-x$, $\frac{\partial M}{\partial y}-\frac{\partial N}{\partial x}=2-4xy\neq 0$, 故原方程不是恰当方程.

又由于 $\frac{\frac{\partial M}{\partial y}-\frac{\partial N}{\partial x}}{N}=-\frac{2}{x}$, 符合上述情形(ⅱ),可取积分因子为 $\mu(x)=e^{\int-\frac{2}{x}dx}=\frac{1}{x^2}$. 于是原方程两边同时乘以 $\frac{1}{x^2}$ 可得恰当方程

$\left(3+\dfrac{y}{x^2}\right)\mathrm{d}x+\left(2y-\dfrac{1}{x}\right)\mathrm{d}y=0$,即

$$3\mathrm{d}x+2y\mathrm{d}y-\left(\frac{1}{x}\mathrm{d}y-\frac{y}{x^2}\mathrm{d}x\right)=0,$$

因此原方程通解为$\dfrac{3}{2}x+y^2-\dfrac{y}{x}=C.$

例 10.12 求证$\mu(x,y)=\dfrac{1}{xP(x,y)+yQ(x,y)}$为齐次方程 $P(x,y)\mathrm{d}x+Q(x,y)\mathrm{d}y=0$ 的积分因子,并用此结论求微分方程$(x+y)\mathrm{d}x-(x-y)\mathrm{d}y=0$ 的通解.

解 设 n 为齐次函数 $P(x,y)$,$Q(x,y)$的次数,令 $y=ux$,则 $\mathrm{d}y=u\mathrm{d}x+x\mathrm{d}u$,且

$$P(x,y)=x^nP(1,u),Q(x,y)=x^nQ(1,u).$$

原方程变成 $x^n[P(1,u)+uQ(1,u)]\mathrm{d}x+x^{n+1}Q(1,u)\mathrm{d}u=0$,显然有积分因子$\dfrac{1}{x^{n+1}[P(1,u)+uQ(1,u)]}$,即为$\dfrac{1}{xP(x,y)+yQ(x,y)}$.

对于方程$(x+y)\mathrm{d}x-(x-y)\mathrm{d}y=0$,取积分因子$\mu(x,y)=\dfrac{1}{x(x+y)-y(x-y)}=\dfrac{1}{x^2+y^2}$,原方程两边同时乘以该积分因子,可得恰当方程$\dfrac{x+y}{x^2+y^2}\mathrm{d}x+\dfrac{y-x}{x^2+y^2}\mathrm{d}y=0$. 注意到

$$\frac{x\mathrm{d}x+y\mathrm{d}y}{x^2+y^2}=\mathrm{d}\left[\frac{1}{2}\ln\left(x^2+y^2\right)\right],\frac{x\mathrm{d}y-y\mathrm{d}x}{x^2+y^2}=\mathrm{d}\left(\arctan\frac{y}{x}\right),$$

因此,方程的特解为$\dfrac{1}{2}\ln(x^2+y^2)-\arctan\dfrac{y}{x}=\ln C$,即$\sqrt{x^2+y^2}=Ce^{\arctan\frac{y}{x}}$.

10.1.5 初等积分法——降阶法

对于高阶微分方程,其求解比较复杂,本节介绍通过适当的变量代换降低方程阶数的三种方法——称为**降阶法**,这三类微分方程也称为**可降阶微分方程**.

1. $y^{(n)}=f(x)$型方程

此类方程的特点是右端仅含自变量,只需通过 n 次积分即可得到其通解,每次积分都会出现一个任意常数,因此通解中含有 n 个独立常数.

例如,$y'''=\sin x$,需要积分三次,第一次积分可得 $y''=-\cos x+C_1$,第二次积分可得 $y'=-\sin x+C_1x+C_2$,第三次积分即得通解 $y=\cos x+\dfrac{1}{2}C_1x^2+C_2x+C_3$.

2. $y^{(n)}=f(x,y^{(k)},\cdots,y^{(n-1)})$型方程

此类方程的特点是右端不显含 y 及 $y',\cdots,y^{(k-1)}$,做变换 $p(x)=$

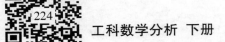

$y^{(k)}(x)$，则方程化为

$$y^{(n-k)}=f(x,p,\cdots,p^{(n-k-1)}),$$

这样成为一个 $n-k$ 阶微分方程，从而降阶 k 次. 特别地，对于形如 $y''=f(x,y')$ 的二阶微分方程，令 $p(x)=y'(x)$ 可将其化为关于 p 的一阶微分方程 $p'=f(x,p)$.

例 10.13　求微分方程 $(1+x^2)y''=2xy'$ 的通解.

解　令 $p(x)=y'(x)$，则方程化为 $(1+x^2)\dfrac{\mathrm{d}p}{\mathrm{d}x}=2xp$，分离变量可得

$$\frac{\mathrm{d}p}{p}=\frac{2x}{1+x^2}\mathrm{d}x,$$

上式两边积分，得 $\ln|p|=\ln(1+x^2)+\ln|C_1|$，故 $p=C_1(1+x^2)$，即

$$y'=C_1(1+x^2),$$

再次积分可得原方程的通解为

$$y=C_1\left(x+\frac{x^3}{3}\right)+C_2.$$

3. $y^{(n)}=f(y,y',\cdots,y^{(n-1)})$ 型方程

此类方程的特点是右端不显含自变量 x，可将 y 视为自变量，并令 $y'=p(y)$，则

$$y''=\frac{\mathrm{d}y'}{\mathrm{d}x}=\frac{\mathrm{d}p}{\mathrm{d}x}=\frac{\mathrm{d}p}{\mathrm{d}y}\cdot\frac{\mathrm{d}y}{\mathrm{d}x}=p'\cdot p.$$

同样，

$$y'''=\frac{\mathrm{d}y''}{\mathrm{d}y}\cdot\frac{\mathrm{d}y}{\mathrm{d}x}=\frac{\mathrm{d}(p'\cdot p)}{\mathrm{d}y}\cdot\frac{\mathrm{d}y}{\mathrm{d}x}=p(p''\cdot p+p'^2)=p^2p''+pp'^2.$$

归纳地，可以发现，y 的 n 阶导数可化为 p 的 $n-1$ 阶导数. 这样，就将关于 y 的 n 阶微分方程化为关于 p 的 $n-1$ 阶微分方程，从而降阶一次.

特别地，对于形如 $y''=f(y,y')$ 的二阶微分方程，令 $y'=p(y)$，可将其化为以 y 为自变量、p 为因变量的一阶微分方程 $p\cdot p'=f(y,p)$.

例 10.14　求微分方程 $y''+k^2y=0$ 的通解.

解　此方程不显含 x，符合第三种类型. 视 y 为自变量，令 $y'=p(y)$，则 $y''=p\dfrac{\mathrm{d}p}{\mathrm{d}y}$，方程化为

$$p\frac{\mathrm{d}p}{\mathrm{d}y}+k^2y=0\Rightarrow 2p\mathrm{d}p+2k^2y\mathrm{d}y=0.$$

积分可得 $p^2+k^2y^2=C$，记 $C=k^2a^2$，则 $\dfrac{\mathrm{d}y}{\mathrm{d}x}=\pm k\sqrt{a^2-y^2}$，即

$$\frac{\mathrm{d}y}{\sqrt{a^2-y^2}}=\pm k\mathrm{d}x.$$

继续积分可得 $\arcsin\dfrac{y}{a}=\pm kx+b$，通解为 $y=a\sin(\pm kx+b)$，亦可

写成 $y=C_1\sin kx+C_2\cos kx$.

例 10.15 求微分方程 $y'\cdot y'''-2(y'')^2=0$ 的通解.

解 此方程不显含 x 与 y,同时符合第二种类型和第三种类型.

首先,令 $p(x)=y'(x)$,则 $y''=p'$,$y'''=p''$,方程化为 $p\cdot p''-2(p')^2=0$.

再令 $p'=q(p)$,则 $p''=q\cdot q'$,上述方程化为 $pq\cdot\dfrac{dq}{dp}-2q^2=0$.

若 $p,q\neq 0$,有

$$\frac{dq}{q}=\frac{2dp}{p},$$

两边积分可得 $\ln|q|=2\ln|p|+\ln|-C_1|$,即$\dfrac{dp}{dx}=q=-C_1p^2$.

然后,分离变量可得$\dfrac{dp}{p^2}=-C_1dx$,两边积分有

$$-\frac{1}{p}=-C_1x-C_2,\text{即 } p=\frac{1}{C_1x+C_2}.$$

最后,解方程$\dfrac{dy}{dx}=p=\dfrac{1}{C_1x+C_2}$,可得原方程通解

$$y=\frac{1}{C_1}\ln|C_1x+C_2|+C_3.$$

若 $q=p'=y''=0$,则 $y=A_1x+A_2$ 亦是原方程的解,若 $p=y'=0$,则 $y=A$,它包含在上述解中.

例 10.16 一小船 A 从原点出发,以匀速 v_0 沿 y 轴正向行驶,另一小船 B 从 x 轴上的点$(x_0,0)(x_0<0)$出发,朝 A 追去,其速度方向始终指向 A,速度大小为常数 v_1(见图 10-3),求船 B 的运动方程,并计算当 $v_1>v_0$ 时,船 B 需要多长时间才能追上船 A?(追线问题)

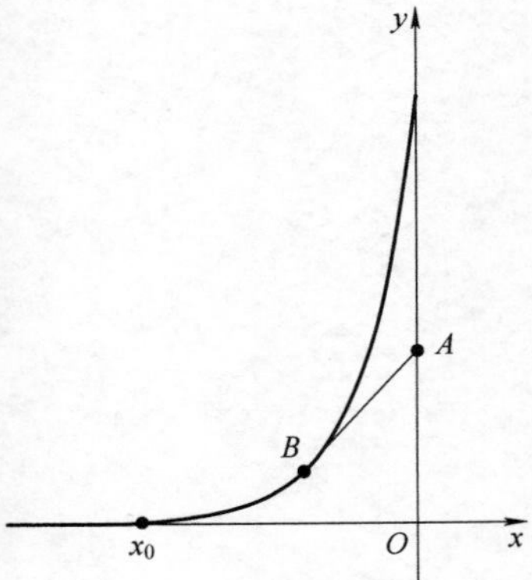

图 10-3

解 设小船的运动轨迹为 $y=y(x)$. 设 t 时刻船 B 的位置为(x,y),此时船 A 的位置为$(0,v_0t)$,根据船 B 的方向指向船 A,有

$$\frac{dy}{dx}=\frac{v_0t-y}{-x}.$$

又由于船 B 的速度为 v_1,可知 $\int_{x_0}^{x}\sqrt{1+y'^2}dx=v_1t$,两式消去 t,可得

$$\frac{1}{v_1}\int_{x_0}^{x}\sqrt{1+\left(\frac{dy}{dx}\right)^2}dx=\frac{1}{v_0}\left(y-x\frac{dy}{dx}\right),$$

等号两边同时对 x 求导,得到二阶微分方程

$$x\frac{d^2y}{dx^2}+\frac{v_0}{v_1}\sqrt{1+\left(\frac{dy}{dx}\right)^2}=0,$$

上式为可降阶微分方程,令 $p=\dfrac{dy}{dx}$,方程化为

$$x\frac{dp}{dx}+k\sqrt{1+p^2}=0\left(k=\frac{v_0}{v_1}\right)\Rightarrow\frac{dp}{\sqrt{1+p^2}}+k\frac{dx}{x}=0.$$

两边积分可得 $\ln(p+\sqrt{1+p^2})+k\ln|x|=C$，代入 $\left.\dfrac{dy}{dx}\right|_{x=x_0}=p|_{x=x_0}=0$ 得 $C=k\ln(-x_0)$，因此

$$p+\sqrt{1+p^2}=\left(\frac{x_0}{x}\right)^k \Rightarrow p=\frac{dy}{dx}=\frac{1}{2}\left[\left(\frac{x_0}{x}\right)^k-\left(\frac{x}{x_0}\right)^k\right],$$

两边继续积分，注意到 $y|_{x=x_0}=0$，解得满足初值条件的特解为

（1）当 $k=\dfrac{v_0}{v_1}=1$ 时，$y(x)=-\dfrac{x_0}{2}\left[\ln\dfrac{x_0}{x}+\dfrac{1}{2}\left(\dfrac{x}{x_0}\right)^2-\dfrac{1}{2}\right]$；

（2）当 $k=\dfrac{v_0}{v_1}\neq 1$ 时，$y(x)=-\dfrac{x_0}{2}\left[\dfrac{1}{k-1}\left(\dfrac{x_0}{x}\right)^{k-1}+\dfrac{1}{k+1}\left(\dfrac{x}{x_0}\right)^{k+1}-\dfrac{2k}{k^2-1}\right]$.

若要船 B 追上船 A，需满足 $\lim\limits_{x\to 0^-}y(x)$ 存在且有限，显然需要 $k<1$，此时

$$S=\lim_{x\to 0^-}y(x)=-\frac{x_0}{2}\lim_{x\to 0^-}\left[\frac{1}{k-1}\left(\frac{x_0}{x}\right)^{k-1}+\frac{1}{k+1}\left(\frac{x}{x_0}\right)^{k+1}-\frac{2k}{k^2-1}\right]=\frac{x_0k}{k^2-1}=\frac{x_0v_0v_1}{v_0^2-v_1^2}.$$

故船 B 追上船 A 所需时间为 $T=\dfrac{S}{v_0}=\dfrac{x_0v_1}{v_0^2-v_1^2}$.

注　在本节开始提到的“恶狼扑兔”问题中，$x_0=-100$，$k=\dfrac{1}{2}$，则 $S=\dfrac{x_0k}{k^2-1}=\dfrac{200}{3}$. 即在恶狼追到兔子的时候，兔子可以逃跑 $\dfrac{200}{3}$yd，由于兔子距离洞穴的距离 $60<\dfrac{200}{3}$，故兔子能在被恶狼追到前回到洞穴.

值得注意的是，如果恶狼直接奔向兔子的洞穴，由于 $\sqrt{100^2+60^2}=\sqrt{13600}<2\cdot 60=120$，则可以在兔子之前先抵达洞穴！

附录　一阶初值问题解的存在与唯一性

解的存在唯一性是微分方程理论研究的基本问题. 19 世纪 20 年代，柯西首先严格证明了一阶初值问题解的存在唯一性定理，为微分方程理论的发展奠定了坚实的基础. 此后，许多著名数学家对此展开研究，在各种条件下讨论解的存在唯一性，并给出解的延拓及其存在最大区间等. 下面不加证明地介绍最常用的几个结论.

若函数 $f(x,y)$ 在区域 D 内满足

$$|f(x,y_1)-f(x,y_2)|\leqslant L|y_1-y_2|,$$

其中，$L>0$，则称 $f(x,y)$ 在区域 D 内关于 y 满足**利普希茨（Lipschitz）条件（简称 L- 条件）**. 显然，若 D 为有界凸闭区域，且 $f_y(x,y)$ 在 D 内连续时（这是柯西最初证明微分方程解的存在唯一性时所假设的条件），则 $f(x,y)$ 在 D 内关于 y 满足 L- 条件.

皮卡(E. Picard)给出了如下建立在L-条件上的结论.

定理10.1(皮卡存在与唯一性定理) **设初值问题** $\begin{cases} y'=f(x,y), \\ y(x_0)=y_0, \end{cases}$ **其中** $f(x,y)$ **在矩形区域** $D: |x-x_0|\leqslant a, |y-y_0|\leqslant b$ **内连续,并且在** D **内关于** y **满足L-条件,则此初值问题在区间** $I=[x_0-h, x_0+h]$ **上有且仅有一个解,其中** $h=\min\left\{a, \frac{b}{M}\right\}, M>\max\limits_{(x,y)\in D}|f(x,y)|$.

若函数 $f(x,y)$ 在区域 D 内连续,满足不等式

$$|f(x,y_1)-f(x,y_2)|\leqslant F(|y_1-y_2|),$$

其中函数 $F(r)$ 在 $(0,+\infty)$ 上连续恒正,且瑕积分 $\int_0^1 \frac{1}{F(r)}\mathrm{d}r=+\infty$,则称 $f(x,y)$ 在区域 D 内关于 y 满足**奥斯古德条件**. 可以发现L-条件是其特例[只需取 $F(r)=Lr$].

美国数学家奥斯古德(Osgood,1864—1943)证明了如下解的唯一性定理.

定理10.2(奥斯古德唯一性定理) **设初值问题** $\begin{cases} y'=f(x,y), \\ y(x_0)=y_0, \end{cases}$ **其中** $f(x,y)$ **在区域** D **内关于** y **满足奥斯古德条件,则此初值问题在** D **内经过每一点的解都是唯一的.**

关于解的存在性,并不需要除连续外的其他条件,意大利数学家佩亚诺(G. Peano, 1858—1932)证明了下面的结论.

定理10.3(佩亚诺存在性定理) **设初值问题** $\begin{cases} y'=f(x,y), \\ y(x_0)=y_0, \end{cases}$ **其中** $f(x,y)$ **在矩形区域** $D: |x-x_0|\leqslant a, |y-y_0|\leqslant b$ **内连续,则此初值问题在区间** $I=[x_0-h, x_0+h]$ **上至少有一个解,其中,** $h=\min\left\{a, \frac{b}{M}\right\}, M>\max\limits_{(x,y)\in D}|f(x,y)|$.

此定理只保证了初值问题解的存在性,而无法保证唯一性. 事实上,1925年,苏联数学家拉甫伦捷夫构造了连续函数 $F(x,y)$,使得 $y'=F(x,y)$ 经过每个点至少有两条不同的积分曲线(这称为拉甫伦捷夫现象).

习题10.1

1. 判断下述微分方程的类型:

(1) $\frac{\mathrm{d}y}{\mathrm{d}x}=x^2+y$;　　(2) $\frac{\mathrm{d}^2y}{\mathrm{d}x^2}+\left(\frac{\mathrm{d}y}{\mathrm{d}x}\right)^2+6xy=0$;

(3) $\frac{\mathrm{d}y}{\mathrm{d}x}+\cos y+2x=0$;　　(4) $\frac{\partial^2u}{\partial x^2}-4\frac{\partial u}{\partial y}=0$.

2. 验证 $y=C_1\cos\omega x+C_2\sin\omega x$（其中，$C_1$，$C_2$ 是任意常数）是方程 $\frac{d^2y}{dx^2}+\omega^2y=0(\omega>0)$ 的通解.

3. 用分离变量法求下列一阶微分方程的通解：

（1）$\frac{dy}{dx}=y^2\cos x$；（2）$xdy-y\ln ydx=0$；

（3）$\frac{dy}{dx}=\frac{\sqrt{1-y^2}}{\sqrt{1-x^2}}$；（4）$(xy^2+x)dx+(y-x^2y)dy=0$.

4. 求下列一阶线性微分方程的通解：

（1）$\frac{dy}{dx}=y+\sin x$；（2）$x\frac{dy}{dx}-3y=x^4e^x$；

（3）$(x+1)\frac{dy}{dx}-ay=e^x(x+1)^{a+1}$（$a$ 为常数）；

（4）$\frac{dy}{dx}=\frac{y}{2x-y^2}$.

5. 求下列初值问题的解：

（1）$\begin{cases}y^2dx+(x+1)dy=0,\\ y(0)=1;\end{cases}$（2）$\begin{cases}y'+y=2,\\ y(0)=0.\end{cases}$

6. 求满足关系式 $y(x)=1+x^2+2\int_0^x y(t)dt$ 的函数 $y(x)$.

7. 求满足关系式 $f(x+t)=\frac{f(x)+f(t)}{1-f(x)f(t)}$，且 $f'(0)=3$ 的可微函数 $f(x)$.

8. 通过适当的变量替换求解下列方程：

（1）$xy'=y\ln\frac{y}{x}$；（2）$\frac{dy}{dx}=\frac{x-y+1}{x+y-3}$；

（3）$\frac{dy}{dx}=\frac{x-y+5}{x-y-2}$；（4）$3y^2y'-y^3=x+1$；

（5）$\frac{dy}{dx}=\frac{1}{(x+y)^2}$；（6）$y'=\sin^2(x-y+1)$.

9. 验证下列方程是恰当微分方程，并求出方程的解：

（1）$(x^2+y)dx+(x-2y)dy=0$；

（2）$(3x^2+6xy^2)dx+(6x^2y+4y^3)dy=0$；

（3）$\left(\cos x+\frac{1}{y}\right)dx+\left(\frac{1}{y}-\frac{x}{y^2}\right)dy=0$.

10. 试用积分因子法解下列方程：

（1）$ydx+(y-x)dy=0$；（2）$(x-\sqrt{x^2+y^2})dx+ydy=0$；

（3）$(y\cos x-x\sin x)dx+(y\sin x+x\cos x)dy=0$.

11. 试用降阶法解下列方程：

（1）$y''=\frac{1}{1+x^2}$；（2）$\frac{d^5x}{dt^5}-\frac{1}{t}\frac{d^4x}{dt^4}=0$；

（3）$xy''-4y'=x^3$；（4）$yy''-(y')^2=0$.

10.2 一阶线性微分方程组

设 $y_1(x), y_2(x), \cdots, y_n(x)$ 是关于一个自变量 x 的 n 个未知函数,将 n 个方程联立的一阶微分方程构成的方程组

$$\begin{cases} y_1' = f_1(x, y_1, y_2, \cdots, y_n), \\ y_2' = f_2(x, y_1, y_2, \cdots, y_n), \\ \qquad \vdots \\ y_n' = f_n(x, y_1, y_2, \cdots, y_n) \end{cases}$$

称为一阶微分方程组.

对于 n 阶微分方程 $y^{(n)} = f(x, y, y', \cdots, y^{(n-1)})$,若令 $y_1 = y$, $y_2 = y', \cdots, y_n = y^{(n-1)}$,则可化为一阶微分方程组

$$\begin{cases} y_1' = y_2, \\ y_2' = y_3, \\ \qquad \vdots \\ y_n' = f(x, y_1, y_2, \cdots, y_n). \end{cases}$$

n 阶微分方程可以看作一阶微分方程组的特例,这也成为研究一阶微分方程组的重要原因.

本节将介绍一阶线性微分方程组解的结构及基本解法.

10.2.1 齐次线性微分方程组

线性微分方程组的一般形式为

$$\begin{cases} y_1' = a_{11}(x)y_1 + a_{12}(x)y_2 + \cdots + a_{1n}(x)y_n + f_1(x), \\ y_2' = a_{21}(x)y_1 + a_{22}(x)y_2 + \cdots + a_{2n}(x)y_n + f_2(x), \\ \qquad \vdots \\ y_n' = a_{n1}(x)y_1 + a_{n2}(x)y_2 + \cdots + a_{nn}(x)y_n + f_n(x), \end{cases}$$

其中,$a_{ij}(x), f_i(x)\ (i,j = 1, 2, \cdots, n)$ 均在区间 I 上连续. 为方便起见,记 $\boldsymbol{y}(x) = (y_1(x), \cdots, y_n(x))^{\mathrm{T}}$,$\boldsymbol{f}(x) = (f_1(x), \cdots, f_n(x))^{\mathrm{T}}$ 为 n 维向量值函数,$\boldsymbol{A}(x) = (a_{ij}(x))_{n\times n}$ 为 n 阶函数方阵,则线性方程组可表示为

$$\frac{\mathrm{d}\boldsymbol{y}}{\mathrm{d}x} = \boldsymbol{A}(x)\boldsymbol{y} + \boldsymbol{f}(x).$$

当 $\boldsymbol{f}(x) \equiv \boldsymbol{0}$ 时,称 $\frac{\mathrm{d}\boldsymbol{y}}{\mathrm{d}x} = \boldsymbol{A}(x)\boldsymbol{y}$ 为齐次线性微分方程组.

对于线性微分方程组,同样有解的存在唯一性定理:初值问题 $\begin{cases} \frac{\mathrm{d}\boldsymbol{y}}{\mathrm{d}x} = \boldsymbol{A}(x)\boldsymbol{y} + \boldsymbol{f}(x), \\ \boldsymbol{y}(x_0) = \boldsymbol{y}_0, x_0 \in I \end{cases}$ 的解在区间 I 上存在且唯一. 于是对于齐次线性微分方程组 $\frac{\mathrm{d}\boldsymbol{y}}{\mathrm{d}x} = \boldsymbol{A}(x)\boldsymbol{y}$,具有如下性质:

(1) $\boldsymbol{y}(x)\equiv\boldsymbol{0}$ 是其解,称为平凡解或零解;

(2) 若解 $\boldsymbol{y}(x)$ 满足初始条件 $\boldsymbol{y}(x_0)=\boldsymbol{0}$,则 $\boldsymbol{y}(x)\equiv\boldsymbol{0}$;

(3) 同一个齐次方程组解的任意线性组合,仍为该齐次方程组的解.

线性微分方程组的解为 n 维向量值函数,如同 n 维向量一样,也可以定义 n 维向量值函数的线性相关性.

定义 10.2 设有 m 个 n 维向量值函数 $\boldsymbol{y}_1(x),\cdots,\boldsymbol{y}_m(x)$,定义在区间 I 上,如果存在不全为零的常数 $C_1,\cdots,C_m$ 使得下述恒等式在 I 上恒成立:

$$\sum_{i=1}^{m} C_i\boldsymbol{y}_i(x) = C_1\boldsymbol{y}_1(x)+\cdots+C_m\boldsymbol{y}_m(x)\equiv 0,$$

则称 $\boldsymbol{y}_1(x),\cdots,\boldsymbol{y}_m(x)$ 在区间 I 上**线性相关**,否则,称为**线性无关**.

注 1 向量值函数是否线性相关是对区间 I 内的所有点来说的,有可能向量值函数在某点 $x_1\in I$ 处所组成的常向量组 $\boldsymbol{y}_1(x_1),\cdots,\boldsymbol{y}_m(x_1)$ 线性相关,但是在另一点 $x_2\in I$ 处所组成的常向量组 $\boldsymbol{y}_1(x_2),\cdots,\boldsymbol{y}_m(x_2)$ 线性无关;(请读者举例说明)

注 2 根据齐次线性微分方程组 $\frac{\mathrm{d}\boldsymbol{y}}{\mathrm{d}x}=\boldsymbol{A}(x)\boldsymbol{y}$ 解的性质(2)、性质(3),若 $\boldsymbol{y}_1(x),\cdots,\boldsymbol{y}_m(x)\ (x\in I)$ 为上述齐次线性微分方程组的任意 m 个解,则这 m 个解在区间 I 上线性相关(无关)的充要条件是:存在 $x_0\in I$,使得常向量组 $\boldsymbol{y}_1(x_0),\cdots,\boldsymbol{y}_m(x_0)$ 线性相关(无关).

这说明对于齐次线性微分方程组的一组解而言,只要在区间 I 内一点线性相关(无关),则必然在整个区间 I 上线性相关(无关).

设 $\boldsymbol{e}_1,\cdots,\boldsymbol{e}_n$ 是 n 维向量空间的一个基,考虑初值问题 $\begin{cases}\frac{\mathrm{d}\boldsymbol{y}}{\mathrm{d}x}=\boldsymbol{A}(x)\boldsymbol{y},\\ \boldsymbol{y}(x_0)=\boldsymbol{e}_i,x_0\in I\end{cases}$ 的解 $\boldsymbol{y}_i(x)$,可知向量值函数组 $\boldsymbol{y}_1(x),\cdots,\boldsymbol{y}_n(x)$ 线性无关. 进一步,对于齐次线性微分方程组 $\frac{\mathrm{d}\boldsymbol{y}}{\mathrm{d}x}=\boldsymbol{A}(x)\boldsymbol{y}$ 的任意解 $\boldsymbol{y}(x)$,由于 $\boldsymbol{y}(x_0),\boldsymbol{y}_1(x_0),\cdots,\boldsymbol{y}_n(x_0)$ 必线性相关,因此向量值函数组 $\boldsymbol{y}(x),\boldsymbol{y}_1(x),\cdots,\boldsymbol{y}_n(x)$ 也线性无关,这样 $\boldsymbol{y}(x)$ 可以表示为 $\boldsymbol{y}_1(x),\cdots,\boldsymbol{y}_n(x)$ 的线性组合,因此有如下结论.

齐次线性微分方程组解的结构:

齐次线性微分方程组一定存在 n 个线性无关解,同时其任一解均可表示为这 n 个线性无关解的线性组合.

这表明,齐次线性微分方程组的全部解构成一个 n 维线性空间,称为**解空间**;解空间的任意 n 个线性无关解 $\boldsymbol{y}_1(x),\cdots,\boldsymbol{y}_n(x)$ 称为**基本解组**,也就是解空间的一个基;基本解组的分量为列构成的

函数矩阵 $\boldsymbol{Y}(x)$，称为齐次线性微分方程组的**基解矩阵**.

利用基解矩阵，可以将齐次线性微分方程组$\frac{\mathrm{d}\boldsymbol{y}}{\mathrm{d}x}=\boldsymbol{A}(x)\boldsymbol{y}$ 的通解表示为

$$\boldsymbol{y}(x)=\boldsymbol{Y}(x)\boldsymbol{C},x\in I,$$

其中，$\boldsymbol{C}=(C_1,\cdots,C_n)^{\mathrm{T}}$ 为由一组任意常数 $C_1,\cdots,C_n$ 构成的向量.

对于齐次线性微分方程组的任意 n 个解 $\boldsymbol{y}_1(x),\cdots,\boldsymbol{y}_n(x)$，如何判断其是否为基本解组呢？为此考虑由 $\boldsymbol{y}_i(x)(i=1,\cdots,n)$ 的所有分量 $\boldsymbol{y}_{ij}(x)(i,j=1,2,\cdots,n)$ 构成的行列式

$$W(x)=\begin{vmatrix}\boldsymbol{y}_{11}(x) & \boldsymbol{y}_{21}(x) & \cdots & \boldsymbol{y}_{n1}(x)\\ \vdots & \vdots & & \vdots\\ \boldsymbol{y}_{11}(x) & \boldsymbol{y}_{21}(x) & \cdots & \boldsymbol{y}_{n1}(x)\end{vmatrix}.$$

该行列式一般称为 n 个向量值函数 $\boldsymbol{y}_1(x),\cdots,\boldsymbol{y}_n(x)$ 的**朗斯基(Wronski)行列式**，则齐次线性微分方程组的任意 n 个解 $\boldsymbol{y}_1(x),\cdots,\boldsymbol{y}_n(x)$ 为基本解组，当且仅当存在 $x_0\in I$ 使得 $W(x_0)\neq 0$.

若 $\boldsymbol{Y}(x)$ 为齐次线性微分方程组$\frac{\mathrm{d}\boldsymbol{y}}{\mathrm{d}x}=\boldsymbol{A}(x)\boldsymbol{y}$ 的基解矩阵，则有如下性质：

(1) 基解矩阵 $\boldsymbol{Y}(x)$ 满足矩阵方程$\frac{\mathrm{d}\boldsymbol{Y}(x)}{\mathrm{d}x}=\boldsymbol{A}(x)\boldsymbol{Y}(x)$；

(2) 若 $\boldsymbol{Y}(x)$ 为基解矩阵，$\boldsymbol{B}$ 是任意 n 阶非奇异常数矩阵，则 $\boldsymbol{Y}(x)\boldsymbol{B}$ 也是基解矩阵；

(3) 若 $\boldsymbol{Y}(x)$，$\boldsymbol{Y}^*(x)$ 为两个基解矩阵，则存在 n 阶非奇异常数矩阵 $\boldsymbol{B}$，使得

$$\boldsymbol{Y}(x)=\boldsymbol{Y}^*(x)\boldsymbol{B}.$$

若函数方阵 $\boldsymbol{A}(x)=(a_{ij}(x))_{n\times n}$ 为常数矩阵 $\boldsymbol{A}=(a_{ij})_{n\times n}$，则齐次线性微分方程组

$$\begin{cases}y_1'=a_{11}y_1+a_{12}y_2+\cdots+a_{1n}y_n,\\ y_2'=a_{21}y_1+a_{22}y_2+\cdots+a_{2n}y_n,\\ \qquad\vdots\\ y_n'=a_{n1}y_1+a_{n2}y_2+\cdots+a_{nn}y_n\end{cases}$$

称为**常系数齐次线性微分方程组**，向量形式为$\frac{\mathrm{d}\boldsymbol{y}}{\mathrm{d}x}=\boldsymbol{A}\boldsymbol{y}$. 下面考虑其求解问题.

根据解的存在唯一性定理，$\frac{\mathrm{d}\boldsymbol{y}}{\mathrm{d}x}=\boldsymbol{A}\boldsymbol{y}$ 的任一解存在区间均为 $(-\infty,+\infty)$. 注意到指数函数的导函数仍为指数函数，可以设想方程组有形如 $\boldsymbol{y}(x)=\mathrm{e}^{\lambda x}\boldsymbol{r}$ 的解，代入可得

$$\lambda\mathrm{e}^{\lambda x}\boldsymbol{r}=\mathrm{e}^{\lambda x}\boldsymbol{A}\boldsymbol{r}\Rightarrow\lambda\boldsymbol{r}=\boldsymbol{A}\boldsymbol{r}\Rightarrow(\boldsymbol{A}-\lambda\boldsymbol{E})\boldsymbol{r}=\boldsymbol{0},$$

其中，$\boldsymbol{E}$ 为 n 阶单位矩阵. 因此，当 λ 为系数矩阵 $\boldsymbol{A}$ 的特征值、$\boldsymbol{r}$ 为

特征向量时，$\boldsymbol{y}(x)=e^{\lambda x}\boldsymbol{r}$ 即为上述方程组的解. 可以发现，只要两个特征向量 $\boldsymbol{r}_1,\boldsymbol{r}_2$ 线性无关，那么两个解 $\boldsymbol{y}_1(x)=e^{\lambda_1 x}\boldsymbol{r}_1$ 与 $\boldsymbol{y}_2(x)=e^{\lambda_2 x}\boldsymbol{r}_2$ 就线性无关.（无论相应的特征值 λ_1,λ_2 是否相同！）

于是，可以得到下述解的结论：

若 n 阶矩阵 $\boldsymbol{A}$ 有 n 个线性无关的特征向量 $\boldsymbol{r}_1,\boldsymbol{r}_2,\cdots,\boldsymbol{r}_n$，则 $\frac{d\boldsymbol{y}}{dx}=\boldsymbol{A}\boldsymbol{y}$ 有 n 个线性无关的解：

$$e^{\lambda_1 x}\boldsymbol{r}_1,e^{\lambda_2 x}\boldsymbol{r}_2,\cdots,e^{\lambda_n x}\boldsymbol{r}_n,$$

其中，$\lambda_1,\lambda_2,\cdots,\lambda_n$ 为对应于特征向量 $\boldsymbol{r}_1,\boldsymbol{r}_2,\cdots,\boldsymbol{r}_n$ 的特征值（未必互不相同）.

注　若矩阵 $\boldsymbol{A}$ 的特征值都是单重的，即 $\boldsymbol{A}$ 的 n 个特征值 $\lambda_1,\lambda_2,\cdots,\lambda_n$ 互不相同，则它们对应的特征向量 $\boldsymbol{r}_1,\boldsymbol{r}_2,\cdots,\boldsymbol{r}_n$ 一定是线性无关的.

例 10.17　求齐次线性微分方程组 $\frac{d\boldsymbol{y}}{dx}=\begin{bmatrix}5&-28&-18\\-1&5&3\\3&-16&-10\end{bmatrix}\boldsymbol{y}$ 的通解.

解　其系数矩阵 $\boldsymbol{A}$ 的特征方程为

$$\det(\boldsymbol{A}-\lambda\boldsymbol{E})=\lambda(1-\lambda^2)=0,$$

从而特征值为 $\lambda_1=0,\lambda_2=1,\lambda_3=-1$，分别求解方程组 $(\boldsymbol{A}-\lambda_i\boldsymbol{E})\boldsymbol{r}_i=\boldsymbol{0}$ $(i=1,2,3)$，可得相应的特征向量分别为

$$\boldsymbol{r}_1=\begin{bmatrix}2\\1\\-1\end{bmatrix},\boldsymbol{r}_2=\begin{bmatrix}2\\-1\\2\end{bmatrix},\boldsymbol{r}_3=\begin{bmatrix}3\\0\\1\end{bmatrix}.$$

因此，所给微分方程组的三个线性无关解为

$$e^{\lambda_1 x}\boldsymbol{r}_1=\begin{bmatrix}2\\1\\-1\end{bmatrix},e^{\lambda_2 x}\boldsymbol{r}_2=\begin{bmatrix}2e^x\\-e^x\\2e^x\end{bmatrix},e^{\lambda_3 x}\boldsymbol{r}_3=\begin{bmatrix}3e^{-x}\\0\\e^{-x}\end{bmatrix}.$$

于是通解为 $\boldsymbol{y}(x)=C_1e^{\lambda_1 x}\boldsymbol{r}_1+C_2e^{\lambda_2 x}\boldsymbol{r}_2+C_3e^{\lambda_3 x}\boldsymbol{r}_3$

$$=C_1\begin{bmatrix}2\\1\\-1\end{bmatrix}+C_2\begin{bmatrix}2\\-1\\2\end{bmatrix}e^x+C_3\begin{bmatrix}3\\0\\1\end{bmatrix}e^{-x}.$$

例 10.18　求齐次线性微分方程组 $\frac{d\boldsymbol{y}}{dx}=\begin{bmatrix}1&-3&3\\3&-5&3\\6&-6&4\end{bmatrix}\boldsymbol{y}$ 的通解.

解　其系数矩阵 $\boldsymbol{A}$ 的特征方程为

$$\det(\boldsymbol{A}-\lambda\boldsymbol{E})=(\lambda+2)^2(4-\lambda)=0,$$

从而特征值为 $\lambda_1=\lambda_2=-2,\lambda_3=4$. 虽然特征值 -2 是二重的，但

是方程组

$$(\boldsymbol{A}+2\boldsymbol{E})\boldsymbol{r}=\begin{bmatrix}3&-3&3\\3&-3&3\\6&-6&6\end{bmatrix}\begin{bmatrix}r_1\\r_2\\r_3\end{bmatrix}=\boldsymbol{0}$$

有两个线性无关解，分别取为 $\boldsymbol{r}_1=\begin{bmatrix}1\\1\\0\end{bmatrix}$，$\boldsymbol{r}_2=\begin{bmatrix}1\\0\\-1\end{bmatrix}$，再计算 $\lambda_3=4$ 时的特征向量为 $\boldsymbol{r}_3=\begin{bmatrix}1\\1\\2\end{bmatrix}$. 因此，所给微分方程组的三个线性无关解为

$$\mathrm{e}^{\lambda_1 x}\boldsymbol{r}_1=\begin{bmatrix}1\\1\\0\end{bmatrix}\mathrm{e}^{-2x},\mathrm{e}^{\lambda_2 x}\boldsymbol{r}_2=\begin{bmatrix}1\\0\\-1\end{bmatrix}\mathrm{e}^{-2x},\mathrm{e}^{\lambda_3 x}\boldsymbol{r}_3=\begin{bmatrix}1\\1\\2\end{bmatrix}\mathrm{e}^{4x}.$$

于是通解为 $\boldsymbol{y}(x)=C_1\mathrm{e}^{\lambda_1 x}\boldsymbol{r}_1+C_2\mathrm{e}^{\lambda_2 x}\boldsymbol{r}_2+C_3\mathrm{e}^{\lambda_3 x}\boldsymbol{r}_3$

$$=C_1\begin{bmatrix}1\\1\\0\end{bmatrix}\mathrm{e}^{-2x}+C_2\begin{bmatrix}1\\0\\-1\end{bmatrix}\mathrm{e}^{-2x}+C_3\begin{bmatrix}1\\1\\2\end{bmatrix}\mathrm{e}^{4x}.$$

当矩阵 $\boldsymbol{A}$ 没有 n 个线性无关的特征向量时，求方程组 $\frac{\mathrm{d}\boldsymbol{y}}{\mathrm{d}x}=\boldsymbol{A}\boldsymbol{y}$ 的 n 个线性无关解要困难得多. 若 λ 为 $\boldsymbol{A}$ 的 k 重特征值，但是却没有相应的 k 个线性无关的特征向量，下面的结论给出了如何求这种情况下 $\frac{\mathrm{d}\boldsymbol{y}}{\mathrm{d}x}=\boldsymbol{A}\boldsymbol{y}$ 的 k 个线性无关解的方法.（证明略）

设 λ 为 $\boldsymbol{A}$ 的 k 重特征值，则方程组 $(\boldsymbol{A}-\lambda\boldsymbol{E})^k\boldsymbol{r}=\boldsymbol{0}$ 存在 k 个线性无关解 $\boldsymbol{r}_1,\boldsymbol{r}_2,\cdots,\boldsymbol{r}_k$，此时微分方程组 $\frac{\mathrm{d}\boldsymbol{y}}{\mathrm{d}x}=\boldsymbol{A}\boldsymbol{y}$ 有 k 个如下形式的线性无关解 $(i=1,2,\cdots,k)$：

$$\begin{aligned}\boldsymbol{y}_i(x)&=\mathrm{e}^{\lambda x}\sum_{m=0}^{k-1}\frac{x^m}{m!}(\boldsymbol{A}-\lambda\boldsymbol{E})^m\boldsymbol{r}_i\\&=\mathrm{e}^{\lambda x}\left[\boldsymbol{E}+\frac{x}{1!}(\boldsymbol{A}-\lambda\boldsymbol{E})+\frac{x^2}{2!}(\boldsymbol{A}-\lambda\boldsymbol{E})^2+\cdots+\frac{x^{k-1}}{(k-1)!}(\boldsymbol{A}-\lambda\boldsymbol{E})^{k-1}\right]\boldsymbol{r}_i.\end{aligned}$$

注 若 n 阶矩阵 $\boldsymbol{A}$ 只有一个特征值 λ（n 重），由上述可知方程组 $(\boldsymbol{A}-\lambda\boldsymbol{E})^n\boldsymbol{r}=\boldsymbol{0}$ 存在 n 个线性无关解，即 $(\boldsymbol{A}-\lambda\boldsymbol{E})^n\boldsymbol{r}=\boldsymbol{0}$ 的解空间是 $\mathbb{R}^n$，因此可取 n 个线性无关解为 $\boldsymbol{e}_1,\cdots,\boldsymbol{e}_n$（$\mathbb{R}^n$ 的标准基），于是可得微分方程组 $\frac{\mathrm{d}\boldsymbol{y}}{\mathrm{d}x}=\boldsymbol{A}\boldsymbol{y}$ 的基解矩阵为

$$\boldsymbol{Y}(x)=\mathrm{e}^{\lambda x}\sum_{m=0}^{n-1}\frac{x^m}{m!}(\boldsymbol{A}-\lambda\boldsymbol{E})^m=\mathrm{e}^{\lambda x}\left[\boldsymbol{E}+\frac{x}{1!}(\boldsymbol{A}-\lambda\boldsymbol{E})+\cdots+\frac{x^{n-1}}{(n-1)!}(\boldsymbol{A}-\lambda\boldsymbol{E})^{k-1}\right].$$

例 10.19 求齐次线性微分方程组 $\frac{\mathrm{d}\boldsymbol{y}}{\mathrm{d}x}=\begin{bmatrix}5&-3&-2\\8&-5&-4\\-4&3&3\end{bmatrix}\boldsymbol{y}$ 的

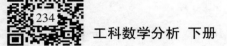

通解.

解　其系数矩阵 $\boldsymbol{A}$ 的特征方程为

$$\det(\boldsymbol{A}-\lambda\boldsymbol{E})=(1-\lambda)^3=0,$$

因此,$\boldsymbol{A}$ 有唯一的三重特征值 $\lambda=1$. 于是,所求微分方程组的基解矩阵为

$$\boldsymbol{Y}(x)=\mathrm{e}^x\left(\boldsymbol{E}+x(\boldsymbol{A}-\boldsymbol{E})+\frac{x^2}{2}(\boldsymbol{A}-\boldsymbol{E})^2\right)$$

$$=\mathrm{e}^x\left[\begin{bmatrix}1&0&0\\0&1&0\\0&0&1\end{bmatrix}+x\begin{bmatrix}4&-3&-2\\8&-6&-4\\-4&3&2\end{bmatrix}+\frac{x^2}{2}\begin{bmatrix}4&-3&-2\\8&-6&-4\\-4&3&2\end{bmatrix}^2\right]=\mathrm{e}^x\begin{bmatrix}1+4x&-3x&-2x\\8x&1-6x&-4x\\-4x&3x&1+2x\end{bmatrix}$$

故所求微分方程组的通解为

$$\boldsymbol{y}(x)=C_1\begin{bmatrix}1+4x\\8x\\-4x\end{bmatrix}\mathrm{e}^x+C_2\begin{bmatrix}-3x\\1-6x\\3x\end{bmatrix}\mathrm{e}^x+C_3\begin{bmatrix}-2x\\-4x\\1+2x\end{bmatrix}\mathrm{e}^x.$$

例 10.20　求齐次线性微分方程组 $\dfrac{\mathrm{d}\boldsymbol{y}}{\mathrm{d}x}=\begin{bmatrix}1&1&1\\2&1&-1\\0&-1&1\end{bmatrix}\boldsymbol{y}$ 的通解.

解　其系数矩阵 $\boldsymbol{A}$ 的特征方程为

$$\det(\boldsymbol{A}-\lambda\boldsymbol{E})=-(\lambda-2)^2(\lambda+1)=0,$$

从而特征值为 $\lambda_1=\lambda_2=2,\lambda_3=-1$. 对于二重特征值 $\lambda=2$,解方程组

$$(\boldsymbol{A}-2\boldsymbol{E})^2\boldsymbol{r}=\begin{bmatrix}3&-3&3\\-4&4&4\\-2&2&2\end{bmatrix}\begin{bmatrix}r_1\\r_2\\r_3\end{bmatrix}=\boldsymbol{0}$$

有两个线性无关解,分别取为 $\boldsymbol{r}_1=\begin{bmatrix}1\\1\\0\end{bmatrix},\boldsymbol{r}_2=\begin{bmatrix}1\\0\\1\end{bmatrix}$,可得所给方程组的两个线性无关解分别为

$$\boldsymbol{y}_1(x)=\mathrm{e}^{2x}\left[\begin{bmatrix}1&0&0\\0&1&0\\0&0&1\end{bmatrix}+x\begin{bmatrix}-1&1&1\\2&-1&-1\\0&-1&-1\end{bmatrix}\right]\begin{bmatrix}1\\1\\0\end{bmatrix}=\mathrm{e}^{2x}\begin{bmatrix}1\\1+x\\-x\end{bmatrix},$$

$$\boldsymbol{y}_2(x)=\mathrm{e}^{2x}\left[\begin{bmatrix}1&0&0\\0&1&0\\0&0&1\end{bmatrix}+x\begin{bmatrix}-1&1&1\\2&-1&-1\\0&-1&-1\end{bmatrix}\right]\begin{bmatrix}1\\0\\1\end{bmatrix}=\mathrm{e}^{2x}\begin{bmatrix}1\\x\\1-x\end{bmatrix}.$$

再计算 $\lambda_3=-1$ 时的特征向量为 $\boldsymbol{r}_3=\begin{bmatrix}-3\\4\\2\end{bmatrix}$,可得第三个线性

无关解为 $\boldsymbol{y}_3(x)=\begin{bmatrix}-3\\4\\2\end{bmatrix}e^{-x}$. 于是所求微分方程组的通解为

$$\boldsymbol{y}(x)=C_1\boldsymbol{y}_1(x)+C_2\boldsymbol{y}_2(x)+C_3\boldsymbol{y}_3(x)=C_1\begin{bmatrix}1\\1+x\\-x\end{bmatrix}e^{2x}+C_2\begin{bmatrix}1\\x\\1-x\end{bmatrix}e^{2x}+C_3\begin{bmatrix}-3\\4\\2\end{bmatrix}e^{-x}.$$

如果 $\boldsymbol{A}$ 存在复特征值,相应的特征向量也可能为复向量,根据前述,可求出复形式的特解. 设微分方程组 $\frac{d\boldsymbol{y}}{dx}=\boldsymbol{A}\boldsymbol{y}$ 有一个复值解 $\boldsymbol{y}_1(x)=\boldsymbol{u}(x)+i\boldsymbol{v}(x)$,代入方程可得

$$\frac{d\boldsymbol{u}}{dx}+i\frac{d\boldsymbol{v}}{dx}=\boldsymbol{A}\boldsymbol{u}(x)+i\boldsymbol{A}\boldsymbol{v}(x),$$

两边取共轭可得

$$\frac{d\boldsymbol{u}}{dx}-i\frac{d\boldsymbol{v}}{dx}=\boldsymbol{A}\boldsymbol{u}(x)-i\boldsymbol{A}\boldsymbol{v}(x),$$

因此,$\boldsymbol{y}_2(x)=\boldsymbol{u}(x)-i\boldsymbol{v}(x)$ 也是微分方程组的解,因此,

$$\boldsymbol{u}(x)=\frac{1}{2}[\boldsymbol{y}_1(x)+\boldsymbol{y}_2(x)],\boldsymbol{v}(x)=\frac{1}{2i}[\boldsymbol{y}_1(x)-\boldsymbol{y}_2(x)]$$

也是微分方程组的解,而且为实解. 于是,在实际计算中,可以用所得复解的实部和虚部取代复解,使用起来更加方便.

10.2.2 非齐次线性微分方程组

本节考虑非齐次线性微分方程组 $\frac{d\boldsymbol{y}}{dx}=\boldsymbol{A}(x)\boldsymbol{y}+\boldsymbol{f}(x)$ 的解的结构及解法.

首先,类似一阶线性微分方程解的性质(注 1),非齐次线性微分方程组的通解可以表示成它的任一特解与相应的齐次线性微分方程组通解之和,即

$$\boldsymbol{y}(x)=\boldsymbol{Y}(x)\boldsymbol{C}+\boldsymbol{y}^*(x).$$

其中,$\boldsymbol{Y}(x)$ 为齐次线性微分方程组 $\frac{d\boldsymbol{y}}{dx}=\boldsymbol{A}(x)\boldsymbol{y}$ 的基解矩阵;$\boldsymbol{C}$ 为任意常向量;$\boldsymbol{y}^*(x)$ 非齐次线性微分方程组 $\frac{d\boldsymbol{y}}{dx}=\boldsymbol{A}(x)\boldsymbol{y}+\boldsymbol{f}(x)$ 的任一特解.

下面的公式给出了利用齐次方程基解矩阵求非齐次方程特解的方法.(证明略)

非齐次线性微分方程组的常数变易公式:

设 $\boldsymbol{Y}(x)$ 为齐次线性微分方程组 $\frac{d\boldsymbol{y}}{dx}=\boldsymbol{A}(x)\boldsymbol{y}$ 的基解矩阵,则

$$\boldsymbol{y}^*(x)=\boldsymbol{Y}(x)\int_{x_0}^{x}\boldsymbol{Y}^{-1}(s)\boldsymbol{f}(s)ds$$

为非齐次线性微分方程组$\frac{\mathrm{d}\boldsymbol{y}}{\mathrm{d}x}=\boldsymbol{A}(x)\boldsymbol{y}+\boldsymbol{f}(x)$的一个特解.

注 1　由上面公式可知,非齐次方程通解的表达式为 $\boldsymbol{y}(x)=\boldsymbol{Y}(x)\boldsymbol{C}+\boldsymbol{Y}(x)\int_{x_0}^{x}\boldsymbol{Y}^{-1}(s)\boldsymbol{f}(s)\mathrm{d}s$,其满足初始条件 $\boldsymbol{y}(x_0)=\boldsymbol{y}_0$ 的特解为 $\boldsymbol{y}(x)=\boldsymbol{Y}(x)\boldsymbol{Y}^{-1}(x_0)\boldsymbol{y}_0+\boldsymbol{Y}(x)\int_{x_0}^{x}\boldsymbol{Y}^{-1}(s)\boldsymbol{f}(s)\mathrm{d}s$.

注 2　对于常系数的非齐次线性微分方程组$\frac{\mathrm{d}\boldsymbol{y}}{\mathrm{d}x}=\boldsymbol{A}\boldsymbol{y}+\boldsymbol{f}(x)$,设其相应的齐次方程的基解矩阵为 $\boldsymbol{Y}(x)$,并且满足 $\boldsymbol{Y}(0)=\boldsymbol{E}$[若不满足,可用 $\boldsymbol{Y}(x)\boldsymbol{Y}^{-1}(0)$替换 $\boldsymbol{Y}(x)$]. 此时对任意 $s\in\mathbb{R}$,$\boldsymbol{Y}(x)\boldsymbol{Y}(s)$也是相应齐次方程的基解矩阵,注意 $\boldsymbol{Y}(x+s)$同样为齐次方程的基解矩阵,并且

$$\boldsymbol{Y}(0)\boldsymbol{Y}(s)=\boldsymbol{E}\boldsymbol{Y}(s)=\boldsymbol{Y}(0+s),$$

因此有 $\boldsymbol{Y}(x)\boldsymbol{Y}(s)\equiv\boldsymbol{Y}(x+s)(x\in\mathbb{R})$,于是可知 $\boldsymbol{Y}^{-1}(x)=\boldsymbol{Y}(-x)$. 这样,根据上述常数变易公式,常系数非齐次线性微分方程的通解可以表示为

$$\boldsymbol{y}(x)=\boldsymbol{Y}(x)\boldsymbol{C}+\int_{x_0}^{x}\boldsymbol{Y}(x-s)\boldsymbol{f}(s)\mathrm{d}s,$$

其满足初始条件 $\boldsymbol{y}(x_0)=\boldsymbol{y}_0$ 的特解为 $\boldsymbol{y}(x)=\boldsymbol{Y}(x-x_0)\boldsymbol{y}_0+\int_{x_0}^{x}\boldsymbol{Y}(x-s)\boldsymbol{f}(s)\mathrm{d}s$.

例 10.21　求线性微分方程组$\frac{\mathrm{d}\boldsymbol{y}}{\mathrm{d}x}=\begin{bmatrix}1&0&0\\0&1&-1\\0&1&1\end{bmatrix}\boldsymbol{y}+\begin{bmatrix}0\\0\\\mathrm{e}^x\end{bmatrix}$的通解.

解　其系数矩阵 $\boldsymbol{A}$ 的特征方程为

$$\det(\boldsymbol{A}-\lambda\boldsymbol{E})=(1-\lambda)(\lambda^2-2\lambda+2)=0,$$

从而特征值为 $\lambda_1=1,\lambda_{2,3}=1\pm\mathrm{i}$. 对于 $\lambda_1=1$,其特征向量取为$\begin{bmatrix}1\\0\\0\end{bmatrix}$,对应的解为 $\boldsymbol{y}_1(x)=\mathrm{e}^x\begin{bmatrix}1\\0\\0\end{bmatrix}$.

对于复特征值 $\lambda_2=1+\mathrm{i}$,解方程组

$$[\boldsymbol{A}-(1+\mathrm{i})\boldsymbol{E}]\boldsymbol{r}=\begin{bmatrix}-\mathrm{i}&0&0\\0&-\mathrm{i}&-1\\0&1&-\mathrm{i}\end{bmatrix}\begin{bmatrix}r_1\\r_2\\r_3\end{bmatrix}=\boldsymbol{0},$$

可得一个解为 $\boldsymbol{r}=\begin{bmatrix}0\\\mathrm{i}\\1\end{bmatrix}$,于是 $\lambda_2=1+\mathrm{i}$ 对应的复值解为

$$\boldsymbol{y}_2(x)=\begin{bmatrix}0\\ \mathrm{i}\\ 1\end{bmatrix}\mathrm{e}^{(1+\mathrm{i})x}=\mathrm{e}^x(\cos x+\mathrm{i}\sin x)\left[\begin{bmatrix}0\\0\\1\end{bmatrix}+\mathrm{i}\begin{bmatrix}0\\1\\0\end{bmatrix}\right],$$

其实部和虚部分别为

$$\boldsymbol{u}(x)=\mathrm{e}^x\begin{bmatrix}0\\-\sin x\\ \cos x\end{bmatrix},\boldsymbol{v}(x)=\mathrm{e}^x\begin{bmatrix}0\\ \cos x\\ \sin x\end{bmatrix}.$$

于是所给微分方程组相应的齐次方程组的基解矩阵为 $\mathrm{e}^x\begin{bmatrix}1&0&0\\0&-\sin x&\cos x\\0&\cos x&\sin x\end{bmatrix}$,为使用注 2 中的公式,需要基解矩阵 $\boldsymbol{Y}(x)$ 在 $x=0$ 处为单位矩阵,因此取基解矩阵

$$\boldsymbol{Y}(x)=\mathrm{e}^x\begin{bmatrix}1&0&0\\0&-\sin x&\cos x\\0&\cos x&\sin x\end{bmatrix}\begin{bmatrix}1&0&0\\0&0&1\\0&1&0\end{bmatrix}^{-1}=\mathrm{e}^x\begin{bmatrix}1&0&0\\0&\cos x&-\sin x\\0&\sin x&\cos x\end{bmatrix}.$$

故所求非齐次线性微分方程组的通解为

$$\boldsymbol{y}(x)=\mathrm{e}^x\begin{bmatrix}1&0&0\\0&\cos x&-\sin x\\0&\sin x&\cos x\end{bmatrix}\begin{bmatrix}C_1\\C_2\\C_3\end{bmatrix}+\int_{x_0}^{x}\begin{bmatrix}\mathrm{e}^{x-s}&0&0\\0&\mathrm{e}^{x-s}\cos(x-s)&-\mathrm{e}^{x-s}\sin(x-x)\\0&\mathrm{e}^{x-s}\sin(x-x)&\mathrm{e}^{x-s}\cos(x-x)\end{bmatrix}\begin{bmatrix}0\\0\\ \mathrm{e}^s\end{bmatrix}\mathrm{d}s$$

积分后可得

$$\boldsymbol{y}(x)=\mathrm{e}^x\begin{bmatrix}1&0&0\\0&\cos x&-\sin x\\0&\sin x&\cos x\end{bmatrix}\begin{bmatrix}C_1\\C_2\\C_3\end{bmatrix}+\mathrm{e}^x\begin{bmatrix}0\\ \cos x-1\\ \sin x\end{bmatrix}.$$

习题 10.2

1. 证明:向量值函数 $\boldsymbol{y}_1(x)=\begin{bmatrix}\cos^2x\\1\\x\end{bmatrix},\boldsymbol{y}_2(x)=\begin{bmatrix}1-\sin^2x\\1\\x\end{bmatrix}$ 在 $(-\infty,+\infty)$ 内线性相关.

2. 证明:向量值函数 $\boldsymbol{y}_1(x)=\begin{bmatrix}\mathrm{e}^x\\0\\ \mathrm{e}^{-x}\end{bmatrix},\boldsymbol{y}_2(x)=\begin{bmatrix}0\\ \mathrm{e}^{3x}\\1\end{bmatrix},\boldsymbol{y}_3(x)=\begin{bmatrix}\mathrm{e}^{2x}\\ \mathrm{e}^{3x}\\0\end{bmatrix}$ 在 $(-\infty,+\infty)$ 内线性无关.

3. 验证向量值函数 $\boldsymbol{y}_1(x)=\begin{bmatrix}x\\1\end{bmatrix},\boldsymbol{y}_2(x)=\begin{bmatrix}1\\x\end{bmatrix}$ 在 $(-\infty,+\infty)$ 内线性性

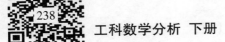

无关；但在 $x=1$ 时，$\boldsymbol{y}_1(1)$ 与 $\boldsymbol{y}_2(1)$ 线性相关.

4. 验证向量值函数 $\boldsymbol{y}(x)=\begin{bmatrix} e^{-x} \\ -e^{-x} \end{bmatrix}$ 是初值问题 $\begin{cases} \dfrac{d\boldsymbol{y}}{dx}=\begin{bmatrix} 0 & 1 \\ 1 & 0 \end{bmatrix}\boldsymbol{y}, \\ \boldsymbol{y}(0)=\begin{bmatrix} 1 \\ -1 \end{bmatrix}, \end{cases}$ 的解.

5. 证明：若 $\boldsymbol{y}_1(x)$ 和 $\boldsymbol{y}_2(x)$ 都是齐次线性微分方程组 $\dfrac{d\boldsymbol{y}}{dx}=\boldsymbol{A}(x)\boldsymbol{y}$ 的解，则它们的线性组合 $\alpha\boldsymbol{y}_1(x)+\beta\boldsymbol{y}_2(x)$ 也是其解，其中 α,β 是任意常数.

6. 验证 $\boldsymbol{Y}(x)=\begin{bmatrix} e^{x} & e^{3x} \\ -e^{x} & e^{3x} \end{bmatrix}$ 是齐次线性微分方程组 $\dfrac{d\boldsymbol{y}}{dx}=\begin{bmatrix} 2 & 1 \\ 1 & 2 \end{bmatrix}\boldsymbol{y}$ 的基解矩阵.

7. 设 $\boldsymbol{A}(t)$ 为实矩阵，$\boldsymbol{X}(t)=[\boldsymbol{x}_1(t)\boldsymbol{x}_2(t)\cdots\boldsymbol{x}_n(t)]$ 是齐次线性微分方程组 $\dfrac{d\boldsymbol{x}}{dt}=\boldsymbol{A}(t)\boldsymbol{x}$ 的基解矩阵，其中 $\boldsymbol{x}_1(t)$ 与 $\boldsymbol{x}_2(t)$ 是一对共轭复值解向量，令

$$\boldsymbol{y}_1(t)=\operatorname{Re}\boldsymbol{x}_1(t)=\frac{1}{2}[\boldsymbol{x}_1(t)+\boldsymbol{x}_2(t)],\boldsymbol{y}_2(t)=\operatorname{Im}\boldsymbol{x}_1(t)=\frac{1}{2i}[\boldsymbol{x}_1(t)-\boldsymbol{x}_2(t)].$$

证明：在 $\boldsymbol{X}(t)$ 中用向量 $\boldsymbol{y}_1(t),\boldsymbol{y}_2(t)$ 代替 $\boldsymbol{x}_1(t),\boldsymbol{x}_2(t)$ 后所得的矩阵

$$\boldsymbol{X}^*(t)=[\boldsymbol{y}_1(t)\boldsymbol{y}_2(t)\boldsymbol{x}_3(t)\cdots\boldsymbol{x}_n(t)]$$

也是原方程组的一个基解矩阵.

8. 求下列常系数齐次线性微分方程组的通解：

(1) $\dfrac{d\boldsymbol{y}}{dx}=\begin{bmatrix} 0 & 1 & 0 \\ -4 & 4 & 2 \\ 2 & -1 & -1 \end{bmatrix}\boldsymbol{y}$；　(2) $\dfrac{d\boldsymbol{y}}{dx}=\begin{bmatrix} 0 & 1 & 1 \\ 1 & 0 & 1 \\ 1 & 1 & 0 \end{bmatrix}\boldsymbol{y}$；

(3) $\dfrac{d\boldsymbol{y}}{dx}=\begin{bmatrix} -1 & -1 & 0 \\ 0 & -1 & -1 \\ 0 & 0 & -1 \end{bmatrix}\boldsymbol{y}$；　(4) $\dfrac{d\boldsymbol{y}}{dx}=\begin{bmatrix} -1 & -1 \\ 2 & -3 \end{bmatrix}\boldsymbol{y}$.

9. 设 $\boldsymbol{y}_1(x)$ 和 $\boldsymbol{y}_2(x)$ 分别是非齐次线性微分方程组 $\dfrac{d\boldsymbol{y}}{dx}=\boldsymbol{A}(x)\boldsymbol{y}+\boldsymbol{f}_1(x)$ 和 $\dfrac{d\boldsymbol{y}}{dx}=\boldsymbol{A}(x)\boldsymbol{y}+\boldsymbol{f}_2(x)$ 的解. 证明：

$\boldsymbol{y}_1(x)+\boldsymbol{y}_2(x)$ 是 $\dfrac{d\boldsymbol{y}}{dx}=\boldsymbol{A}(x)\boldsymbol{y}+\boldsymbol{f}_1(x)+\boldsymbol{f}_2(x)$ 的解.

10. 求下列常系数非齐次线性微分方程组的通解：

(1) $\dfrac{d\boldsymbol{y}}{dx}=\begin{bmatrix} -1 & -1 & 0 \\ 0 & -1 & -1 \\ 0 & 0 & -1 \end{bmatrix}\boldsymbol{y}+\begin{bmatrix} x^2 \\ 2x \\ x \end{bmatrix}$；

(2) $\dfrac{d\boldsymbol{y}}{dx}=\begin{bmatrix} 2 & -1 \\ 1 & 0 \end{bmatrix}\boldsymbol{y}+\begin{bmatrix} 0 \\ 2e^{x} \end{bmatrix}$；

(3) $\frac{\mathrm{d}\boldsymbol{y}}{\mathrm{d}x}=\begin{bmatrix}1 & 2\\4 & 3\end{bmatrix}\boldsymbol{y}+\begin{bmatrix}-\mathrm{e}^{-x}\\4\mathrm{e}^{-x}\end{bmatrix}$.

10.3 高阶线性微分方程

由上一节可以发现，n 阶微分方程 $y^{(n)}=f(x,y,y',\cdots,y^{(n-1)})$ 可化为一阶微分方程组

$$\begin{cases}y_1'=y_2,\\ y_2'=y_3,\\ \quad\vdots\\ y_n'=f(x,y_1,y_2,\cdots,y_n).\end{cases}$$

其中，$y_1=y,y_2=y',\cdots,y_n=y^{(n-1)}$. 这样，$n$ 阶线性微分方程

$$y^{(n)}+a_1(x)y^{(n-1)}+\cdots+a_{n-1}(x)y'+a_n(x)y=f(x)$$

也可化为一阶线性微分方程组

$$\frac{\mathrm{d}\boldsymbol{y}}{\mathrm{d}x}=\boldsymbol{A}(x)\boldsymbol{y}+\boldsymbol{f}(x).$$

其中

$$\boldsymbol{y}=\begin{bmatrix}y\\y'\\\vdots\\y^{(n-1)}\end{bmatrix},\boldsymbol{A}(x)=\begin{bmatrix}0&1&0&\cdots&0&0\\0&0&1&\cdots&0&0\\\vdots&\vdots&\vdots&&\vdots&\vdots\\0&0&0&\cdots&0&1\\-a_n(x)&-a_{n-1}(x)&-a_{n-2}(x)&\cdots&-a_2(x)&-a_1(x)\end{bmatrix},\boldsymbol{f}(x)=\begin{bmatrix}0\\0\\\vdots\\0\\f(x)\end{bmatrix}.$$

这样，n 阶线性微分方程的有关问题，都可以转化为线性微分方程组的问题，这从理论上已经得到解决. 根据 10.2 节的结论，对于 n 阶线性微分方程，关于解的结构有如下结论.

(1) n 阶齐次线性微分方程

$$y^{(n)}+a_1(x)y^{(n-1)}+\cdots+a_{n-1}(x)y'+a_n(x)y=0$$

一定存在 n 个线性无关解 $y_1(x),y_2(x),\cdots,y_n(x)$（称为 n 阶齐次线性微分方程的**基本解组**），其通解可以表示为 $y(x)=\sum_{i=1}^{n}C_iy_i(x)$. 由于 $y(x)\equiv 0$ 为其解，根据解的存在与唯一性，n 阶齐次线性微分方程的解要么恒为零，要么恒不为零.

(2) n 阶非齐次线性微分方程

$$y^{(n)}+a_1(x)y^{(n-1)}+\cdots+a_{n-1}(x)y'+a_n(x)y=f(x)$$

的通解是它的任一特解与相应齐次微分方程的通解之和，它的任意两个解之差，即为相应齐次微分方程的一个解.

在 10.2.1 节和 10.2.2 节中，介绍了常系数线性微分方程组的解法，对于常系数的 n 阶线性微分方程，的确可以借助微分方程组求解（取其第一个分量即可）. 但是解线性微分方程组的过程比较繁杂，也只限于常系数方程组的求解. 因此有必要利用微分方程组

和高阶微分方程之间的关系,从微分方程组的已知结论导出高阶微分方程的相应结果,简化其求解过程.

本节将介绍高阶线性微分方程的若干解法.

10.3.1 高阶常系数线性微分方程

n 阶常系数齐次线性微分方程的一般形式为

$$y^{(n)}+a_1y^{(n-1)}+\cdots+a_{n-1}y'+a_ny=0,$$

其中 $a_1,\cdots,a_n$ 为常数. 由前面所述,其相应的常系数齐次线性微分方程组为

$$\frac{\mathrm{d}\boldsymbol{y}}{\mathrm{d}x}=\boldsymbol{A}\boldsymbol{y},$$

其中

$$\boldsymbol{y}=\begin{bmatrix} y \\ y' \\ \vdots \\ y^{(n-1)} \end{bmatrix},\boldsymbol{A}=\begin{bmatrix} 0 & 1 & 0 & \cdots & 0 & 0 \\ 0 & 0 & 1 & \cdots & 0 & 0 \\ \vdots & \vdots & \vdots & & \vdots & \vdots \\ 0 & 0 & 0 & \cdots & 0 & 1 \\ -a_n & -a_{n-1} & -a_{n-2} & \cdots & -a_2 & -a_1 \end{bmatrix}.$$

于是,系数矩阵 $\boldsymbol{A}$ 的特征方程为

$$\det(\boldsymbol{A}-\lambda\boldsymbol{E})=\begin{vmatrix} -\lambda & 1 & 0 & \cdots & 0 & 0 \\ 0 & -\lambda & 1 & \cdots & 0 & 0 \\ \vdots & \vdots & \vdots & & \vdots & \vdots \\ 0 & 0 & 0 & \cdots & -\lambda & 1 \\ -a_n & -a_{n-1} & -a_{n-2} & \cdots & -a_2 & -a_1-\lambda \end{vmatrix}=0,$$

即

$$\lambda^n+a_1\lambda^{n-1}+\cdots+a_{n-1}\lambda+a_n=0.$$

这恰好就是将原 n 阶微分方程中的 $y^{(k)}$ 换成 $\lambda^k(k=0,1,\cdots,n)$ 得到的代数方程,也称为 n 阶常系数齐次线性微分方程的特征方程.

根据特征方程根的情况,由 10.2.1 节的结果,有如下结论:

(1) 若特征方程有 n 个互不相同的根 $\lambda_1,\cdots,\lambda_n$,则方程的通解为 $y(x)=\sum\limits_{i=1}^{n}C_i\mathrm{e}^{\lambda_i x}$.

(2) 若特征方程有重根,设互不相同的根为 $\lambda_1,\cdots,\lambda_m$,它们的重数分别为 $k_1,\cdots,k_m$,满足 $k_1+\cdots+k_m=n$,则方程的一个基本解组为

$$\mathrm{e}^{\lambda_1 x},x\mathrm{e}^{\lambda_1 x},\cdots,x^{k_1-1}\mathrm{e}^{\lambda_1 x},\cdots,\mathrm{e}^{\lambda_m x},x\mathrm{e}^{\lambda_m x},\cdots,x^{k_m-1}\mathrm{e}^{\lambda_m x},$$

这样方程的通解为

$$y(x)=\sum_{i=1}^{m}\sum_{j=1}^{k_i}C_{ij}x^{j-1}\mathrm{e}^{\lambda_i x}=\sum_{i=1}^{m}(C_{i1}+C_{i2}x+\cdots+C_{ik_i}x^{k_i-1})\mathrm{e}^{\lambda_i x}.$$

(3) 若特征方程有一对共轭单复根 $a\pm\mathrm{i}b$,由欧拉公式 $\mathrm{e}^{(a\pm\mathrm{i}b)x}=\mathrm{e}^{ax}(\cos bx+\mathrm{i}\sin bx)$,其实部 $\mathrm{e}^{ax}\cos bx$ 和虚部 $\mathrm{e}^{ax}\sin bx$ 即为原方程

的两个线性无关的解；当共轭复根 $a \pm ib$ 为重根时，可以参照上面(2)的结论.

将(1)~(3)总结，可以将特征方程各种类型根的情况及其在通解中所对应的项总结如表 10-1 所示.

表 10-1

特征方程的根	微分方程通解中的对应项
一个单实根 λ	对应一项 $Ce^{\lambda x}$
一个 k 重实根 λ	对应 k 项 $(C_1 + C_2 x + \cdots + C_k x^{k-1})e^{\lambda x}$
一对单复根 $a \pm ib$	对应两项 $e^{ax}(C_1 \cos bx + C_2 \sin bx)$
一对 k 重复根 $a \pm ib$	对应 $2k$ 项 $e^{ax}[(C_{11} + C_{12}x + \cdots + C_{1k}x^{k-1})\cos bx + (C_{21} + C_{22}x + \cdots + C_{2k}x^{k-1})\sin bx]$

例 10.22 求高阶线性微分方程 $y^{(5)} - 3y^{(4)} + 4y''' - 4y'' + 3y' - y = 0$ 的通解.

解 其特征方程为

$$\lambda^5 - 3\lambda^4 + 4\lambda^3 - 4\lambda^2 + 3\lambda - 1 = (\lambda - 1)^3(\lambda^2 + 1) = 0,$$

因此 $\lambda = 1$ 是三重特征根，$\lambda = \pm i$ 是一对共轭单复根. 可以得到一个基本解组

$$e^x, xe^x, x^2e^x, e^{ix}, e^{-ix},$$

其中的复解分别取实部和虚部，得到两个线性无关的实解 $\sin x$，$\cos x$，因此方程的通解为

$$y(x) = (C_1 + C_2 x + C_3 x^2)e^x + C_4 \cos x + C_5 \sin x.$$

下面考虑 n 阶常系数非齐次线性微分方程，其一般形式为

$$y^{(n)} + a_1 y^{(n-1)} + \cdots + a_{n-1}y' + a_n y = f(x).$$

如何求它的一个特解呢？自然可以利用高阶微分方程和微分方程组的关系，借助 10.2.2 节中的常数变易公式，得到一个特解. 然而这种方法过于繁杂，下面针对非齐次项 $f(x)$ 的一些常见类型，介绍求其特解的**待定系数法**.

类型一：$f(x) = P_m(x)e^{\mu x}$，其中 $P_m(x) = b_0 x^m + b_1 x^{m-1} + \cdots + b_{m-1}x + b_m$ 为 $m(\geqslant 0)$ 次多项式，μ 为常数.

对于此种情形，由于方程右边为多项式和指数函数 $e^{\mu x}$ 的乘积，所以特解 $y^*(x)$ 也应该是多项式和 $e^{\mu x}$ 的乘积，即 $y^*(x) = Q(x)e^{\mu x}$，其中 $Q(x)$ 为待定多项式，有以下三种情形：

(1) μ 不是特征方程的根，令

$$Q(x) = B_0 x^m + B_1 x^{m-1} + \cdots + B_{m-1}x + B_m,$$

将 $y^*(x) = (B_0 x^m + B_1 x^{m-1} + \cdots + B_{m-1}x + B_m)e^{\mu x}$ 代入方程，比较两边 x 同次幂的系数，解出待定系数 $B_0, B_1, \cdots, B_{m-1}, B_m$ 即可得到非齐次方程的一个特解；

(2) μ 是特征方程的单根，令

$$Q(x) = x(B_0 x^m + B_1 x^{m-1} + \cdots + B_{m-1}x + B_m),$$

将 $y^*(x)=Q(x)e^{\mu x}$ 代入方程后，确定待定系数，得到特解；

(3) μ 是特征方程的 k 重根，令

$$Q(x)=x^k(B_0x^m+B_1x^{m-1}+\cdots+B_{m-1}x+B_m),$$

同样将 $y^*(x)=Q(x)e^{\mu x}$ 代入方程后，确定待定系数，得到特解.

例 10.23 求微分方程 $y''-5y'+6y=xe^{2x}$ 的通解.

解 其特征方程为

$$\lambda^2-5\lambda+6=(\lambda-2)(\lambda-3)=0$$

故特征根为 $\lambda=2,3$，均为单根，从而原方程对应的齐次方程的通解为

$$y(x)=C_1e^{2x}+C_2e^{3x}.$$

由于 $\mu=2$ 是特征方程的单根，注意到 $m=1$，因此令

$$y^*(x)=x(B_0x+B_1)e^{2x}.$$

求导后代入原方程，化简得 $-2B_0x+2B_0-B_1=x$，比较两边系数可得 $B_0=-\dfrac{1}{2}$，$B_1=-1$，于是特解为 $y^*(x)=-\left(\dfrac{1}{2}x^2+x\right)e^{2x}$，原方程的通解为

$$y(x)=C_1e^{2x}+C_2e^{3x}-\left(\frac{1}{2}x^2+x\right)e^{2x}.$$

类型二：$f(x)=P_m(x)e^{\mu x}\cos\nu x$ 或 $f(x)=P_m(x)e^{\mu x}\sin\nu x$，其中 $P_m(x)$ 为 $m(\geqslant 0)$ 次多项式，μ,ν 为常数.

此时非齐次项 $f(x)$ 相当于 $P_m(x)e^{(\mu+i\nu)x}$ 的实部或虚部，可取特解为 $y^*(x)=Q(x)e^{(\mu+i\nu)x}$，分出其实部和虚部，可令

$$y^*(x)=e^{\mu x}[Q_1(x)\cos\nu x+Q_2(x)\sin\nu x],$$

$Q_1(x),Q_2(x)$ 为待定多项式. 根据 $\mu+i\nu$ 是否为特征方程的复根，有以下情形：

(1) $\mu+i\nu$ 不是特征方程的复根，$Q_1(x),Q_2(x)$ 都为 m 次待定多项式，特解形式为

$$y^*(x)=e^{\mu x}[(A_0x^m+\cdots+A_{m-1}x+A_m)\cos\nu x+(B_0x^m+\cdots+B_{m-1}x+B_m)\sin\nu x].$$

(2) $\mu+i\nu$ 是特征方程的 k 重复根，$Q_1(x),Q_2(x)$ 都为 m 次待定多项式分别乘以 x^k，此时特解形式为

$$y^*(x)=e^{\mu x}x^k[(A_0x^m+\cdots+A_{m-1}x+A_m)\cos\nu x+(B_0x^m+\cdots+B_{m-1}x+B_m)\sin\nu x].$$

例 10.24 求微分方程 $y''+y=xe^x\cos x$ 的通解.

解 对应齐次方程的特征方程为 $\lambda^2+1=0$，故特征根为 $\lambda=\pm i$，从而原方程对应的齐次方程的通解为 $y(x)=C_1\cos x+C_2\sin x$.

由于 $\mu=\nu=1$，$1+i$ 不是特征方程的根，注意到 $m=1$，因此取特解

$$y^*(x)=e^x[(A_0x+A_1)\cos x+(B_0x+B_1)\sin x].$$

求导后代入原方程，消去 e^x，化简得

$$[(2B_0+A_0-1)x+(2A_0+A_1+2B_0+2B_1)]\cos x+[(B_0-2A_0)x+(2B_0+B_1-2A_0-2A_1)]\sin x=0,$$

于是有

$$\begin{cases}2B_0+A_0-1=0,\\2A_0+A_1+2B_0+2B_1=0,\\B_0-2A_0=0,\\2B_0+B_1-2A_0-2A_1=0.\end{cases}$$

可解得 $A_0=\frac{1}{5},A_1=-\frac{2}{25},B_0=\frac{2}{5},B_1=-\frac{14}{25}$,因此特解为

$$y^*(x)=\frac{\mathrm{e}^x}{25}[(5x-2)\cos x+(10x-14)\sin x],$$

原方程的通解为

$$y(x)=C_1\cos x+C_2\sin x+\frac{\mathrm{e}^x}{25}[(5x-2)\cos x+(10x-14)\sin x].$$

将类型一与类型二综合后,可将特解形式总结如表 10-2 所示.

表 10-2

非齐次项 $f(x)$ 的类型	特征根条件	使用待定系数法时特解 $y^*(x)$ 的形式
m 次多项式 $P_m(x)$	0 不是特征根	$y^*(x)=B_0x^m+B_1x^{m-1}+\cdots+B_{m-1}x+B_m$
	0 是 k 重特征根	$y^*(x)=x^k(B_0x^m+B_1x^{m-1}+\cdots+B_{m-1}x+B_m)$
$P_m(x)\mathrm{e}^{\mu x}$	μ 不是特征根	$y^*(x)=B_0x^m+B_1x^{m-1}+\cdots+B_{m-1}x+B_m$
	μ 是 k 重特征根	$y^*(x)=x^k(B_0x^m+B_1x^{m-1}+\cdots+B_{m-1}x+B_m)$
$P_m(x)\mathrm{e}^{\mu x}\cos\nu x$ 或 $P_m(x)\mathrm{e}^{\mu x}\sin\nu x$	$\mu+\mathrm{i}\nu$ 不是特征根	$y^*(x)=\mathrm{e}^{\mu x}[(A_0x^m+\cdots+A_{m-1}x+A_m)\cos\nu x+(B_0x^m+\cdots+B_{m-1}x+B_m)\sin\nu x]$
	$\mu+\mathrm{i}\nu$ 是 k 重特征根	$y^*(x)=\mathrm{e}^{\mu x}x^k[(A_0x^m+\cdots+A_{m-1}x+A_m)\cos\nu x+(B_0x^m+\cdots+B_{m-1}x+B_m)\sin\nu x]$

例 10.25 设 $f(x)=\sin x-\int_0^x(x-t)f(t)\,\mathrm{d}t$,其中 f 为连续函数,求 $f(x)$.

解 等式两边求导,得

$$f'(x)=\cos x-\int_0^x f(t)\,\mathrm{d}t-xf(x)+xf(x),$$

再次求导可得

$$f''(x)=-\sin x-f(x),\text{即} f''(x)+f(x)=-\sin x.$$

特征方程为:$\lambda^2+1=0$,可得特征根 $\lambda=\pm\mathrm{i}$,因此其对应齐次方程的通解为

$$f(x)=C_1\sin x+C_2\cos x.$$

由于 $\mu=0,\nu=1$,i 是特征方程的单根,注意到 $m=0$,因此取特解

$$y^*=x(A\sin x+B\cos x).$$

求导后代入原方程,化简得 $-2B\sin x+2A\cos x=-\sin x$,因此 $A=0$,$B=\frac{1}{2}$,即 $y^*=\frac{x}{2}\cos x$,所以所求方程的通解为

$$f(x)=C_1\sin x+C_2\cos x+\frac{x}{2}\cos x.$$

由 $f(0)=0,f'(0)=1$，故 $C_1=\frac{1}{2},C_2=0$，因此 $f(x)=\frac{1}{2}\sin x+\frac{x}{2}\cos x.$

例 10.26　有一水平放置的直径为 30cm 的圆盘，按每分钟四周的固定角速度旋转. 离圆盘无穷远处有一点光源，一只昆虫在距离光源最远处的圆盘边，头对光源，以 1cm/s 的速度始终朝光源爬行. 求昆虫运动的轨迹方程，并计算昆虫在何时何处离开圆盘.

解　如图 10-4 所示，取圆盘中心为坐标原点，昆虫初始位置为 $(15,0)$，点光源位置为 $(-\infty,0)$，圆盘按逆时针方向旋转. 假设在 t 时刻昆虫位于 (x,y) 点，其极坐标为 (r,θ)，昆虫的水平速度和垂直速度分别为

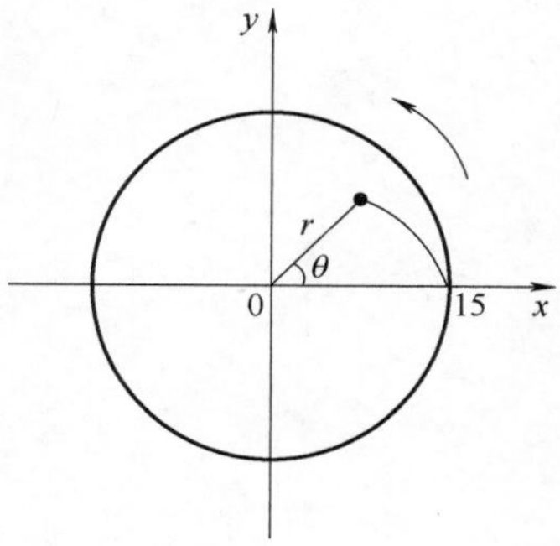

图　10-4

$$v_x=\frac{\mathrm{d}x}{\mathrm{d}t}=-1-\left(\frac{2\pi r}{15}\right)\sin\theta=-1-\frac{2\pi}{15}y,\ v_y=\frac{\mathrm{d}y}{\mathrm{d}t}=\left(\frac{2\pi r}{15}\right)\cos\theta=\frac{2\pi}{15}x.$$

在水平速度两边关于 t 求导并代入垂直速度，可得

$$\frac{\mathrm{d}^2x}{\mathrm{d}t^2}+\left(\frac{2\pi}{15}\right)^2x=0.$$

此为二阶常系数齐次线性微分方程，特征方程为 $\lambda^2+\left(\frac{2\pi}{15}\right)^2=0$，特征根为 $\pm\frac{2\pi}{15}\mathrm{i}$，通解为

$$x(t)=C_1\cos\frac{2\pi}{15}t+C_2\sin\frac{2\pi}{15}t.$$

由于 $x(0)=15,x'(0)=-1$，可得 $x(t)=15\cos\frac{2\pi}{15}t-\frac{15}{2\pi}\sin\frac{2\pi}{15}t.$

再由 $\frac{\mathrm{d}y}{\mathrm{d}t}=\frac{2\pi}{15}x$ 以及 $y(0)=0$，可得

$$y(t)=15\sin\frac{2\pi}{15}t+\frac{15}{2\pi}\cos\frac{2\pi}{15}t-\frac{15}{2\pi}.$$

因此，昆虫的轨迹方程为

$$\begin{cases}x(t)=15\cos\frac{2\pi}{15}t-\frac{15}{2\pi}\sin\frac{2\pi}{15}t,\\ y(t)=15\sin\frac{2\pi}{15}t+\frac{15}{2\pi}\cos\frac{2\pi}{15}t-\frac{15}{2\pi}.\end{cases}$$

消去参数 t 得到昆虫的轨迹方程，为一段圆弧

$$x^2+\left(y+\frac{15}{2\pi}\right)^2=15^2+\left(\frac{15}{2\pi}\right)^2.$$

当 $x^2(t)+y^2(t)=15^2$ 时，昆虫离开圆盘，由于

$$x^2(t)+y^2(t)=15^2+2\left(\frac{15}{2\pi}\right)^2-\frac{15}{\pi}\left(15\sin\frac{2\pi}{15}t+\frac{15}{2\pi}\cos\frac{2\pi}{15}t\right),$$

此时有，$15\sin\frac{2\pi}{15}t+\frac{15}{2\pi}\cos\frac{2\pi}{15}t=\frac{15}{2\pi}$，令 $\alpha=\frac{\pi}{15}t$，可得 $15\sin 2\alpha+\frac{15}{2\pi}$

$\cos 2\alpha=\frac{15}{2\pi}$,即

$$15\frac{2\tan\alpha}{1+\tan^2\alpha}+\frac{15}{2\pi}\frac{1-\tan^2\alpha}{1+\tan^2\alpha}=\frac{15}{2\pi}$$

解得 $\tan\alpha=2\pi$,则 $t=\frac{15}{\pi}\arctan 2\pi$,代入昆虫轨迹方程可得 $x=-15, y=0$.

因此当 $t=\frac{15}{\pi}\arctan 2\pi(\mathrm{s})$ 时昆虫在位置 $(-15,0)$ 处离开圆盘.

本节最后,介绍**算子解法**,可以用更简洁的形式表示常系数非齐次线性微分方程的特解.

引入微分算子

$$D^k=\frac{\mathrm{d}^k}{\mathrm{d}x^k}(k\geqslant 1 \text{ 时}, D^k y=y^{(k)};k=0 \text{ 时}, D^k y=y)$$

若令

$$Q(D)=D^n+a_1D^{n-1}+\cdots+a_{n-1}D+a_n,$$

则常系数非齐次线性微分方程可以表示为

$$Q(D)y=f(x).$$

情形一:非齐次项为 $f(x)=P_m(x)$ 为 m 阶多项式. 将 $\frac{1}{Q(D)}$ 做形式上的幂级数展开:

$$\frac{1}{Q(D)}=q_0+q_1D+\cdots+q_kD^k+\cdots.$$

由于 $f(x)=P_m(x)$ 为 m 阶多项式,当 $k>m$ 时,显然 $D^kf(x)=0$,故非齐次线性微分方程的特解为

$$y_0(x)=(q_0+q_1D+\cdots+q_mD^m)f(x).$$

情形二:非齐次项为 $f(x)=\mathrm{e}^{\mu x}P_m(x)$. 此时有公式

$$\frac{1}{Q(D)}\mathrm{e}^{\mu x}P_m(x)=\mathrm{e}^{\mu x}\frac{1}{Q(D+\mu)}P_m(x),$$

同样将 $\frac{1}{Q(D+\mu)}$ 做形式上的幂级数展开(到 m 阶即可).

情形三:非齐次项 $f(x)=\mathrm{e}^{\mu x}P_m(x)\cos\nu x$ 或 $f(x)=\mathrm{e}^{\mu x}P_m(x)\sin\nu x$,此时可利用欧拉公式:

$$\cos\nu x=\mathrm{Re}(\mathrm{e}^{\mathrm{i}\nu x}), \sin\nu x=\mathrm{Im}(\mathrm{e}^{\mathrm{i}\nu x})$$

将自由项化为 $f(x)=\mathrm{Re}(\varphi(x)\mathrm{e}^{\mu+\mathrm{i}\nu x})$ 或 $f(x)=\mathrm{Im}(\varphi(x)\mathrm{e}^{\mu+\mathrm{i}\nu x})$,并利用情形二中的公式.

例 10.27 求微分方程 $y''-2y'+y=x\mathrm{e}^x$ 的通解.

解 (方法一)利用待定系数法.

原微分方程对应齐次方程的特征方程为 $\lambda^2-2\lambda+1=0$,则 $\lambda=1$ 为特征方程的二重根,对应齐次方程的通解为 $y=(C_1+C_2x)\mathrm{e}^x$.

设非齐次方程的特解形式为

$$y_0=x^2(b_0x+b_1)\mathrm{e}^x.$$

可得 $y'=(b_0x^3+b_1x^2+3b_0x^2+2b_1x)\mathrm{e}^x$ 以及 $y''=(b_0x^3+b_1x^2+6b_0x^2+4b_1x+6b_0x+2b_1)\mathrm{e}^x$，代入原方程，得

$$6b_0x+2b_1=x.$$

得 $b_0=\dfrac{1}{6}$，$b_1=0$，故特解为 $y_0=\dfrac{1}{6}x^3\mathrm{e}^x$. 故所求方程通解为

$$y=(C_1+C_2x)\mathrm{e}^x+\frac{1}{6}x^3\mathrm{e}^x.$$

（方法二）利用算子解法.

原方程写为算子形式

$$(D^2-2D+1)y=x\mathrm{e}^x\text{，即}(D-1)^2y=x\mathrm{e}^x,$$

于是非齐次方程的特解为

$$y=\frac{1}{(D-1)^2}x\mathrm{e}^x=\mathrm{e}^x\frac{1}{(D+1-1)^2}x=\mathrm{e}^x\frac{1}{D^2}x=\mathrm{e}^x\frac{1}{D}\frac{x^2}{2}=\frac{x^3}{6}\mathrm{e}^x.$$

同样可得所求特解.

10.3.2 高阶变系数线性微分方程

对于变系数的高阶线性方程，可以考虑利用变量代换. 在 10.1.5 节介绍了“降阶法”，就是通过变量代换将高阶方程化为低阶方程，进而求解. 另一种类型是通过变量代换，将变系数的线性方程化为常系数的线性方程，应用极为广泛的欧拉方程就是其中的一种.

欧拉微分方程　该方程的特点是 $y^{(k)}$ 的系数为 x^k 的倍数，一般形式为

$$x^ny^{(n)}+a_1x^{n-1}y^{(n-1)}+\cdots+a_{n-1}xy'+a_ny=f(x),$$

若记 $D^k=\dfrac{\mathrm{d}^k}{\mathrm{d}x^k}(k=0,1,2,\cdots)$，$a_0=1$，则欧拉微分方程可以表示为

$$x^nD^ny+a_1x^{n-1}D^{n-1}y+\cdots+a_{n-1}Dy+a_ny=\sum_{k=0}^{n}a_{n-k}x^kD^ky=f(x).$$

做变换 $x=\mathrm{e}^t$ 或 $t=\ln x$，记 $\overline{D}^k=\dfrac{\mathrm{d}^k}{\mathrm{d}t^k}(k=0,1,2,\cdots)$，则有

$$Dy=\frac{\mathrm{d}y}{\mathrm{d}x}=\frac{\mathrm{d}y}{\mathrm{d}t}\frac{\mathrm{d}t}{\mathrm{d}x}=\frac{1}{x}\overline{D}y,$$

$$D^2y=\frac{\mathrm{d}}{\mathrm{d}x}\left(\frac{\mathrm{d}y}{\mathrm{d}x}\right)=\frac{\mathrm{d}}{\mathrm{d}t}\left(\frac{1}{x}\frac{\mathrm{d}y}{\mathrm{d}t}\right)\frac{\mathrm{d}t}{\mathrm{d}x}=\frac{1}{x^2}\left(\frac{\mathrm{d}^2y}{\mathrm{d}t^2}-\frac{\mathrm{d}y}{\mathrm{d}t}\right)=\frac{1}{x^2}(\overline{D}^2-\overline{D})y.$$

可得 $xDy=\overline{D}y$，$x^2D^2y=\overline{D}(\overline{D}-1)y$，下面用数学归纳法证明

$$x^kD^ky=\overline{D}(\overline{D}-1)\cdots(\overline{D}-k+1)y.$$

$k=0$ 时，显然成立，$k=1,2$ 时前面也已验证成立，现在考虑 $k+1$ 时的情况：

$$x^{k+1}D^{k+1}y=x^{k+1}D(D^ky)=x^{k+1}D\left[\frac{1}{x^k}\overline{D}(\overline{D}-1)\cdots(\overline{D}-k+1)y\right],$$

注意到

$$D\left[\frac{1}{x^k}\overline{D}(\overline{D}-1)\cdots(\overline{D}-k+1)y\right]=\frac{1}{x^k}D[\overline{D}(\overline{D}-1)\cdots(\overline{D}-k+1)y]-\frac{k}{x^{k+1}}\overline{D}(\overline{D}-1)\cdots(\overline{D}-k+1)y,$$

同时,由 $D=\frac{\mathrm{d}}{\mathrm{d}x}=\frac{\mathrm{d}}{\mathrm{d}t}\frac{\mathrm{d}t}{\mathrm{d}x}=\frac{1}{x}\overline{D}$,可得

$$D\left[\frac{1}{x^k}\overline{D}(\overline{D}-1)\cdots(\overline{D}-k+1)y\right]=\frac{1}{x^{k+1}}\left\{\overline{D}[\overline{D}(\overline{D}-1)\cdots(\overline{D}-k+1)y]-k\overline{D}(\overline{D}-1)\cdots(\overline{D}-k+1)y\right\},$$

因此

$$x^{k+1}D^{k+1}y=\overline{D}[\overline{D}(\overline{D}-1)\cdots(\overline{D}-k+1)y]-k\overline{D}(\overline{D}-1)\cdots(\overline{D}-k+1)y=\overline{D}(\overline{D}-1)\cdots(\overline{D}-k)y$$

成立,结论得证.

因此欧拉微分方程 $\sum\limits_{k=0}^{n}a_{n-k}x^kD^ky=f(x)$,可化为以 t 为自变量的常系数线性微分方程:

$$\sum_{k=0}^{n}a_{n-k}\overline{D}(\overline{D}-1)\cdots(\overline{D}-k+1)y=f(\mathrm{e}^t).$$

例 10.28 求微分方程 $(x+2)^2\frac{\mathrm{d}^3y}{\mathrm{d}x^3}+(x+2)\frac{\mathrm{d}^2y}{\mathrm{d}x^2}+\frac{\mathrm{d}y}{\mathrm{d}x}=1$ 的通解.

解 首先,令 $t=x+2$,方程两边乘以 t 后化为欧拉微分方程

$$t^3\frac{\mathrm{d}^3y}{\mathrm{d}t^3}+t^2\frac{\mathrm{d}^2y}{\mathrm{d}t^2}+t\frac{\mathrm{d}y}{\mathrm{d}t}=t.$$

再做变换 $t=\mathrm{e}^\tau$,则化为常系数线性微分方程:

$$[\overline{D}(\overline{D}-1)(\overline{D}-2)+\overline{D}(\overline{D}-1)+\overline{D}]y=\mathrm{e}^\tau,$$

即 $(\overline{D}^3-2\overline{D}^2+2\overline{D})y=\mathrm{e}^\tau$. 特征方程为 $\lambda^3-2\lambda^2+2\lambda=0$,故特征根为 $\lambda=0,1\pm\mathrm{i}$,可得对应齐次方程的通解为

$$y=C_0+(C_1\cos\tau+C_2\sin\tau)\mathrm{e}^\tau.$$

设非齐次方程的特解为 $y^*=A\mathrm{e}^\tau$,代入方程可得 $A=1$,故其通解为

$$y=C_0+(C_1\cos\tau+C_2\sin\tau)\mathrm{e}^\tau+\mathrm{e}^\tau.$$

代入 $\tau=\ln(x+2)$,可得原方程的通解为

$$y=C_0+(x+2)[C_1\cos\ln(x+2)+C_2\sin\ln(x+2)+1].$$

事实上,对于大部分变系数的线性微分方程,求解问题都是非常困难的. 能用初等函数的有限形式求解的微分方程只局限于某些特殊的类型. 因此,欲扩大微分方程的求解范围,必须放弃解的"有限形式",转而寻求"无限形式"的解,例如"无穷级数解".

下面介绍微分方程的幂级数解法,只限于考虑二阶齐次线性微分方程

$$y''+p(x)y'+q(x)y=0.$$

其中 $p(x),q(x)$ 均可在 $|x-x_0|<R$ 内展开为 $(x-x_0)$ 的收敛幂级

数. 此时对任意的初值条件

$$y(x_0)=y_0, y'(x_0)=y'_0,$$

方程都存在满足该初值条件唯一的解 $y(x)$，并且可在 $|x-x_0|<R$ 内展开成 $(x-x_0)$ 的幂级数：

$$y(x) = \sum_{n=0}^{\infty} a_n(x-x_0)^n,$$

其中，$a_0=y_0$；$a_1=y'_0$；而 a_n 则可以从 a_0 和 a_1 出发由递推式得到.

例 10.29　用幂级数解法求解艾里方程 $y''=xy$.

解　艾里方程是英国天文学家、数学家乔治·比德尔·艾里（George Biddell Airy，1801—1892）在 1838 年研究光学时遇到的微分方程，它没有初等函数形式的解，其解也称为艾里函数. 下面研究此方程的幂级数解法.

设方程的幂级数解为 $y(x) = \sum_{n=0}^{\infty} a_n x^n$，则

$$y''(x) = \sum_{n=2}^{\infty} n(n-1)a_n x^{n-2} = \sum_{n=0}^{\infty}(n+1)(n+2)a_{n+2}x^n.$$

代入方程可得

$$\sum_{n=0}^{\infty}(n+1)(n+2)a_{n+2}x^n = \sum_{n=1}^{\infty} a_{n-1}x^n.$$

根据幂级数系数的唯一性，可得如下 a_n 的递推式：

$$2a_2=0, (n+1)(n+2)a_{n+2}=a_{n-1}\quad (n=1,2,\cdots)$$

由此可得

$$a_2=a_5=\cdots=a_{3n+2}=\cdots=0,$$

$$a_3=\frac{a_0}{3\cdot 2}, a_6=\frac{a_0}{6\cdot 5\cdot 3\cdot 2},\cdots, a_{3n}=\frac{a_0}{(3n)\cdot(3n-1)\cdot(3n-3)\cdot(3n-4)\cdot\cdots\cdot 6\cdot 5\cdot 3\cdot 2},\cdots,$$

$$a_4=\frac{a_1}{4\cdot 3}, a_7=\frac{a_1}{7\cdot 6\cdot 4\cdot 3},\cdots, a_{3n+1}=\frac{a_1}{(3n+1)\cdot(3n)\cdot(3n-2)\cdot(3n-3)\cdot\cdots\cdot 7\cdot 6\cdot 4\cdot 3},\cdots.$$

因此，可得艾里方程的幂级数解为

$$y(x) = a_0\left[1+\sum_{n=1}^{\infty}\frac{x^{3n}}{(3n)\cdot(3n-1)\cdot(3n-3)\cdot(3n-4)\cdot\cdots\cdot 6\cdot 5\cdot 3\cdot 2}\right]+$$
$$a_1\left[x+\sum_{n=1}^{\infty}\frac{x^{3n+1}}{(3n+1)\cdot(3n)\cdot(3n-2)\cdot(3n-3)\cdot\cdots\cdot 7\cdot 6\cdot 4\cdot 3}\right].$$

当 a_0，a_1 为任意常数时，这就是艾里方程的通解.

例 10.30　用幂级数解法求解勒让德方程 $(1-x^2)y''-2xy'+k(k+1)y=0$.

解　勒让德方程是由法国数学家勒让德（Legendre，1752—1833）提出的，它是物理学和许多技术领域经常遇到的常微分方程.

令 $p(x) = -\frac{2x}{1-x^2}$，$q(x) = \frac{n(n+1)}{1-x^2}$，勒让德方程化为标准的二阶齐次线性方程，注意到 $p(x)$ 和 $q(x)$ 在 $(-1,1)$ 内可以展开为收敛

的幂级数,因此对于任意初值,都存在唯一解 $y(x)$,并且在 $(-1,1)$ 内可以展开为收敛的幂级数,即 $y(x)=\sum_{n=0}^{\infty}a_nx^n, x\in(-1,1)$.

分别将 $y=\sum_{n=0}^{\infty}a_nx^n, y'=\sum_{n=0}^{\infty}(n+1)a_{n+1}x^n, y''=\sum_{n=0}^{\infty}(n+1)(n+2)a_{n+2}x^n$ 代入方程,得

$$(1-x^2)\sum_{n=0}^{\infty}(n+1)(n+2)a_{n+2}x^n-2x\sum_{n=0}^{\infty}(n+1)a_{n+1}x^n+k(k+1)\sum_{n=0}^{\infty}a_nx^n=0,$$

合并化简后可得

$$\sum_{n=0}^{\infty}[(n+1)(n+2)a_{n+2}-(n-k)(n+k+1)a_n]x^n=0.$$

根据幂级数系数的唯一性,可得如下 a_n 的递推式:

$$a_{n+2}=\frac{(n-k)(n+k+1)}{(n+1)(n+2)}a_n.$$

从而得出

$$a_{2n}=(-1)^nA_na_0, a_{2n+1}=(-1)^nB_na_1,$$

其中

$$A_n=\frac{(k-2n+2)\cdots(k-2)k(k+1)(k+3)\cdots(k+2n-1)}{(2n)!},$$

$$B_n=\frac{(k-2n+1)\cdots(k-3)(k-1)(k+2)(k+4)\cdots(k+2n)}{(2n+1)!},$$

因此 $x\in(-1,1)$ 时,勒让德方程的幂级数解为

$$y(x)=\sum_{n=0}^{\infty}(a_{2n}x^{2n}+a_{2n+1}x^{2n+1}).$$

习题 10.3

1. 求下列常系数齐次线性微分方程的通解:

(1) $y''-2y'-3y=0$;　(2) $y'''-3y''+3y'-y=0$;

(3) $y''+2y'+3y=0$;　(4) $y^{(4)}-y=0$;

(5) $y^{(4)}-2y'''+5y''=0$;　(6) $y^{(4)}+2y''+y=0$.

2. (1) 试写出以函数 $y=C_1e^{-x}+C_2\cos 2x+C_3\sin 2x$ 为通解的常系数齐次线性微分方程;

(2) 已知 $y_1=x, y_2=x+e^x, y_3=1+x+e^x$ 为某二阶常系数非齐次线性微分方程的解,试求该微分方程.

3. 求下列常系数非齐次线性微分方程的通解:

(1) $y''-2y'-3y=3x+1$;　(2) $y''-3y'+2y=xe^{2x}$;

(3) $y''+4y'+4y=\cos 2x$;　(4) $y''+y=4x\sin x$;

(5) $y''+y=4x\sin x+x^2+1$;　(6) $y''-3y'+2y=-xe^x+\cos x$.

4. 设函数 $f(u)$ 具有二阶连续导数, $z=f(e^x\sin y)$ 满足方程 $\frac{\partial^2 z}{\partial x^2}+\frac{\partial^2 z}{\partial y^2}=$

ze^{2x}，求 $f(u)$.

5. 设函数 $u(x,y,z)=u(\sqrt{x^2+y^2+z^2})$ 具有二阶连续导数，且满足 $\dfrac{\partial^2 u}{\partial x^2}+\dfrac{\partial^2 u}{\partial y^2}+\dfrac{\partial^2 u}{\partial z^2}=0$，求 $u(x,y,z)$.

6. 求下列欧拉微分方程的解：

(1) $x^2\dfrac{d^2y}{dx^2}-x\dfrac{dy}{dx}+y=0$；　　(2) $x^2\dfrac{d^2y}{dx^2}+3x\dfrac{dy}{dx}+5y=0$；

(3) $x^3\dfrac{d^3y}{dx^3}+x\dfrac{dy}{dx}-y=3x^4$；　　(4) $x^3\dfrac{d^3y}{dx^3}+x^2\dfrac{d^2y}{dx^2}-4x\dfrac{dy}{dx}=3x^2$.

7. 用幂级数解法求下列微分方程在 $x=0$ 附近幂级数形式的通解或特解：

(1) $y''+xy'+y=0, y(0)=y'(0)=0$；

(2) $y''-2xy'-4y=0, y(0)=0, y'(0)=1$.

10.4 简单的偏微分方程

一般偏微分方程可写成如下形式

$$F(x,y,\cdots,u,u_x,u_y,\cdots,u_{xx},u_{xy},\cdots)=0,$$

其中，$x,y,\cdots$ 是自变量，u 是未知函数，$u_x,u_{xy},\cdots$ 是未知函数的导数.

本节只简单介绍在数学物理问题中经常出现的三种经典偏微分方程.

(1) 波动方程　$u_{tt}-c^2(u_{xx},+u_{yy}+u_{zz})=0$（双曲型方程）.

(2) 热传导方程　$u_t-k(u_{xx},+u_{yy}+u_{zz})=0$（抛物型方程）.

(3) 拉普拉斯方程　$u_{xx}+u_{yy}+u_{zz}=0$（椭圆型方程）.

10.4.1 三种典型偏微分方程及其定解问题

1. 波动方程的导出和定解条件

弦振动——波动方程　一根拉紧的、均匀柔软的细弦，长度为 l，两端固定在 x 轴上 O、L 两点（见图 10-5）. 对于在平衡位置给定的微小初始横向扰动，建立描述弦上任一点 x 处在任意时刻 t，垂直于 x 轴的位移 $u(x,t)$ 所满足的运动方程.

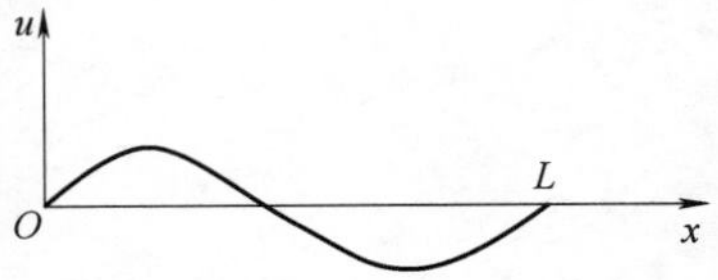

图　10-5

为使推导简单，做如下假定：

(1) 弦柔软而不抵抗弯矩，弦上的张力总是沿振动的切线方向；

(2) 振动时弦没有伸长，张力为定值；

(3) 弦的重量远小于弦中的张力，弦的扰度远小于弦的长度，运动的弦上任意点的斜率远小于 1.

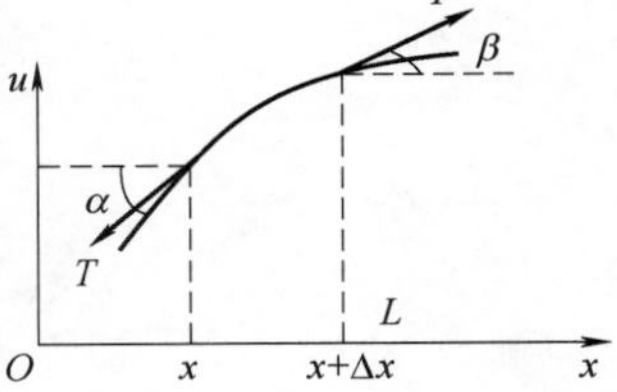

图　10-6

在弦上任取一小段 $(x,x+\Delta x)$（见图 10-6），它的弧长为

$$\Delta s = \int_x^{x+\Delta x} \sqrt{1 + \left(\frac{\partial u}{\partial x}\right)^2} \mathrm{d}x \approx \Delta x \quad \left(\frac{\partial u}{\partial x} \ll 1\right).$$

记端点处的张力为 T，则由假定，沿铅直方向作用在这段弦上的力是

$$T\sin\beta - T\sin\alpha,$$

其中 α,β 分别是这段弦$(x, x+\Delta x)$端点处切向与 x 轴正向的夹角. 由牛顿第二定律，有

$$T\sin\beta - T\sin\alpha = \rho\Delta s \frac{\partial^2 u(\bar{x}, t)}{\partial t^2}, \qquad (10.4.1)$$

其中，ρ 是弦的线密度；$\bar{x}$ 是弦段$(x, x+\Delta x)$的重心坐标. 由于是微小振动，角度 α,β 均很小，所以

$$\sin\alpha = \tan\alpha = \frac{\partial u(x,t)}{\partial x}, \ \sin\beta = \tan\beta = \frac{\partial u(x+\Delta x, t)}{\partial x},$$

于是，式(10.4.1)变为

$$T\left[\frac{\partial u(x+\Delta x, t)}{\partial x} - \frac{\partial u(x,t)}{\partial x}\right] - \rho\Delta x \frac{\partial^2 u(\bar{x}, t)}{\partial t^2} = 0.$$

应用中值定理得到

$$T\frac{\partial^2 u(x+\tau\Delta x, t)}{\partial x^2}\Delta x - \rho\Delta x \frac{\partial^2 u(\bar{x}, t)}{\partial t^2} = 0 \quad (0 < \tau < 1).$$

消去 Δx，并令 $\Delta x \to 0$，上式化为

$$\frac{\partial^2 u(x,t)}{\partial t^2} - a^2 \frac{\partial^2 u(x,t)}{\partial x^2} = 0,$$

或

$$u_{tt} - a^2 u_{xx} = 0, \qquad (10.4.2)$$

如果在弦的每单位长上作用有外力 F，方程(10.4.2)将取形式

$$u_{tt} - a^2 u_{xx} = f, \qquad (10.4.3)$$

其中，$a^2 = \dfrac{T}{\rho}$；$f = \dfrac{F}{\rho}$. 方程(10.4.2)和方程(10.4.3)称为**一维波动方程**.

考虑一块柔软的薄膜的垂向振动问题，在一些与上面类似的简化假定下，可得如下二维波动方程

$$u_{tt} - a^2(u_{xx} + u_{yy}) = f,$$

波动方程的一般形式可写成

$$u_{tt} - a^2 \Delta u = f, \qquad (10.4.4)$$

其中，$\Delta = \dfrac{\partial^2}{\partial_{x_1}^2} + \cdots + \dfrac{\partial^2}{\partial_{x_n}^2}$称为**拉普拉斯算子**.

方程(10.4.4)可以是一维、二维、三维，甚至是 n 维的，在研究空间或更一般介质中的声波、电磁波等传播时都会出现高维的波动方程.

定解条件　上面导出的一维波动方程(10.4.3)包含有未知函数 $u(x,t)$ 及其偏导数,所以称为偏微分方程. 列出微分方程的最终目的,是要求出它的解 $u(x,t)$,即具备足够可导性且代入后使方程(10.4.3)成立的函数. 方程(10.4.3)描述了弦做微小横振动时的位移函数 $u(x,t)$ 应满足的一般规律,但仅利用方程(10.4.3)并不能完全确定所考察的弦的运动状态. 具体的问题,还需要根据具体情况给出一些其他条件,以期与方程(10.4.3)结合在一起,确定问题的解. 这些条件统称为方程(10.4.3)的**定解条件**.

前面在推导方程(10.4.3)时,假定了弦两端固定在点 $x=0$ 及 $x=l$ 处,因此自然有

$$u(0,t)=0,\quad u(l,t)=0,\quad t>0. \tag{10.4.5}$$

式(10.4.5)称为**边界条件**.

此外,弦的运动状态还取决于它在初始时刻 $t=0$ 时的位置和速度,因此又有

$$u(x,0)=\varphi(x),\quad u_t(x,0)=\psi(x),\quad 0\leqslant x\leqslant l. \tag{10.4.6}$$

式(10.4.6)称为**初始条件**.

把波动方程(10.4.3)、边界条件(10.4.5)和初始条件(10.4.6)结合在一起,得到

$$\begin{cases} u_{tt}(x,t)-a^2u_{xx}(x,t)=f(x), \\ u(0,t)=0,\ u(l,t)=0, \\ u(x,0)=\varphi(x),\ u_t(x,0)=\psi(x). \end{cases} \tag{10.4.7}$$

称为一个**定解问题**

边界条件(10.4.5)一般称为第一类边界条件. 根据不同问题的不同边界状态,常见的还有“第二类”和“第三类”边界条件,此处不再赘述.

定解问题(10.4.7)的解是否存在? 如果存在,是否唯一? 解是否有“稳定性”? 这些统称为定解问题的适定性. 如果回答是肯定的,则称这个问题是**适定的**,否则称为**不适定问题**.

2. 热传导方程的导出和定解条件

热传导方程　考虑空间物体 Ω,其边界闭曲面记为 $\partial\Omega$. 令 $u(x,y,z,t)$ 为 Ω 内的点 (x,y,z) 在 t 时刻的温度. 如果 u 不是常数,则热流由温度高处流向温度低处. 由传热学中的傅里叶(Fourier)定律可知,在各向同性物体中,热流速度是

$$\boldsymbol{v}(x,y,z,t)=-K\left(\frac{\partial u}{\partial x},\frac{\partial u}{\partial y},\frac{\partial u}{\partial z}\right)=-K\nabla u,$$

其中,K 为常数,表示物体的导热系数.

在 Ω 中任取一块微小区域 D,记其边界闭曲面为 ∂D,则单位时间从 D 散发的热量为

$$\iint\limits_{\partial D}\boldsymbol{v}\cdot\boldsymbol{n}\,\mathrm{d}S,$$

其中，$\boldsymbol{n}$ 是曲面∂D 的单位外法向量. 由高斯公式，有

$$\iint_{\partial D}\boldsymbol{v}\cdot\boldsymbol{n}\mathrm{d}S = \iiint_{D}\mathrm{div}(-K\nabla u)\mathrm{d}V = -K\iiint_{D}\left(\frac{\partial^2 u}{\partial x^2}+\frac{\partial^2 u}{\partial y^2}+\frac{\partial^2 u}{\partial z^2}\right)\mathrm{d}V.$$

另一方面，D 内的总热量等于

$$\iint_{\partial D}\boldsymbol{v}\cdot\boldsymbol{n}\mathrm{d}S = \iiint_{D}c\rho u\mathrm{d}V,$$

其中，ρ 是物体的物质密度；c 是物体的比热容；都与时间 t 无关. 那么，在 D 中热量减少的速度为

$$-\frac{\mathrm{d}}{\mathrm{d}t}\iiint_{D}c\rho u\mathrm{d}V = -\iiint_{D}c\rho\frac{\partial u}{\mathrm{d}t}\mathrm{d}V,$$

这里假设了被积函数 u 使上述积分与微分可交换次序的条件. 从而，由热平衡关系可得

$$\iiint_{D}(c\rho u_t - K\Delta u)\mathrm{d}V = 0. \tag{10.4.8}$$

假定被积函数在 Ω 内连续，由 $D\subseteq\Omega$ 的任意性，得到

$$u_t - k\Delta u = 0,\quad (x,y,z)\in\Omega,\ t\geqslant 0, \tag{10.4.9}$$

其中，$k=\dfrac{K}{c\rho}$为热扩散系数. 方程(10.4.9)就是经典的热传导方程.

如果物体 Ω 内有热源，设此热源在单位时间内产生的热量为 $F(x,y,z,t)$，则在考虑热平衡方程(10.4.8)时，需要加一项

$$\iiint_{D}F(x,y,z,t)\mathrm{d}V,$$

因而方程(10.4.9)将取形式

$$u_t - k\Delta u = f, \tag{10.4.10}$$

其中，$f(x,y,z,t)=\dfrac{1}{c\rho}F(x,y,z,t)$.

定解条件 从物理角度看，如果知道了物体边界上的温度状况及物体内初始时刻的温度分布，就可以完全确定物体在任意时刻的温度 $u(x,y,z,t)$. 因此，热传导方程(10.4.10)的一个最自然的定解条件就是

$$u(x,y,z,t)\big|_{(x,y,z)\in\partial\Omega} = \varphi(x,y,z,t),\quad t\geqslant 0, \tag{10.4.11}$$

$$u(x,y,z,0) = \psi(x,y,z),\quad (x,y,z)\in\Omega. \tag{10.4.12}$$

通常条件(10.4.11)被称为**边界条件**(第一类边界条件)，条件(10.4.12)被称为**初始条件**. 热传导方程(10.4.10)、边界条件(10.4.11)和初始条件(10.4.12)一起构成一个热传导方程的**定解问题**

$$\begin{cases} u_t - k\Delta u = f(x,y,z,t), \\ u\big|_{\partial\Omega} = \varphi(x,y,z,t), \\ u\big|_{t=0} = \psi(x,y,z). \end{cases}$$

类似于波动方程，边界条件(10.4.11)也可以根据实际问题的物理背景，被“第二类”和“第三类”边界条件代替，与热传导方程(10.4.10)和初始条件(10.4.12)一起构成新的定解问题.

3. 拉普拉斯方程的建立和定解条件

静电场的位势——拉普拉斯方程　设 Ω 是由闭曲面 $\partial\Omega$ 包围的空间区域，其中充满介电常数为 ε 的介质，介质内有体密度为 $\rho(x,y,z)$ 的自由电荷，在 Ω 内形成一个静电场，记其电场强度为 $\boldsymbol{E}(x,y,z)$，由电磁学知识知道，存在 $\boldsymbol{E}$ 的一个电位函数 $u(x,y,z)$，使得

$$\boldsymbol{E}(x,y,z)=-\left(\frac{\partial u}{\partial x},\frac{\partial u}{\partial y},\frac{\partial u}{\partial z}\right)=-\nabla u.$$

在 Ω 中任取一块微小区域 D，记其边界闭曲面为 ∂D. 根据电磁学中的奥-高定理，有

$$\iint\limits_{\partial D}\varepsilon\boldsymbol{E}\cdot\boldsymbol{n}\mathrm{d}S=4\pi\iiint\limits_{D}\rho(x,y,z)\,\mathrm{d}V,$$

其中，$\boldsymbol{n}$ 是曲面 ∂D 的单位外法向量. 由高斯公式

$$\iint\limits_{\partial D}\varepsilon\boldsymbol{E}\cdot\boldsymbol{n}\mathrm{d}S=-\varepsilon\iiint\limits_{D}\operatorname{div}(\nabla u)\,\mathrm{d}V=-\varepsilon\iiint\limits_{D}\left(\frac{\partial^2 u}{\partial x^2}+\frac{\partial^2 u}{\partial y^2}+\frac{\partial^2 u}{\partial z^2}\right)\mathrm{d}V.$$

两式结合可得

$$\iiint\limits_{D}\left(\frac{\partial^2 u}{\partial x^2}+\frac{\partial^2 u}{\partial y^2}+\frac{\partial^2 u}{\partial z^2}\right)\mathrm{d}V=-\frac{4\pi}{\varepsilon}\iiint\limits_{D}\rho(x,y,z)\,\mathrm{d}V.$$

假定被积函数在 Ω 内连续，由 $D\subseteq\Omega$ 的任意性，得到

$$\frac{\partial^2 u}{\partial x^2}+\frac{\partial^2 u}{\partial y^2}+\frac{\partial^2 u}{\partial z^2}=-\frac{4\pi}{\varepsilon}\rho(x,y,z),\quad (x,y,z)\in\Omega,$$

即

$$-\Delta u=\frac{4\pi}{\varepsilon}\rho.\tag{10.4.13}$$

静电场方程(10.4.13)也经常被称为**泊松(Poisson)方程**. 若 Ω 内没有自由电荷，即 $\rho(x,y,z)\equiv 0$，则方程(10.4.13)变为

$$-\Delta u=0.\tag{10.4.14}$$

这一般被称为**拉普拉斯(Laplace)方程**，亦称为**位势方程**、**调和方程**.

顺便指出，在前面的方程(10.4.4)和方程(10.4.10)中，如果弦或膜的振动，以及热的传导达到平衡状态，亦即未知函数 $u(x,y,z,t)$ 与时间 t 无关，则也会导出其平衡方程(10.4.13)或方程(10.4.14). 因此可以说拉普拉斯方程是最基本的偏微分方程.

定解条件　在拉普拉斯方程或泊松方程中，未知函数 $u(x,y,z)$ 与时间 t 无关，所以定解条件中就不需要初始条件而只需要有边界条件. 此种定解问题称为**边值问题**. 和振动问题及热传导问题中的边界条件类似，泊松方程的边界条件也由问题的物理特征决定. 通常有第一、第二、第三类边界条件. 这里只以第一类边界条件

为例：

$$\begin{cases} -\Delta u = f(x,y,z,t), & (x,y,z) \in \Omega, \\ u|_{\partial\Omega} = \varphi(x,y,z). \end{cases}$$

这里要求一个函数 $u(x,y,z)$ 在空间某区域 Ω 内满足泊松方程，而且在 $\Omega \cup \partial\Omega$ 上连续，在 $\partial\Omega$ 上与给定的函数 $\varphi(x,y,z)$ 重合. 该问题常被称为**狄利克雷(Dirichlet)问题.**

4. 二阶线性偏微分方程的简单分类

本小节仅以二维方程为例，简单说明了二阶线性偏微分方程的分类. 其他更一般方程的分类，可参看相关偏微分方程教材. 设有含未知函数 u 和自变量 x、y 的二阶线性偏微分方程，则可写成如下形式

$$Au_{xx} + Bu_{xy} + Cu_{yy} + Du_x + Eu_y + Fu = G,$$

其中，各系数都是 x、y 的函数，且不同时为零.

偏微分方程的分类受解析几何中二次方程的分类启发而来. 基于通过坐标变换将上述方程在一点化为标准形式的可能性. 一个方程按照在点 x_0, y_0，有

$$B^2(x_0,y_0) - 4A(x_0,y_0)C(x_0,y_0)$$

为正、零、负，而分别被称为在此点是**双曲型**、**抛物型**、**椭圆型**的. 如果在一个区域内都如此，那么便称这个方程在这个区域内是双曲型、抛物型、椭圆型的.

按照这个分类原则，以上导出的三种方程，就分别是双曲型、抛物型、椭圆型方程.

10.4.2 定解问题的典型解法

1. 行波法求解一维波动方程

为了考察波动方程的定解问题(10.4.7)，先考察其中一种简单情况——"无限长"弦的振动问题. 或者说，所考察的弦很长，而需要知道的仅仅是离边界较远的中间某一段的运动情况. 这时，边界的影响可以忽略，相应定解问题变为

$$\begin{cases} u_{tt}(x,t) - a^2 u_{xx}(x,t) = f(x), & t>0, -\infty<x<+\infty, \\ u(x,0) = \varphi(x), u_t(x,0) = \psi(x) & -\infty<x<+\infty. \end{cases} \tag{10.4.15}$$

因为其定解条件中只包含初始条件而没有边界条件，所以问题(10.4.15)往往被称为**初值问题**，也叫**柯西(Cauchy)问题**.

(1) 无限长弦的自由振动.

将求解问题(10.4.15)分成两步，先解自由振动问题，也就是下列齐次问题：

$$\begin{cases} u_{tt}(x,t) - a^2 u_{xx}(x,t) = 0, & t>0, -\infty<x<+\infty, \\ u(x,0) = \varphi(x), u_t(x,0) = \psi(x) & -\infty<x<+\infty. \end{cases} \tag{10.4.16}$$

引入变量替换(依赖于二阶常系数偏微分方程的特征线)：

$$\xi = x - at, \eta = x + at,$$

由复合函数求导法则，得到

$$u_x = u_\xi + u_\eta, u_t = a(u_\xi - u_\eta),$$

$$u_{xx} = u_{\xi\xi} + 2u_{\xi\eta} + u_{\eta\eta},\ u_{tt} = a^2(u_{\xi\xi} - 2u_{\xi\eta} + u_{\eta\eta}),$$

代入问题(10.4.16)的第一式并考虑到 $a^2 > 0$，得到

$$u_{\xi\eta} = 0.$$

对上式关于 η 积分一次，再关于 ξ 积分一次，得到其通解为

$$u(\xi, \eta) = g(\xi) + h(\eta)$$

其中 $g(\xi)$，$h(\eta)$ 是任意两个可导的一元函数. 代回原来的自变量，可得函数

$$u(x,t) = g(x+at) + h(x-at),$$

满足问题(10.4.16)的第一式. 应用问题(10.4.16)中第二式的条件，得到

$$u(x,0) = g(x) + h(x) = \varphi(x), \tag{10.4.17}$$

$$u_t(x,0) = ag'(x) - ah'(x) = \psi(x).$$

上式两边积分，得

$$g(x) - h(x) = \frac{1}{a}\int_{x_0}^{x} \psi(\tau)\mathrm{d}\tau + c, \tag{10.4.18}$$

其中，x_0 和 c 是任意常数. 由方程(10.4.17)和式(10.4.18)解得

$$g(x) = \frac{1}{2}\varphi(x) + \frac{1}{2a}\int_{x_0}^{x}\psi(\tau)\mathrm{d}\tau + \frac{c}{2},$$

$$h(x) = \frac{1}{2}\varphi(x) - \frac{1}{2a}\int_{x_0}^{x}\psi(\tau)\mathrm{d}\tau - \frac{c}{2}.$$

于是定解问题(10.4.16)的解最后可写成

$$u(x,t) = \frac{1}{2}[\varphi(x+at) + \varphi(x-at)] + \frac{1}{2a}\int_{x-at}^{x+at}\psi(\tau)\mathrm{d}\tau. \tag{10.4.19}$$

这个解称为一维波动方程柯西问题的**达朗贝尔(D'Alembert)解.**

显然，只要函数 $\varphi(x)$ 二阶连续可微，函数 $\psi(x)$ 一阶连续可微，式(10.4.19)就是问题(10.4.16)的唯一解，并且解 u 关于初始函数 φ,ψ 的连续依赖性也容易由式(10.4.19)看出. 因此，弦振动问题(10.4.16)是适定的.

例 10.31　求下述初值问题的解：

$$\begin{cases} u_{tt}(x,t) = a^2 u_{xx}(x,t), \\ u(x,0) = \sin x, \\ u_t(x,0) = \cos x. \end{cases}$$

解　由式(10.4.19)有

$$u(x,t) = \frac{1}{2}[\sin(x+at) + \sin(x-at)] + \frac{1}{2a}\int_{x-at}^{x+at}\cos\tau\mathrm{d}\tau$$

$$= \sin x\cos at + \frac{1}{2a}\cos x\sin at.$$

(2) 无限长弦的强迫振动.

有了以上求解齐次问题(10.4.16)的基础,下面再来求解非齐次问题(10.4.15).利用坐标变换 $y=at$,问题化为

$$\begin{cases} u_{xx}-u_{yy}=\tilde{f}(x,y), & y>0,\ -\infty<x<+\infty, \\ u(x,0)=\varphi(x),u_y(x,0)=\tilde{\psi}(x), & -\infty<x<+\infty, \end{cases} \tag{10.4.20}$$

其中,$\tilde{f}(x,y)=-\dfrac{f(x,t)}{a^2}$;$\tilde{\psi}(x)=\dfrac{\psi(x)}{a}$.

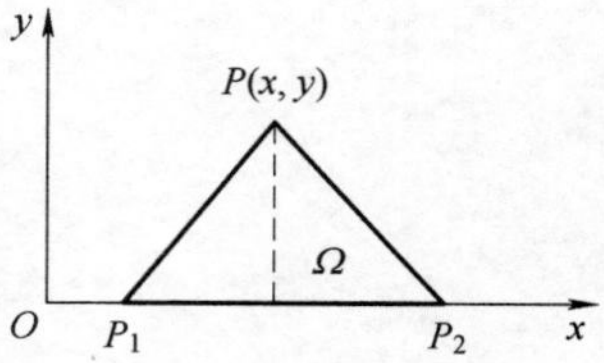

图 10-7

令 $P=(x,y)$ 为上半平面上一点,$Q=(x,0)$ 为初始线 $y=0$ 上的点,设过 P 点的特征线 $x\pm y=c$ 交初始线 $y=0$ 于点 P_1,P_2,则 $P_1=(x-y,0)$,$P_2=(x+y,0)$(见图 10-7).用 Ω 表示三角形区域 PP_1P_2.对问题(10.4.20)中第一式的两边在 Ω 上积分,得到

$$\iint\limits_{\Omega}(u_{xx}-u_{yy})\mathrm{d}x\mathrm{d}y=\iint\limits_{\Omega}\tilde{f}(x,y)\mathrm{d}x\mathrm{d}y. \tag{10.4.21}$$

应用格林定理则有

$$\iint\limits_{\Omega}(u_{xx}-u_{yy})\mathrm{d}x\mathrm{d}y=\oint\limits_{\partial\Omega}(u_x\mathrm{d}y+u_y\mathrm{d}x).$$

而 $\partial\Omega=\overline{P_1P_2}\cup\overline{P_2P}\cup\overline{PP_1}$,且

$$\int\limits_{\overline{P_1P_2}}(u_x\mathrm{d}y+u_y\mathrm{d}x)=\int_{x-y}^{x+y}u_y(x,0)\mathrm{d}x,$$

$$\int\limits_{\overline{P_2P}}(u_x\mathrm{d}y+u_y\mathrm{d}x)=\int\limits_{\overline{P_2P}}(-u_x\mathrm{d}x-u_y\mathrm{d}y)=u(x+y,0)-u(x,y),$$

$$\int\limits_{\overline{PP_1}}(u_x\mathrm{d}y+u_y\mathrm{d}x)=\int\limits_{\overline{PP_1}}(u_x\mathrm{d}x+u_y\mathrm{d}y)=u(x-y,0)-u(x,y).$$

所以

$$\oint\limits_{\partial\Omega}(u_x\mathrm{d}y+u_y\mathrm{d}x)=-2u(x,y)+u(x-y,0)+u(x+y,0)+\int_{x-y}^{x+y}u_y\mathrm{d}x.$$

代入(10.4.21),得

$$u(x,y)=\frac{1}{2}[u(x-y,0)+u(x+y,0)]+\frac{1}{2}\int_{x-y}^{x+y}u_y(x,0)\mathrm{d}x+\frac{1}{2}\iint\limits_{\Omega}\tilde{f}(x,y)\mathrm{d}x\mathrm{d}y.$$

上式中代入初始条件,并还原变量 $y=at$,得

$$u(x,t)=\frac{1}{2}[\varphi(x-at)+\varphi(x+at)]+\frac{1}{2a}\int_{x-y}^{x+y}\psi(\tau)\mathrm{d}\tau+\frac{1}{2a}\iint\limits_{\tilde{\Omega}}f(\xi,\tau)\mathrm{d}\xi\mathrm{d}\tau, \tag{10.4.22}$$

其中,用 $\tilde{\Omega}$ 表示 (x,t) 平面上与区域 Ω 对应的三角形区域.

例 10.32 求下述初值问题的解:

$$\begin{cases} u_{xx}-u_{tt}=1, \\ u(x,0)=\sin x, \\ u_t(x,0)=x. \end{cases}$$

解　任取点 $P_0=(x_0,t_0)$，方程过点 P_0 的特征线是直线 $x\pm t=x_0\pm t_0$，积分区域（依赖域）是三角形区域 $P_0P_1P_2$，这里 $P_1=(x_0-t_0,0)$，$P_2=(x_0+t_0,0)$（见图 10-8）.

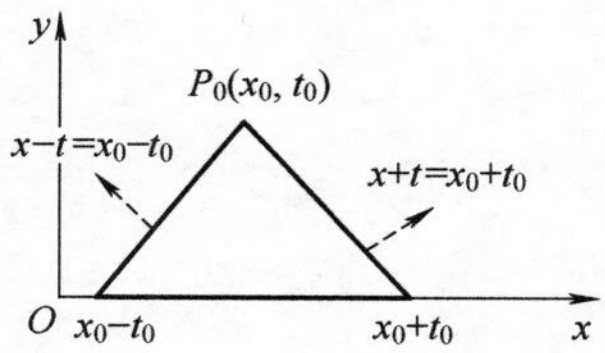

图　10-8

由式(10.4.22)，有

$$u(x_0,t_0)=\frac{1}{2}[\sin(x_0+t_0)+\sin(x_0-t_0)]+\frac{1}{2}\int_{x_0-t_0}^{x_0+t_0}x\mathrm{d}x-\frac{1}{2}\int_0^{t_0}\left(\int_{t+x_0-t_0}^{-t+x_0+t_0}\mathrm{d}x\right)\mathrm{d}t$$

$$=\frac{1}{2}[\sin(x_0+t_0)+\sin(x_0-t_0)]+x_0t_0-\frac{1}{2}t_0^2.$$

由点 P_0 的任意性，得所求的解是

$$u(x,t)=\frac{1}{2}[\sin(x+t)+\sin(x-t)]+xt-\frac{1}{2}t^2.$$

（3）有限长弦的自由振动.

最后，再来简单讨论一下有限长弦自由振动的初边值问题的求解. 即求解以下问题

$$\begin{cases}u_{tt}(x,t)-a^2u_{xx}(x,t)=0, & t>0,\ 0<x<l,\\ u(0,t)=0,u(l,t)=0, & t\geqslant 0,\\ u(x,0)=\varphi(x),u_t(x,0)=\psi(x), & 0\leqslant x\leqslant l.\end{cases}\tag{10.4.23}$$

解决这个问题的一个基本想法是将初始函数 $\varphi(x)$ 和 $\psi(x)$ 在区间 $[0,l]$ 之外延拓成周期为 $2l$ 的奇函数. 分别以 $\varphi_c(x)$ 和 $\psi_c(x)$ 表示延拓后的函数，则

$$\varphi_c(x)=-\varphi_c(-x),\ \psi_c(x)=-\psi_c(-x),$$
$$\varphi_c(x)=\varphi_c(x+2l),\ \psi_c(x)=\psi_c(x+2l).$$

于是，我们得到一个新的初值问题

$$\begin{cases}u_{tt}(x,t)-a^2u_{xx}(x,t)=0, & t>0,-\infty<x<+\infty,\\ u(x,0)=\varphi_c(x),u_t(x,0)=\psi_c(x) & -\infty<x<+\infty.\end{cases}$$

由前面的讨论，其解可以写成

$$u(x,t)=\frac{1}{2}[\varphi_c(x+at)+\varphi_c(x-at)]+\frac{1}{2a}\int_{x-at}^{x+at}\psi_c(\tau)\mathrm{d}\tau.$$

将此解限制在区间 $[0,l]$ 上，就是问题(10.4.23)的解，而这只需要验证满足问题(10.4.23)中的边界条件即可. 事实上，由 $\varphi_c(x)$ 和 $\psi_c(x)$ 的周期性及奇性，易得

$$u(0,t)=\frac{1}{2}[\varphi_c(at)+\varphi_c(-at)]+\frac{1}{2a}\int_{-at}^{at}\psi_c(\tau)\mathrm{d}\tau=0,$$

$$u(l,t)=\frac{1}{2}[\varphi_c(l+at)+\varphi_c(l-at)]+\frac{1}{2a}\int_{l-at}^{l+at}\psi_c(\tau)\mathrm{d}\tau=0.$$

为了使解函数有二阶的连续导数，还需要下面的所谓相容性条件：

$$\varphi(0)=\varphi(l)=0,\ \varphi''(0)=\varphi''(l)=0,\ \psi(0)=\psi(l)=0.$$

2. 分离变量法求解波动方程和热传导方程

分离变量法的主要思想是，在方程中未知函数包含的自变量比较少的情况下(比如两个自变量),将自变量分离,使所求函数变成单变量函数的组合,从而将偏微分方程化为常微分方程,从中求出一些满足边界条件的特解,然后利用叠加原理,做这些解的线性组合,令其满足余下条件,从而得到定解问题的解. 本节中,我们以一维波动方程和热传导方程为例,说明分离变量法求解偏微分方程定解问题的基本做法. 其他类似问题,也可以尝试利用分离变量法求解.

(1) 一维波动方程.

考虑如下弦振动方程的初边值问题

$$\begin{cases} u_{tt}(x,t)-a^2u_{xx}(x,t)=0, & t>0,\ 0<x<l, \\ u(0,t)=0,\ u(l,t)=0, & t\geqslant 0, \\ u(x,0)=\varphi(x),u_t(x,0)=\psi(x), & 0\leqslant x\leqslant l. \end{cases} \tag{10.4.24}$$

假设问题(10.4.24)的解可以将两个自变量分离,即设解有下列形式

$$u(x,t)=X(x)T(t)\neq 0,\ t>0,\ 0<x<l. \tag{10.4.25}$$

将式(10.4.25)代入问题(10.4.24)中的第一式,得到 $XT''=a^2X''T$,即

$$\frac{X''}{X}=\frac{1}{a^2}\frac{T''}{T}.$$

该等式左右两边分别是变量 x 和变量 t 的函数,所以必须都是常数才能相等,设此常数为 $-\lambda$,于是

$$X''+\lambda X=0,T''+\lambda a^2T=0.$$

再把式(10.4.25)代入问题(10.4.24)中的第二式,得到

$$u(0,t)=X(0)T(t)=0,\ u(l,t)=X(l)T(t)=0.$$

由于 $T(t)\neq 0$,所以

$$X(0)=X(l)=0.$$

于是,函数 $X(x)$ 由下列二阶常系数常微分方程的两点边值问题确定:

$$\begin{cases} X''+\lambda X=0, \\ X(0)=X(l)=0. \end{cases} \tag{10.4.26}$$

由常微分方程的知识知道,当

$$\lambda=\lambda_n=\left(\frac{n\pi}{l}\right)^2,\quad n=1,2,\cdots$$

时,问题(10.4.26)有非零解(非平凡解)

$$X_n(x)=\sin\frac{n\pi}{l}x,\quad n=1,2,\cdots.$$

上述常数和函数,通常被分别叫作问题(10.4.26)的特征值及特征函数.

进一步,解二阶常系数常微分方程 $T''+\lambda a^2T=0$,得其通解

$$T_n(t)=b_n\sin\frac{n\pi a}{l}t+c_n\cos\frac{n\pi a}{l}t,\quad n=1,2,\cdots,$$

其中，b_n,c_n 是两个任意常数.

于是，函数

$$u_n(x,t)=X_n(x)T_n(t)=\left(b_n\sin\frac{n\pi a}{l}t+c_n\cos\frac{n\pi a}{l}t\right)\sin\frac{n\pi}{l}x,\quad n=1,2,\cdots$$

满足了问题(10.4.24)中的前两式. 而且由于这前两个式子都是齐次的，容易求得，其解能够叠加(线性齐次方程的叠加原理)，所以，如果下列无穷级数

$$u(x,t)=\sum_{n=1}^{\infty}\left(b_n\sin\frac{n\pi a}{l}t+c_n\cos\frac{n\pi a}{l}t\right)\sin\frac{n\pi}{l}x\qquad(10.4.27)$$

收敛，且和函数二阶可导，则也满足问题(10.4.24)中的前两式. 剩下，只需确定常数 b_n,c_n，使级数(10.4.27)满足问题(10.4.24)中的第三式，即初始条件满足即可.

为此，对级数(10.4.27)关于 t 微分，得

$$u_t(x,t)=\sum_{n=1}^{\infty}\frac{n\pi a}{l}\left(b_n\cos\frac{n\pi a}{l}t-c_n\sin\frac{n\pi a}{l}t\right)\sin\frac{n\pi}{l}x.$$

应用问题(10.4.24)中的初始条件，便得

$$u(x,0)=\varphi(x)=\sum_{n=1}^{\infty}c_n\sin\frac{n\pi}{l}x,$$

$$u_t(x,0)=\psi(x)=\sum_{n=1}^{\infty}b_n\frac{n\pi a}{l}\sin\frac{n\pi}{l}x.$$

设 $\varphi(x)$ 和 $\psi(x)$ 都能展开成傅里叶级数，令系数

$$\begin{cases}b_n=\dfrac{2}{n\pi a}\displaystyle\int_0^l\psi(x)\sin\frac{n\pi x}{l}\mathrm{d}x,\\ c_n=\dfrac{2}{l}\displaystyle\int_0^l\varphi(x)\sin\frac{n\pi x}{l}\mathrm{d}x,\end{cases}\qquad(10.4.28)$$

则问题(10.4.24)中的初始条件就满足了.

综上，弦振动初边值问题(10.4.24)的解由级数(10.4.27)给出，其中的系数则由式(10.4.28)确定.

(2) 热传导方程.

下面讨论一维热传导问题的求解. 设有长为 l 的均匀杆，杆充分细使得在 t 时刻同一横截面上的温度分布均匀，杆的侧表面绝热，因而侧面没有热量损耗，内部无热源. 那么，此杆上的温度分布由下列一维热传导方程的初边值问题给出：

$$\begin{cases}u_t-ku_{xx}=0, & t>0,\ 0<x<l,\\ u(0,t)=u(l,t)=0, & t\geqslant0,\\ u(x,0)=\varphi(x), & 0\leqslant x\leqslant l.\end{cases}\qquad(10.4.29)$$

首先，用分离变量法，设解的形式为

$$u(x,t)=X(x)T(t)\neq0,\quad t>0,0<x<l.$$

于是由问题(10.4.29)中的第一个方程，得到

$$XT'=kX''T,$$

由于变量是分离的，我们可以假设

$$\frac{X''}{X}=\frac{T'}{kT}=-\lambda.$$

其中, $-\lambda$ 为常数. 于是

$$X''+\lambda X=0,$$

再由问题(10.4.29)中的边界条件

$$u(0,t)=X(0)T(t)=0,\ u(l,t)=X(l)T(t)=0.$$

推知

$$X(0)=X(l)=0.$$

于是,函数 $X(x)$ 必须满足下列特征值问题:

$$\begin{cases}X''+\lambda X=0,\\ X(0)=X(l)=0.\end{cases}$$

与前面求解波动方程一样,上述问题当

$$\lambda=\lambda_n=\left(\frac{n\pi}{l}\right)^2,\ n=1,2,\cdots$$

时有非零解(非平凡解)

$$X_n(x)=\sin\frac{n\pi}{l}x,\ n=1,2,\cdots.$$

其次,还需要求解方程 $T'+\lambda kT=0$. 由常微分方程知识知道,它的通解是

$$T(t)=ce^{-\lambda kt}.$$

进而,通解为

$$T_n(t)=c_n e^{-\left(\frac{n\pi}{l}\right)^2kt},\ n=1,2,\cdots,$$

其中, c_n 是任意常数.

于是,函数

$$u_n(x,t)=X_n(x)T_n(t)=c_n e^{-\left(\frac{n\pi}{l}\right)^2kt}\sin\frac{n\pi}{l}x,\ n=1,2,\cdots$$

满足了问题(10.4.29)中的前两式. 同理,为求问题(10.4.29)的解,可设下列无穷级数

$$u(x,t)=\sum_{n=1}^{\infty}c_n e^{-\left(\frac{n\pi}{l}\right)^2kt}\sin\frac{n\pi}{l}x$$

是问题(10.4.29)的形式解. 剩下,需确定常数 c_n,使得问题(10.4.29)中的初始条件被满足,即

$$u(x,0)=\sum_{n=1}^{\infty}c_n\sin\frac{n\pi}{l}x=\varphi(x).$$

这只要设 $\varphi(x)$ 能展开成傅里叶级数,并令系数

$$c_n=\frac{2}{l}\int_0^l\varphi(x)\sin\frac{n\pi x}{l}dx$$

即可. 于是问题(10.4.29)的解可以表示为

$$u(x,t)=\sum_{n=1}^{\infty}\left[\frac{2}{l}\int_0^l\varphi(\tau)\sin\frac{n\pi\tau}{l}d\tau\right]e^{-\left(\frac{n\pi}{l}\right)^2kt}\sin\frac{n\pi x}{l}.\tag{10.4.30}$$

例 10.33 求下述初边值问题的解:

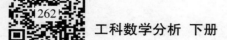

$$\begin{cases} u_t - ku_{xx} = 0, \\ u(0,t) = 0, \\ u(l,t) = u_0, \\ u(x,0) = x(l-x). \end{cases} \tag{10.4.31}$$

解　这个问题与问题(10.4.29)的区别是其中一个边界条件 $u(l,t)=u_0$ 是非齐次的,而由于函数$\frac{u_0x}{l}$能够满足问题(10.4.31)中的前三个等式,所以,依据叠加原理,设 $u(x,t)$ 是问题(10.4.31)的解,做变量替换 $v(x,t)=u(x,t)-\frac{u_0x}{l}$,则 $v(x,t)$ 是下列问题的解:

$$\begin{cases} v_t - kv_{xx} = 0, \\ v(0,t) = 0, \\ v(l,t) = 0, \\ v(x,0) = x(l-x) - \frac{u_0x}{l}. \end{cases}$$

由式(10.4.30)可知,此问题的解是

$$v(x,t) = \sum_{n=1}^{\infty} c_n \mathrm{e}^{-\left(\frac{n\pi}{l}\right)^2kt} \sin\frac{n\pi x}{l},$$

其中,$c_n = \frac{2}{l}\int_0^l \left[\tau(l-\tau) - \frac{u_0\tau}{l}\right]\sin\frac{n\pi\tau}{l}\mathrm{d}\tau$. 从而,问题(10.4.31)的解是

$$u(x,t) = \sum_{n=1}^{\infty} c_n \mathrm{e}^{-\left(\frac{n\pi}{l}\right)^2kt} \sin\frac{n\pi x}{l} + \frac{u_0x}{l}.$$

3. 格林函数法求解拉普拉斯方程

格林函数法的基本特征,是用积分形式给出微分方程的解. 本段我们主要以二维情况为例,分四步说明求解拉普拉斯算子狄利克雷问题的格林函数法.

(1) 格林恒等式.

先推导几个基本公式,即格林恒等式.

设 $\Omega\subset\mathbb{R}^n$ 是有界连通区域,其边界 $\partial\Omega$ 是 $n-1$ 维光滑曲面,$\boldsymbol{n}$ 是 $\partial\Omega$ 的外法向量,向量函数 $\boldsymbol{W}$ 在 $\Omega\cup\partial\Omega$ 上连续,其分量在 Ω 内有一阶连续偏导数,则有如下高斯公式成立:

$$\int_{\Omega}\mathrm{div}\boldsymbol{W}\mathrm{d}V = \int_{\partial\Omega}\boldsymbol{W}\cdot\boldsymbol{n}\mathrm{d}S.$$

其中,记号 $\int_{\Omega}\mathrm{d}V$, $\int_{\partial\Omega}\mathrm{d}S$ 分别表示 Ω 内的体积分和 $\partial\Omega$ 上的面积分.

设函数 u 和 v 在 $\Omega\cup\partial\Omega$ 上有一阶连续偏导数,在 Ω 内有二阶连续偏导数. 令

$$\boldsymbol{W} = u\,\nabla v,$$

则由上述高斯公式

$$\int_{\Omega} u\Delta v \mathrm{d}V = \int_{\partial\Omega} u \frac{\partial v}{\partial n}\mathrm{d}S - \int_{\Omega} \nabla u \cdot \nabla v \mathrm{d}V.$$

交换 u,v,又得

$$\int_{\Omega} v\Delta u \mathrm{d}V = \int_{\partial\Omega} v \frac{\partial u}{\partial n}\mathrm{d}S - \int_{\Omega} \nabla u \cdot \nabla v \mathrm{d}V.$$

这两式称为**格林第一公式**. 两式相减,得

$$\int_{\Omega} (u\Delta v - v\Delta u)\mathrm{d}V = \int_{\partial\Omega}\left(u\frac{\partial v}{\partial n} - v\frac{\partial u}{\partial n}\right)\mathrm{d}S.$$

这称为**格林第二公式**.

后面,我们经常用到的是这几个公式中 $n=2$ 和 $n=3$ 的情形. $n=2$ 时,一般写成

$$\iint_{\Omega} u\Delta v \mathrm{d}x\mathrm{d}y = \oint_{\partial\Omega} u\frac{\partial v}{\partial n}\mathrm{d}S - \iint_{\Omega}\left(\frac{\partial u}{\partial x}\frac{\partial v}{\partial x} + \frac{\partial u}{\partial y}\frac{\partial v}{\partial y}\right)\mathrm{d}x\mathrm{d}y,$$

$$\iint_{\Omega} v\Delta u \mathrm{d}x\mathrm{d}y = \oint_{\partial\Omega} v\frac{\partial u}{\partial n}\mathrm{d}S - \iint_{\Omega}\left(\frac{\partial u}{\partial x}\frac{\partial v}{\partial x} + \frac{\partial u}{\partial y}\frac{\partial v}{\partial y}\right)\mathrm{d}x\mathrm{d}y,$$

和

$$\iint_{\Omega} (u\Delta v - v\Delta u)\mathrm{d}x\mathrm{d}y = \oint_{\partial\Omega}\left(u\frac{\partial v}{\partial n} - v\frac{\partial u}{\partial n}\right)\mathrm{d}S.$$

$n=3$ 时,一般写成

$$\iiint_{\Omega} u\Delta v \mathrm{d}V = \iint_{\partial\Omega} u\frac{\partial v}{\partial n}\mathrm{d}S - \iiint_{\Omega}\left(\frac{\partial u}{\partial x}\frac{\partial v}{\partial x} + \frac{\partial u}{\partial y}\frac{\partial v}{\partial y} + \frac{\partial u}{\partial z}\frac{\partial v}{\partial z}\right)\mathrm{d}V,$$

$$\iiint_{\Omega} v\Delta u \mathrm{d}V = \iint_{\partial\Omega} v\frac{\partial u}{\partial n}\mathrm{d}S - \iiint_{\Omega}\left(\frac{\partial u}{\partial x}\frac{\partial v}{\partial x} + \frac{\partial u}{\partial y}\frac{\partial v}{\partial y} + \frac{\partial u}{\partial z}\frac{\partial v}{\partial z}\right)\mathrm{d}V,$$

和

$$\iiint_{\Omega} (u\Delta v - v\Delta u)\mathrm{d}V = \iint_{\partial\Omega}\left(u\frac{\partial v}{\partial n} - v\frac{\partial u}{\partial n}\right)\mathrm{d}S.$$

(2) δ- 函数.

δ- 函数并不是一个普通意义上的函数,所以也称其为广义函数. 为了容易理解它的意义,下面以集中质量的分布密度为例加以说明. 设一直线上有一单位质量,基本上完全集中在 x_0 点(质量分布长度小到可以忽略不计),于是,这一集中质量的线密度为

$$\rho(x) = \begin{cases} 0, & x \neq x_0, \\ \lim\limits_{\Delta x\to 0}\dfrac{1}{\Delta x} = \infty, & x = x_0. \end{cases} \quad \text{(性质一)}$$

这明显不是一个经典意义上的函数. 可是,总质量为 1 又是事实. 所以

$$\int_{-\infty}^{+\infty} \rho(x)\mathrm{d}x = 1. \quad \text{(性质二)}$$

进而,对任意连续函数 $f(x)$,还总有

$$\int_{-\infty}^{+\infty} \rho(x)f(x)\mathrm{d}x = f(x_0). \quad \text{(性质三)}$$

事实上,由性质一,应用积分中值定理,可以得到

$$\int_{-\infty}^{+\infty}\rho(x)f(x)\,\mathrm{d}x = \lim_{\Delta x\to 0}\int_{x_0-\frac{\Delta x}{2}}^{x_0+\frac{\Delta x}{2}}\frac{1}{\Delta x}f(x)\,\mathrm{d}x = \lim_{\Delta x\to 0}\frac{1}{\Delta x}f(\xi)\Delta x = f(x_0).$$

综上,把具备上述三条性质的广义函数称为**狄拉克(Dirac)δ-函数**,记为 $\delta(x-x_0)$.

类似地,可以定义高维 δ-函数,比如二维 δ-函数,它满足:

1) $\delta(x-\xi,y-\eta)=\begin{cases}0, & x\neq\xi,y\neq\eta,\\ \infty, & x=\xi,y=\eta;\end{cases}$

2) $\iint\limits_{\mathbb{R}^2}\delta(x-\xi,y-\eta)\,\mathrm{d}x\mathrm{d}y = 1$;

3) $\iint\limits_{\mathbb{R}^2}\delta(x-\xi,y-\eta)f(x,y)\,\mathrm{d}x\mathrm{d}y = f(\xi,\eta)$.

其中,$f(x,y)$ 是 $\mathbb{R}^2$ 上的任意二元连续函数. 由这三条性质易得

$$\delta(x-\xi,y-\eta)=\delta(x-\xi)\delta(y-\eta).$$

(3) 格林函数.

设 $\Omega\subset\mathbb{R}^2$ 是有界区域,$\partial\Omega$ 是其边界曲线. 又设 $(\xi,\eta)\in\Omega$ 是任意一点,函数 $G(x,y;\xi,\eta)$ 在 Ω 上除点 (ξ,η) 外关于变元 x,y 二阶连续可导,在点 (ξ,η) 处有奇性,并且满足

$$(\mathrm{G1}):\begin{cases}G_{xx}+G_{yy}=\delta(x-\xi,y-\eta), & (x,y)\in\Omega,\\ G=0, & (x,y)\in\partial\Omega.\end{cases}$$

取函数 $u(x,y)=G(x,y;\xi,\eta)$,$v(x,y)=G(x,y;\xi^*,\eta^*)$,由格林第二恒等式,可得

$$\iint\limits_{\Omega}[G(x,y;\xi,\eta)\Delta G(x,y;\xi^*,\eta^*)-G(x,y;\xi^*,\eta^*)\Delta G(x,y;\xi,\eta)]\,\mathrm{d}x\mathrm{d}y$$

$$=\oint_{\partial\Omega}\left[G(x,y;\xi,\eta)\frac{\partial G}{\partial n}(x,y;\xi^*,\eta^*)-G(x,y;\xi^*,\eta^*)\frac{\partial G}{\partial n}(x,y;\xi,\eta)\right]\mathrm{d}S = 0.$$

但

$$\Delta G(x,y;\xi,\eta)=\delta(x-\xi,y-\eta),\ \Delta G(x,y;\xi^*,\eta^*)=\delta(x-\xi^*,y-\eta^*),$$

$$\iint\limits_{\Omega}[G(x,y;\xi,\eta)\delta(x,y;\xi^*,\eta^*)\,\mathrm{d}x\mathrm{d}y = G(\xi^*,\eta^*;\xi,\eta),$$

$$\iint\limits_{\Omega}[G(x,y;\xi^*,\eta^*)\delta(x,y;\xi,\eta)\,\mathrm{d}x\mathrm{d}y = G(\xi,\eta;\xi^*,\eta^*).$$

所以得

$$(\mathrm{G2}):\ G(\xi,\eta;\xi^*,\eta^*)=G(\xi^*,\eta^*;\xi,\eta).$$

即满足条件(G1)的函数 $G(x,y;\xi,\eta)$ 是对称的.

再设曲线 $C_\varepsilon:(x-\xi)^2+(y-\eta)^2=\varepsilon^2$,记 D_ε 为其包围的圆,由条件(G1),可得

$$\iint\limits_{D_\varepsilon}\Delta G(x,y;\xi,\eta)\,\mathrm{d}x\mathrm{d}y = \iint\limits_{D_\varepsilon}\delta(x-\xi,y-\eta)\,\mathrm{d}x\mathrm{d}y = 1,$$

由此得

$$\lim_{\varepsilon\to 0}\iint\limits_{D_\varepsilon}\Delta G(x,y;\xi,\eta)\,\mathrm{d}x\mathrm{d}y = 1.$$

再由二维高斯公式(格林公式),有

$$(\mathrm{G3}):\lim_{\varepsilon\to0}\oint_{C_\varepsilon}\frac{\partial G}{\partial n}\mathrm{d}S=1.$$

通常把满足条件(G1)、(G2)和(G3)的函数 G 称为是(二维)拉普拉斯算子狄利克雷问题的**格林函数**.

(4) 拉普拉斯方程狄利克雷问题的格林函数法.

考虑二维拉普拉斯方程的狄利克雷问题

$$\begin{cases}u_{xx}+u_{yy}=f(x,y), & (x,y)\in\Omega,\\ u=\varphi(x,y), & (x,y)\in\partial\Omega.\end{cases}\tag{10.4.32}$$

下面我们将证明,它的解可表示为

$$u(x,y)=\iint_\Omega G(x,y;\xi,\eta)f(\xi,\eta)\,\mathrm{d}\xi\mathrm{d}\eta+\oint_{\partial\Omega}\varphi(\xi,\eta)\frac{\partial G}{\partial n}(x,y;\xi,\eta)\,\mathrm{d}S.\tag{10.4.33}$$

为此,设函数 $u(x,y)$ 是问题(10.4.32)的解,在二维情形的格林第二恒等式中取函数 $u(x,y)$ 及 $v(x,y)=G(x,y;\xi,\eta)$,有

$$\iint_\Omega[G(x,y;\xi,\eta)\Delta u-u(x,y)\Delta G(x,y;\xi,\eta)]\,\mathrm{d}x\mathrm{d}y=\oint_{\partial\Omega}\left[G(x,y;\xi,\eta)\frac{\partial u}{\partial n}-u(x,y)\frac{\partial G}{\partial n}\right]\mathrm{d}S,$$

但在 Ω 内,

$$\Delta G(x,y;\xi,\eta)=\delta(x-\xi,y-\eta),\ \Delta u=f(x,y),$$

于是

$$\iint_\Omega[G(x,y;\xi,\eta)f(x,y)-u(x,y)\delta(x-\xi,y-\eta)]\,\mathrm{d}x\mathrm{d}y=\oint_{\partial\Omega}\left[G(x,y;\xi,\eta)\frac{\partial u}{\partial n}-u(x,y)\frac{\partial G}{\partial n}\right]\mathrm{d}S.$$

利用 $u(x,y)$ 及 $G(x,y;\xi,\eta)$ 满足的边界条件,以及 δ- 函数的性质,得

$$u(\xi,\eta)=\iint_\Omega G(x,y;\xi,\eta)f(x,y)\,\mathrm{d}x\mathrm{d}y+\oint_{\partial\Omega}\varphi(x,y)\frac{\partial G}{\partial n}\mathrm{d}S.$$

注意到 $G(x,y;\xi,\eta)$ 的对称性,即得问题(10.4.32)的解是式(10.4.33).

这样,为求解拉普拉斯方程的狄利克雷问题(10.4.32),只需要求出其格林函数.

对于一个二维区域 Ω,为求其上满足条件(G1)、(G2)和(G3)的格林函数 G,假定 G 具有形式

$$G(x,y;\xi,\eta)=H(x,y;\xi,\eta)+g(x,y;\xi,\eta).$$

其中,H 是所谓自由空间的格林函数,它只满足(在边界上没有要求!)

$$H_{xx}+H_{yy}=\delta(x-\xi,y-\eta),(x,y)\in\Omega.\tag{10.4.34}$$

而满足 g 满足

$$\begin{cases}g_{xx}+g_{yy}=0, & (x,y)\in\Omega,\\ g=-H, & (x,y)\in\partial\Omega.\end{cases}\tag{10.4.35}$$

由于函数 H 不受限于区域 Ω 的形状,所以我们可以假定

$$H(x,y;\xi,\eta)=H(r),$$

其中 $r=\sqrt{(x-\xi)^2+(x-\eta)^2}$. 做变量替换 $x=\xi+r\cos\theta, y=\eta+r\sin\theta$，则有

$$\frac{\partial H}{\partial x}=\frac{\partial H}{\partial r}\frac{\partial r}{\partial x}=\frac{\partial H}{\partial r}\frac{x-\xi}{r},$$

$$\frac{\partial^2 H}{\partial x^2}=\frac{\partial}{\partial x}\left(\frac{\partial H}{\partial r}\frac{x-\xi}{r}\right)=\frac{\partial^2 H}{\partial r^2}\frac{(x-\xi)^2}{r^2}+\frac{\partial H}{\partial r}\frac{\partial}{\partial x}\left(\frac{x-\xi}{r}\right)$$

$$=\frac{\partial^2 H}{\partial r^2}\frac{(x-\xi)^2}{r^2}+\frac{\partial H}{\partial r}\frac{r^2-(x-\xi)^2}{r^3}.$$

利用函数 H 的对称性，同理可得

$$\frac{\partial H}{\partial y}=\frac{\partial H}{\partial r}\frac{\partial r}{\partial y}=\frac{\partial H}{\partial r}\frac{y-\eta}{r},$$

$$\frac{\partial^2 H}{\partial y^2}=\frac{\partial^2 H}{\partial r^2}\frac{(y-\eta)^2}{r^2}+\frac{\partial H}{\partial r}\frac{r^2-(y-\eta)^2}{r^3}.$$

代入方程(10.4.34)，当 $x\neq\xi, y\neq\eta$ 时，有

$$\frac{\partial^2 H}{\partial x^2}+\frac{\partial^2 H}{\partial y^2}=\frac{\partial^2 H}{\partial r^2}+\frac{1}{r}\frac{\partial H}{\partial r}=\frac{1}{r}\frac{\partial}{\partial r}\left(r\frac{\partial H}{\partial r}\right)=0.$$

这是常微分方程，积分两次，得其通解为

$$H(r)=A+B\ln r.$$

应用条件(G3)，有

$$\lim_{\varepsilon\to 0}\oint_{C_\varepsilon}\frac{\partial H}{\partial n}\mathrm{d}s=\lim_{\varepsilon\to 0}\int_0^{2\pi}\frac{B}{r}r\mathrm{d}\theta=1.$$

所以 $B=\frac{1}{2\pi}$，但常数 A 是自由的，为了简单取 $A=0$，从而

$$H(r)=\frac{1}{2\pi}\ln r.$$

$$H(x,y;\xi,\eta)=\frac{1}{4\pi}\ln\left[(x-\xi)^2+(y-\eta)^2\right].$$

相比之下，解方程(10.4.35)求函数 g 则要困难得多，因为 g 需要在 Ω 的边界上满足一定条件，严重依赖区域 Ω 的形状. 下面我们只以 Ω 是圆(半径设为 R)的情况为例求出函数 g，并求出相应拉普拉斯方程狄利克雷问题(10.4.32)的解.

考虑到函数 $H(x,y;\xi,\eta)$ 除在点 (ξ,η) 奇异外，其他点处都满足 $H_{xx}+H_{yy}=0$. 所以我们在圆 Ω 外取一点 (μ,ν)，并令 $g(x,y;\mu,\nu)=-\frac{1}{4\pi}\ln\left[(x-\mu)^2+(y-\nu)^2\right]+c$，则有

$$g_{xx}+g_{yy}=0, (x,y)\in\Omega.$$

剩下，只需适当选取圆外的点 (μ,ν) 和常数 c，使其在圆的边界上满足

$$g(x,y;\mu,\nu)=-H(x,y;\xi,\eta),\ (x,y)\in\partial\Omega. \quad (10.4.36)$$

为了容易达到这一目标，借助镜像反射思想，把圆内的点 (ξ,η) 和圆外的点 (μ,ν) 选在同一径向上，即假定：

$$x=\rho\cos\theta,\ y=\rho\sin\theta,$$
$$\xi=\sigma\cos\beta,\ \eta=\sigma\sin\beta,$$
$$\mu=\sigma_0\cos\beta,\ \nu=\sigma_0\sin\beta$$

并要求

$$\sigma\sigma_0=R^2 \tag{10.4.37}$$

然后,由相似三角形关系,对$\partial\Omega$上任一点$(x,y)=(\cos\theta,\sin\theta)$,必有

$$(\cos\theta-\sigma\cos\beta)^2+(\sin\theta-\sigma\sin\beta)^2=\frac{\sigma^2}{R^2}[(\cos\theta-\sigma_0\cos\beta)^2+(\rho\sin\theta-\sigma_0\sin\beta)^2],$$

所以,令 $c=-\frac{1}{4\pi}\ln\frac{\sigma^2}{R^2}$,进而令

$$g(x,y;\mu,\nu)=g(\rho,\theta;\sigma_0,\beta)$$
$$=-\frac{1}{4\pi}\ln\left\{\frac{\sigma^2}{R^2}[(\rho\cos\theta-\sigma_0\cos\beta)^2+(\rho\sin\theta-\sigma_0\sin\beta)^2]\right\}.$$

则式(10.4.36)成立.这样,利用式(10.4.37),最后求得格林函数为

$$\begin{aligned}G(x,y;\xi,\mu)&=G(\rho,\theta;\sigma,\beta)=H+g\\&=\frac{1}{4\pi}\ln[(\rho\cos\theta-\sigma\cos\beta)^2+(\rho\sin\theta-\sigma\sin\beta)^2]-\\&\quad\frac{1}{4\pi}\ln\left\{\frac{\sigma^2}{R^2}[(\rho\cos\theta-\sigma_0\cos\beta)^2+(\rho\sin\theta-\sigma_0\sin\beta)^2]\right\}\\&=\frac{1}{4\pi}\ln[\sigma^2+\rho^2-2\sigma\rho\cos(\beta-\theta)]-\frac{1}{4\pi}\ln\left[R^2+\left(\frac{\sigma\rho}{R}\right)^2-2\sigma_0\rho\cos(\beta-\theta)\right].\end{aligned}$$

进一步,可求得

$$\left.\frac{\partial G}{\partial n}\right|_{\partial\Omega}=\left(\frac{\partial G}{\partial\rho}\right)_{\rho=R}=\left[\frac{1}{4\pi}\frac{2\rho-2\sigma\cos(\beta-\theta)}{\rho^2+\sigma^2-2\sigma\rho\cos(\beta-\theta)}-\frac{1}{4\pi}\frac{2\left(\frac{\sigma}{R}\right)^2\rho-2\sigma\cos(\beta-\theta)}{R^2+\left(\frac{\sigma\rho}{R}\right)^2-2\sigma\rho\cos(\beta-\theta)}\right]_{\rho=R}$$
$$=\frac{1}{2\pi R}\frac{R^2-\sigma^2}{R^2+\sigma^2-2\sigma R\cos(\beta-\theta)}.$$

如果在狄利克雷问题(10.4.32)中$f=0$,其解(10.4.33)是

$$u(\rho,\theta)=\frac{1}{2\pi}\int_0^{2\pi}\frac{R^2-\rho^2}{R^2+\rho^2-2\rho R\cos(\beta-\theta)}\varphi(\beta)\mathrm{d}\beta.$$

此式常被称为**泊松积分公式**.

类似的想法和做法,可以用到其他一些对称区域的情况,也可以用到在三维空间中求球上拉普拉斯算子的格林函数以及拉普拉斯方程狄利克雷问题的解.这方面内容可以参考有关偏微分方程的教科书,这里不再赘述.

习题 10.4

1.用行波法求解下列波动方程的初值问题:

(1) $\begin{cases}u_{tt}(x,t)-a^2u_{xx}(x,t)=0, & t>0,-\infty<x<+\infty,\\u(x,0)=\sin x, & u_t(x,0)=x^2;\end{cases}$

（2）$\begin{cases} u_{tt}(x,t)-a^2u_{xx}(x,t)=0, & t>0,-\infty<x<+\infty, \\ u(x,0)=0, & u_t(x,0)=\dfrac{1}{1+x^2}; \end{cases}$

（3）$\begin{cases} u_{xx}(x,t)-u_{tt}(x,t)=-t\sin x, & t>0,-\infty<x<+\infty, \\ u(x,0)=0, & u_t(x,0)=\sin x; \end{cases}$

（4）$\begin{cases} u_{tt}(x,t)-a^2u_{xx}(x,t)=\sin x, & t>0,-\infty<x<+\infty, \\ u(x,0)=\cos x, & u_t(x,0)=x. \end{cases}$

2. 用分离变量法求解下列方程的初边值问题：

（1）$\begin{cases} u_{tt}(x,t)-a^2u_{xx}(x,t)=0, & t>0,0<x<\pi, \\ u(0,t)=u(\pi,t)=0, & t\geqslant 0, \\ u(x,0)=3\sin x,u_t(x,0)=0, & 0\leqslant x\leqslant \pi; \end{cases}$

（2）$\begin{cases} u_{tt}(x,t)-a^2u_{xx}(x,t)=0, & t>0,0<x<l, \\ u(0,t)=u(l,t)=0, & t\geqslant 0, \text{其中 } m \text{ 是正整数}, A,u_0 \text{ 为常数}, \\ u(x,0)=A\sin\dfrac{m\pi}{l}x,u_t(x,0)=u_0, & 0\leqslant x\leqslant l; \end{cases}$

（3）$\begin{cases} u_t(x,t)-u_{xx}(x,t)=0, & t>0,0<x<1, \\ u(0,t)=u(1,t)=0, & t\geqslant 0, \\ u(x,0)=\varphi(x), & 0\leqslant x\leqslant 1; \end{cases}$ 其中 $\varphi(x)=\begin{cases} x, & 0\leqslant x\leqslant \dfrac{1}{2}, \\ 1-x, & \dfrac{1}{2}<x\leqslant 1, \end{cases}$

（4）$\begin{cases} u_t(x,t)-a^2u_{xx}(x,t)=0, & t>0,0<x<l, \\ u(0,t)=0,u(l,t)=At, & t\geqslant 0, \text{其中 } A \text{ 是常数}, \\ u(x,0)=0, & 0\leqslant x\leqslant l. \end{cases}$

3. 用格林函数法求解下列拉普拉斯方程的狄利克雷问题：

（1）$\begin{cases} u_{xx}+u_{yy}=0, & (x,y)\in\mathbb{R}_+^2, \text{其中 } \mathbb{R}_+^2=\{(x,y)\mid x\in\mathbb{R},y>0\}, \\ u\big|_{y=0}=\dfrac{1}{1+x^2}, & x\in\mathbb{R}; \end{cases}$

（2）$\begin{cases} u_{xx}+u_{yy}=-4, & x^2+y^2<a^2, \text{其中 } a \text{ 为常数}, \\ u\big|_{x^2+y^2=a^2}=0. \end{cases}$

参 考 文 献

[1] 陈治中. 线性代数与解析几何[M]. 北京:北京交通大学出版社,2003.

[2] 居余马,李海中. 代数与几何[M]. 北京:高等教育出版社,2003.

[3] 朱鼎勋,陈绍菱. 空间解析几何学[M]. 北京:北京师范大学出版社,1984.

[4] 陈纪修,於崇华,金路. 数学分析:下册[M]. 2 版. 北京:高等教育出版社,2004.

[5] 华东师范大学数学科学学院. 数学分析:下册[M]. 5 版. 北京:高等教育出版社,2019.

[6] 孙振绮,包依丘克. 工科数学分析教程:下册[M]. 北京:机械工业出版社,2012.

[7] 伍胜健,数学分析:第二册[M],北京:北京大学出版社,2009.

[8] 伍胜健,数学分析:第三册[M],北京:北京大学出版社,2009.

[9] 马知恩,王绵森. 工科数学分析基础:下册[M]. 北京:高等教育出版社,2004.

[10] 丁同仁,李承治. 常微分方程教程[M]. 北京:高等教育出版社,2004.

[11] G F 赛蒙斯. 微分方程[M]. 张理京,译. 北京:人民教育出版社,1981.

[12] 复旦大学数学系. 数学物理方程[M]. 上海:上海科学技术出版社,1961.

[13] 李傅山. 数学分析中的问题与方法[M]. 北京:科学出版社,2016.